3ds Max 2020 建筑与室内效果图设计案例教程

中文全彩铂金版

汪振泽　俞大丽　马前进　何培伟　李丹 / 主编

中国青年出版社

图书在版编目（CIP）数据

3ds Max 2020中文全彩铂金版建筑与室内效果图设计案例教程／汪振泽等主编. 一 北京：中国青年出版社，2020.6（2023.8重印）
ISBN 978-7-5153-5810-9

I. ①3… II. ①汪… III. ①建筑设计-计算机辅助设计-三维动画软件-教材 IV. ①TU201.4

中国版本图书馆CIP数据核字（2020）第056909号

3ds Max 2020中文全彩铂金版建筑与室内效果图设计案例教程

主　　编：汪振泽 俞大丽 马前进 何培伟 李丹

出版发行：中国青年出版社
地　　址：北京市东城区东四十二条21号
网　　址：www.cyp.com.cn
电　　话：010-59231565
传　　真：010-59231381
编辑制作：北京中青雄狮数码传媒科技有限公司
责任编辑：张军
策划编辑：张鹏
执行编辑：张沣
封面设计：乌兰

印　　刷：北京博海升彩色印刷有限公司
开　　本：787mm x 1092mm 1/16
印　　张：12.5
字　　数：300千字
版　　次：2020年6月北京第1版
印　　次：2023年8月第3次印刷
书　　号：ISBN 978-7-5153-5810-9
定　　价：69.90元（附赠2DVD，含教学视频+案例素材文件+PPT电子课件+海量实用资源）

本书如有印装质量等问题，请与本社联系
电话：010-59231565
读者来信：reader@cypmedia.com
投稿邮箱：author@cypmedia.com
如有其他问题请访问我们的网站：http://www.cypmedia.com

Preface 前言

首先，感谢您选择并阅读本书。

软件简介

3ds Max是Autodesk公司开发的一款基于PC系统的三维动画制作软件，是世界范围内应用最为广泛的三维软件，自问世以来，凭借其强大的建模、材质、灯光、特效和渲染等功能，以及人性化的操作方式，被广泛应用于影视包装、建筑表现、工业设计，以及游戏动画等诸多领域，深受国内外设计师和三维爱好者的青睐。3ds Max在室内外设计中的使用最为普遍，以其强大的建模、灯光、材质、动画和渲染等功能著称。本书采用最新版本的3ds Max 2020版本制作和编写。

内容提要

本书以理论知识结合实际案例操作的方式编写，分为基础知识和综合案例两大部分。

基础知识部分的介绍，为了避免学习理论知识后，实际操作软件时仍然感觉无从下手的尴尬，我们在介绍软件的各个功能时，会根据所介绍功能的重要程度和使用频率，以实际的建筑与室内设计方面的具体案例形式，拓展读者的实际操作能力。每章内容学习完成后，还会有具体的案例来对本章所学内容进行综合应用，使读者可以快速熟悉软件功能和设计思路。通过课后练习内容的设计，使读者对所学知识进行巩固加深。

在综合案例部分，根据3ds Max在建筑与室内设计方面的几大功能特点，有针对性、代表性和侧重点，并结合实际工作中的应用，对使用3ds Max进行室外建筑效果表现和室内家装中客厅表现的设计过程进行了详细讲解。通过对这些实用性案例的学习，使读者真正达到学以致用的目的。

为了帮助读者更加直观地学习本书，可以关注“未蓝文化”微信公众号，直接在对话窗口回复关键字“3ds Max建筑与室内效果图设计”，获取本书学习资料的下载地址。本书的学习资料包括：

- 全部实例的素材文件和最终效果文件；
- 书中案例实现过程的高清语音教学视频；
- 海量设计素材；
- 本书PPT电子教学课件。

适用读者群体

本书既可作为提高用户建筑与室内设计和创新能力的指导，也可作为了解3ds Max各项功能和最新特性的应用指南，适用读者群体如下：

- 各高等院校刚刚接触3ds Max的莘莘学子。
- 各大中专院校建筑与室内设计专业及培训班学员。
- 从事三维动画设计和制作相关工作的设计师。
- 对3ds Max建筑与室内设计感兴趣的读者。

本书在写作过程中力求谨慎，但因时间和精力有限，不足之处在所难免，敬请广大读者批评指正。

编　者

Contents 目录

Part 01 基础知识篇

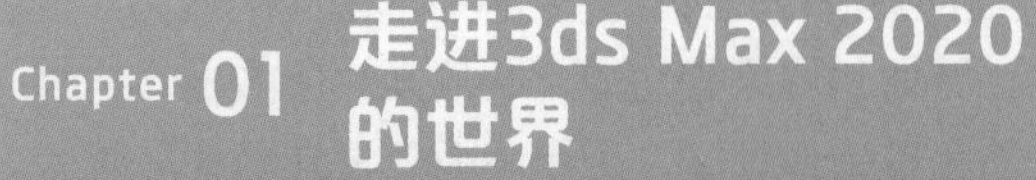

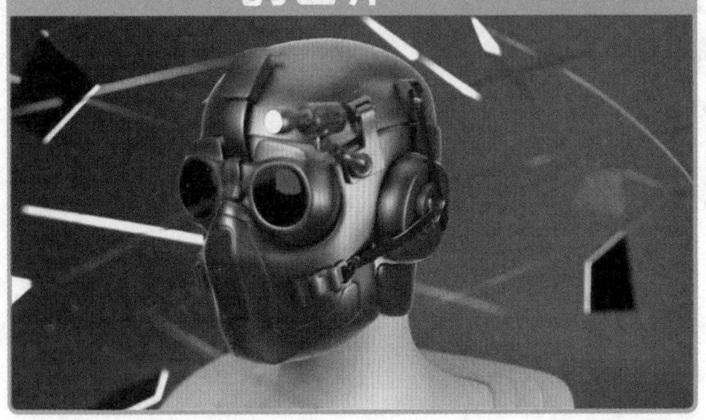

Chapter 02 3ds Max基本操作

Chapter 03 建模

Chapter 04 摄影机与灯光

Chapter 05 材质与贴图

Chapter 06 渲染

Part 02 综合案例篇

Chapter 07 室外建筑表现

Chapter 08 室内家装表现

Part 01

基础知识篇

前6章为3ds Max建筑与室内效果图设计的基础操作，主要针对3ds Max 2020各个知识点的概念和具体应用进行详细介绍，掌握这些基础知识，将为后期综合应用中建筑和室内设计表现的学习奠定良好的基础。

- Chapter 01 走进3ds Max 2020的世界
- Chapter 02 3ds Max基本操作
- Chapter 03 建模
- Chapter 04 摄影机与灯光
- Chapter 05 材质与贴图
- Chapter 06 渲染

Chapter 01 走进3ds Max 2020的世界

本章概述

本章将对3ds Max软件进行初步介绍，使读者对3ds Max的主要功能及应用领域有一个整体的认知，然后着重介绍在建筑与室内表现中的应用，并对3ds Max的文件操作、主界面的组成部分、视口操作、系统常规参数设置等进行详细介绍。

核心知识点

❶ 了解3ds Max的应用领域
❷ 知道3ds Max的功能概况
❸ 熟悉3ds Max的用户界面
❹ 掌握3ds Max系统的常规设置
❺ 掌握用户界面的自定义设置

1.1 初识3ds Max

3D Studio Max，一般简称为3ds Max或MAX，是Autodesk公司收购的一款基于PC系统的三维动画渲染和制作软件。它的前身是基于DOS操作系统的3D Studio软件，在Discreet 3Ds Max 7后，正式更名为Autodesk 3ds Max。由于其拥有友好的工作界面，易于上手和学习，受到了广大用户的追捧，下图为Autodesk 3ds Max 2020的启动界面。

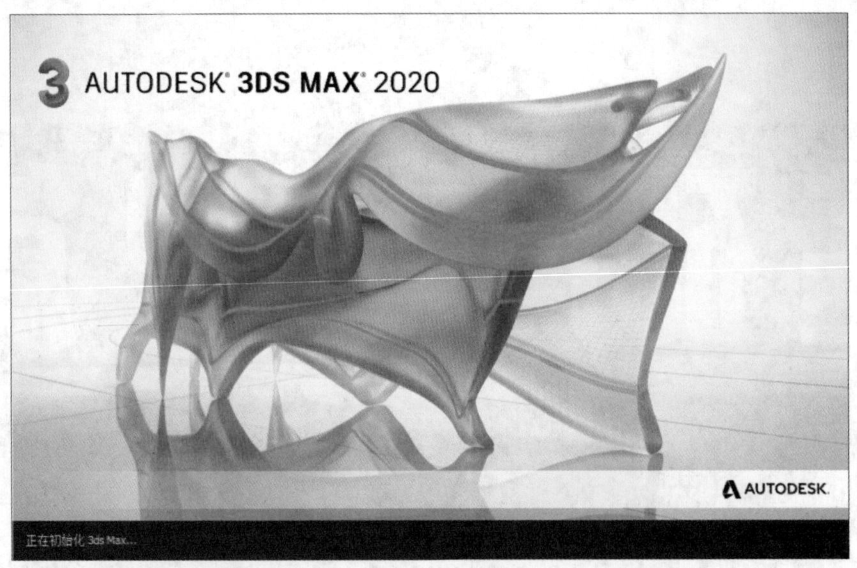

1.1.1 3ds Max的应用领域

Autodesk 3ds Max是一款强大的三维制作软件，随着版本的不断升级，3ds Max的功能也越来越强大和完善，吸引了越来越多用户的青睐，并在诸多应用领域有着举足轻重的地位。3ds Max被广泛应用于建筑表现、工业设计、影视广告、游戏动画、多媒体制作等众多领域。

1. 建筑表现

近年来，在室内表现和室外园林设计行业，涌现出大量应用3ds Max 制作的优秀作品。在建筑可视化行业中，3ds Max除了可以创建静态效果图外，还可以制作三维动画或者虚拟现实的效果，各公司在建筑可视化创作过程中都形成了自己的风格，例如，匈牙利Brick Visual公司以高度艺术化的方式展示建筑方面形成了独特的风格，我们可以通过多多欣赏、学习来了解他们如何实现建筑可视化的艺术构想，如下图所示为该公司的建筑表现案例。

2. 工业设计

在汽车、机械制造、产品包装设计等行业内，可以利用3ds Max来模拟创建产品外观造型，或制作产品宣传动画，如下左图所示为某机械设计表现。

3. 影视广告

在影视栏目包装行业中，利用3ds Max可以制作在现实世界中无法存在的场景或特效，从而使影视效果更加震撼完美，如下右图所示为央视水墨画广告画面。

4. 游戏动画

在游戏或动画行业中，可以利用3ds Max来制作CG场景对象、角色模型、场景动画等，制作出魔幻美丽的游戏人物或动画场景等，如下图所示。

1.1.2 3ds Max功能概述

3ds Max因其强大的功能，被广泛应用于多个行业，不同行业除了在制作流程和分工上有些许差别外，通常情况下一个完整的工作流程大致包括建模、材质设计、创建摄像机与灯光、创建动画、添加特效、渲染出图等几步，这也正是3ds Max的主要功能，下面分别进行介绍。

1. 建模

3ds Max无论被用于何种行业，项目制作流程的第一步都是创建场景模型。建模就如同现实生活中打地基一样，后续的一切工作都是在模型的基础之上开展，故做出好的、符合项目要求的模型至关重要。使用3ds Max用户可以创造宏伟的游戏世界，布置精彩绝伦的场景，并打造如临其境的虚拟现实体验场景。为满足不同的场景构建需求，3ds Max提供了多种建模方法，用户可以根据自己的操作习惯或项目需求进行选择，如下图所示为场景模型的素模渲染情况。

2. 材质设计

模型创建好后，就需要为其赋予材质，材质控制模型的曲面外观，模拟真实物理质感。而模型的物理属性，就需要通过为其设置合适的材质纹理来体现。恰当的材质纹理能为模型锦上添花，所以无论是贴图的选择、还是材质的调整，通常情况下，都需要用户反复的测试调整。

3. 创建摄影机与灯光

如果说材质为场景模型赋予面貌，那么灯光可以给予模型灵魂。灯光的创建与项目需求、摄影机角度有一定的关系，所以一般都先为场景创建合适的摄影机。3ds Max提供了三种摄影机类型，用户可以根据需要选择合适的类型，如下图所示为场景模型的添加材质、灯光后的渲染情况。

4. 创建动画

动画作为3ds Max的核心功能之一，在游戏、电影，以及广告领域的应用较为广泛。用户在使用3ds Max制作动画时，实际上就是充当传统动画中原画师的角色，在3ds Max中通过设置关键帧并利用常用的动画工具控件来创建和编辑动画。

5. 添加特效

3ds Ma提供了多种特效供用户完善作品，好的特效能更加有力地突显主题、渲染氛围，是画面表现的有力补充与修饰，比如，用户可以根据需求为场景添加光晕、雾效、模糊、景深等效果。

6. 渲染出图

为了实现设计的可视化，用户可以通过渲染来观察设计效果，而渲染出图便是3ds Max制作流程的最后一步，也是前期工作的最终表现。在进行渲染时，用户会发现需要选择合适的渲染器，而3ds Max能够和大多数主要渲染器结合使用来创造高端场景和美妙绝伦的视觉效果等，用户除了可以选择3ds Max本身为用户提供一些渲染器外，还可以根据作品类型以及各种渲染器的特点选择适当的渲染器，以便在工作时获得精确、详细的预览。

1.1.3 3ds Max 2020的新增功能

在用户的期待下， Autodesk公司终于发布了3D建模和动画软件的最新版本Autodesk 3ds Max 2020。作为一款专业强大的三维动画制作和渲染软件，为了更好地帮助工程师制作出满意的场景效果，此次新版本不仅更新了一些原有的功能，还带来了一些全新的功能，以下是一些3ds Max 2020新增和改进功能的介绍。

- **热键编辑器：**通过新的热键编辑器，可以轻松查看和更改现有的键盘快捷键，以及保存和加载自定义热键集，还可按关键字或当前热键指定搜索动作，或是按当前自定义状态和按组过滤动作。
- **切角修改器：**改进切角修改器，更新包括新的“按权重”切角量类型，该功能允许用户对边应用绝对权重，而不是在顶点之间进行插值。此外，更新了基于每条边设置切角深度、“半径偏移”将切角大小与半径量混合来帮助处理锐角、“边权重”和“边深度”现在可用作“数据通道”修改器中的输入和输出。
- **MAXScript 的自动完成功能：**在MAXScript编辑器中默认启用自动完成功能，使用新的generateAPIList <stringstream> MAXScript API，用户可以更轻松地在第三方编辑器中启用MAXScript 的自动完成功能。
- **双击选择：**在使用“可编辑多边形”“可编辑样条线”“编辑样条线”和“编辑多边形”修改器时，以及在 IV 编辑器和 3D 视口中使用“展开 UVW”修改器时，可以通过双击选择所有连续的面、顶点、线段等，但双击边保持不变，仍将选择边循环。双击选择支持用于添加/减去选择的修改器热键，以及在 Maya 交互模式下工作。
- **标准化的文件扩展名：**保存场景或脚本，以及导出数据时，文件扩展名的大小写已标准化为小写。例外情况是，如果文件已存在，则将保留文件名和扩展名的现有大小写。
- **OSL 明暗器：**改进了 OSL 贴图在视口中的表示，更新了包括颜色空间（在 RGB、HSV、YIQ 等之间转换颜色）、衰减、半色调（屏幕空间点图案）、UVW MatCap（获取 MapCap 贴图 UV 坐标）、法线（获取法线向量）、随机索引（按数字/颜色）、简单渐变、简单平铺、三色调、螺纹、卡通宽度、波形（动画）、编织、颜色关键点（创建蓝色/绿色屏幕效果）明暗器。
- **性能：**通过性能改进，可以提高工作效率，并加快迭代速度，改进功能包括：视口中显示的帧速率（FPS）更加精确，与先前版本相比，这可能会生成较高/较低的数字；在与视口和许多分组对象交互时进行了优化；当用户想通过按 Esc 键中断自动备份时，自动备份的响应速度更快。
- **Revit 导入：**新的“合并方式”选项允许在导入期间选择相关条件，以将多个对象合并为一个对象。

1.2 3ds Max 2020的用户界面

在利用3ds Max进行作品创作的过程中，需要应用软件中的许多命令和工具，而在应用这些命令和工具之前，用户需要了解和熟悉它们的来源以及调用方法，故本节将对3ds Max 2020的界面组成、界面操作、视图操作等内容进行详尽介绍，并教会用户如何设置自己的工作界面和相关系统参数。

1.2.1 主界面组成

在3ds Max 2020中，主界面一般由菜单栏、命令面板、主工具栏、功能区、场景浏览器、视口、状态栏，以及各种控制区组成，下图为3ds Max 2020的用户默认界面。

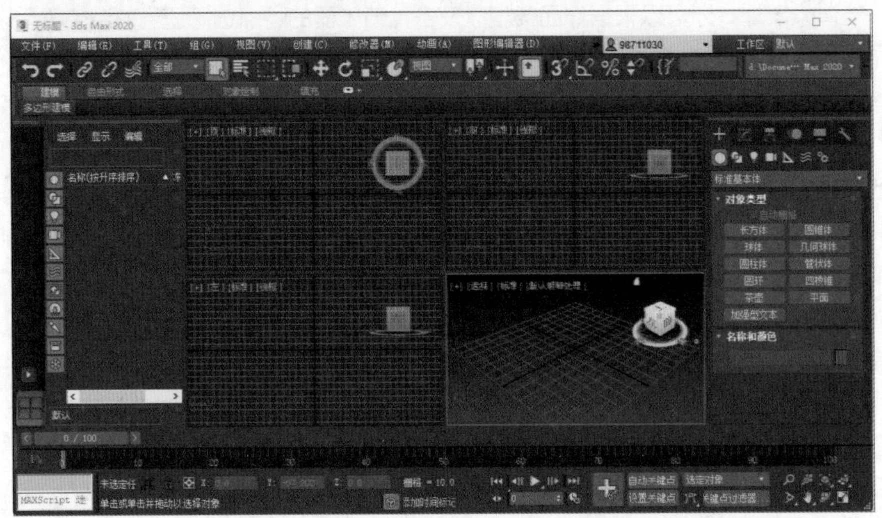

1. 菜单栏、用户帐户菜单、工作区选择器

在3ds Max 2020主窗口的标题栏下方一栏中，从左至右依次为菜单栏、用户帐户菜单、工作区选择器，用户可以分别使用它们完成相关操作。

- **菜单栏：**菜单栏中几乎包括了操作该软件程序的所有命令，是大多数命令的默认来源。每个菜单的标题表明该菜单上命令的大致用途。单击菜单名称时，即可打开级联菜单或多级级联菜单。
- **用户帐户菜单：**临近菜单栏的右侧，用于登录Autodesk Account来管理许可或订购其他Autodesk产品，试用版还显示剩余的天数。
- **工作区选择器：**3ds Max 2020包含两个菜单系统，产品初始状态下启动的是默认菜单，此菜单遵循标准的Windows 约定，和许多在Windows操作系统下运用的程序大致相同。此外，用户还可以使用Alt菜单，该菜单的布局方式稍有不同。Alt 菜单是Alt菜单和工具栏以及模块-迷你工作区的一部分，用户若要访问Alt菜单，可以打开“工作区选择器”，然后选择任一带有Alt菜单的工作区。

2. 主工具栏

在3ds Max中，一些常用的工具或对话框被分类放置在主工具栏中，并拥有特定的名称，主工具栏位于用户界面顶部，方便用户调用。在主工具栏中，单击右下方带有三角标志的按钮，会弹出下拉列表，显示更多的工具命令供用户选择使用，如下图所示。

3. 功能区

3ds Max的功能区位于主工具栏的下方，其界面形式是高度自定义的上下文相关工具栏，包含“建模”“自由形式”“选择”“对象绘制”和“填充”选项卡，每个选项卡都包含许多非常好用的面板和工具，它们的显示与否取决于上下文，如下图所示为可编辑多边形顶点对象层级状态下的功能区显示。此外，用户可以通过单击主工具栏中的“显示功能区”按钮，来显示和隐藏功能区。

4. 场景资源管理器

场景资源管理器位于3ds Max用户界面的左侧，是一种无模式对话框，包含场景中所有对象的目录，可用于查看、排序、过滤对象、根据不同条件选择对象，还可用于重命名、删除、隐藏和冻结对象，创建和修改对象层次，以及编辑对象属性。

场景资源管理器一般停靠在用户界面左侧，占据较大的空间，用户可以将其拖出置于界面上方，形成浮动状态，或者单击面板右上方的关闭按钮将其隐藏，在需要的时候将其显示出来，如下左图所示。

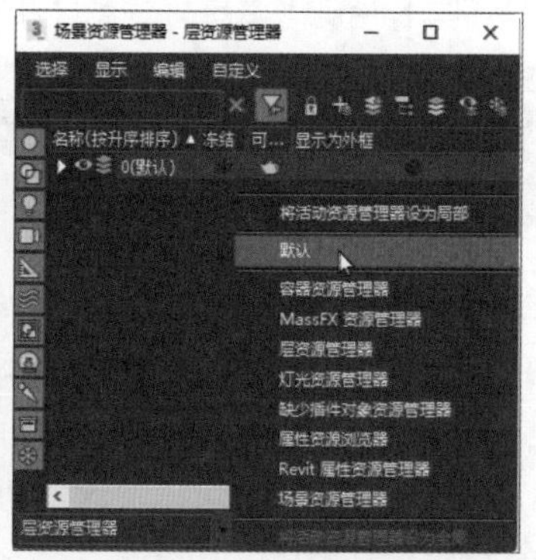

提示：如何显示场景资源管理器

当场景资源管理器处于隐藏状态时，用户可以通过单击主工具栏里的“切换层资源管理器”按钮，显示或隐藏资源管理器。但用户每次单击该按钮来显示资源管理器时，默认情况下打开的是“场景资源管理器-层资源管理器”，用户可以单击该面板左下方“层资源管理器”后的下三角按钮，在弹出的列表中选择“默认”选项，即可显示场景资源管理器，如上右图所示。

5. 视口

视口占据3ds Max操作窗口的大部分区域，所有对象的创建、编辑操作都在视口中进行。默认情况下打开的是顶、前、左、透视四视图窗口布局，用户可以在视口左侧的“视口布局”选项卡栏中快速切换任何数目的不同视口布局。

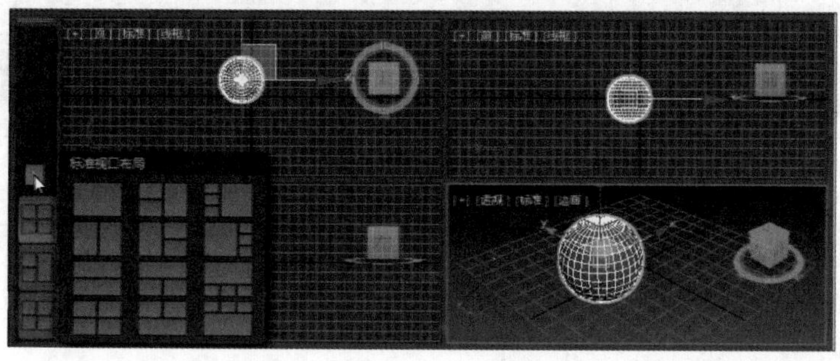

6. 命令面板

命令面板位于3ds Max界面的右侧，由创建、修改、层次、运动、显示和实用程序6个子面板组成，但每次只有一个面板可见，要想显示不同的面板，只需单击“命令”面板顶部的选项卡即可。命令面板是3ds Max程序软件最常用命令的集合，是用户界面最重要的组成部分之一，需要花费较多的时间熟悉和学习它，如图所示。

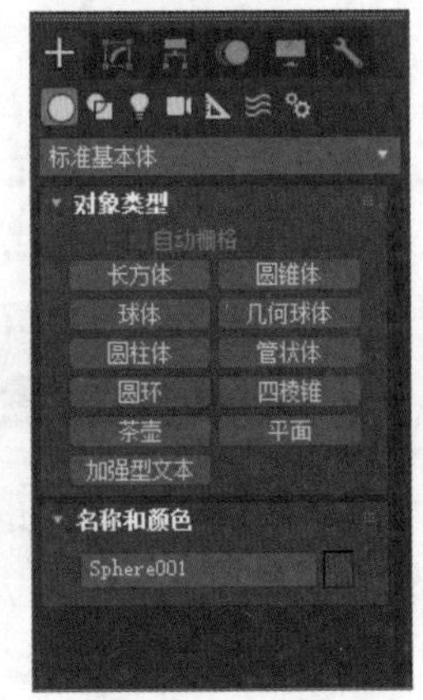

在命令面板中，“创建”和“修改”面板较为常用。“创建”命令面板中包含了几何体、图形、灯光、摄影机、辅助对象、空间扭曲和系统7个子面板，并且与“修改”面板一样都存在下拉列表，单击“创建”或“修改”面板右上方的下拉按钮，即可展开下拉列表，应用相关的功能命令。场景对象的大多数属性都在“修改”面板中进行相应的操作设置。

7. 其他

在用户界面的下方，还存在MAXScript 迷你侦听器、状态栏和提示行、动画控件和时间配置、视口导航控件等，通过这些工具，用户可以更好地创建和管理场景，如下图所示。

- **MAXScript 迷你侦听器：** 是MAXScript侦听器窗口内容的一个单行视图，分为粉红和白色两个窗格：粉红色的窗格是“宏录制器”窗格，当启用“宏录制器”时，录制下来的所有内容都将显示在粉红窗格中，在“迷你侦听器”状态中的粉红色行表明该条目是进入“宏录制器”窗格的最新条目；白色窗格是“脚本”窗口，可以在这里创建脚本，在侦听器白色区域中输入的最后一行将显示在迷你侦听器的白色区域中。
- **状态栏和提示行：** 提供当前场景的提示和状态信息，包含“孤立当前选择切换”“选择锁定切换”“绝对/偏移模式变换输入”按钮。其右侧是坐标显示区域，用户可以在此输入绝对或偏移变化值。

提示：使用快捷键孤立与锁定当前选择

用户除了单击界面下方状态栏中的“孤立当前选择切换”、“选择锁定切换”按钮进行对象的孤立与锁定外，还可以按下Alt+Q组合键，孤立当前选择；按下空格键，锁定当前选择对象。

- **轨迹栏：** 含有显示帧数的时间轴，以及“打开迷你曲线编辑器”按钮，用户可以在该区域内创建和修改关键帧，下图为迷你曲线编辑器。

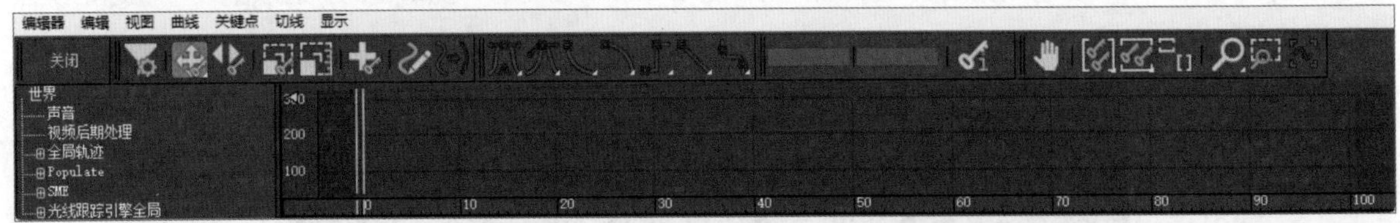

- **动画控件和时间配置：** 主动画控件位于程序窗口底部的状态栏和视口导航控件之间，可以控制视口中动画的播放模式，单击“时间配置”按钮，可以打开“时间配置”对话框。另外两个重要的动画控件是时间滑块和轨迹栏，位于主动画控件左侧的状态栏上，它们均可处于浮动和停靠状态。
- **视口导航控件：** 主要包括一些用于视图控制和操作的按钮。

1.2.2 视口操作

3ds Max中所有的场景对象都处于一个模拟的三维世界中，用户可以通过视口来观察、了解这个三维世界中场景对象之间的三维关系，并在视口中进行创造与修改对象。3ds Max为用户提供了“视图”菜单、视口标签菜单、视口导航控件等多种方式来进行视口的操作与设置。

1. “视图”菜单与视口导航控件

大多数视口设置命令都存在于“视图”菜单中，选择“视图”菜单下的“视口配置”命令，可以打开“视口配置”对话框；视口导航控件位于用户界面的左下角，包括许多可以控制视口显示和导航的按钮。

2. 视图标签菜单

视图标签菜单位于每个视口的左上角，一般情况下有4个标签，用户单击每个标签都可以打开对应的快捷菜单，选择相应的选项进行设置，如下图所示。

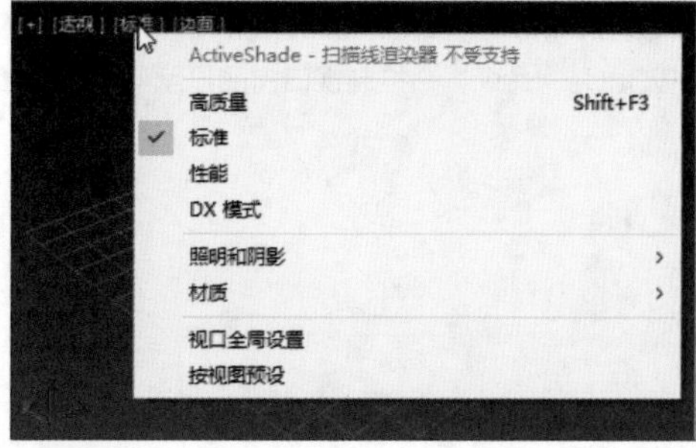

3. 设置视口盒的显示与隐藏

在3ds Max每个视口的右上角，都有一个能够控制视图观察方向的视口盒，用户可以通过操作视口盒来旋转或调整视口。但有时视口盒的存在会妨碍到用户的操作，下面介绍将视口盒隐藏起来，并在需要的时候显示出来的操作方法。

步骤 01 打开3ds Max应用程序，默认情况上每个视口的右上角都存在一个视口盒，用户可以在透视图单击视图盒，观察它的作用，如下左图所示。

步骤 02 若想关闭视图盒，用户可以在菜单栏中执行“视图>ViewCube>显示ViewCube”命令，或按下Alt+Ctrl+V组合键，即可关闭视图盒，如下右图所示。

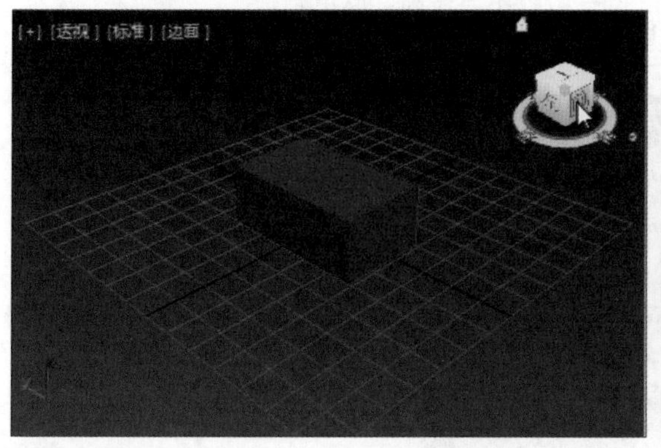

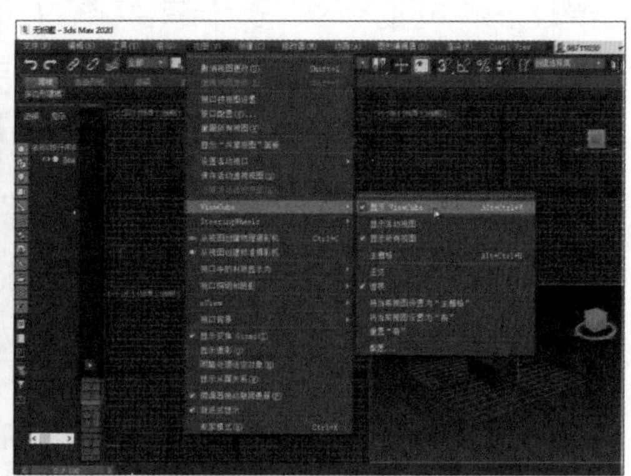

步骤 03 若要显示视图盒，可以在菜单栏中执行“视图>视图配置”命令，如下左图所示。打开“视口配置”对话框，切换到ViewCube选项卡，在“显示选项”选项组内，勾选“显示ViewCube”复选框后，单击“确定”按钮完成操作，如下图所示。

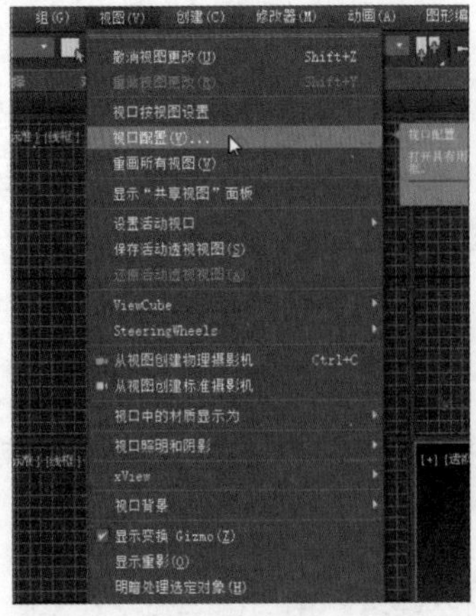

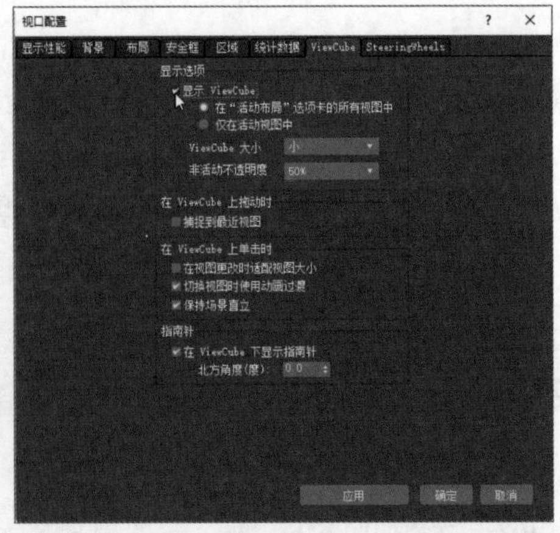

提示：显示与隐藏视口盒的其他方法

除上述操作外，用户还可以通过单击任一视口视图标签菜单中的首个标签，在打开的列表中执行“ViewCube > 显示ViewCube”命令，来控制视口盒的显示与隐藏，如右图所示。

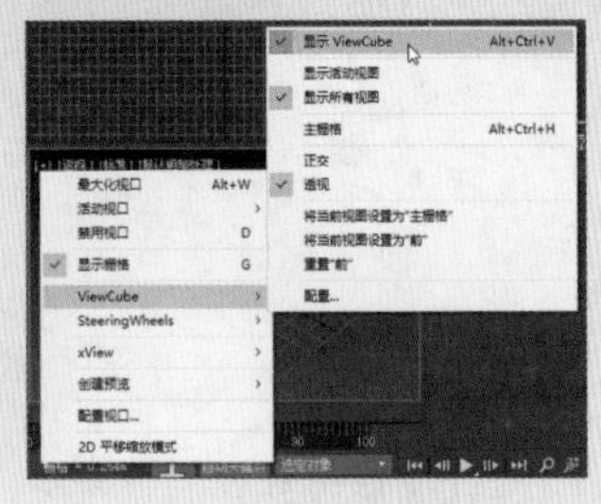

1.2.3 系统常规设置

在3ds Max中进行建筑与室内效果图制作时，用户会发现一些系统的参数设置，可以帮助用户规避操作中的意外故障造成的损失，或是使用户在创作场景时更加便捷、清晰，易与他人合作共享文件等。因此，在操作前用户应学会如何设置系统单位、了解故障恢复系统和设置备份数据。

1. 设置系统单位

在实际的项目制作中，经常需要多人合作完成工作，这时必须要求制作人员将系统单位设置为相同的系统单位比例，从而保证相互间的文件能够共享，不出差错。这里注意的是，由于每个成员操作习惯的不同，显示单位比例有可能不尽相同，但只要系统单位比例一致就不会影响团队的合作。

步骤 01 打开3ds Max应用程序，在菜单栏中执行“自定义>系统单位”命令❶，如下图所示。

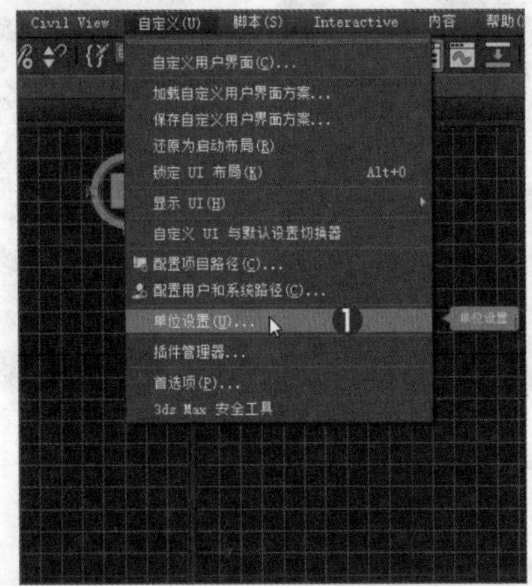

步骤 02 在弹出的“单位设置”对话框中❶，单击“系统单位设置”按钮❷，即可打开“系统单位设置”对话框，如下左图所示。

步骤 03 在“系统单位设置”对话框中的“系统单位比例”选项组中，单击“单位”右侧的下三角按钮❶，从下拉列表中选择合适的系统单位❷，单击“确定”按钮❸，如下中图所示。

步骤 04 返回“单位设置”对话框，单击“显示单位比例”选项组中“公制”单选按钮❶，并单击其下三角按钮，从下拉列表中选合适显示单位❷，并单击“确定”按钮❸完成单位的设置，如下右图所示。

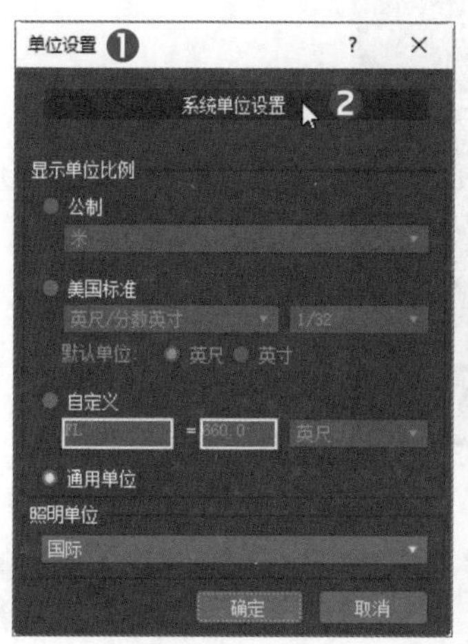

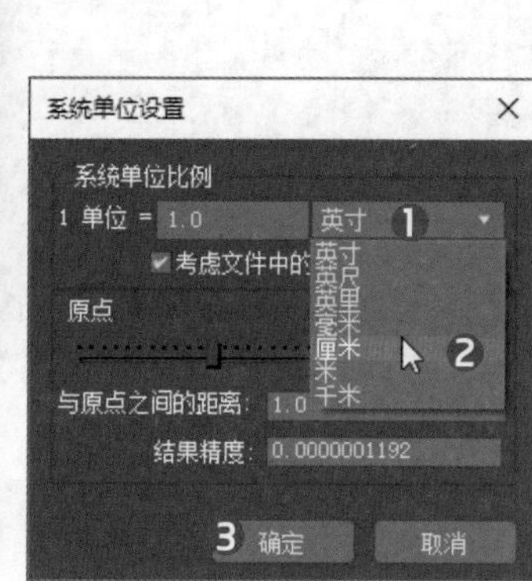

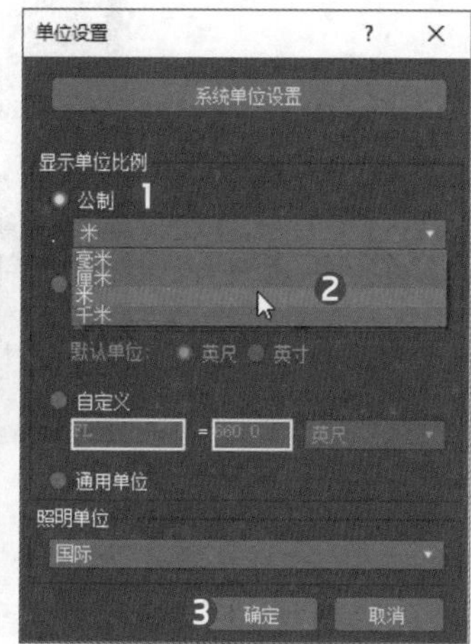

2. 系统常规设置

在实际工作中，3ds Max为用户提供了故障恢复、数据备份等措施来防止一些意外故障对工程文件的损害。因此，设置好系统单位后，下面来学习如何进行一些系统常规参数设置。

步骤 01 打开3ds Max应用程序，在菜单栏中执行“自定义>首选项”命令❶，如下左图所示。

步骤 02 在打开的 “首选项设置”对话框❶中，切换到“常规”选项卡❷，在 “场景撤消”选项组中，将“级别”设为合适的数值❸，如下右图所示。

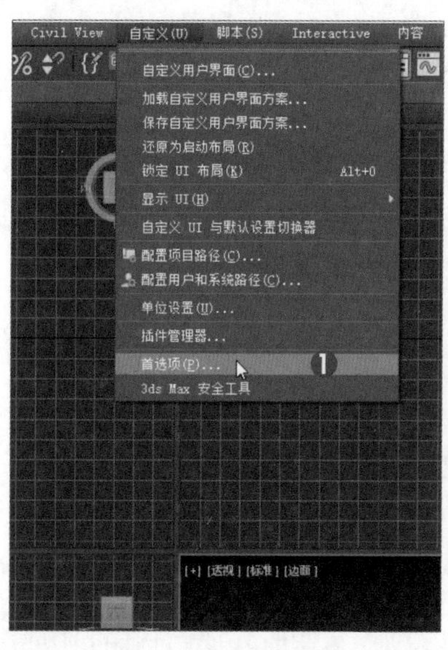

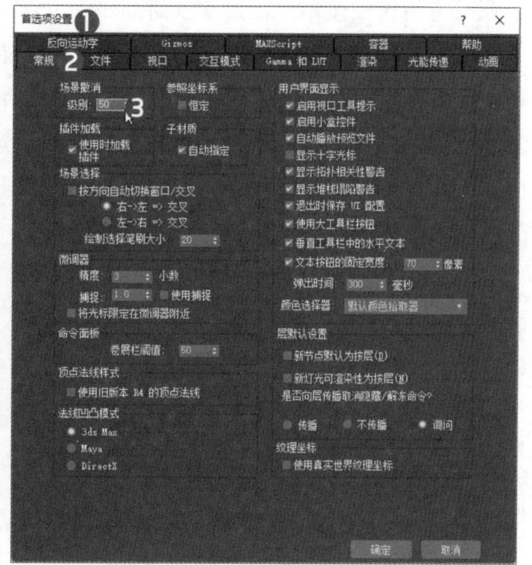

步骤 03 切换到“文件”选项卡❶，在 “文件处理”选项组中勾选“增量保存”复选框❷，在“自动备份”选项组中确认自动备份是否启用❸，并设置“Autoback文件数”“备份间隔”和“自动备份文件名”等相关参数❹，单击“确定”按钮❺完成设置，如下图所示。

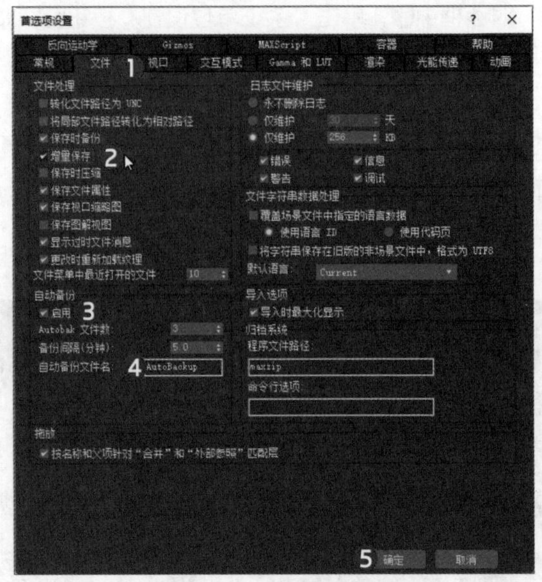

1.3 效果图制作基础

在利用3ds Max进行效果图创作的过程中，用户除了需要运用软件中的许多命令和工具，还需运用其他的应用程序，而具备一定的艺术修养与能力，也会为我们创作效果图锦上添花，故本节将为用户介绍制作效果图的相关知识。

1.3.1 效果图的概念

效果图从字面上来理解就是通过图片等传媒来表达作品所需要以及预期达到的效果，从现代技术来讲是通过计算机三维仿真软件技术来模拟真实环境的高仿真虚拟图片，而在建筑可视化行业、工业等细分行业来看，效果图的主要功能是将平面的图纸三维化、仿真化，通过高仿真的制作，来检查设计方案的细微瑕疵或进行项目方案修改的推敲。

在效果图的制作过程中，用户往往会运用到光学、摄影、色彩学等方面的相关知识，这就需要用户广泛涉猎其他行业的知识丰富自己的审美。此外用户还需在日常生活中多多观察身边实物，去发现美，并把它带到自己的艺术创作中来。

1.3.2 效果图分类

效果图覆盖面之广是难以想象的，不过效果图应用最多的领域大致可以分为：室内设计效果图、建筑效果图、城市规划效果图、景观环境效果图、机械设计效果图和产品开发方案效果图等。

1. 室内设计效果图

室内设计效果图是室内设计师通过3D效果图制作软件，将创意构思进行形象化、可视化再现的形式。它通过对物体的造型、结构、色彩和质感等诸多因素的忠实表现，真实地再现设计师的创意，从而沟通设计师与观者之间视觉语言的联系，使人们更清楚地了解设计的各项性能、构造、材料，如下左图所示的国内外优秀室内设计作品。

2. 建筑效果图

建筑效果图的制作不同于家装效果图的制作，它不仅限于对室内软硬装的体现，更多的是把建筑整体材质形态、环境景观、人文地理、甚至天气时节等因素一道制作出来展现区域性效果。如下右图所示的国内外优秀建筑效果图。

3. 城市规划效果图

城市规划效果图用以表现城市生态环境与用地选择、总体布局、土地利用规划、道路交通规划、绿化与开敞空间系统规划以及基础设施规划等城市规划的核心内容。如下左图所示的国内外优秀城市规划效果图。

4. 景观环境效果图

景观效果图不仅需要制作团队拥有庞大的素材库，还需要专业的美术功力，及懂得景观设计效果图的从业人员。景观设计的基本常识是树种的搭配，高树矮树呈什么样的层次排列及组合都是需要考虑的问题，若是违背了美术规律、基本常识，效果图看起来会极其不舒服。如下右图所示的国内外优秀景观环境效果图。

5. 机械设计效果图

机械设计效果图根据使用要求对机械的工作原理、结构、运动方式、力和能量的传递方式、各个零件的材料和形状尺寸、润滑方法等进行构思、分析和计算并将其转化为具体的描述以作为制造的依据。如下左图所示的国内外优秀机械设计效果图。

6. 产品开发方案效果图

产品开发方案效果图需要充分体现产品的性能和质量，设计中要时刻考虑顾客的需求，体现产品的经济价值，并以此为原则，保证高品质设计。如下右图所示的国内外优秀产品开发方案效果图。

知识延伸：自定义用户界面

3ds Max考虑不同用户的操作习惯和喜好，用户可以根据需要选择系统默认的界面或预置的界面进行操作，也可以根据自己的习惯调整界面布局、颜色或快捷键等，设置符合操作习惯的用户界面。下面来了解一下3ds Max提供的不同界面方案以及如何自定义用户界面。

1. 使用预置的用户界面

许多3ds Max的老版本用户可能会不太习惯3ds Max 2020的默认界面色彩，最便捷更改界面的方法就是使用3ds Max预置的用户界面。用户可以在菜单栏中执行“自定义>自定义UI与默认设置切换器”命令，在打开的“为工具选项和用户界面布局选择初始化设置”对话框进行相关设置，如下左图所示。

2. 自定义用户界面

用户除了可以使用系统提供的几种用户界面方案外，还可以根据自己的习惯，调整界面布局、颜色或快捷键等，设置适合自己的用户界面。用户可以在菜单栏中执行“自定义>自定义用户界面”命令，打开“自定义用户界面”对话框进行相关设置，如下右图所示。

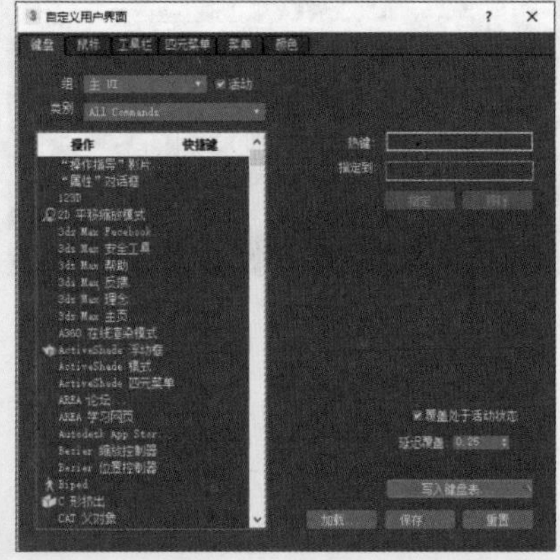

上机实训：更改视口布局与自定义菜单栏

经过本章的学习，用户是不是都跃跃欲试，想设置自己个性化的用户界面呢，那就根据需求设置不同的视口布局和菜单栏吧。

步骤 01 打开3ds Max应用程序，在菜单栏中执行“视图>视图配置”命令，弹出“视图配置”对话框，切换到“布局”选项卡❶，在视口图像上单击来选择视图类型，如下左图所示。

步骤 02 用户也可以通过单击界面左下角的“创建新的视口布局选项卡”按钮❶，在弹出的“标准视口布局”面板中❷，选择所需的布局选项，如下右图所示。

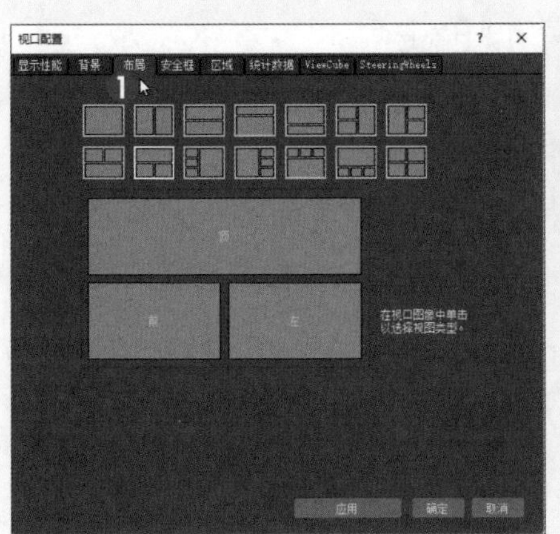

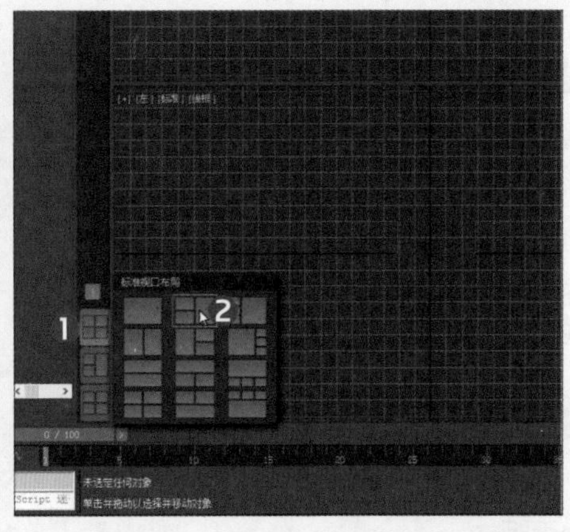

步骤 03 在3ds Max 2020中，用户除了可以设置不同的视口布局，还可以对菜单栏进行自定义设置，将自身常用的一些命令自定义到特定菜单上。首先在菜单栏中执行“自定义>自定义用户界面”命令，打开“自定义用户界面”对话框❶，切换到“菜单”选项卡❷，单击“新建”按钮❸，如下左图所示。

步骤 04 在弹出的“新建菜单”对话框中输入要创建的菜单名称，然后单击“确定”按钮，新菜单将会显示在此对话框左侧的菜单窗口中，也显示在“菜单列表”中，如下右图所示。

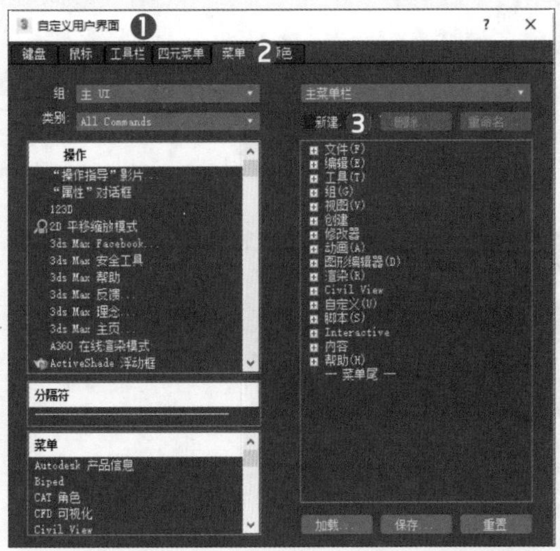

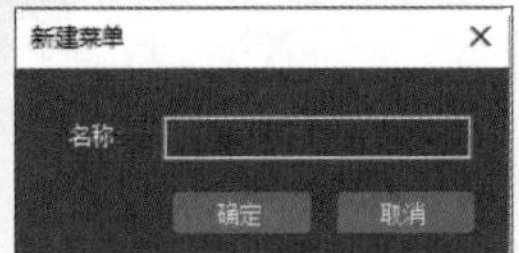

课后练习

1. 选择题

（1）3ds Max的主要功能有（　　）。

A. 建模　　B. 渲染

C. 动画　　D. 以上都是

（2）3ds Max的主要应用领域有（　　）。

A. 游戏动画　　B. 建筑表现

C. 工业设计　　D. 以上都是

（3）使用创建面板，可以创建（　　）等对象。

A. 图形　　B. 摄影机

C. 灯光　　D. 以上都是

（4）“切换功能区”按钮位于（　　）。

A. 菜单栏中　　B. 快速访问工具栏上

C. 主工具栏上　　D. 命令面板上

2. 填空题

（1）用户可以按下________组合键，新建场景文件。

（2）命令面板由________________________6个子面板组成。

（3）用户可以按下________组合键孤立当前选择对象。

（4）使用组合键________，可以快速地显示与隐藏视口盒。

3. 上机题

打开3ds Max应用程序，根据以下要求，利用界面右下角视口导航控件中的工具来完成对视口的操控。

（1）利用“缩放”工具和“缩放所有视图”工具缩放视图窗口；

（2）利用“平移视图”工具平移视图窗口；

（3）利用“环绕子对象”工具旋转视图窗口；

（4）利用“最大化视口切换”工具切换视图窗口。

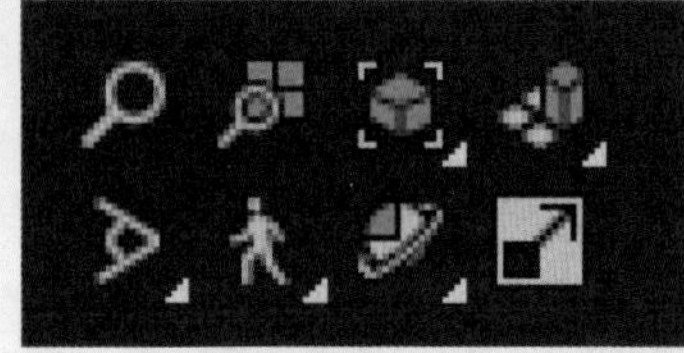

Chapter 02 3ds Max基本操作

本章概述

本章将对在3ds Max中如何选择对象、对象的基本变换操作及一些常用的高级变换工具，如克隆、对齐、镜像、阵列等工具进行介绍。此外，对于场景对象的设置和管理方面，主要讲述了对象的属性、组和层管理等知识。

核心知识点

❶ 掌握对象的基本操作
❷ 熟悉对象高级操作的常用工具
❸ 熟悉对象属性及组的相关操作
❹ 学会利用资源管理器
❺ 了解3ds Max的坐标系统

2.1 文件的基本操作

在对3ds Max的功能、应用领域、操作界面有了一个整体的认知之后，读者一定迫不及待地想要进入3ds Max的神奇世界，而在进行具体的创作之前，先从3ds Max文件操作入手，学习如何新建、重置、打开、保存、导入、导出文件等基本操作，逐步学习3ds Max吧！

2.1.1 文件的新建、重置与打开

用户安装注册好3ds Max软件后，需要学会最基本的文件操作，包括文件的新建、重置与打开，下面将对这些操作进行一一介绍。双击桌面快捷图标就可以打开软件程序，这时单击界面左上角的3ds Max应用程序图标按钮，即可显示文件管理命令列表，如下图所示。

1. 新建

用户可以双击桌面快捷图标打开应用程序，就可以新建一个空白无标题的工程文件，或者是在已打开的应用程序中，按下Ctrl+N组合键，在弹出“新建场景”对话框中❶，单击“确定”按钮❷，就可以创建一个清除了当前场景的内容，并保持当前任务和UI设置的新工程文件，如下左图所示。

也可以在菜单栏中执行“文件>新建>新建全部”命令❶，新建相应的工程文件，如下右图所示。

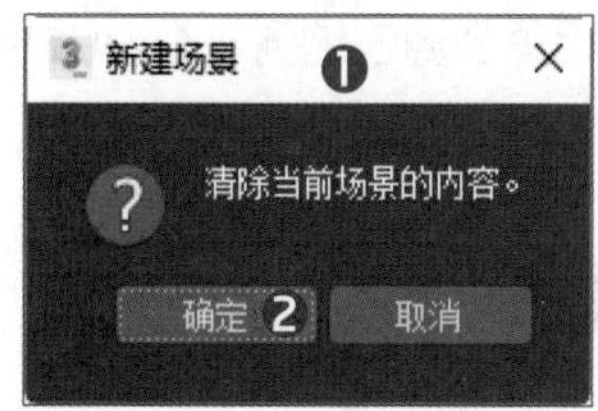

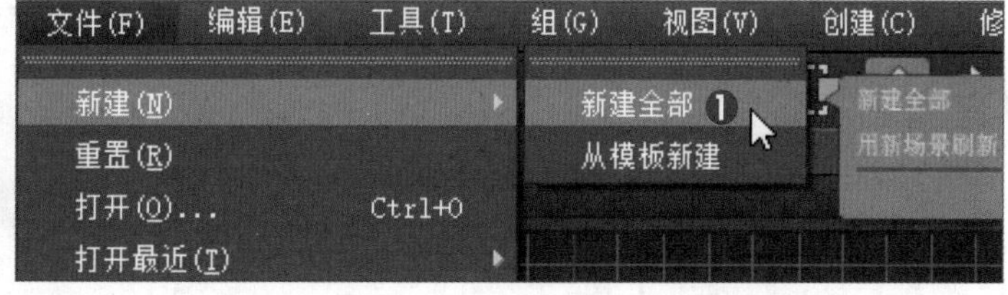

2. 重置

在菜单栏中执行“文件>重置”命令，可以将3ds Max会话重置到默认样板，并在不改动界面相关布置的情况下重新创建一个文件。

3. 打开

在3ds Max中，用户可以在菜单栏中执行“文件>打开”命令，在弹出的“打开文件”对话框中浏览相应的文件，然后单击“打开”按钮来打开工程文件。此外，用户也可以直接双击需要打开的Max文件，或者将文件直接拖曳到3ds Max的桌面图标上，都可以达到打开Max文件的目的。

2.1.2 文件的保存与归档

用户在利用3ds Max进行创作的过程中，为了防止文件的损坏、丢失需及时对其进行保存或是归档操作，下面将介绍文件的保存、另存为、保存选定对象与归档操作。

在3ds Max中，选择“应用程序”菜单下的“保存”或“另存为”命令，进行文件的存储操作。在弹出的“文件另存为”对话框中，用户可以设置文件的保存位置、文件名、保存类型等相关内容。

1. 保存

在3ds Max中，执行菜单栏下的“文件>保存”或“文件>另存为”命令，可以对文件进行存储操作，在弹出的“文件另存为”对话框中，用户可以设置文件的保存位置、文件名、保存类型等相关内容。

此外，用户也可以在打开的多对象场景中，选择其中任一或多个需要的对象，在菜单栏中执行“文件>保存选定对象”命令，在弹出的“文件另存为”进行相应的设置，即可将选中的对象从当前场景中单独存储出去。

2. 归档

用户若想要在第三方计算机上继续进行文件的加工处理，或是与其他用户交换场景，就需要保证3ds Max文件所用的位图等外部资源不被丢失。这时候用户需要在菜单栏中执行“文件>归档”命令，在弹出的“文件归档”对话框中进行相应的设置，将当前3ds Max文件和所有相关资源压缩到一个ZIP文件中，如下图所示。

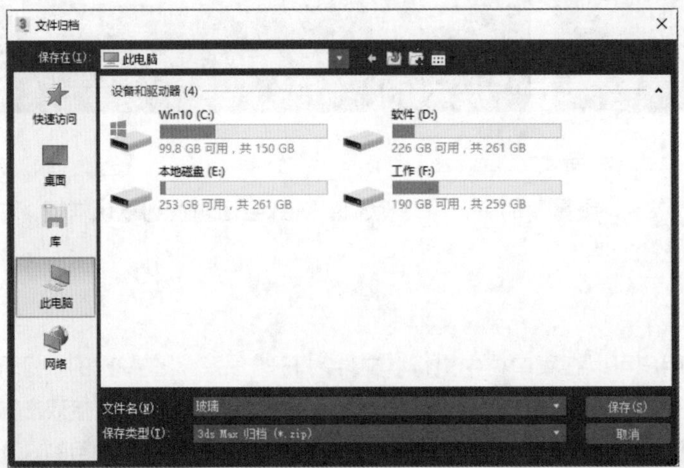

2.1.3 文件的导入与导出

在3ds Max中，用户可以借助一些外部场景或其他程序文件来进行作品的创作，以提高工作效率。这些外部文件既可以是.max文件，也可以是一些第三方应用程序的文件，如CAD图纸或AI格式的文件。这时用户可以通过“导入”命令来完成文件的导入。同样也可以应用“导出”命令，导出场景对象以供其他程序使用。

提示：文件的参考

若用户不想把外部MAX文件中的对象或场景直接导入到当前场景中来，也可以在菜单栏中执行“文件>参考>外部参照对象/外部参照场景”命令，将外部 MAX 文件中的对象或场景间接引用到当前工程文件中来，该命令能够允许工作组成员间共享文件，并利于外部文件的更新、修改和保护。

2.2 对象的基本操作

用户在使用3ds Max进行创作时，熟练掌握对象的基本操作，是完成创作的必备技能。对象的基本操作主要由选择、移动、旋转和缩放组成，而对象的锁定、隐藏和冻结可以方便操作观察，且能减少误操作的发生。

2.2.1 对象的选择

在大多数情况下，对场景对象进行操作前，首先要对场景对象进行选择操作，只有选定对象后，才能进行具体的操作编辑。用户可以通过不同的方式进行对象的选择。例如：按对象的名称进行选择，也可以使用材质、颜色、过滤器等进行选择，当然最基本的选择方法还是使用鼠标或鼠标与按键配合使用。

1. 按名称选择

在3ds Max中每个对象都拥有自己的名称，当用户需要精准地选择一个或多个对象时，可以按照对象的名称进行选择。用户可以通过单击主工具栏中 “按名称选择”按钮；或按下H键，打开“从场景选择”对话框，在其列表中进行选择。

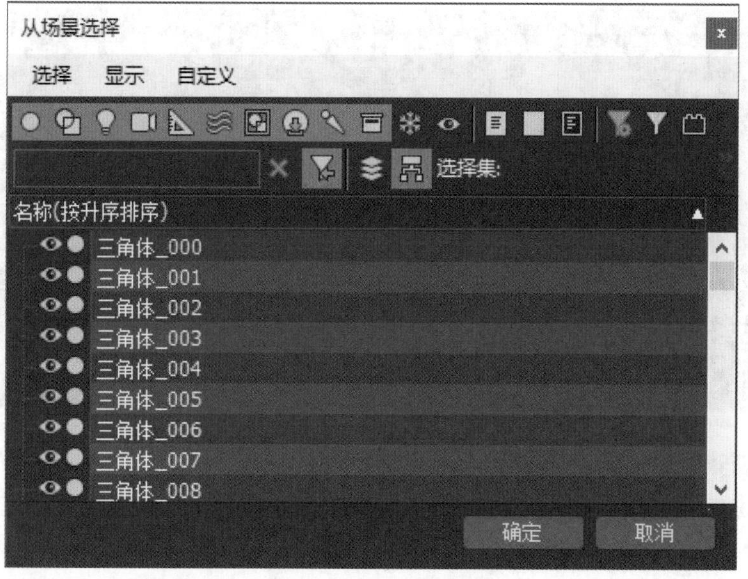

提示：选择技巧

若要选择多个对象，可以打开“从场景选择”对话框，在列表中选择一项后，按住Ctrl键不放，继续添加选择；若要选择列表中连续的多项，可以在选择首个选项后，按住Shift键的同时选择最后一项，即可选中连续多项；若要在选择一个对象后关闭对话框，直接双击对象名称即可。

2. 按区域选择

用户可以借助区域选择工具，使用鼠标绘制区域来进行对象的选择。默认情况下，拖动鼠标时创建的是矩形选择区域，用户还可以设置不同的选择区域类型，3ds Max提供了矩形选择区域、圆形选择区域、围栏选择区域、套索选择区域和绘制选择区域5种类型，单击主工具栏中的区域选择按钮，即可展开其下拉列表，如下左图所示。

在使用不同选择区域进行选择时，还可以设置区域包含类型，有窗口和交叉两种类型，适用于所有区域类型。窗口类型只选择完全位于区域内的对象，而交叉类型则选择位于区域内并与区域边界交叉的所有对象，下右图为主工具栏中的“窗口/交叉”切换按钮。

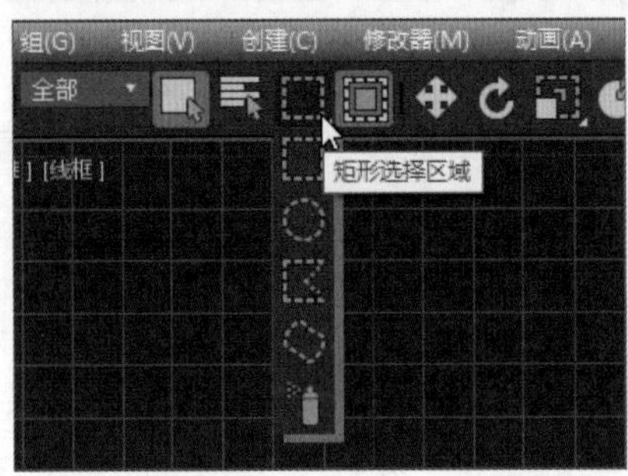

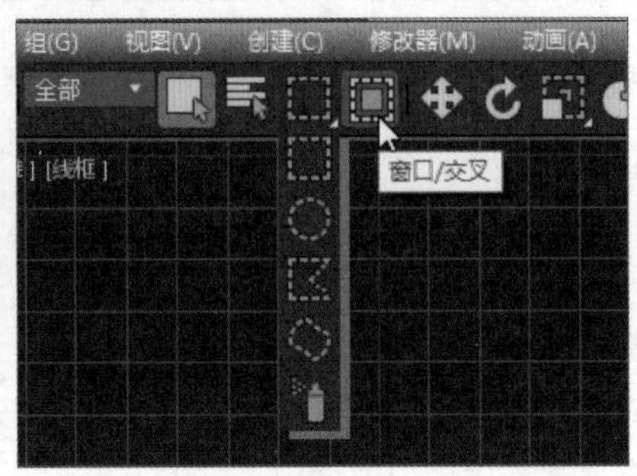

3. 使用选择过滤器

用户还可以使用主工具栏中的“选择过滤器”来禁用或限定特定类别对象的选择。这种方式适用于当前场景包含多种不同类型的对象，它能使用户迅速地在所需的类型中进行选择，从而避免其他类型对象被选择。如下图所示，单击主工具栏中“选择过滤器”的下拉按钮，即可展开下拉列表，其中包括全部、几何体、图形、灯光、摄影机、辅助对象、扭曲、组合、骨骼、IK链对象、点和CAT骨骼多种过滤类型。

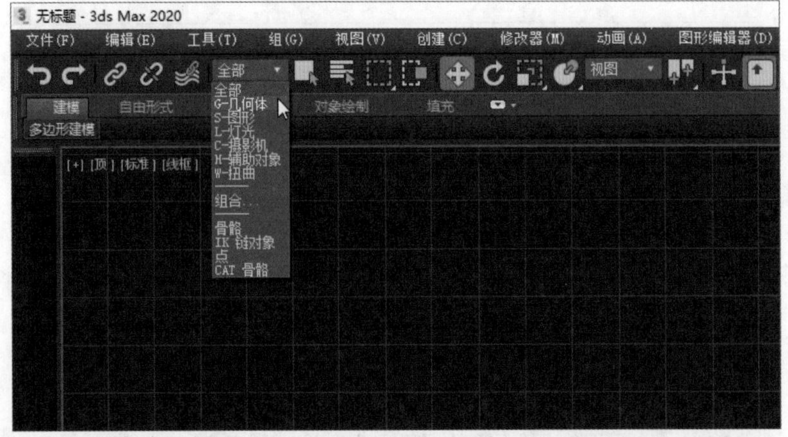

4. 其他选择方法

在较为复杂的场景中，用户往往会通过创建选择集、层方式进行管理场景，这时就可以通过集合或层来选择多个对象。

2.2.2 对象的移动、旋转和缩放

在三维场景中，用户通过单击主工具栏上的“选择并移动”“选择旋转”“选择并均匀缩放”按钮，分别对物体进行移动、旋转、缩放操作。下图所示即为3种基本操作的示意图。

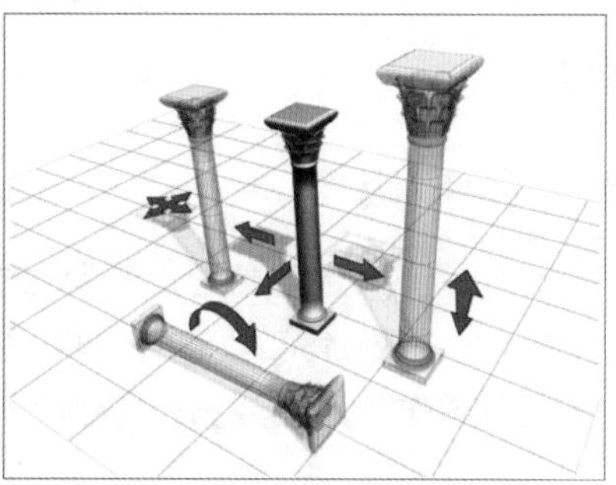

启用上述3种变换工具时，场景中被选择对象的轴心处都会出现该工具的Gizmo图标，用户可以使用组合键Shift+Ctrl+X显示或隐藏变换工具的Gizmo图标，也可以利用键盘上的+和-键来放大或缩小图表。下图所示分别为“选择并移动”“选择旋转”和“选择并均匀缩放”工具的Gizmo图标。

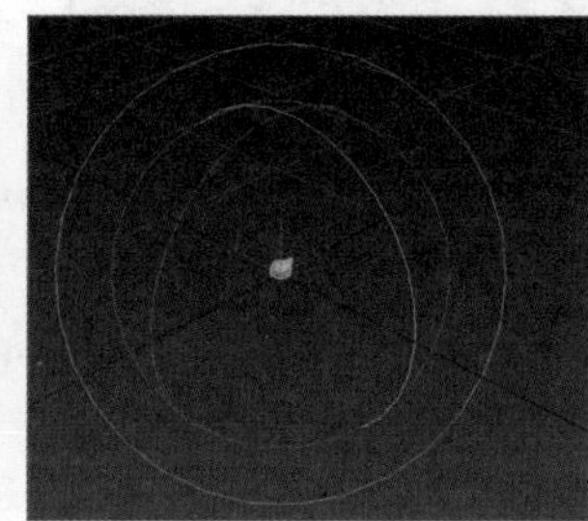

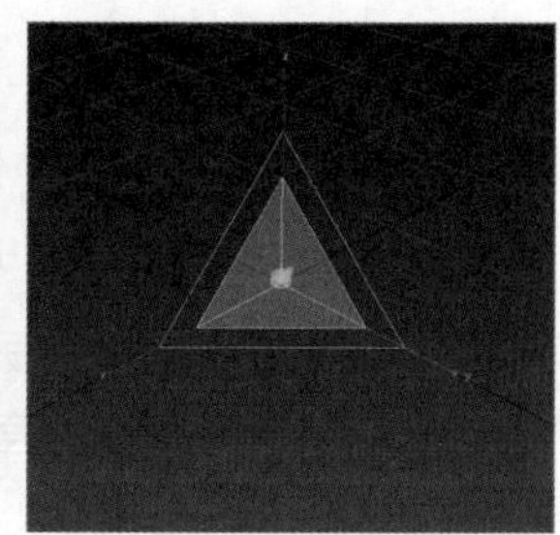

2.2.3 对象的锁定、隐藏和冻结

用户在运用基本操作工具操作对象时，会发现如果场景中的物体个数较多时，容易造成误操作、不易观察等情况出现，不利于对象的选择和编辑。这时用户可以利用锁定、隐藏和冻结命令来方便操作。

1. 对象的锁定

在3ds Max中，用户选中操作对象后，按下空格键或是单击界面下方状态栏中的“选择锁定切换”按钮，即可锁定该对象，从而避免误选等。当然，用户也可以执行孤立操作，以达相同效果。

2. 对象的隐藏

为了避免场景中的其他对象对正在编辑的对象造成干扰，可以将它们选中后，单击鼠标右键，在弹出的四元菜单中执行“隐藏选定对象”命令，完成操作后，所选的对象将不会显示在场景中。

3. 对象的冻结

若用户不想将所选对象隐藏起来，而只是让其不能够在操作视口中被选择编辑，那么就可以在选中对象后，单击鼠标右键，在弹出的四元菜单中执行“冻结当前选择”命令，完成冻结。

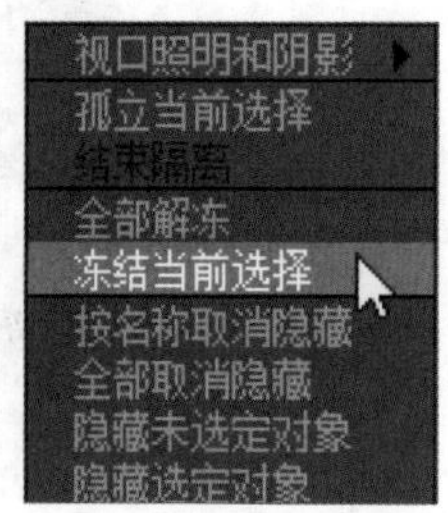

2.3 对象的高级操作

在使用基本操作工具的基础上，用户还可以借助一些高级的变换工具对对象进行更为精准、复杂的操作，主要包括克隆、镜像、对齐、阵列和捕捉操作。用户可以借助这些辅助工具来进行特定条件地移动、旋转和缩放对象。

2.3.1 对象的克隆

在3ds Max中，克隆复制对象前，需保证对象处在被选中状态，故用户需在使用“选择并移动”“选择旋转”“选择并均匀缩放”等工具的情况下，按住Shift键同时移动、旋转、缩放对象就可以达到克隆对象的目的。执行上述操作时，可以打开“克隆选项”对话框，如下图所示。

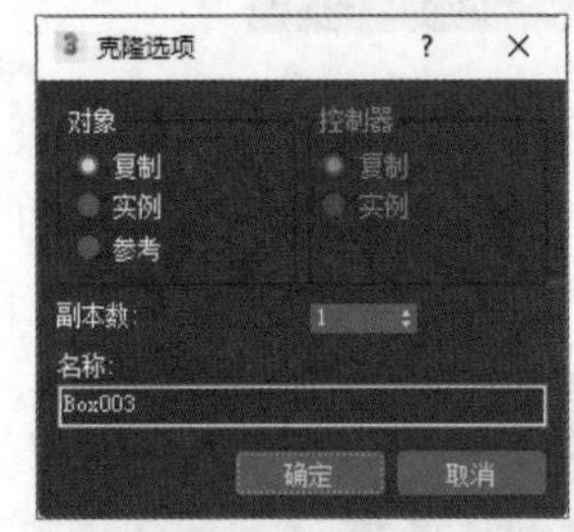

- **复制**：克隆出与原始对象完全无关的对象，修改一个对象时，不会对另外一个对象产生影响。
- **实例**：克隆出的对象与原始对象完全交互，修改任一对象，其他对象也随之产生相同的变换。
- **参考**：克隆出与原始对象有参考关系的对象，更改原始对象，参考对象随之改变，但修改参考对象，原始对象不会发生改变。

2.3.2 对象的镜像与对齐

用户在3ds Max中创建模型时，会发现对于一些具有对称结构的模型，可以通过镜像命令快速地制作出来。而有的对象需要按照一定的条件进行创建或变换，如将“书本”模型快速准确地放置到某一平面上，这时候用户就可以利用对齐工具进行精准、快捷的变换。

1. “镜像”工具

用户若想对选定对象执行镜像命令，可以单击主工具栏中的“镜像”按钮，打开“镜像”对话框，在对话框中可以设置选定对象变换的镜像轴、镜像对象与原对象之间的克隆关系等参数，如下图所示。

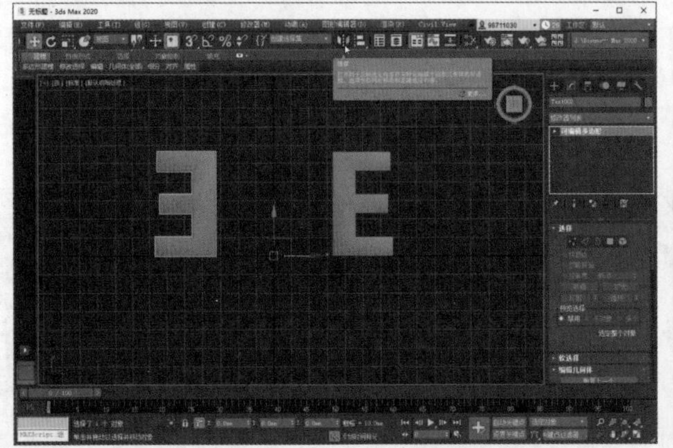

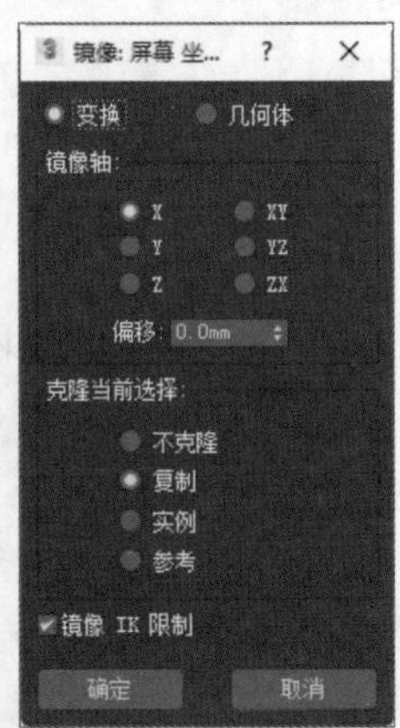

2. “对齐”工具

对齐工具可以使所选对象与目标对象按某种条件实现对齐，3ds Max提供了6种不同的对齐方式，按住主工具栏中的“对齐”按钮不放，即可显示所有的列表，其依次为对齐、快速对齐、法线对齐、放置高光、对齐摄影机和对齐视图，其中“对齐”为最常用的对齐方式。下面以两个长方体的对齐操作为例，介绍该工具的具体使用步骤。

步骤 01 打开随书配套光盘中的“对齐操作.max”文件，在左视图中单击选中当前对象Box002❶，接着单击主工具栏中的“对齐”按钮❷，将鼠标移动到Box001上，当光标变为如下左图所示的形状后❸，即可单击目标对象Box001，如下左图所示。

步骤 02 在随即弹出的“对齐当前选择”对话框中，设置“对齐位置（屏幕）”选项组中的相关参数，勾选“X位置”“Y位置”“Z位置”复选框❶，在“当前对象”选项区域内选择“轴点”单选按钮❷，在“目标对象”选项区域内选择“最大”单选按钮❸，单击“确定”按钮完成设置，如下右图所示。

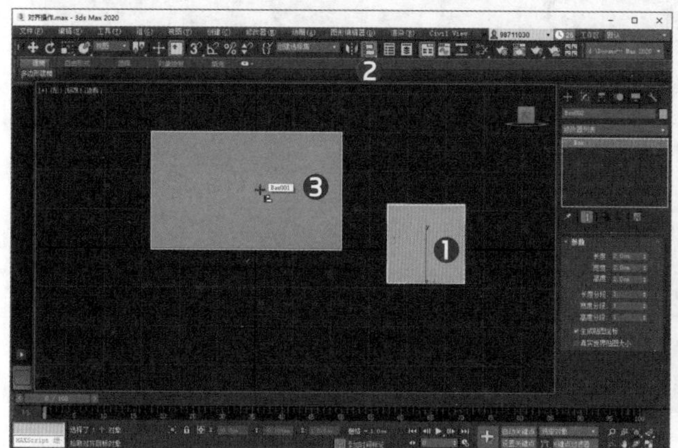

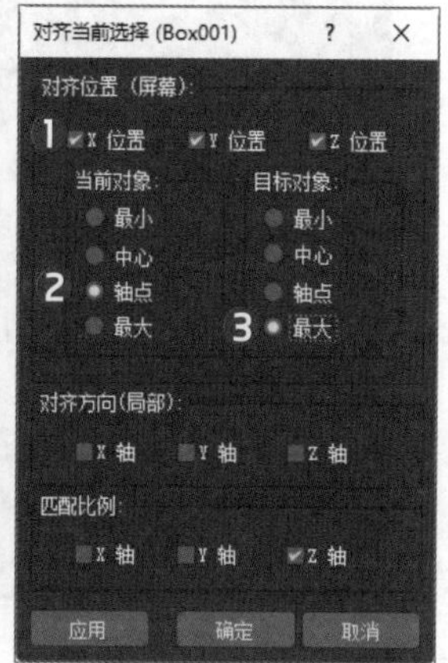

步骤 03 切换至顶视图，仍以Box002为当前对象、Box001为目标对象执行对齐操作，在弹出的“对齐当前选择”对话框中，勾选“对齐位置（屏幕）”选项组中的“X位置”“Y位置”复选框❶，在“当前对象”选项区域内选择“最小”单选按钮❷，在“目标对象”选项区域内选择“最小”单选按钮❸，单击“确定”按钮完成设置，如下左图所示。

步骤 04 经过上述两次对齐操作后，两个长方体的最终位置关系，如下右图所示。

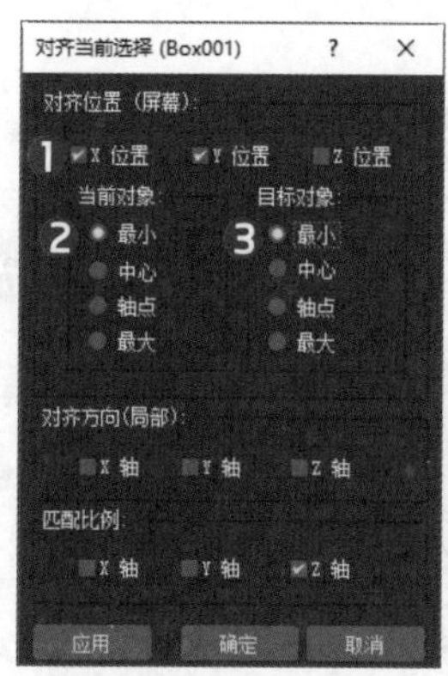

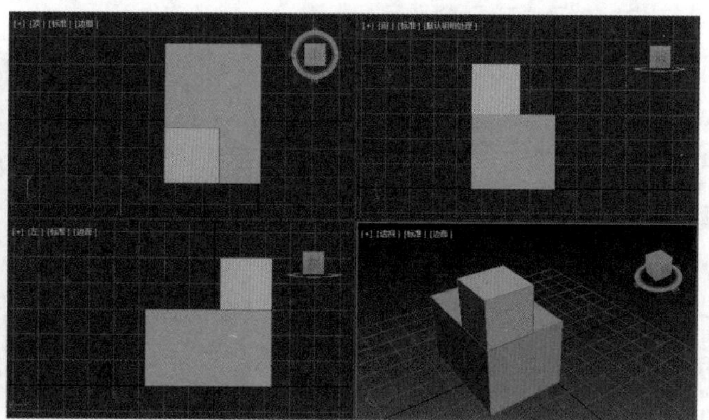

2.3.3 对象的阵列

在3ds Max中，用户可以使用阵列工具批量克隆出一组具备精确变换和定位的一维或多维对象，如一排车、一个楼梯或整齐的货架，都可以通过阵列的方式实现。下面三图分别为一维、二维和三维阵列。

在菜单栏中执行“工具>阵列”命令，或在主工具栏的空白处单击鼠标右键，选择“附加”选项，在弹出的“附加”工具栏中，单击“阵列”按钮，都可以打开“阵列”对话框，如下图所示。

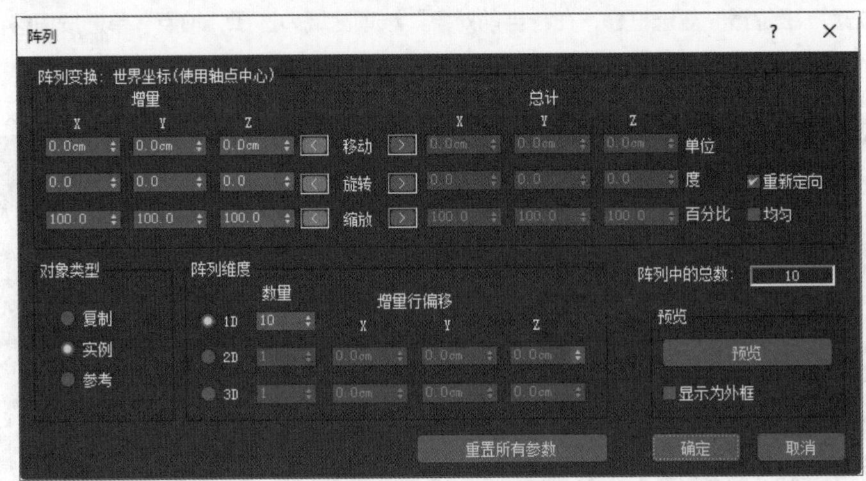

实战练习 制作旋转楼梯踏板模型

用户可以使用阵列工具批量制作出有一定规律的场景模型，下面将通过应用阵列功能制作旋转楼梯的操作来熟悉“阵列”对话框中的一些参数，具体操作步骤如下：

步骤 01 打开随书配套光盘中的“制作旋转楼梯踏板模型.max”文件，按下H键，打开“从场景选择”对话框，在其列表中选择Stair001❶，接着单击“确定”按钮❷，选择对象Stair001，如下左图所示。

步骤 02 在菜单栏中执行“工具❶>阵列❷”命令，如下右图所示。

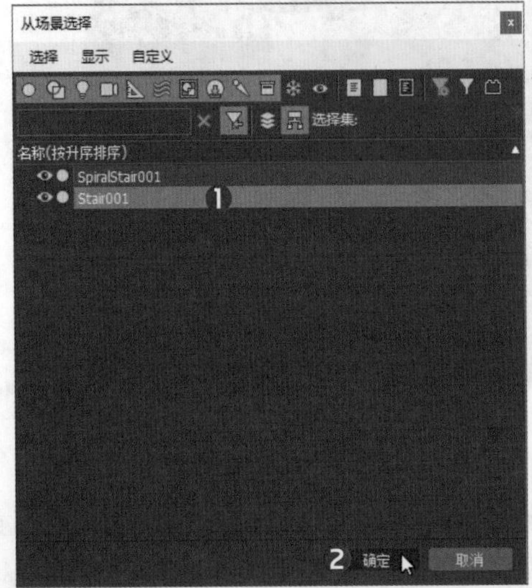

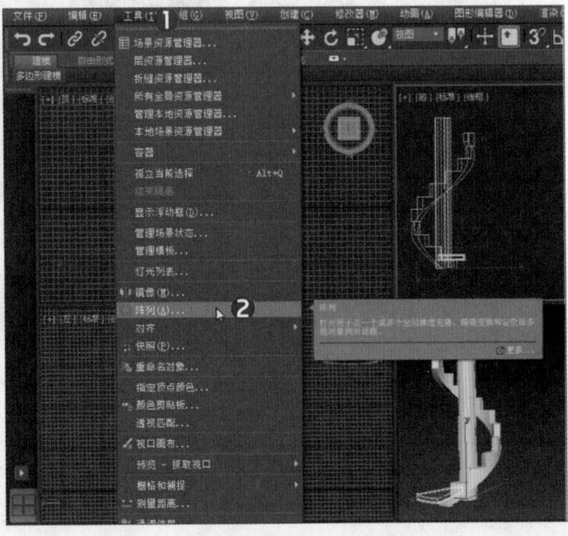

步骤 03 在随即打开的“阵列”对话框中，首先设置“阵列变换”选项组“增量”选项区域内Z轴的增量值为30.0cm❶，单击“旋转”后的启用按钮 ❷，在“总计”选项区域内的Z数值框中输入330.0❸，单击“对象类型”选项区域内的“实例”单选按钮❹，在“阵列维度”选项区域的1D数值框中输入11❺，最后单击“确认”按钮❻，如下左图所示。

步骤 04 返回视口，即可看到阵列出的多个踏板模型，如下右图所示。

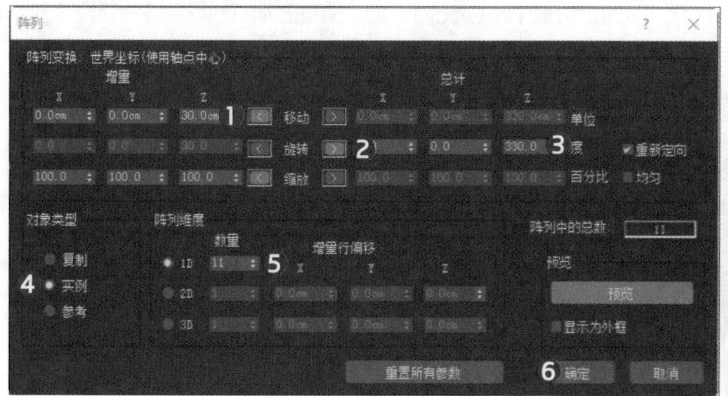

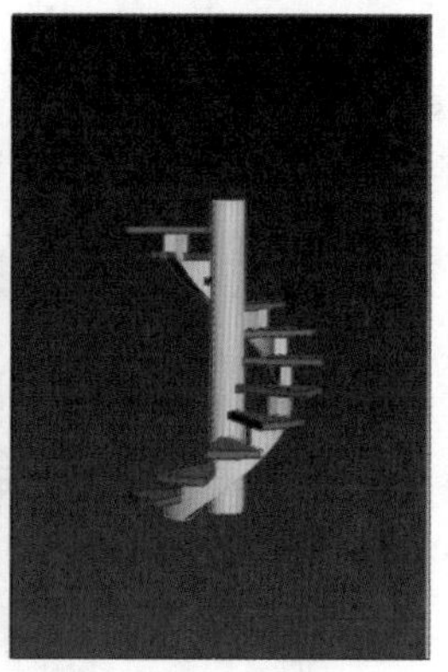

2.3.4 对象的捕捉

用户利用捕捉工具来创建或变换对象时，可以精确地控制对象的尺寸和放置位置，右键单击主工具栏中的 “捕捉开关”❶、“角度捕捉切换”❷、“百分比捕捉切换”❸和“微调器捕捉切换”❹中的任一按钮，如下左图所示，都可以打开“栅格和捕捉设置”对话框，如下右图所示，其中“捕捉”“选项”“主栅格”面板为该对话框中的三个常用面板。

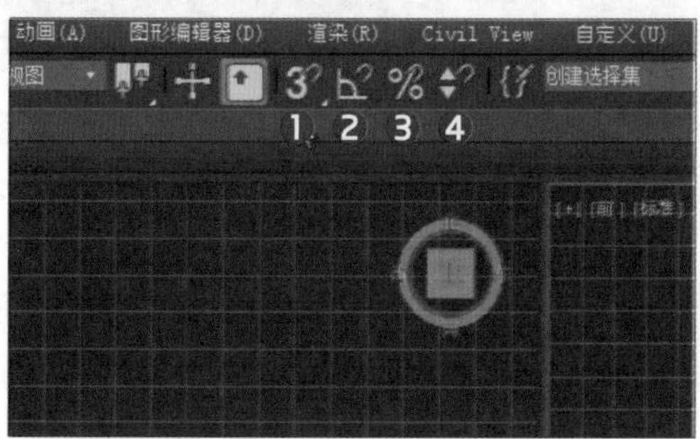

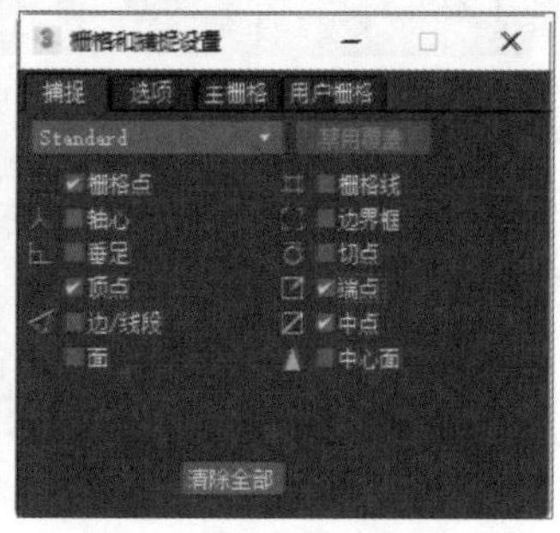

- **捕捉面板：**在该面板中可以选择捕捉对象，常对场景中的栅格点、顶点、端点、中点进行捕捉。
- **选项面板：**在该面板中可以设置捕捉的角度值或百分比值，以及是否启用“捕捉到冻结对象”“启用轴约束”等参数，如下左图所示。
- **主栅格面板：**在该面板中可以设置栅格尺寸等相关参数，如下右图所示。

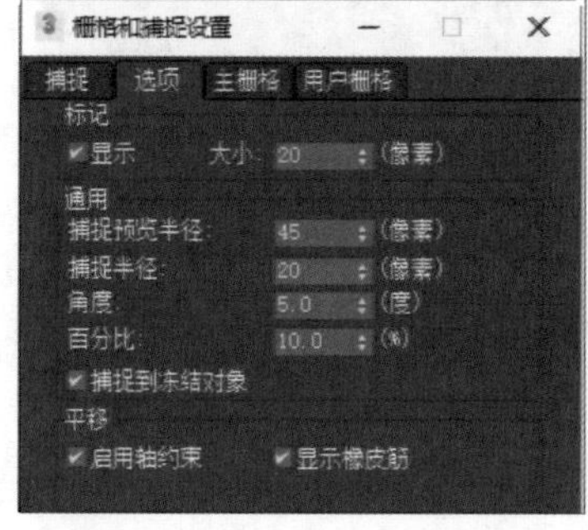

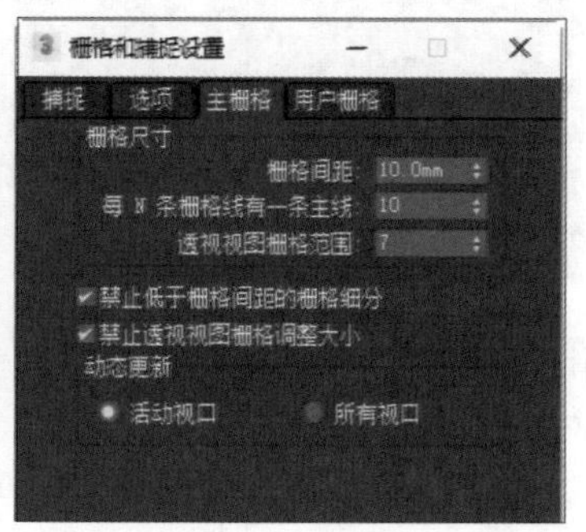

捕捉工具在某些情况下与对齐工具有着异曲同工的用处，即可以使所选对象与目标对象按某种条件实现位置的对齐，此外捕捉工具还可以使所选对象与目标对象在尺寸大小上实现一定的对齐，下面以两个长方体的操作为例，熟悉捕捉工具的具体使用方法。

步骤 01 打开随书配套光盘中的“利用捕捉工具设置对象尺寸、位置.max”文件，切换至左视图❶，单击目标对象Box002❷，按下1键，进入Box002的“顶点”层级❸，如下左图所示。

步骤 02 单击主工具栏中的“选择并移动”按钮❶，框选Box002顶面的4个顶点❷，按下空格键来启用“选择锁定切换”按钮❸，单击“捕捉开关”按钮❹，接着在该按钮上单击鼠标右键打开“栅格和捕捉设置”对话框，切换至“选项”面板❺，勾选“启用轴约束”复选框❻，如下右图所示。

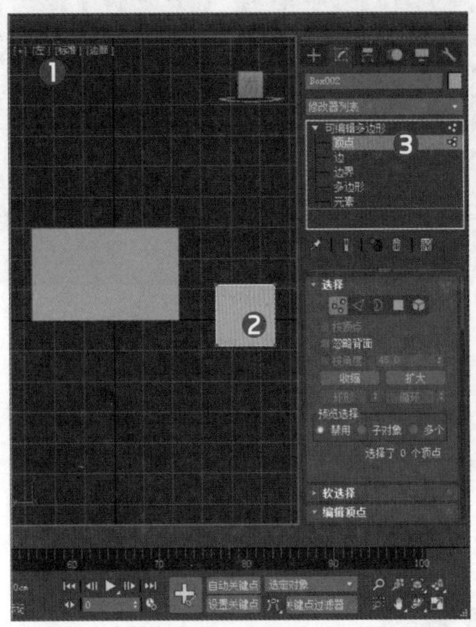

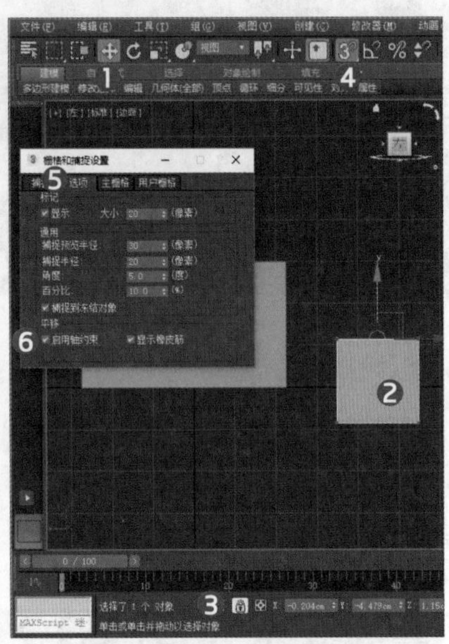

步骤 03 切换至“捕捉”面板❶，勾选“顶点”❷、“端点”❸和“中点”❹3个复选框，按下F6键，按住鼠标左键不放，沿Y轴移动框选的4个顶点，并在此过程中去捕捉图中所示的顶点❺，然后松开鼠标左键即可，如下左图所示。

步骤 04 经过上述操作后，Box002顶面的4个顶点将会与底面的4个顶点重合❶，接着按下F3键启动线框模式，移动光标至Box001的一个顶点处❷，当光标变为下图所示的形状后，按住鼠标左键不放，如下右图所示。

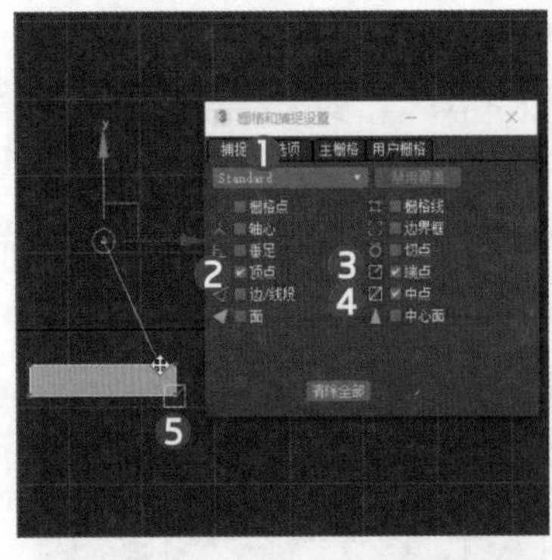

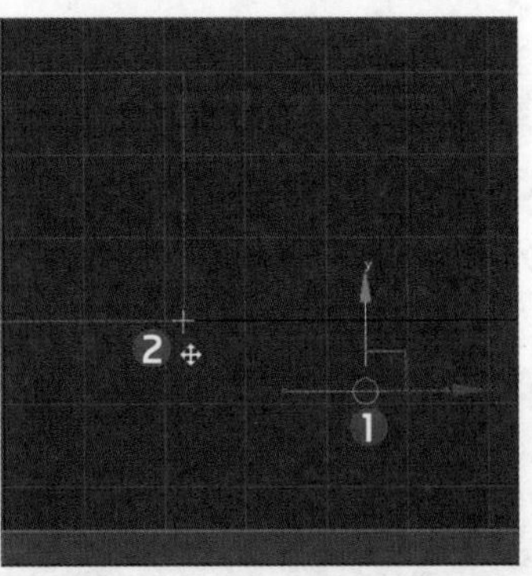

步骤 05 按住鼠标左键不放的情况下，移动鼠标左键，当Box001处出现下图所示的形状时❶，即可松开鼠标左键，如下左图所示。

步骤 06 在经过上述操作后，Box002的高度值将会与Box001高度值的一半相等，此时用户就已实现所选对象与目标对象在尺寸大小上按一定条件对齐，接着按下1键退出顶点层级，在左视图中❶，在XY平面上❷，将Box002的一个顶点捕捉到Box001一个顶点上，并在其他视图中观察二者之间的位置变化，如下右图所示。

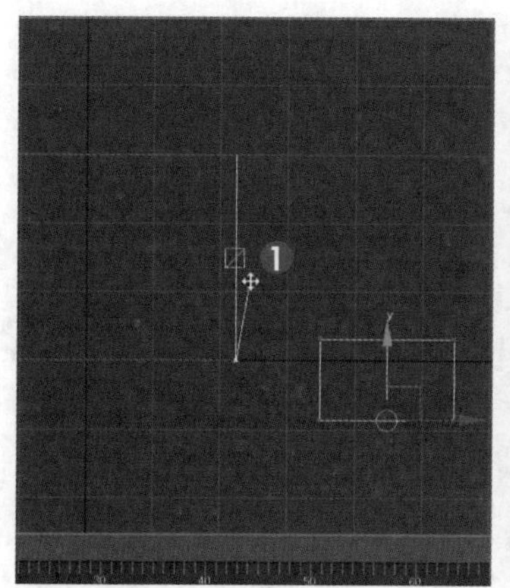

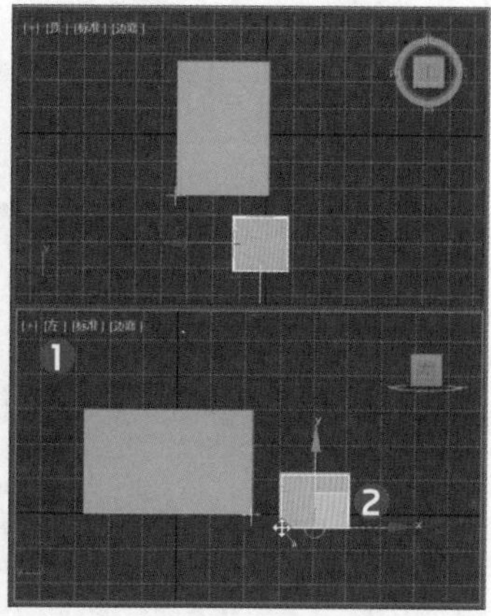

步骤 07 切换至顶视图，将Box002的一个顶点捕捉到Box001一个顶点上，如下左图所示。

步骤 08 最终两个长方体的大小和位置，如下右图所示。

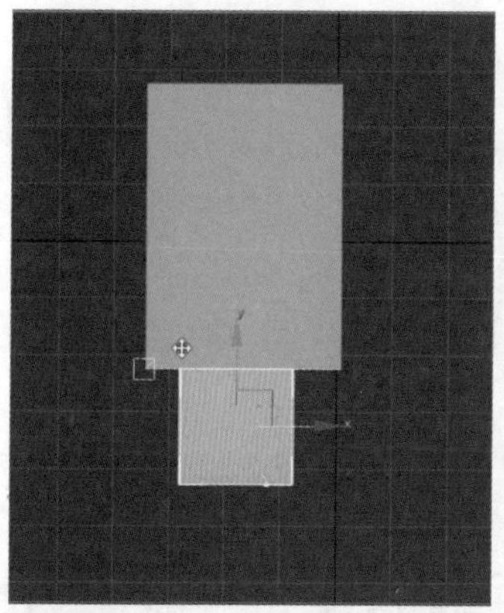

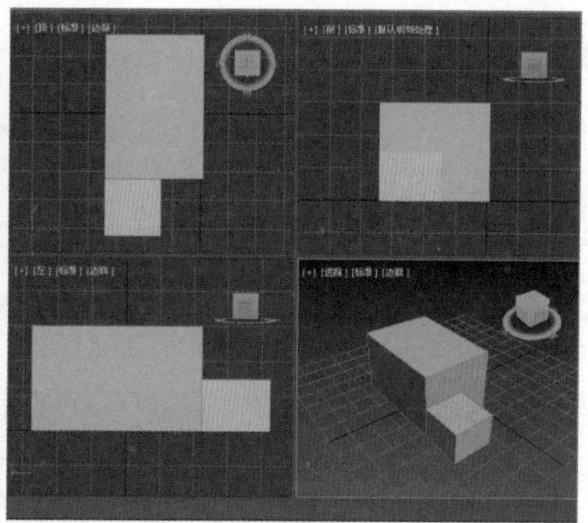

提示：如何让物体只在特定轴向上移动

当用户想将选定的对象在特定轴向上上下、前后或左右移动时，需先打开“栅格和捕捉设置”对话框，切换至“选项”面板，在“平移”选项区域内勾选“启用轴约束”复选框，返回视口中，按下F5、F6、F7键激活对应的X、Y、Z轴，在激活某一轴向后还须按下空格键来锁定该轴向，此时用户就可随意拖动鼠标，而物体只在特定轴向上平移。

2.4 场景对象的设置与管理

用户创建场景的过程中，除了需要熟练地使用变换工具外，还需对物体的对象属性进行设置，并通过成组对象或利用场景/层资源管理器等方式来管理场景对象，方便后续操作。

2.4.1 对象属性的设置

选择场景中的对象，单击鼠标右键，在弹出的四元菜单中选择“对象属性”命令，如下左图所示，就可以打开“对象属性”对话框，如下右图所示。在该对话框中可以设置“对象信息”选项组中对象的名称、“交互性”选项组中的隐藏和冻结属性，以及“显示属性”“渲染控制”和“运动模糊”选项组中的相关参数。

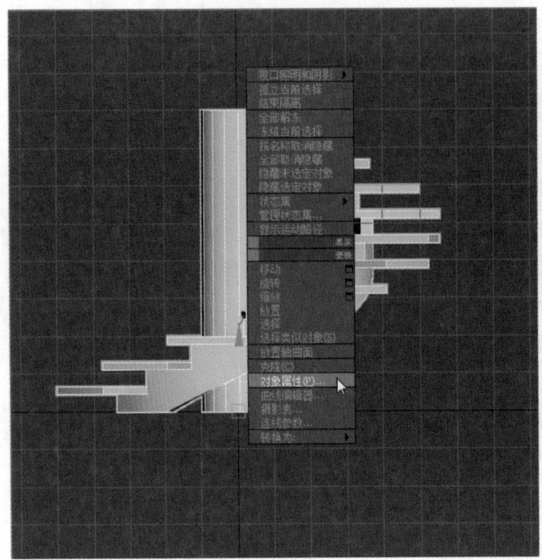

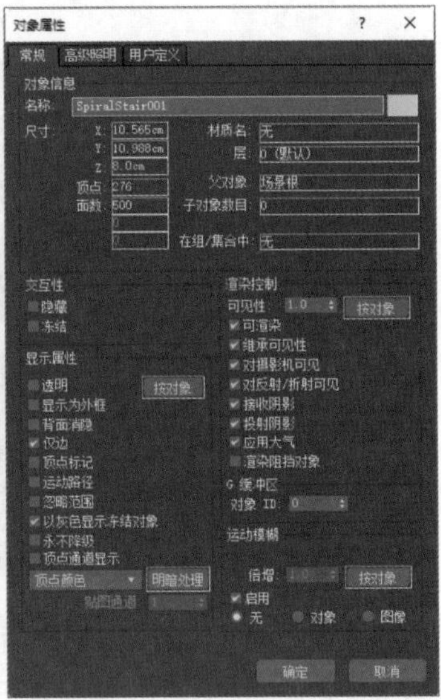

2.4.2 对象的成组与解组

在3ds Max中，将两个或多个对象组合成组后，即可将其视为单个对象或一个整体来变换和修改。在创建的组中，所有的组成员都被严格链接至一个不可见的虚拟对象上。用户选择两个或多个对象后，在菜单栏中执行“组>组”命令，在打开的“组”对话框中设置组名，即可完成组的创建。

用户还可以在“组”菜单下执行“解组”“打开”“关闭”等命令，而“附加”和“分离”命令分别执行的是将组外对象附加到组内、将组内对象分离出去的操作。

> **提示：附加与分离操作**
>
> 若要将场景对象附加到已有组内，首先要选中对象，然后在菜单栏中执行“组>附加”命令，最后单击组对象即可将物体附加到组内；而若要把组内的对象分离出去，首先要选择组，在菜单栏中执行“组>打开”命令，在打开的组中选择要分离的对象，然后执行“组>分离”命令即可。

2.4.3 场景/层资源管理

用户可以通过场景或层资源管理器来整体把控和管理场景中的对象，单击主工具栏中的 “切换场景资源管理器”“切换层资源管理器”按钮，可以分别打开“场景资源管理器”“层资源管理器”面板。

在场景或层资源管理器中用户可以创建层、激活层、嵌套层和重命名层，在层之间移动对象，按照对象类型显示或隐藏名称列表，按层对对象进行冻结、隐藏、可渲染等属性的设置。

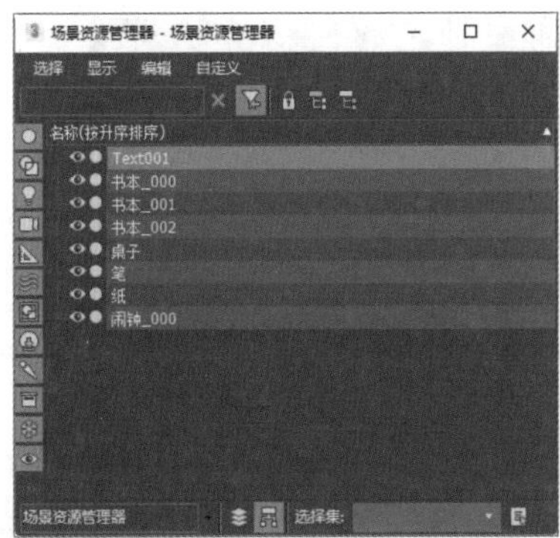

知识延伸：3ds Max的坐标系统

在3ds Max的坐标系统中，可以设置不同的参考坐标系❶和坐标中心❷，如下图所示。在不同的参考坐标系或坐标中心状态下，对相同对象实行变换操作时，会得出不同的变换结果。

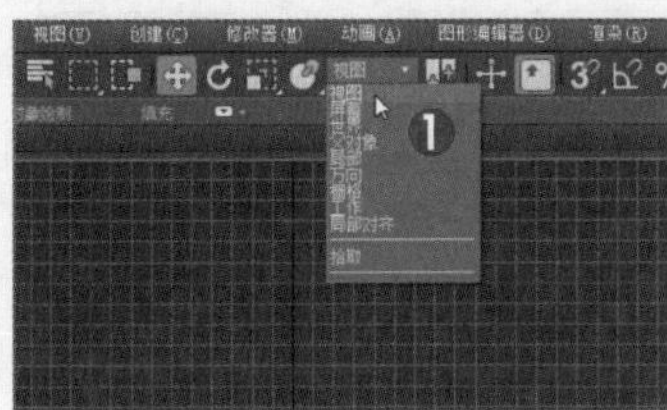

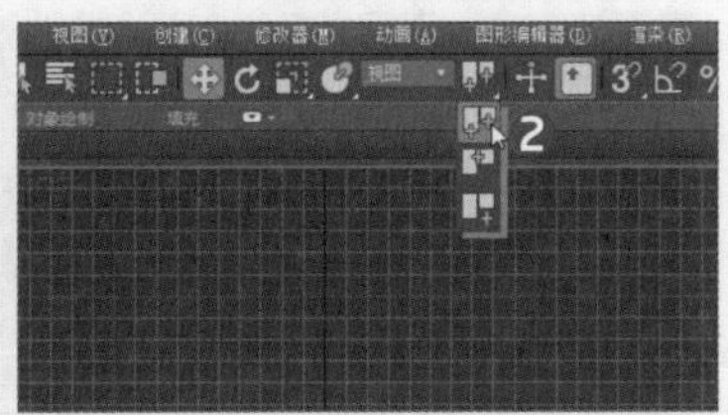

1. 参考坐标系

单击主工具栏中“视图”后的下拉按钮，可以展开参考坐标系列表，包括“视图”“屏幕”“世界”“父对象”“局部”“万向”“栅格”“工作”“局部对齐”和“拾取”坐标系。在上述列表中可以指定变换（移动、旋转和缩放）所用的坐标系。

2. 坐标中心

按住主工具栏中参考坐标系后的坐标中心按钮不放，可以展开“使用轴点中心”“使用选择中心”和“使用变换坐标中心”3个选项。它们分别提供了3种用于确定缩放和旋转操作中心的方法。

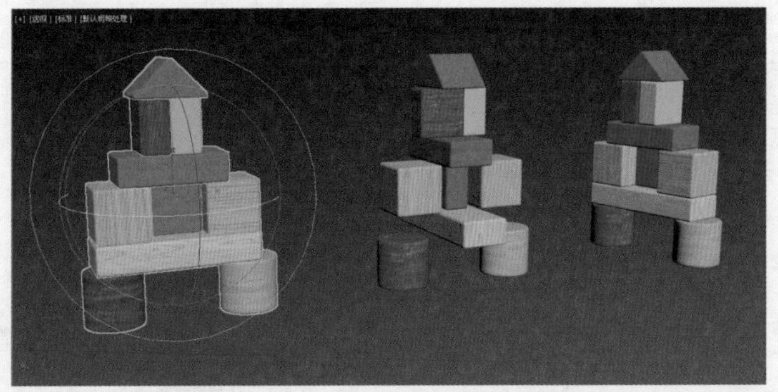

下图所示为对多个对象实行缩放操作时得到的不同结果，它们分别为原对象不做变换；在“视图”坐标系下“使用选择中心”缩放对象；在“视图”坐标系下“使用轴点中心”缩放对象。

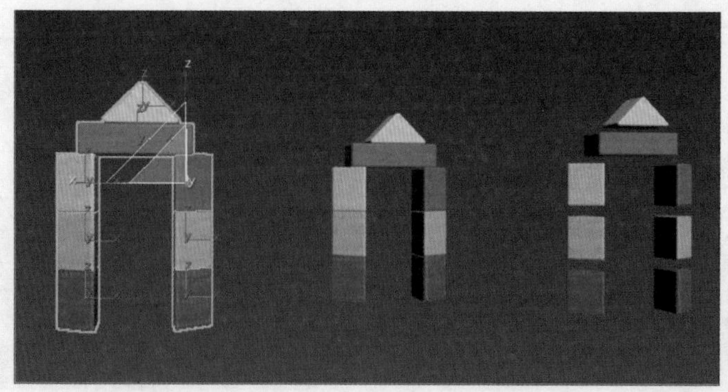

上机实训：使用间隔工具制作项链模型

根据本章所学的知识，利用场景中已提供的模型对象的基础上，使用间隔工具制作项链模型，具体操作步骤如下：

步骤 01 打开随书配套光盘中的“使用间隔工具制作项链模型_原始文件.max”文件，如下图所示。

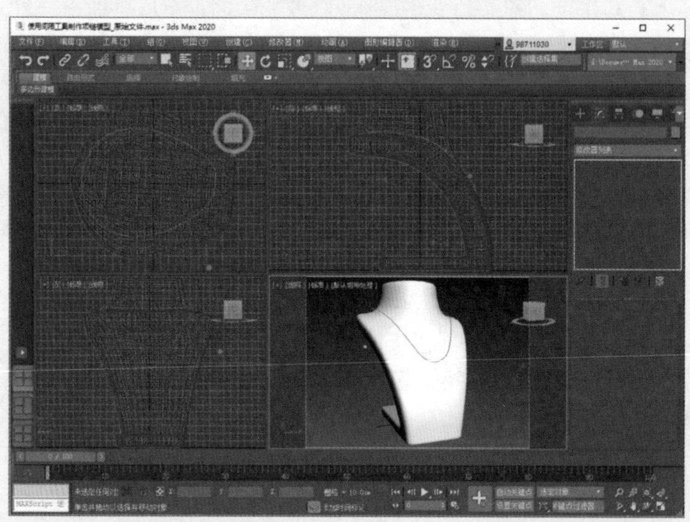

提示：间隔工具

用户还可以在主工具栏的空白处单击鼠标右键，选择“附加”选项，在弹出的“附加”工具栏中，按住“阵列”按钮不放，从展开的列表中选择“间隔工具”选项，从而打开“间隔工具”对话框。使用间隔工具可以沿样条线或两点之间定义的路径分布所选对象。如右图，即是用间隔工具完成在弯曲的街道两侧分布花瓶的操作，花瓶之间等间距，故较短一侧花瓶的数量较少。

步骤 02 选择场景中的对象GeoSphere001❶，在菜单栏中执行“工具❷>对齐❸>间隔工具❹”命令，或使用组合键Shift+I，如下左图所示。

步骤 03 在打开的“间隔工具”对话框中❶，单击“拾取路径”按钮后❷，将鼠标移动到曲线Egg001上，当光标形状变成如下右图所示的加号形状时，单击Egg001完成路径的拾取❸，如下右图所示。

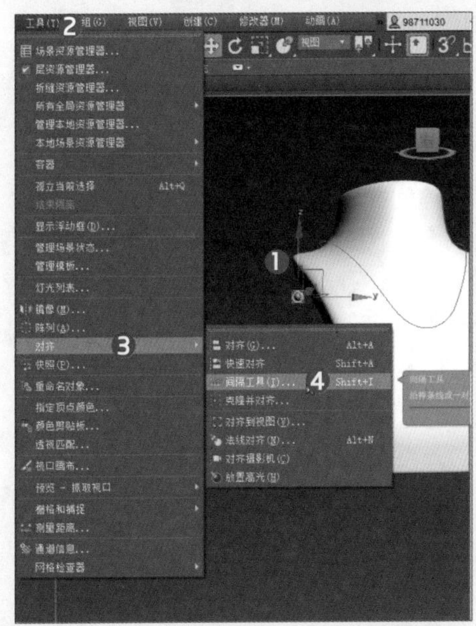

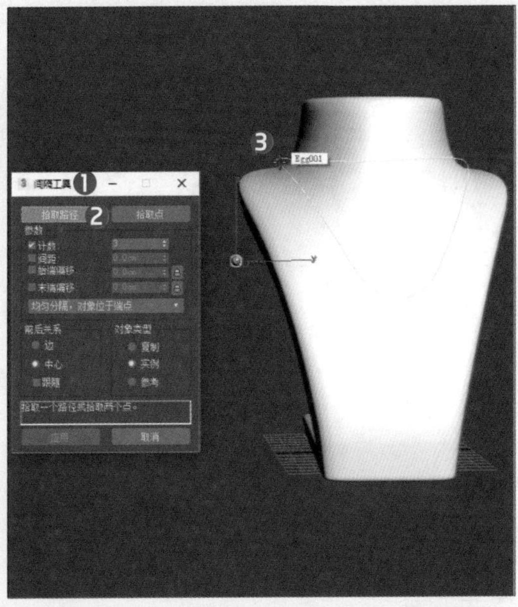

步骤 04 再返回的“间隔工具”对话框中，在“参数”选项组中设置“计数”值为88❶，勾选“始端偏移”和“末端偏移”复选框❷，并将这两个参数的偏移值设置为0.3❸，在“前后关系”选项组中单击“边”单选按钮❹，并勾选“跟随”复选框❺，然后单击“应用”按钮❻完成设置，如下左图所示。

步骤 05 至此已完成项链的制作，效果如下右图所示。

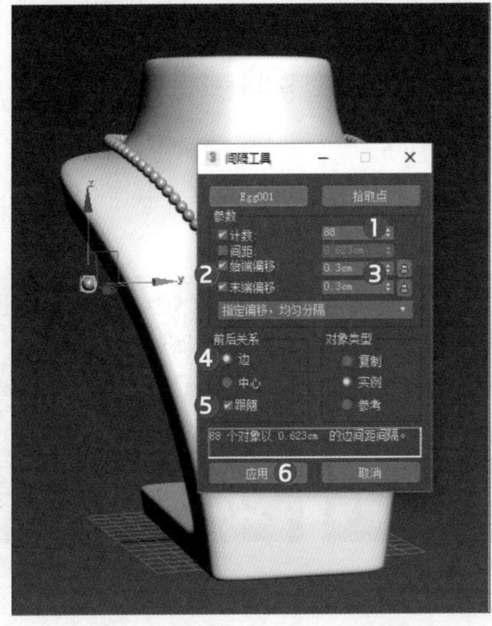

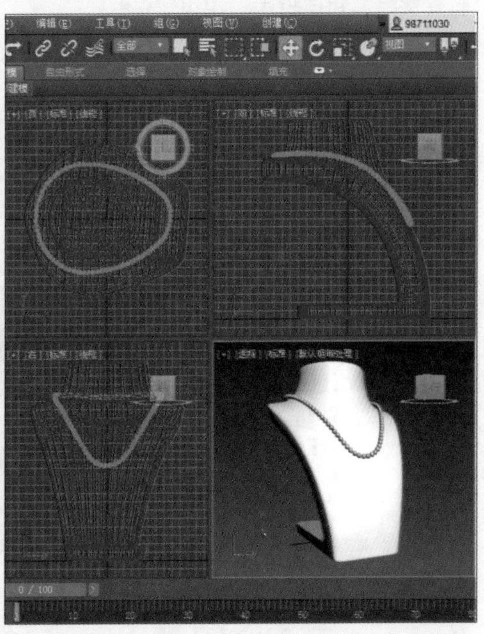

课后练习

1. 选择题

（1）在3ds Max中，对操作对象进行选择的常用方式有（　　）。

A. 按名称选择　　B. 按区域选择

C. 使用选择过滤器　　D. 以上都是

（2）在3ds Max中打开“从场景选择”对话框，可以使用快捷键（　　）。

A. W键　　B. M键

C. H键　　D. R键

（3）对对象进行旋转操作时，可以使用快捷键（　　）。

A. Q键　　B. E键

C. 空格键　　D. A键

（4）右键单击主工具栏上的“捕捉开关”按钮，可打开（　　）对话框。

A. 镜像　　B. 对齐当前选择

C. 阵列　　D. 栅格和捕捉设置

（5）“切换层资源管理器”按钮，位于（　　）。

A. 菜单栏中　　B. 快速访问工具栏上

C. 主工具栏上　　D. 命令面板上

2. 填空题

（1）用户可以按下__________组合键孤立当前选择对象。

（2）3ds Max中使用快捷键__________可以快速地打开或关闭主工具栏中的捕捉开关。

（3）“克隆选项”对话框中，提供了__________、__________和__________3种对象类型。

（4）使用组合键__________可以快速地显示或隐藏变换工具的Gizmo图标。

（5）3ds Max中提供了__________、__________和__________3种坐标中心。

3. 上机题

打开随书配套光盘中的“第二章上机题.max”文件，利用本章所学的知识，快速选出所有的圆柱体对象、所有的二维图形，如下图所示。

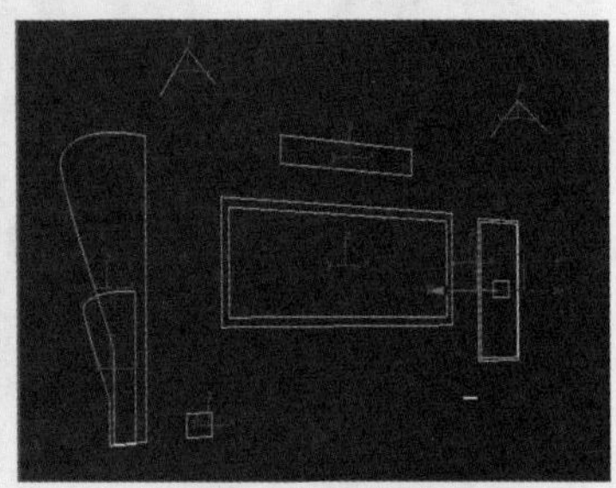

Chapter 03 建模

本章概述

本章将对3ds Max中的建模技术进行介绍，主要讲述基础建模、复合对象建模、修改器建模和可编辑对象建模。其中几何基本体、二维图形、复合对象中的创建属基础部分，而利用常用的二维、三维修改器建模、多边形建模等属于高级建模部分。

核心知识点

❶ 掌握几何基本体的创建
❷ 掌握二维图形的创建
❸ 掌握常用复合对象的创建
❹ 掌握常用修改器
❺ 掌握多边形建模法

3.1 基础建模

模型是一切工作的根基，符合规范的模型有利于后续工作的开展。而掌握一定的建模技巧，熟悉各种建模技术的长处和特点，是用户建好模型的基础。本节将为用户介绍一些基础的建模方法，包括创建标准基本体、扩展基本体、图形，以及系统预置的多种建筑对象等。

3.1.1 几何基本体的创建

3ds Max中实体三维对象或用于创建它们的对象，被称为几何体。无论是场景的主题还是渲染的对象都由几何体组成。3ds Max为用户提供了一些常用的几何基本体，包括标准基本体和扩展基本体两类。用户可以使用它们直接进行模型的组建，或是对其进行加工细化，创作出更为复杂绚丽的模型。

在“创建”❶面板中单击“几何体”❷按钮，在几何体类型列表❸中选择相应选项，即可打开相应面板，如下图所示。

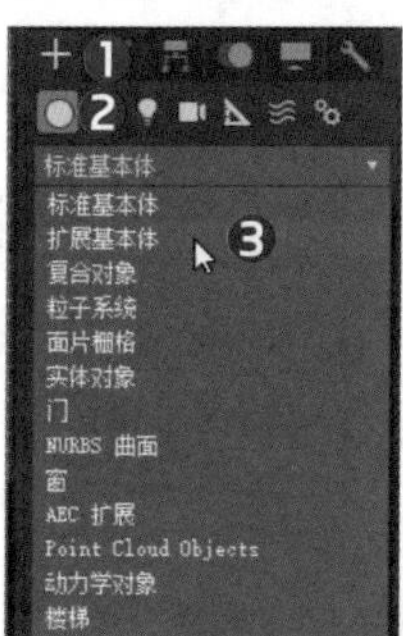

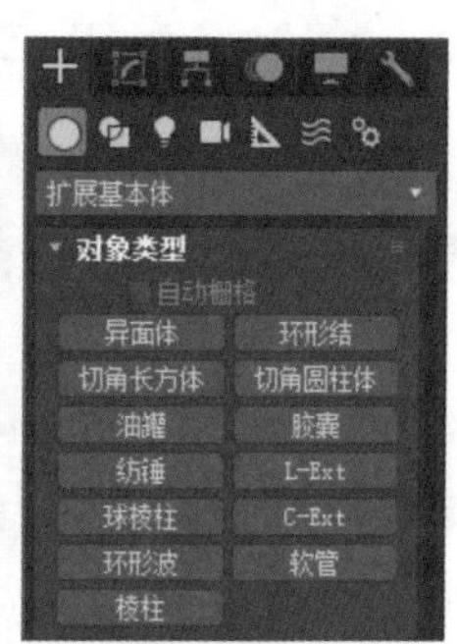

1. 标准基本体

3ds Max中的标准基本体都是一些最基本、常见的几何体，包括长方体、圆锥体、球体、几何球体、圆柱体、管状体、圆环、四棱锥、茶壶、平面和加强型文本，共11种，如右图所示。用户可以直接利用它们进行模型的拼接，也可以在其基础上，通过其他建模手段进行细化创作。

一般标准几何体的创建方法有两种，用户可以单击任一基本体按钮，直接在视口中拖曳鼠标进行创建，也可以在面板中出现的“键盘输入”卷展栏内输入数值，单击“创建”按钮进行创建。而加强型文本没有“键盘输入”卷展栏。下面以长方体的创建为例，介绍具体的操作步骤：

步骤 01 在“创建”❶面板中单击“几何体”❷按钮，在几何体类型列表中选择“标准基本体”❸选项，接着单击“长方体”❹按钮，在顶视图拖动鼠标左键绘制出长方体的底部矩形❺，如下左图所示。

步骤 02 矩形绘制完成后松开鼠标左键，向上移动光标绘制长方体的高度，移动到合适位置后单击鼠标左键，完成长方体的创建，接着单击鼠标右键退出绘图模式，如下右图所示。

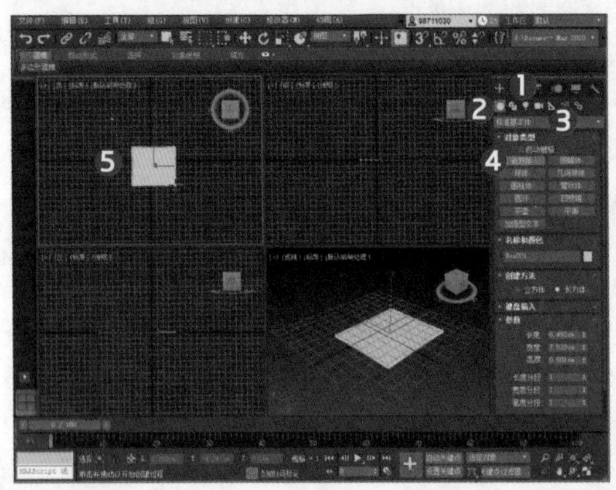

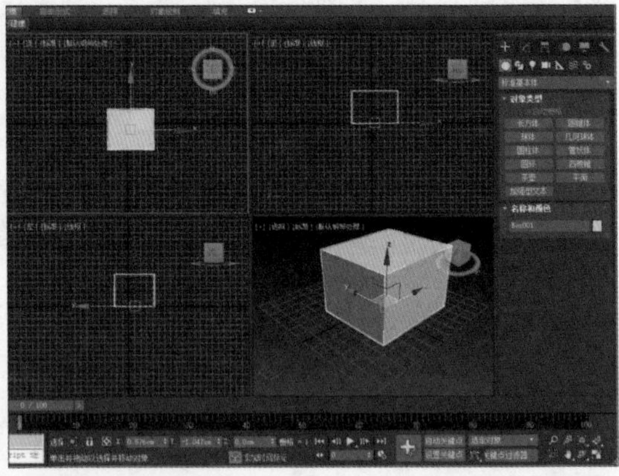

提示：长方体的参数设置

长方体创建完成后，用户可以单击命令面板中的“修改”按钮，进入“修改”面板，在“参数”卷展栏中完成长方体参数的修改设置，如右图所示。

其中长度、宽度、高度设置长方体的相应边的值，而长度分段、宽度分段、高度分段的值确定对应轴向上的分段数量。

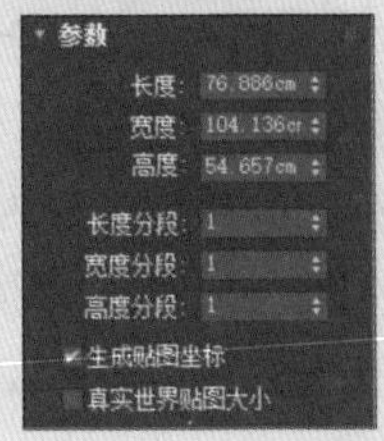

2. 扩展基本体

扩展基本体囊括了3ds Max中较为复杂的基本体，包括异面体、环形结、切角长方体、切角圆柱体、油罐、胶囊、纺锤、L-Ext（L形挤出）、球棱柱、C-Ext（C形挤出）、环形波、软管和棱柱，如下图所示。其创建方法与创建标准基本体基本相同，其中异面体、环形波和软管不能通过键盘输入进行创建，而切角长方体和切角圆柱体较为常用。

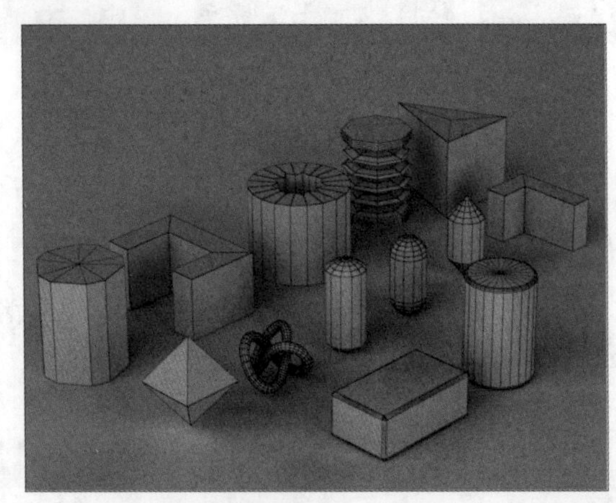

实战练习 利用几何基本体创建婴儿床模型

用户通过上述介绍，已经对标准基本体和扩展基本体有了一定的了解，下面使用这些基本体来创建婴儿床模型，具体的操作方法如下：

步骤 01 打开程序，在菜单栏中执行“自定义❶>单位设置❷”命令，如下左图所示。

步骤 02 在弹出的“单位设置”对话框中，单击“系统单位设置”❶按钮，在随即打开的“系统单位设置”对话框中，设置系统单位比例为“毫米”❷，单击“确定”❸按钮，返回“单位设置”对话框，将“显示单位比例”设置为“厘米”❹，单击“确定”❺按钮完成单位设置，如下右图所示。

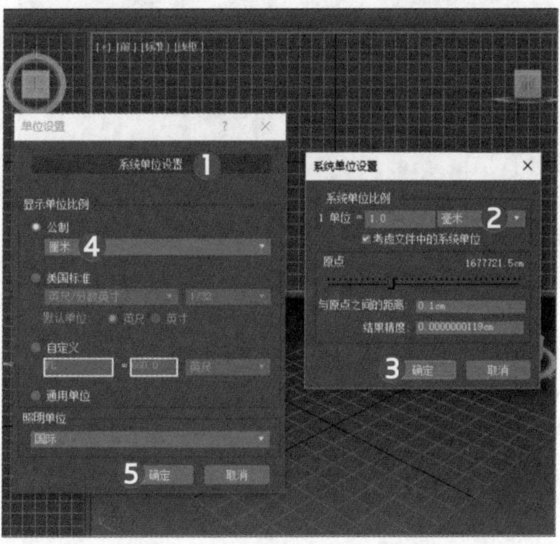

步骤 03 在“创建”❶面板中单击“几何体”❷按钮，在几何体类型列表中选择“扩展基本体”❸选项，接着单击“切角长方体”❹按钮，激活左视图，按住鼠标左键绘制一个长方形❺，如下左图所示。

步骤 04 松开鼠标左键，向长方形内部移动光标，在其他视口中可以观察到长方体宽度随光标位置的变化而变化，至合适位置后单击鼠标左键，长方体的宽度变化随即停止，如下右图所示。

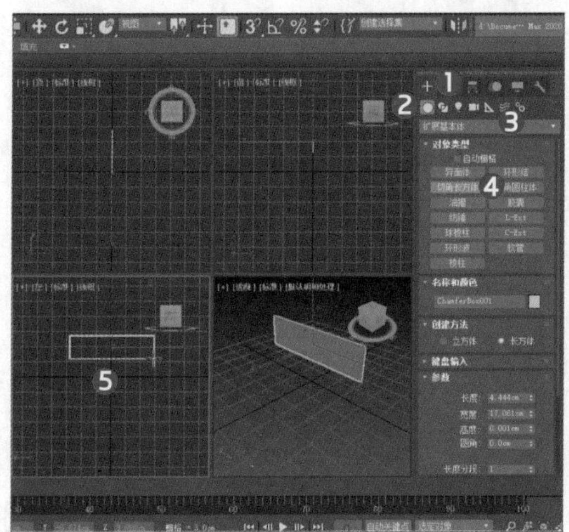

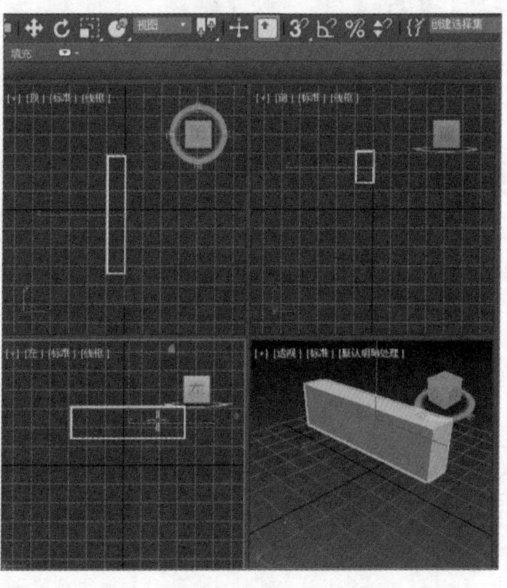

步骤 05 接着继续移动光标，此时该长方体各边将出现切角情况，至合适位置后单击鼠标左键，停止切角设置，最后单击鼠标右键退出“切角长方形”创建模式，如下左图所示。

步骤 06 切换至“修改”❶面板，在“参数”❷卷展栏中设置切角长方体的“长度”值为6.0cm、“宽度”值为76.0cm，“高度”值为2.5cm、“圆角”值为1.0cm、“圆角分段”值为7，单击界面右下角的“所有视图最大化显示所选对象”❸按钮，最大化显示对象，如下右图所示。

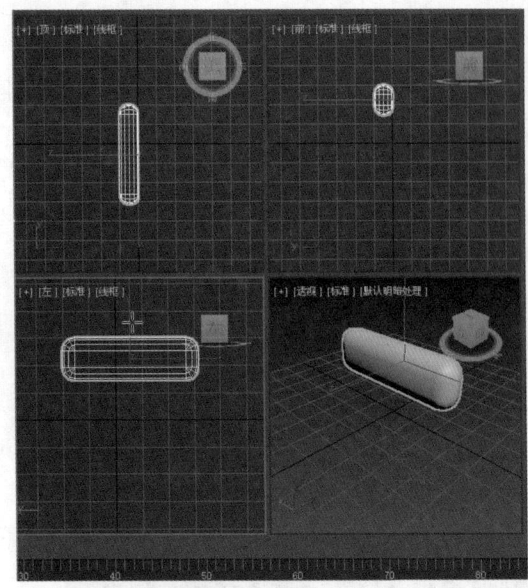

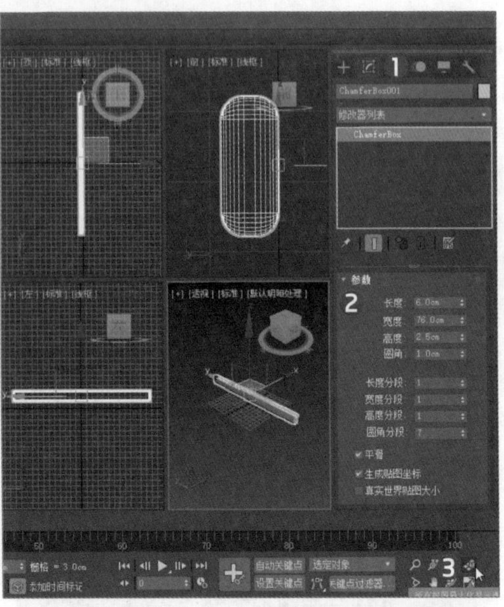

步骤 07 接着在视口中创建一个与已创建的切角长方体ChamferBox001成垂直关系的切角长方体ChamferBox002，并在“修改”❶面板，在“参数”❷卷展栏中设置ChamferBox002 的“长度”值为78.0cm、“宽度”值为4.0cm，“高度”值为2.5cm、“圆角”值为0.65cm、“圆角分段”值为5，并使用移动、捕捉工具设置其位置，如下左图所示。

步骤 08 在视口中创建一个长方体，在“修改”面板中设置“长度”值为30.0cm、“宽度”值为68.0cm，“高度”值为1.5cm，使用移动、捕捉工具将其放置到准确位置处，如下中图所示。

步骤 09 在长方体下方创建一个切角长方体ChamferBox003，在“修改”面板中设置其“长度”值为3.5cm、“宽度”值为68.0cm，“高度”值为2.5cm、“圆角”值为1.0cm、“圆角分段”值为7，如下右图所示。

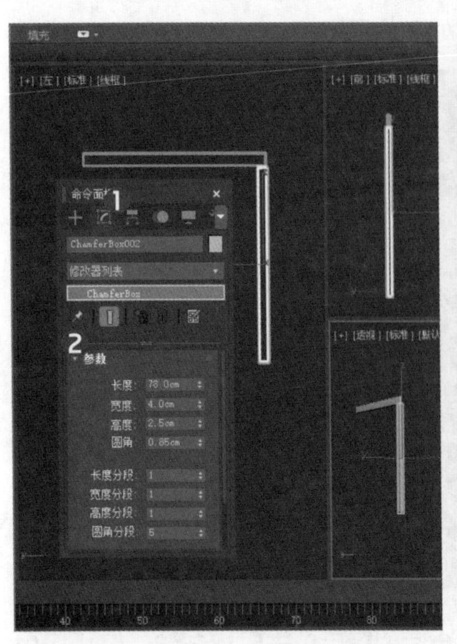

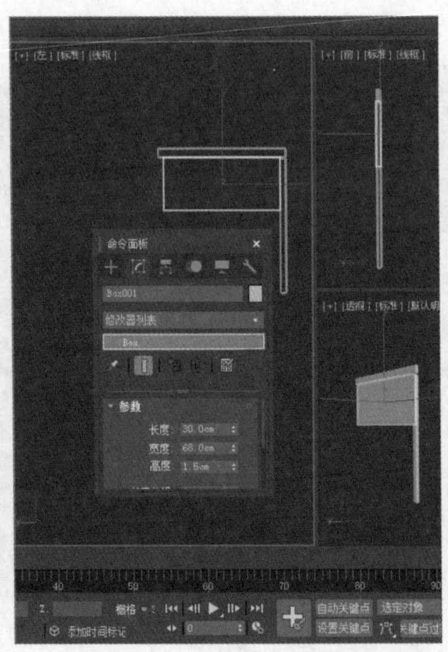

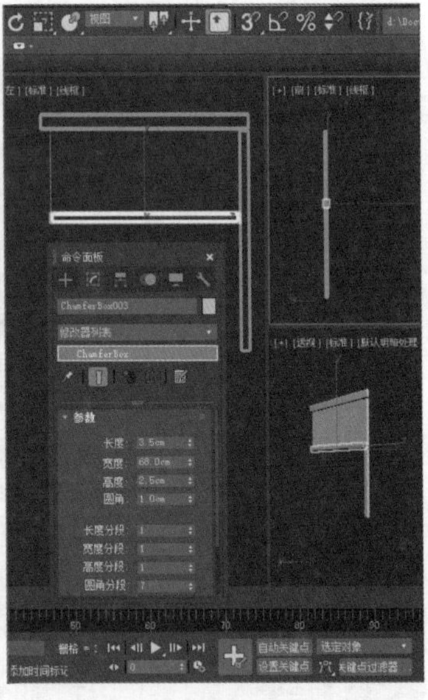

步骤 10 按下W键，激活“选择并移动”工具，单击选择长方体Box001后，按住Ctrl键加选切角长方体ChamferBox003，接着按住Shift键的同时按住鼠标左键，沿Y轴向下移动所选对象❶，松开鼠标及Shift键，在弹出的“克隆选项”对话框中保持默认设置，单击“确定”❷按钮完成对象的复制操作，如下左图所示。

步骤 11 使用上述复制方法沿X轴复制ChamferBox002，并使用移动、捕捉工具将所有复制出的对象放置到准确位置处，如下中图所示。

步骤 12 激活顶视图，创建一个与对象ChamferBox001成垂直关系的切角长方体ChamferBox006，设置其“长度”值为3.5cm、“宽度”值为140.0cm，“高度”值为2.5cm、“圆角”值为0.5cm、“圆角分段”值为5，并将该对象放置到准确位置处，如下右图所示。

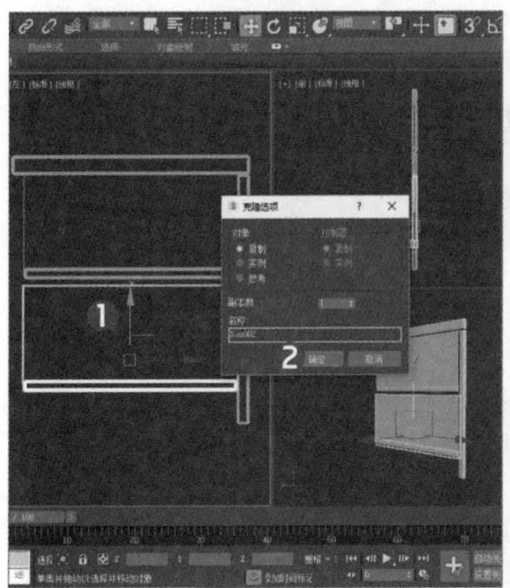
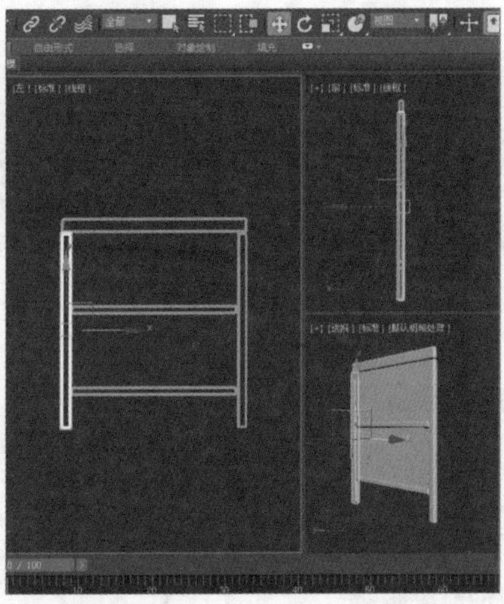
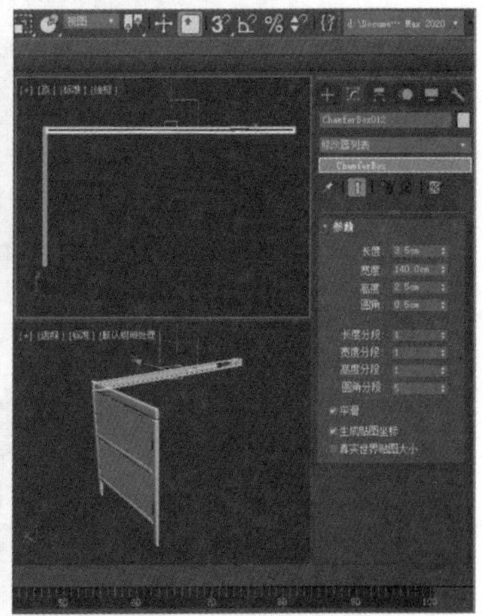

步骤 13 在前视图中沿Y轴复制新创建的切角长方体ChamferBox006，并将复制得到的对象ChamferBox007移动至合适的位置，如下左图所示。

步骤 14 在视口中创建一个圆柱体Cylinder001，在修改面板中设置该圆柱体的“半径”值为0.65cm、“高度”值为61.525cm、“高度分段”值为1，并将其移动至合适的位置，如下右图所示。

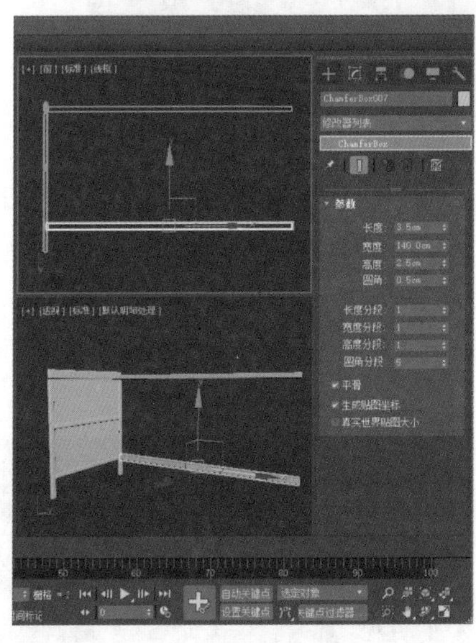
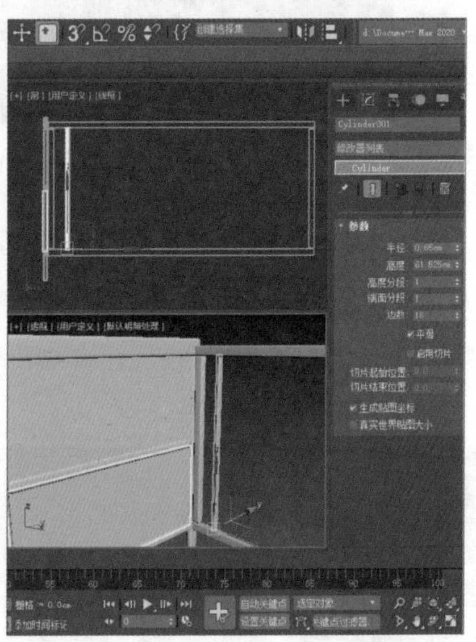

步骤 15 在主工具栏的空白处单击鼠标右键，选择“附加”选项，在弹出的“附加”工具栏中，单击“阵列”按钮❶，打开“阵列”对话框❷，在“阵列变换”选项组中的“增量”选项区域内设置移动变换行中X轴的增量值为6，在“阵列维度”选项区域的1D数值框中输入21❸，最后单击“确认”按钮❹，完成阵列操作，如下左图所示。

步骤 16 在视口中对已经创建的切角长方体进行复制操作，修改相应的参数后，按下右图所示的效果进行移动、阵列操作。

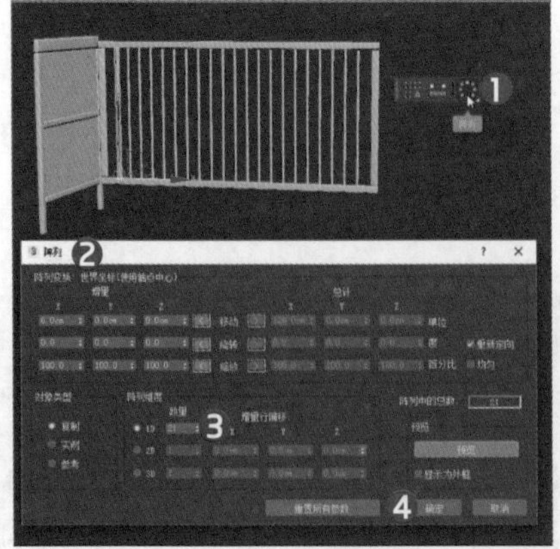

步骤 17 对结构相同的部分进行复制后即可得到婴儿床模型的最终效果，如下图所示。

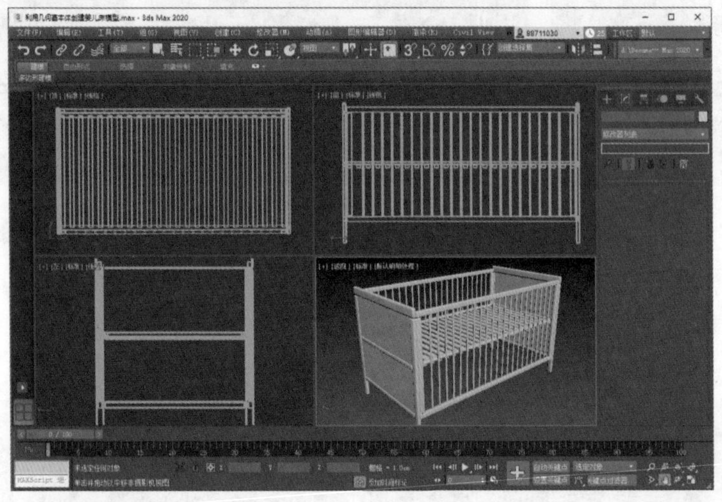

3.1.2 建筑对象的创建

在“创建”面板下的“几何体”中，3ds Max除了提供几何基本体外，还提供了一系列建筑对象，可用于一些项目模型的构造块。这些对象包括门、窗、楼梯和AEC 扩展（植物，栏杆和墙）。用户可以在“创建”面板中单击“几何体”按钮，在几何体类型列表中选择相应选项，即可打开相应的面板，下图所示分别为门、窗、楼梯和ACE扩展面板。

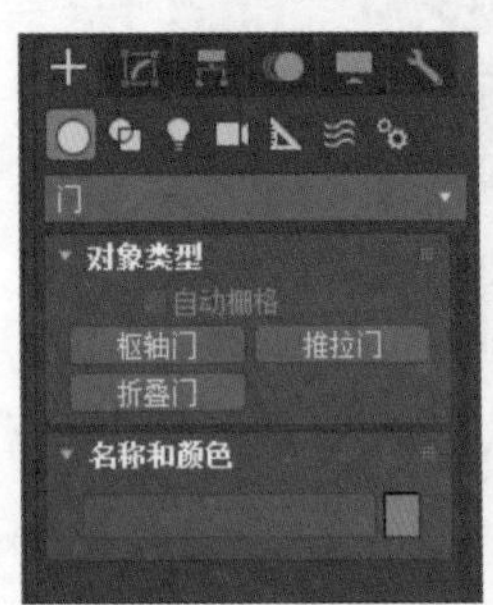

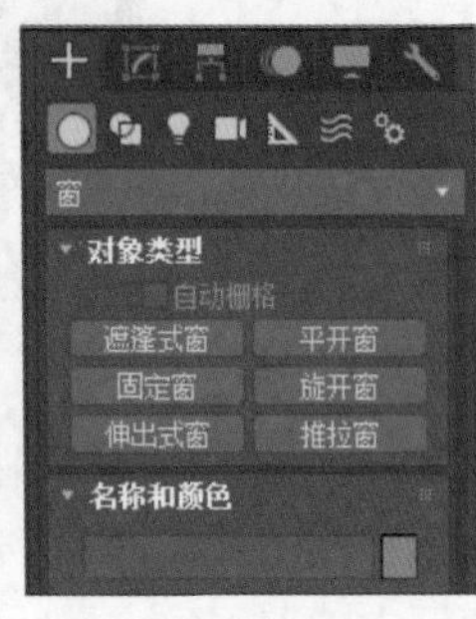

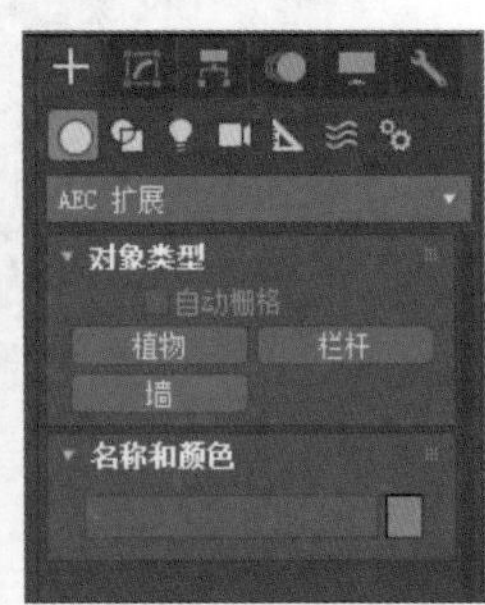

1. 门

在3ds Max中，使用预置的门模型可以控制门外观的细节，还可以将门设置为打开、部分打开或关闭状态，也可为其设置打开的动画。“门”类别包括“枢轴门”“推拉门”和“折叠门”三种类型。

2. 窗

3ds Max提供了6种类型的窗，分别为“遮篷式窗”“平开窗”“固定窗”“旋开窗”“伸出式窗”和“推拉窗”。用户可以控制窗口外观，将窗设置为打开、部分打开或关闭状态，及设置打开的动画等。

3. 楼梯

在3ds Max中，用户可以创建4种不同类型的楼梯，分别是“直线楼梯”“L 型楼梯”“U 型楼梯”和“螺旋楼梯”。

4. ACE扩展

“AEC 扩展”对象在建筑、工程和构造领域使用广泛，包括“植物”“栏杆”和“墙”3类，用户可以使用“植物”来创建植物，使用“栏杆”来创建栏杆和栅栏，使用“墙”来创建墙。

3.2 图形建模

在3ds Max的“创建”面板中，用户除了可以使用“几何体”选项卡中的几何基本体、建筑对象创建一些基础模型外，还可以使用该面板下的“图形”选项卡来创建一些二维图形，下面将为用户介绍二维图形的分类、应用途径、创建方法及可编辑样条线的相关知识。

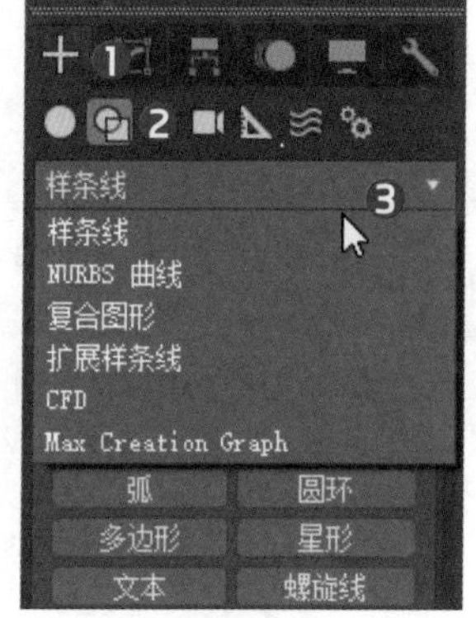

3.2.1 图形的分类

图形是一个由一条或多条直线或曲线组成的对象，3ds Max中的常用的系统内置图形主要由样条线、NURBS 曲线和扩展样条线组成。在“创建”面板❶中单击“图形”按钮❷，单击“样条线”后的下拉按钮❸，在打开的图形类型列表中选择相应的选项，即可打开相应的面板，如右图所示。

1. 样条线

样条线中包括线、矩形、圆、椭圆、弧、圆环、多边形、星形、文本、螺旋线、卵形、截面和徒手13种常见的基本图形，如下左图所示❶。在这些图形中，使用“线”可创建一个或多个分段组成的自由形式样条线，而使用“徒手”可在视口中直接创建手绘样条线。

2. NURBS 曲线

NURBS 曲线外形与样条线类似，但有着较为复杂的控制系统，允许跨视口操作，包括点曲线和CV曲线2种，如下中图所示❷。点曲线直接用在曲线上的点来控制曲线的形状，而CV曲线用CV控制点来控制曲线的形状，CV控制点在曲线的切线上，并不在曲线上。

NURBS 曲线是一种可供用户编辑的图形对象，与可编辑样条线类似，可以进行相关的编辑操作。点曲线有“点”和“曲线”2个子层级对象，CV曲线有“曲线CV”和“曲线”2个子层级对象，如下中图所示。

3. 扩展样条线

扩展样条线是一种增强版的二维样条线，包括墙矩形、通道、角度、T形和宽法兰5种，如下右图所示❸。

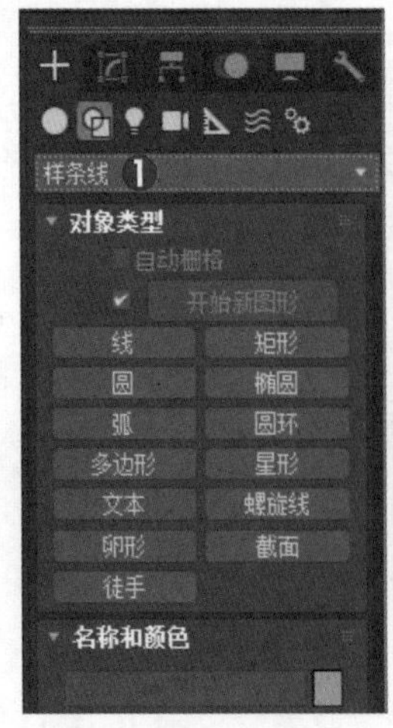

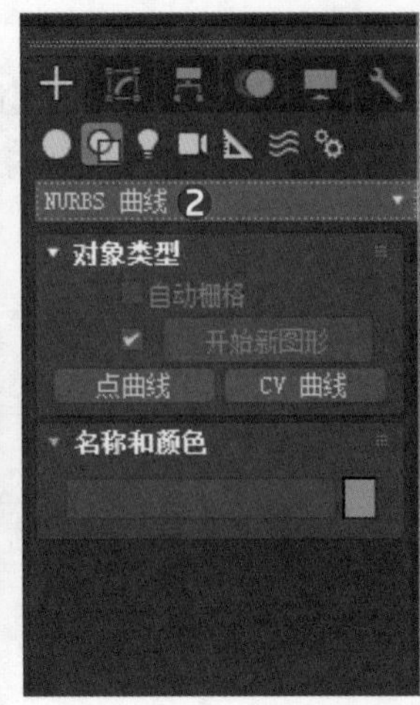

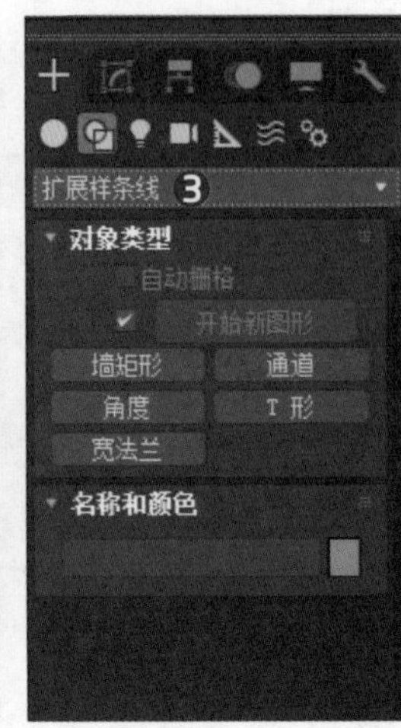

3.2.2 图形的应用

在3ds Max中，图形常用作其他对象组件的二维和三维直线以及直线组，作用十分强大，它不仅可以通过参数设置进行原样渲染，还与“3.3.2放样”“3.4.2二维图形的常用修改器”等小节中的常用建模方法有着密切的联系，只有对二维图形有了全面的了解后，才能使用户更快地掌握更多的建模方法，本小节将为用户介绍使用这些图形可以执行的相关操作。

- **生成平面和薄的三维曲面**：通过将图形转换为可编辑曲面（直接转换或使用修改器转换）可创建平面对象或薄的三维曲面，通常生成的三维曲面的面和边需要进行手动编辑，以便平滑曲面上的隆起部分。
- **定义放样组件**：用户还可以使用二维图形来定义放样组件（如放样的路径、界面和拟合曲线），组合两条或多条样条线生成一定规律的三维对象，该部分内容用户可以参考3.3.2放样小节。
- **对图形应用修改器**：用户可以对图形应用修改器来创建三维对象时，“挤出”和“车削”是常用的两种修改器，该部分内容将会在3.4.2二维图形的常用修改器中进行详细介绍。
- **可渲染图形**：通过放样、挤出或其他方法使用图形创建对象时，将会生成可渲染的三维对象。在3ds Max中，默认创建出的二维图形是不在渲染中显示的，而用户可在创建好图形后，进入“修改”面板，勾选“渲染”卷展栏中的“在渲染中启用”复选框即可进行原样渲染。
- **定义运动路径**：用户可以使用图形来定义动画对象的位置随时间的变化方式，或是定义其他某些对象遵循的路径，如路径约束就是使用图形来控制对象的运动。

3.2.3 图形的创建方法

通过上述对二维图形的种类、应用途径的介绍，用户对二维图形已经有了初步认识，下面将具体介绍创建图形的常用方法。

1. 图形创建工具

用户可以直接在“创建”面板中单击“图形”按钮，在“对象类型”卷展栏直接使用图形创建工具创建图形，其中标准图形位于类别列表的“样条线”中，点曲线和CV曲线位于NURBS曲线中，墙矩形、通道、角度、T形、宽法兰位于“扩展样条线”中。

此外，用户也可以菜单栏中执行“创建>图形”❶或“创建>扩展图形”❷命令来访问这些图形创建工具，如下图所示。

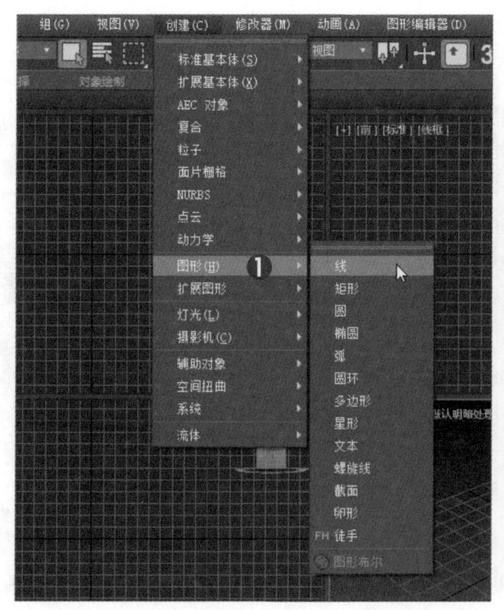
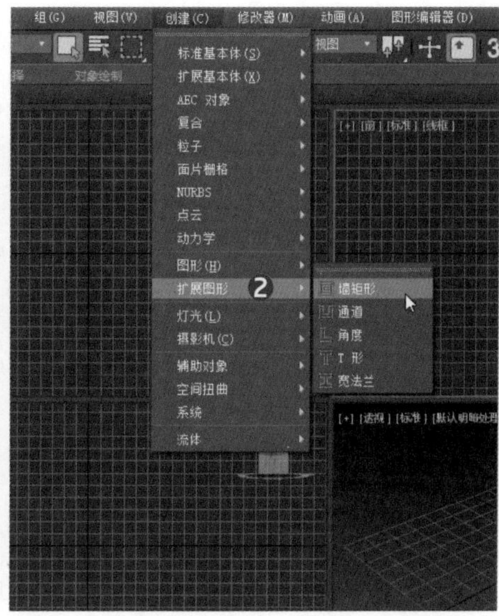

图形创建工具支持直接在视口中拖曳鼠标进行创建和键盘输入创建图形，下面以矩形的创建为例来了解图形的创建步骤及如何将其设置为可渲染图形。

步骤 01 打开应用程序，在“创建”面板❶中单击“图形”按钮❷，在图形类型列表中选择“样条线”选项❸，接着单击“矩形”按钮❹，如下左图所示。

步骤 02 在顶视图中从左至右拖曳鼠标左键即可创建出一个矩形，松开鼠标完成创建，单击鼠标右键退出创建模式，如下右图所示。

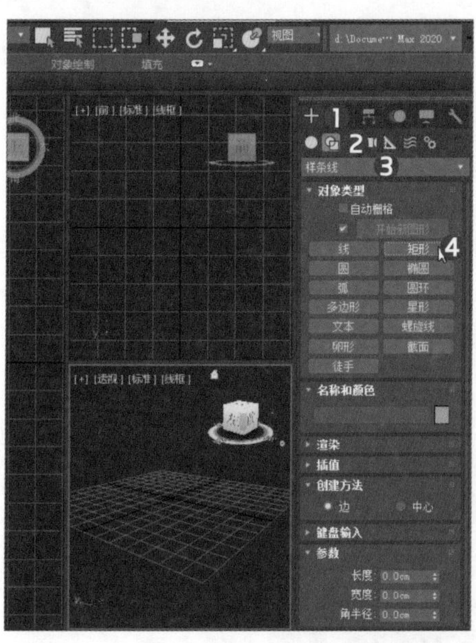
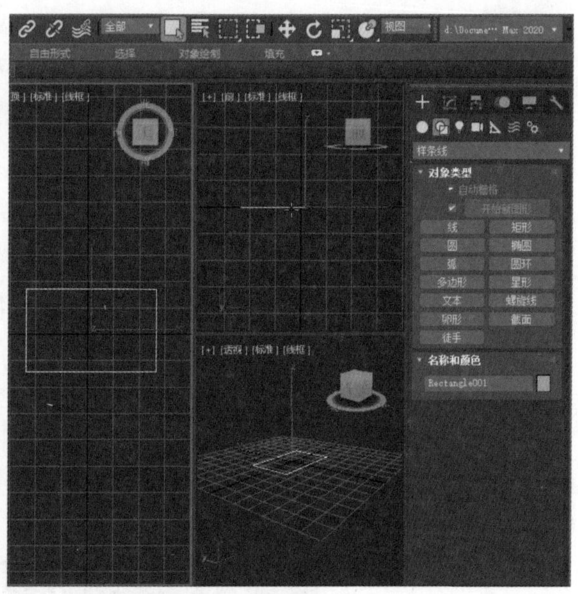

步骤 03 切换至“修改”面板，可发现矩形对象有“渲染”“插值”和“参数”3个参数卷展栏，用户可以在“参数”卷展栏中设置矩形的长宽及切角度，如将“长度”值设为50.0cm、“宽度”值设为25.0cm，“角半径”值设为5.0cm❷，视口中的矩形随之变化，如下左图所示。

步骤 04 展开“渲染”卷展栏❶，勾选“在渲染中启用”和“在视口中启用”复选框❷，在“渲染”区域❸内选择“矩形”单选按钮❹，将“长度”和“宽度”值都设置为5.0cm❺，此时就已将图形设置为可渲染图形，如下右图所示。

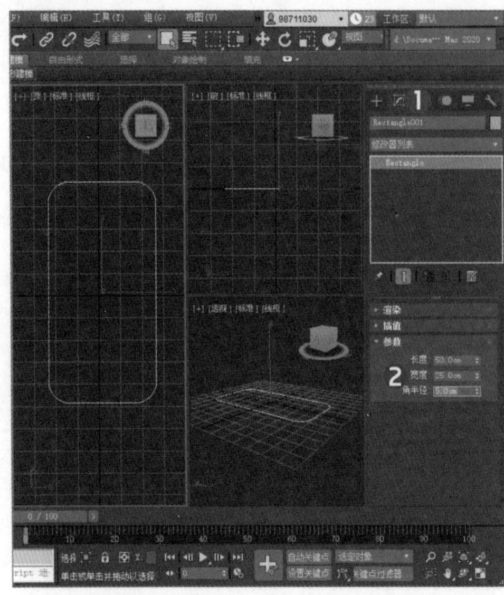

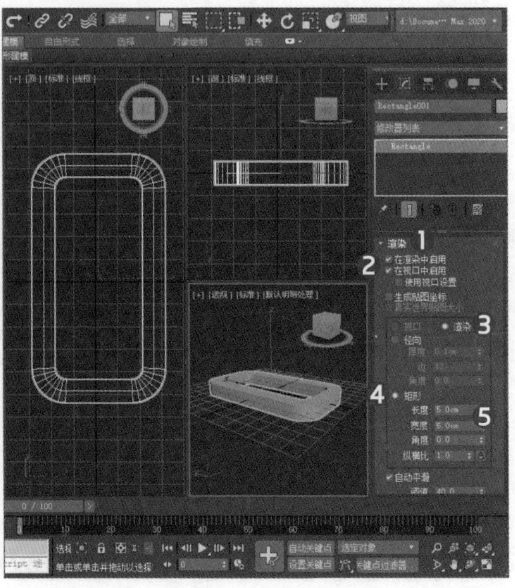

2. 从边创建图形

在二维图形的应用章节中，用户了解了二维图形转换为三维对象的多种方法，同样的，用户也可以从三维对象中得到图形，即通过可编辑对象中的选定边来创建图形。在可编辑网格对象的“边”子对象层级下的“编辑几何体”卷展栏中有一个名为“由边创建图形”的按钮，使用该按钮即可根据选定边创建样条线对象。同样的，在“可编辑多边形”对象中，可以使用“边”子对象层级中的“利用所选内容创建图形”工具来生成图形。

3.2.4　可编辑样条线

可编辑样条线是一种针对图形进行编辑操作的可编辑对象，它提供了将对象作为样条线并以“顶点”“线段”和“样条线”三个子对象层级进行操纵的控件，方便用户自定义创建的图形，为后续建模提供方便。

1. 可编辑样条线的生成途径

在3ds Max中，若要生成可编辑样条线对象，首先需选择已有的源图形，然后根据不同需求执行以下操作之一即可。

途径1： 样条线和扩展样条线中的任意图形都可以转换为可编辑样条线，进行对象或子对象层级编辑操作，其中“样条线”下的“线”不需转换，其本身就是可编辑的，故在选择创建好的样条线后，单击鼠标右键，在弹出的四元菜单的“变换”（右下方）区域中执行“转换为>转换为可编辑样条线”命令即可完成操作，如下图所示。

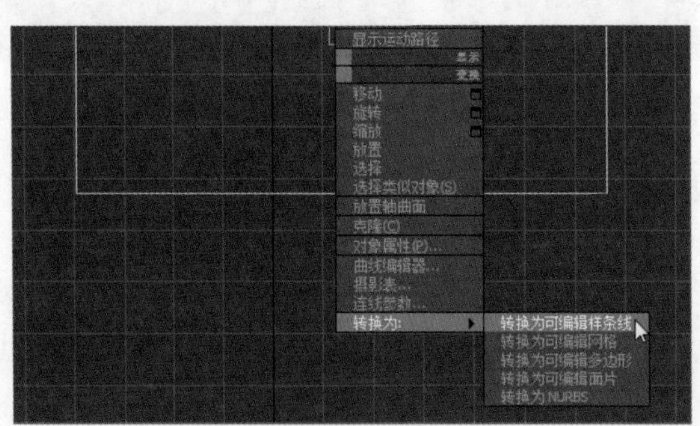

途径2：选择已创建的图形❶后，先取消勾选“创建”面板上的“开始新图形”复选框❷，单击“对象类型”卷展栏中的任意图形按钮❸，在视口中绘制图形❹，每个新建的图形都将添加到源图形上形成复合图形，单击鼠标右键退出创建模式，将自动创建一个带有两个或更多样条线的可编辑样条线❺。

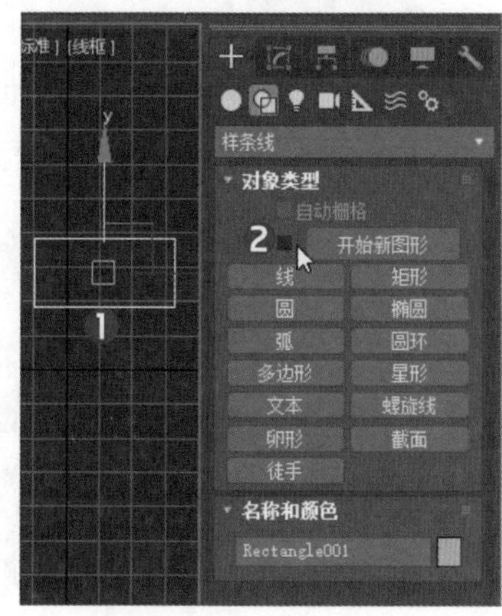
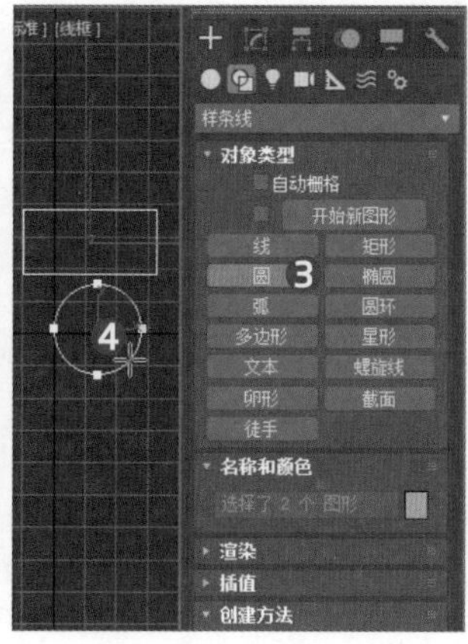

2. 可编辑样条线的层级

可编辑样条线有顶点、线段和样条线3个子对象层级，在各个层级下，修改面板中的参数将针对层级的特点处于可用状态或灰度不启用状态。在可编辑样条线对象层级（即没有子对象层级处于活动状态时）可用的功能也可以在所有子对象层级使用，并且在各个层级的作用方式完全相同，用户可以通过按下1、2、3键分别进入顶点、线段和样条线层级。

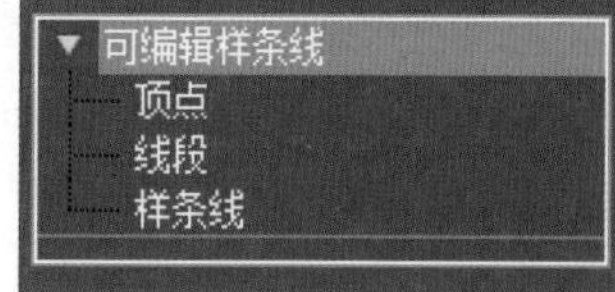

3. 参数卷展栏

可编辑样条线的卷展栏较多，大致有“渲染”“插值”“选择”“软选择”“几何体”和“曲面属性”卷展栏等。各个对象层级对应的参数卷展栏个数、卷展栏中的具体命令会有所差别，其中“几何体”卷展栏较为重要。

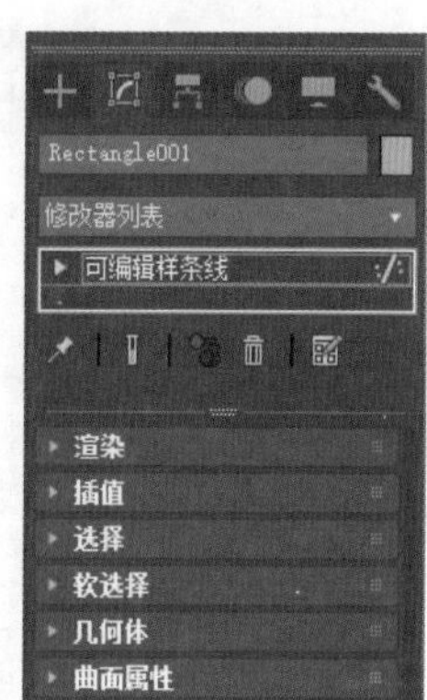

- **“渲染”卷展栏**：启用和关闭形状的渲染性、指定其在渲染时或视口中的渲染表现是“径向”或“矩形”及其渲染厚度，可应用贴图坐标等。
- **“插值”卷展栏**：样条线上的每个顶点之间的划分数量称为步长，在“插值”卷展栏中可以设置步长数，“步数”的值越大，曲线的显示越平滑。
- **“选择”卷展栏**：为启用或禁用不同的子对象模式、使用命名选择的方式和控制柄、显示设置以及所选实体的信息提供控件。
- **“软选择”卷展栏**：允许部分地选择显式选择邻接处中的子对象，会使显式选择的行为就像被磁场包围了一样。在对子对象进行变换时，被部分选定的子对象会平滑的进行绘制。
- **“曲面属性”卷展栏**：只在“线段”和“样条线”子层级中存在，有“材质”选项组，可进行“设置ID”、“选择ID”和“清除所选内容”相关操作。
- **“几何体”卷展栏**：该卷展栏提供了用于所有对象层级或子对象层级更改图形对象的全局控件，只在不同层级下，各控件启用的数目不尽相同 ，常用参数控件功能如下。
- **附加**：将场景中的其他样条线附加到所选样条线。
- **优化**：允许用户添加顶点，而不更改样条线的曲率值。
- **焊接**：焊接选择的顶点，只要每对顶点在阈值范围内即可。
- **连接**：在两个端点间生成一个线性线段。

- **插入**：在线段的任意处可以插入顶点，以创建其他线段。
- **设为首顶点**：指定所选形状中的哪个顶点是第一个顶点。
- **熔合**：将所有选定顶点移至它们的平均中心位置。
- **相交**：在同一个样条线对象的两个样条线的相交处添加顶点。
- **圆角**：允许在线段会合的地方设置圆角，添加新的控制点。
- **切角**：可以交互式地或输入数值设置形状角部的倒角。
- **轮廓**：指定距离偏移量或交互式制作样条线的副本。
- **布尔**：将选择的第一个与第二个样条线进行布尔操作。
- **修剪/延伸**：清理形状中重叠/开口部分，使端点接合在一点。

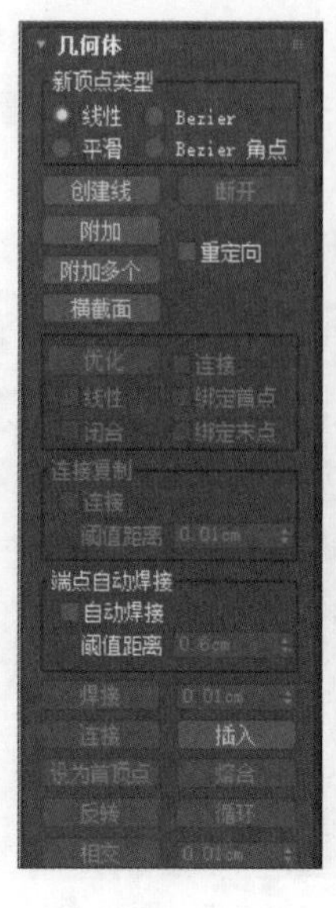

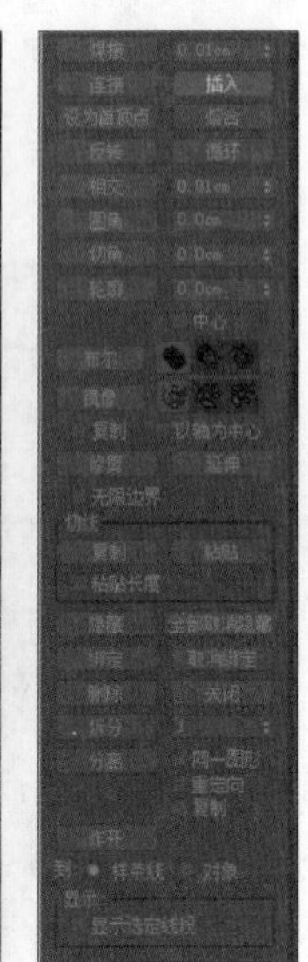

实战练习 利用样条线制作铁艺花架主体部分

用户通过上述介绍，已经对样条线和可编辑样条线有了一定的了解，下面将利用样条线制作铁艺花架模型，具体的操作方法如下。

步骤 01 打开程序，单击“创建>图形>线条线”下的“圆”按钮❶，在“键盘输入”卷展栏中设置X、Y、Z值为0，“半径”值为20❷，单击“创建”❸按钮创建一个圆心在坐标原点的圆形，如下左图所示。

步骤 02 取消勾选“开始新图形”复选框❶，单击“线”按钮❷，按下S键打开捕捉开关❸，在顶视图中创建两条相互垂直的直径线❹，单击鼠标右键退出创建模式，如下右图所示。

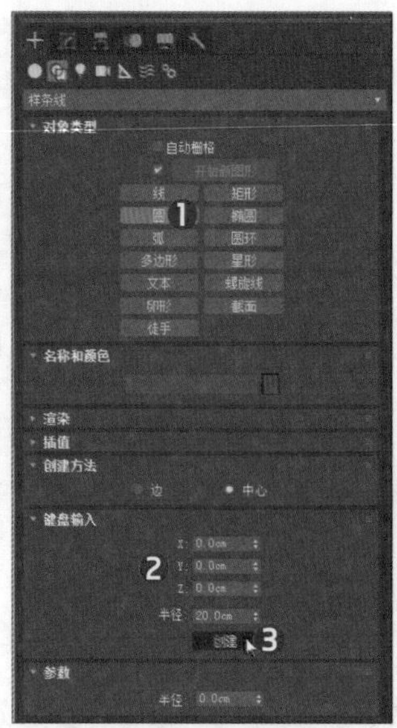

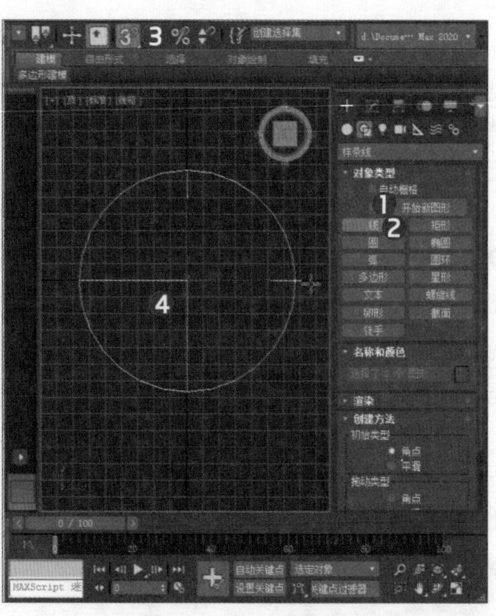

步骤 03 进入“修改”面板❶中的“线段”层级❷，选择一条直径线段❸，单击工具栏上的在“角度捕捉切换”按钮❹，接着在该按钮上单击鼠标右键，在打开的“栅格和捕捉设置”面板中将“角度”值设置为45❺，如下左图所示。

步骤 04 激活顶视图，按下E键，按住Shift键将所选线段沿X轴旋转90度，即可复制出一条与原线段垂直的线段，如下右图所示。

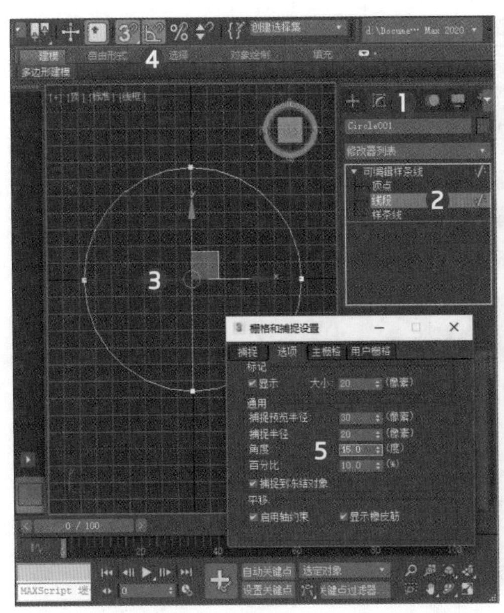

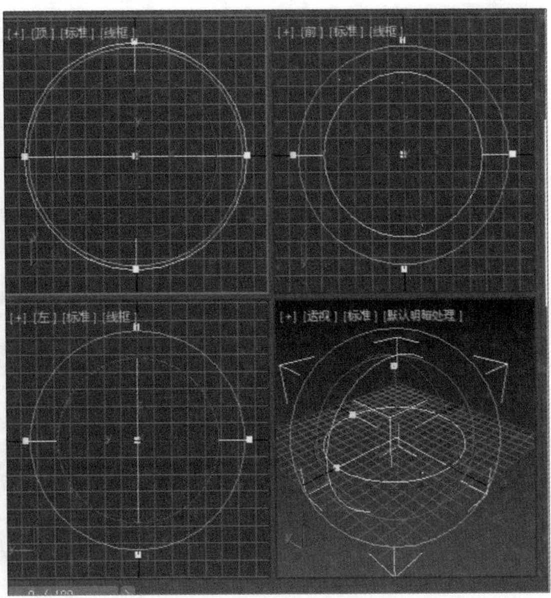

步骤 05 进入“修改”面板中的“顶点”层级❶，在前视图中调整复制出的线段上的点至合适的位置❷，选择该线段的一个点❸，如下左图所示。

步骤 06 按下F6锁定Y轴❶，接着再按下S键打开捕捉开关，沿锁定轴向移动所选顶点，并将其移动到图中被捕捉顶点的同一水平线上❷，如下右图所示。

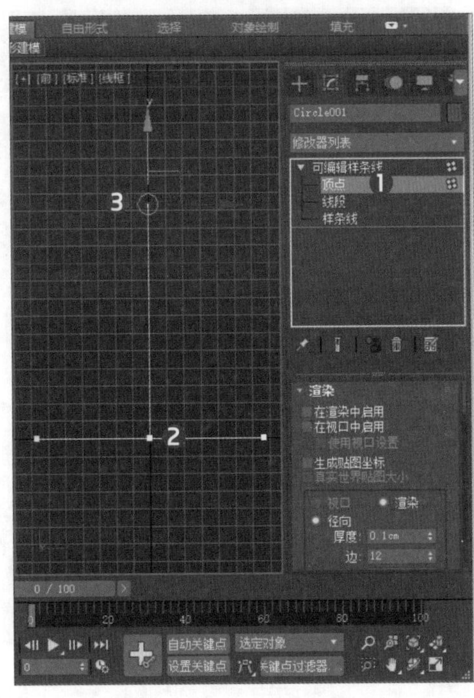

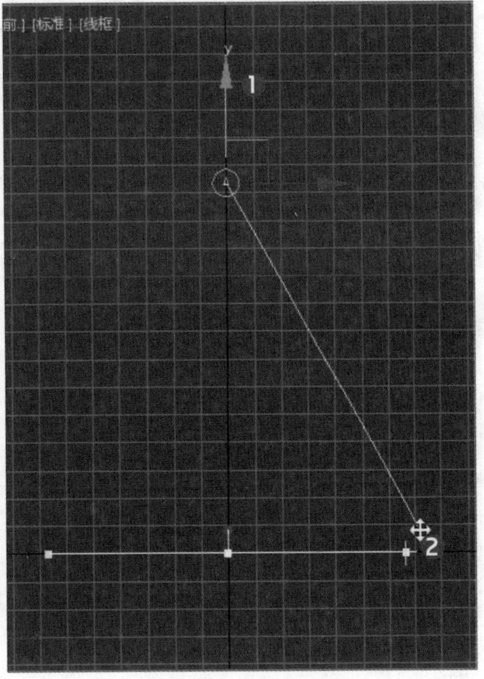

步骤 07 保持所选顶点不变，在视口下方的状态栏和提示行中打开“偏移模式变换输入”模式❶，在Y数值框中输入120后按下Enter键❷，此时所选顶点将沿着Y轴向上偏移120cm，如下左图所示。

步骤 08 单击“修改”面板中的“可编辑样条线”层级❶，展开“渲染”卷展栏，勾选“在渲染中启用”和“在视口中启用”复选框❷，在“渲染”区域❸内选择“径向”单选按钮❹，将“厚度”值都设置为2.5❺，如下右图所示。

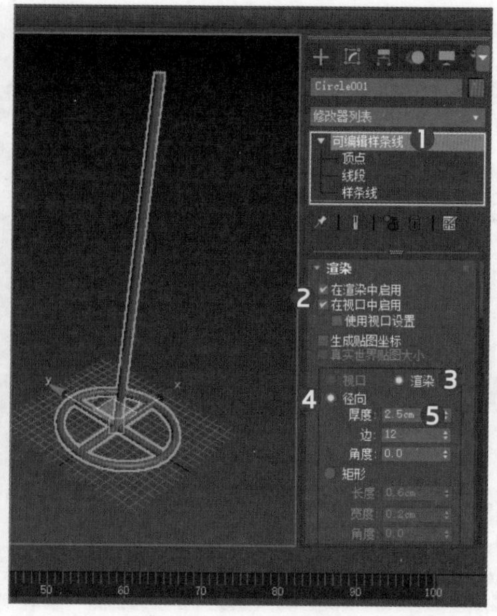

步骤 09 单击“创建”面板下的“螺旋线”按钮❶，在顶视图中捕捉已创建的样条线的圆心创建一条螺旋线❷，如下左图所示。

步骤 10 进入“修改”面板❶，在“参数”卷展栏中❷设置“半径1”和“半径2”的值为19、“高度”值为120、“圈数”值为1.85，并移动螺旋线的位置，如下右图所示。

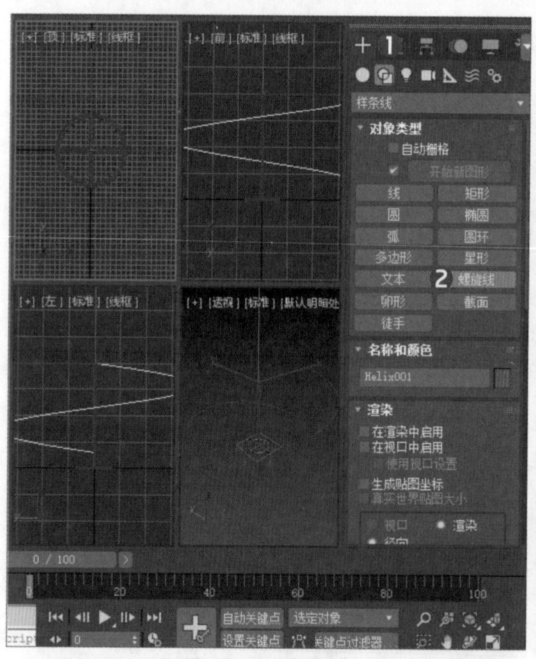

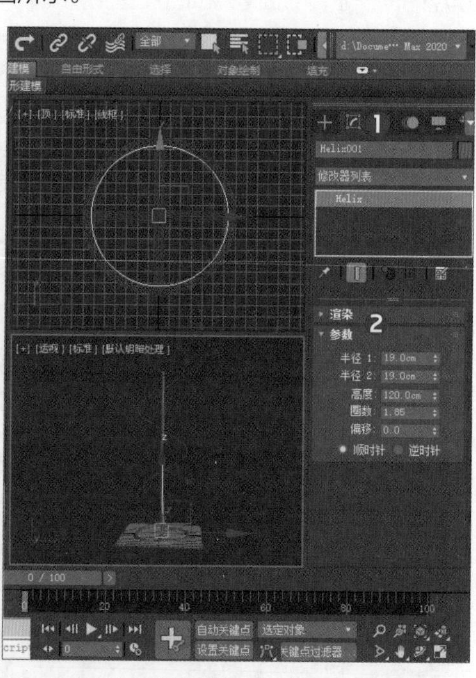

步骤 11 展开“渲染”卷展栏❶，勾选“在渲染中启用”和“在视口中启用”复选框❷，在“渲染”区域内选择“径向”单选按钮❸，将“厚度”值都设置为0.85❹，如下左图所示。

步骤 12 单击“创建>几何体>标准基本体”下的“圆柱体”按钮，展开“键盘输入”卷展栏❶，将“半径”值设置为19、“高度”值设置为0.65❷，勾选“参数”卷展栏中的“启用切片”复选框❸，将“切片起始位置”和“切片结束位置”值设置为270、180❹，最后返回“键盘输入”卷展栏中单击“创建”按钮❺，创建一个四分之一圆柱体，作为实木隔板，如下右图所示。

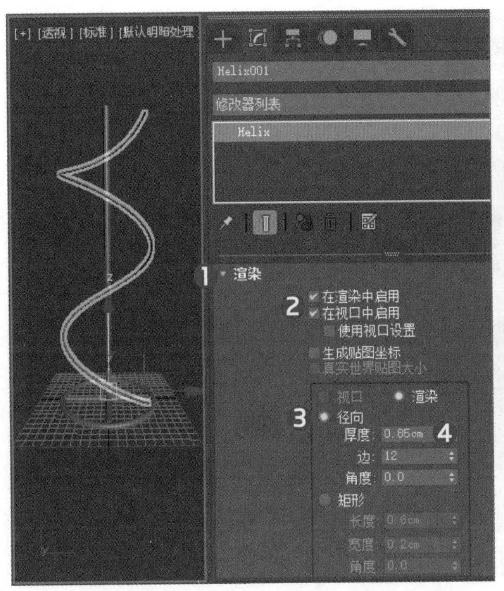

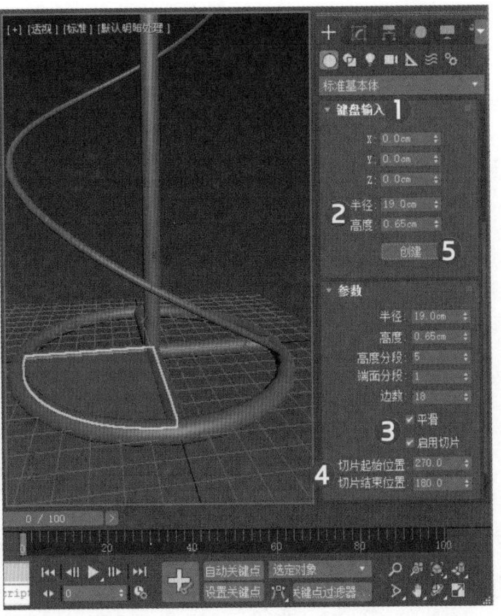

步骤 13 在透视图将创建的圆柱体沿Z轴向上移动7cm，单击“附加”面板上的“阵列”按钮❶，在随即打开的“阵列”对话框中❷，设置“阵列变换”选项组“增量”选项区域内Z轴的移动增量值为13.5、Z轴的旋转增量值为-90❸，单击“对象类型”选项区域内的“实例”单选按钮❹，在“阵列维度”选项区域的1D数值框中输入8❺，最后单击“确认”按钮❻，完成多个实木隔板的创建，如下左图所示。

步骤 14 选择样条线Circle001，进入“线段”层级❶，选择图中所示线段后沿Y轴进行复制，在“顶点”层级下调整相应顶点位置，再次切换“线段”层级，单击“几何体”卷展栏中的“分离”按钮❷，在弹出的“分离”对话框❸中单击“确定”按钮❹，如下右图所示。

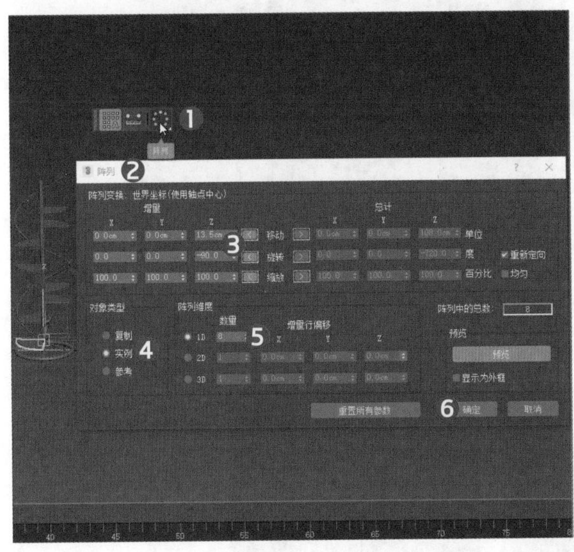

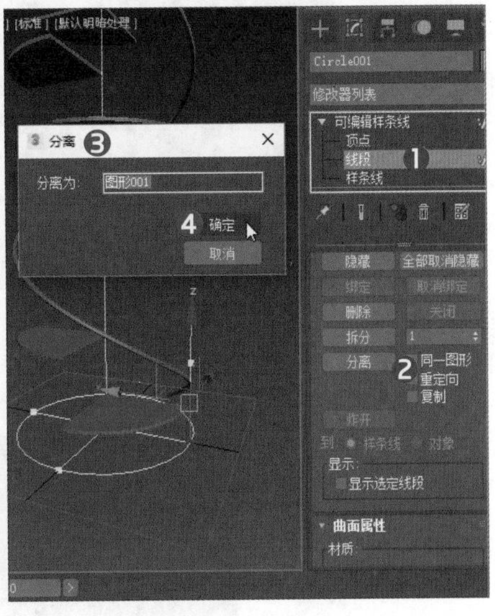

步骤 15 选择分离出的样条线❶，在“渲染”卷展栏，勾选“在渲染中启用”和“在视口中启用”复选框❷，在“渲染”区域内选择“径向”单选按钮❸，将“厚度”值都设置为0.85❹，如下左图所示。

步骤 16 调整样条线的位置❶，打开“阵列”对话框中❷，设置“阵列变换”选项组“增量”选项区域内Z轴的移动增量值为13.5、Z轴的旋转增量值为-90❸，单击“对象类型”选项区域内的“复制”单选按钮❹，在“阵列维度”选项区域的1D数值框中输入8❺，最后单击“确认”按钮❻，完成阵列设置，如下右图所示。

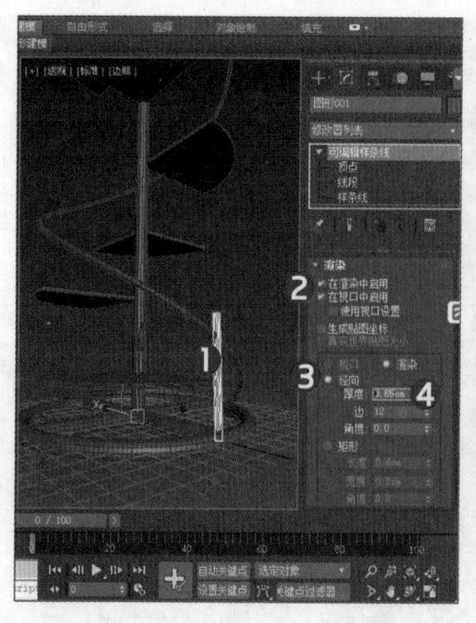

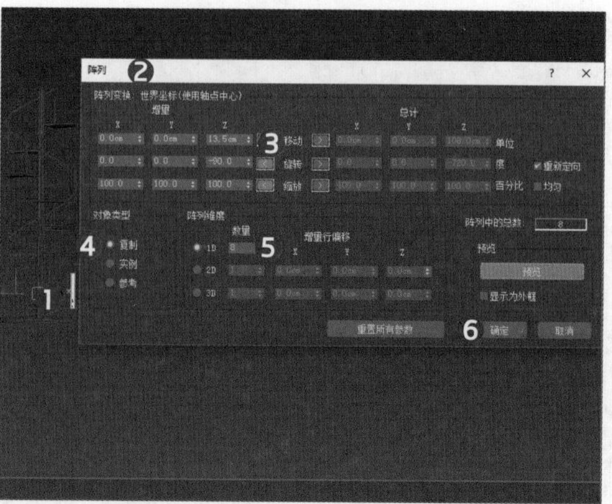

步骤17 按下左图所示在顶点层级下修改阵列出的各样条线顶点的位置，接着选择螺旋线，使用“选择并旋转”工具旋转螺旋线至合适的位置❶，单击“修改”面板中修改器列表后的下三角按钮❷，选择“编辑样条线”选项❸，如下左图所示。

步骤18 进入修改器堆栈中的“顶点”层级❶，框选螺旋线下部的四个顶点❷，按下Delete键将所选顶点删除，如下右图所示。

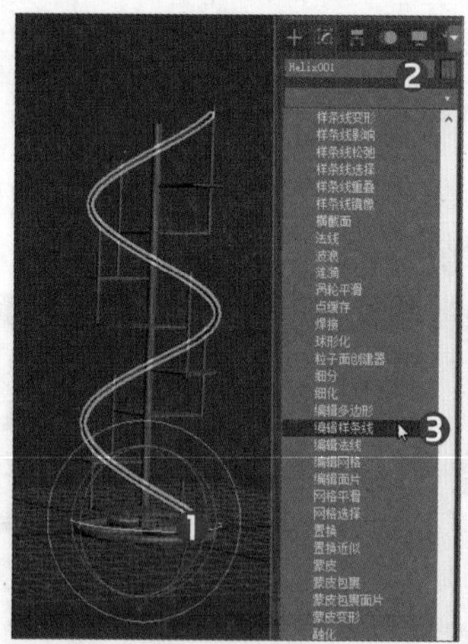

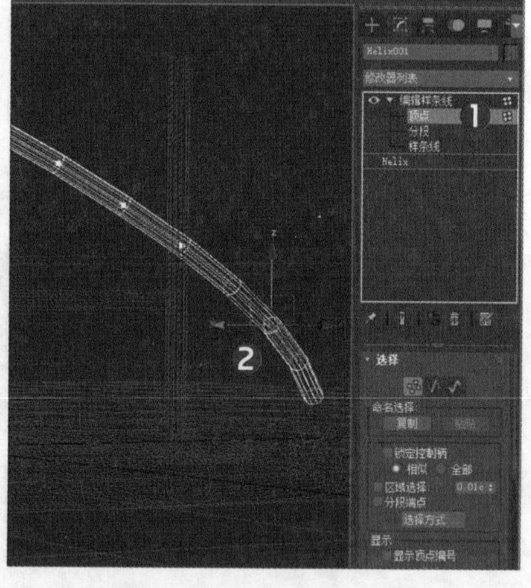

步骤19 至此铁艺花架模型主体部分已制作完成，如下左图所示，而放置实木隔板配件的制作用户可参考“实战练习：使用倒角剖面修改器为铁艺花架添加配件”该部分内容，最终效果如下右图所示。

3.3 复合对象建模

在3ds Max中，用户可以通过将现有的两个或多个对象组合成单个新对象，用于组合的现有对象既可以是二维图形也可以是三维模型，而组合成的新对象即为它们的复合对象。

若用于组合的对象为三维模型，用户可以在“创建”面板中单击“几何体”按钮，在几何体类型列表中选择“复合对象”选项，即可打开复合对象面板，如下左图所示。复合对象建模命令包括变形、散步、一致、连接、水滴网络、图形合并、地形、放样、网络化、ProBoolean（超级布尔）、ProCutter（超级切割）和布尔12种，其中布尔、放样及图形合并较为常用，如下右图所示。

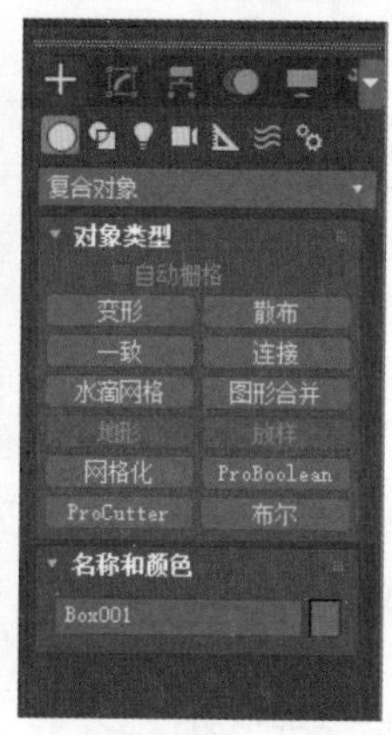

若用于组合的对象为图形，用户就需在“创建”面板中单击“图形”按钮，在图形类型列表中选择“复合图形”选项，如下左图所示，即可打开复合图形面板，其中包括图形布尔命令，如下右图所示。图形布尔可用于组合样条线的任意组合，包括闭合和打开的样条线，用户使用图形布尔并通过布尔运算就可将样条线组合到新图形中。

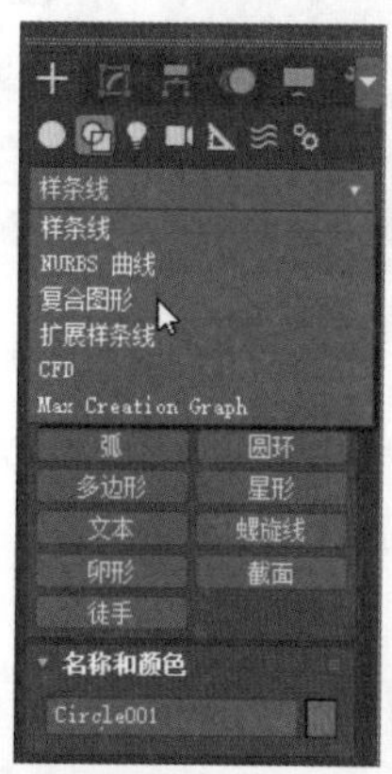

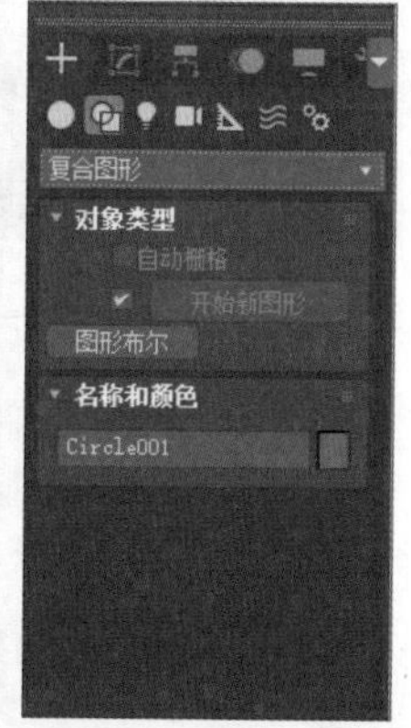

提示：布尔与图形布尔

通过观察布尔与图形布尔中的参数，用户会发现二者除了作用的源对象有所区别外，其参数设置大致相同，故关于图形布尔的相关操作用户可以参考布尔运算章节中的相关内容。

3.3.1 布尔运算

布尔运算是将两个或两个以上对象进行并集、交集、差集、合并、附加、插入等运算，从而得到一个新的复合对象，布尔对象有“布尔参数”和“运算对象参数”两个参数卷展栏，如下图所示。

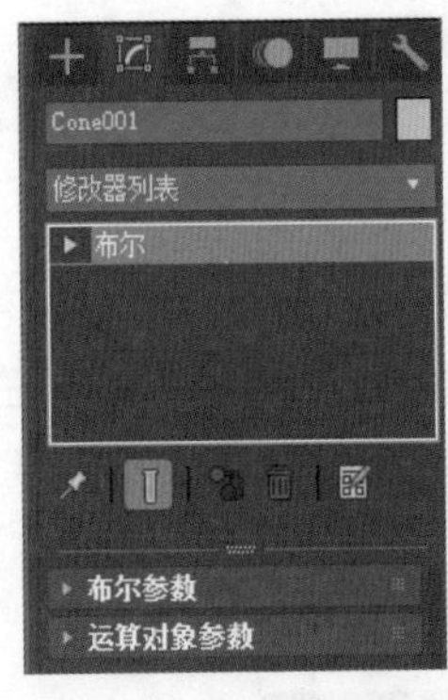

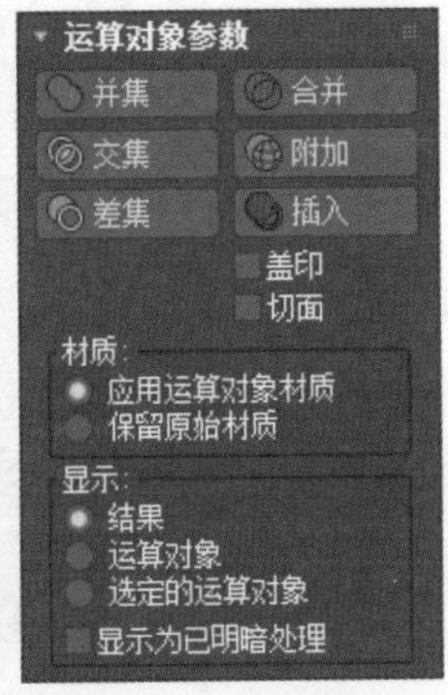

1. “布尔参数”卷展栏

在该卷展栏中可进行运算对象的添加、移除等相关操作，用户执行布尔运算后，单击“添加运算对象”按钮，接着在视口中单击对象，即可将其添加到复合对象中，而在“运算对象”列表中选择对象名称后，单击“移除运算对象”按钮即可将其移除。

2. “运算对象参数”卷展栏

在“运算对象参数”卷展栏中，可以选择不同的运算方式，如并集、交集、差集等，还可以在“材质”和“显示”选项组中进行相应参数设置。下面对“选择对象参数”卷展栏中各常用参数进行介绍，具体如下：

- **并集**：将运算对象相交或重叠的部分删除，并将执行运算对象的体积合并，如下左图所示。
- **交集**：将运算对象相交或重叠的部分保留，删除其余部分，如下中图所示。
- **差集**：从基础（最初选定的）对象中移除与运算对象相交的部分，如下右图所示。

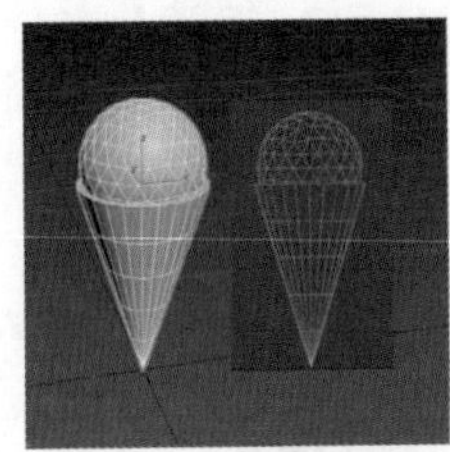
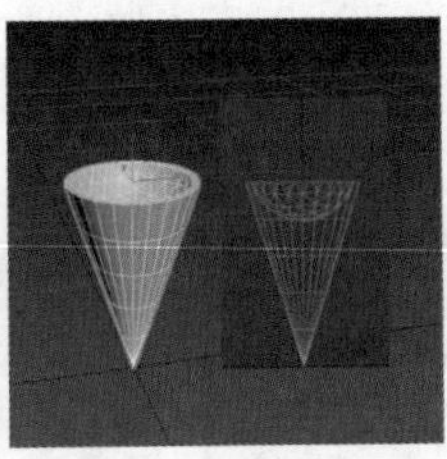
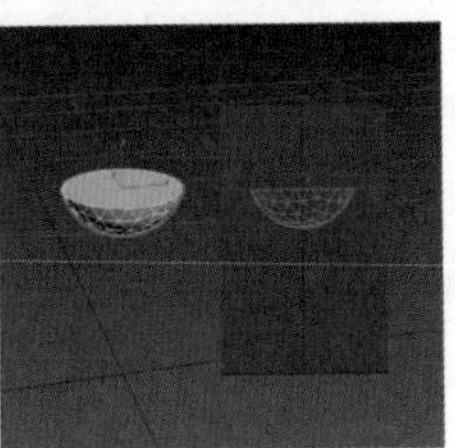

- **合并**：将运算对象相交并组合，而不移除任何部分，只是在相交对象的位置创建新边，如下左图所示。
- **附加**：将运算对象相交并组合，既不移除任何部分也不在相交的位置创建新边，各对象实质上是复合对象中的独立元素，如下中图所示。
- **插入**：从运算对象 A（当前结果）减去运算对象 B（新添加的操作对象）的边界图形，运算对象 B 的图形不受此操作的影响。
- **盖印**：启用此选项，可在操作对象与原始网格之间插入（盖印）相交边，而不移除或添加面，如下右图所示。

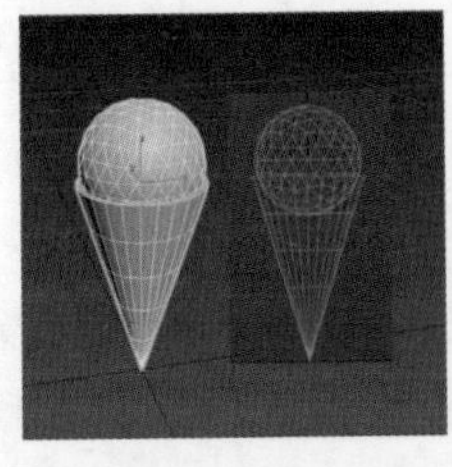
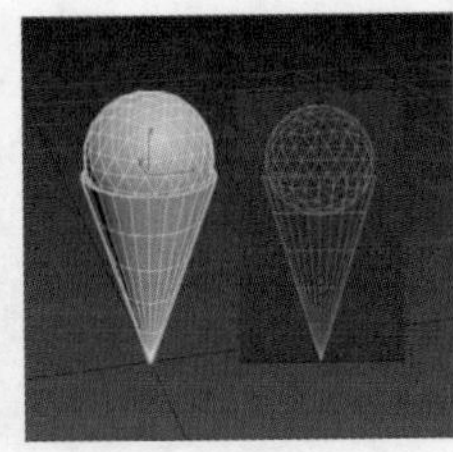
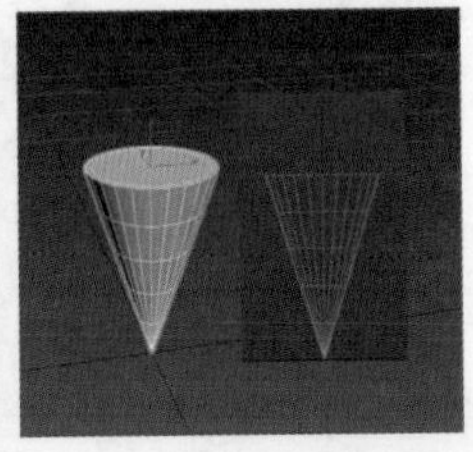

实战练习 利用布尔运算作制作骰子

学习了布尔运算的相关操作后，下面将介绍应用布尔的“差集”制作骰子的操作方法，具体操作步骤如下：

步骤 01 打开程序，在“创建”面板中单击“几何体”按钮❶，在几何体类型列表中选择“扩展基本体”选项❷，接着单击“切角长方体”按钮❸，绘制出“长度”为50.0❹，“宽度”为50.0❺，“高度为”50.0❻，“圆角”为4.0❼，“圆角分段”为5❽的切角长方体，如下左图所示。

步骤 02 在视图中绘制半径为10的球体，然后选中球体，单击“工具栏”中“对齐”按钮❶，当光标上出现对齐图标时❷，单击视图中切角长方体❸，如下右图所示。

步骤 03 此时视图中出现“对齐当前选择”对话框，在“对齐位置”选项组中，分别勾选“X位置”❶、“Y位置”❷和“Z位置”❸，在“当前对象”选项组中选择“轴点”单选按钮❹，在“目标对象”选项组中选择“轴点”单选按钮❺，如下左图所示。

步骤 04 单击“确定”按钮对象完成对齐，如下右图所示。

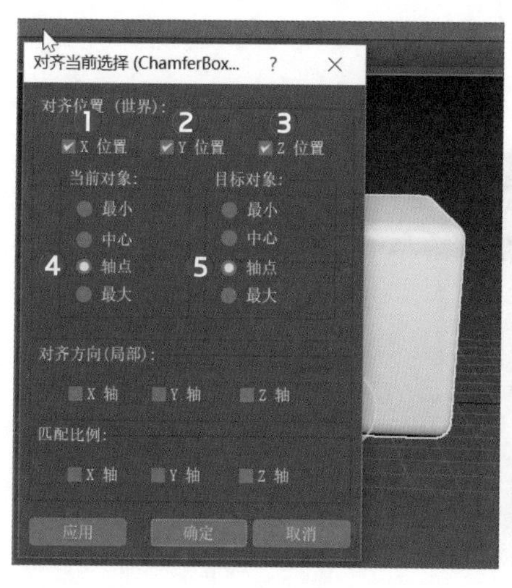

步骤 05 选中切角长方体，在“创建”面板中单击“几何体”按钮❶，在几何体类型列表中选择“复合对象”选项❷，接着单击“布尔”按钮❸，单击“差集”按钮❹，然后单击“布尔参数”卷展栏下的“添加运算对象”按钮❺，最后单击视图中的球体❻，布尔拾取对象完成，如下左图所示。

步骤 06 按照上述步骤制作其余的五个面，制作完成后效果如下右图所示。

实战练习 利用布尔运算操作制作胶囊包装

学习了布尔运算的相关操作后，下面将介绍应用布尔运算“并集”制作胶囊包装模型的操作方法，具体操作步骤如下。

步骤 01 激活顶视图，在“创建”面板中单击“图形”按钮❶，在几何体类型列表中选择“样条线”选项❷，接着单击“矩形”按钮❸，绘制出“长度”为100.0❹，“宽度”为60.0❺，“角半径”为8.0的矩形❻，如下左图所示。

步骤 02 单击“修改器列表”右侧的下拉按钮❶，在下拉列表中选中“挤出”选项❷，挤出“数量”为0.2❸，如下右图所示。

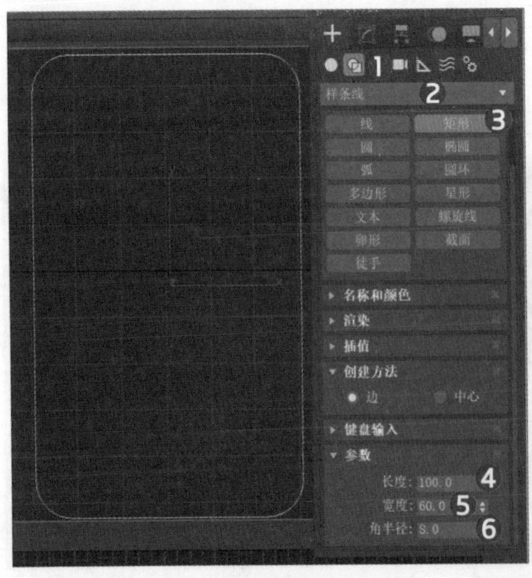
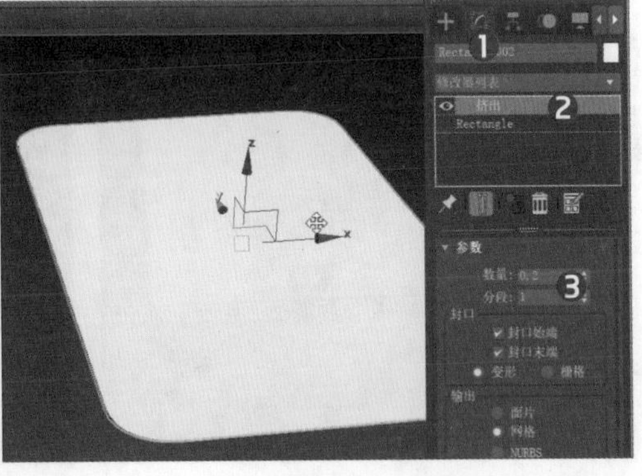

步骤 03 绘制半径为5，高度为20的胶囊模型，右击工具栏中“角度捕捉切换”按钮❶，打开“栅格和栅格设置”对话框，在“通用”选项组“角度”数值框为5.0❷。然后单击工具栏中“旋转”按钮❸，选中胶囊，在前视图中顺时针旋转90°❹，如下左图所示。

步骤 04 利用上一案例布尔运算“差集”方法将胶囊下半部分去掉，如下右图所示。

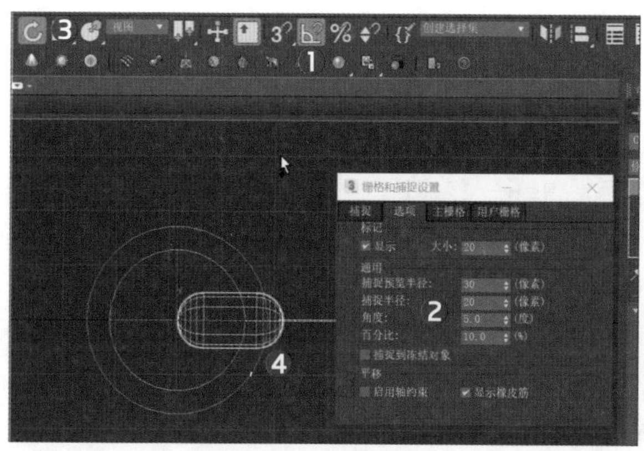

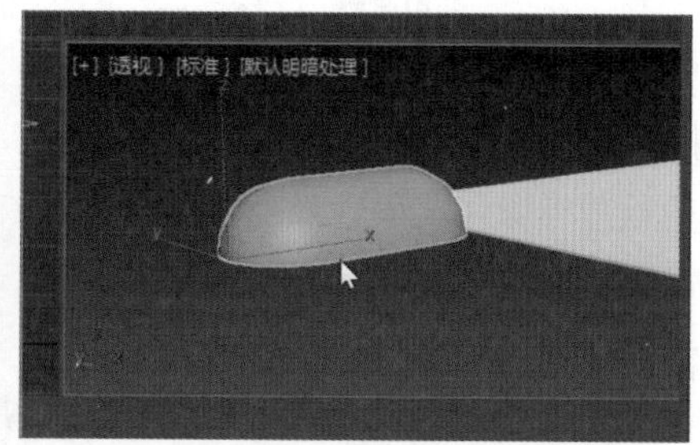

步骤 05 调整胶囊在挤出矩形上的合适位置后，按住键盘上Shift键的同时选中胶囊模型，鼠标向右拖动，松开鼠标左键，此时视图中出现“时间配置”对话框，在“对象”选项组中选择“实例”单选按钮，“副本数”为1，最后单击“确定”按钮，如下左图所示。

步骤 06 接着向下实例复制4组胶囊，效果如下右图所示。

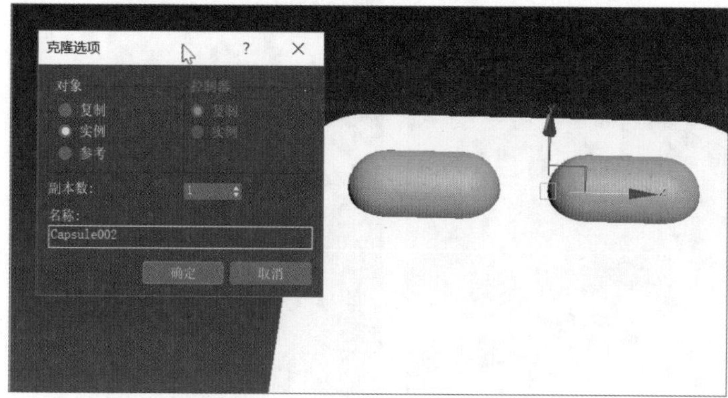

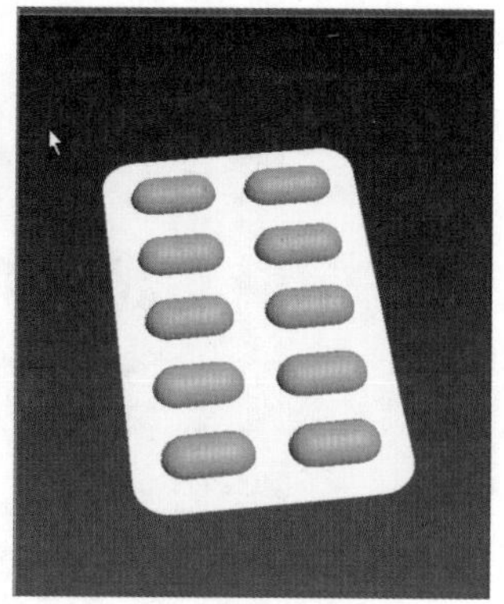

步骤 07 选中挤出的矩形，在“创建”面板中单击“几何体”按钮❶，在几何体类型列表中选择“复合对象”选项❷，接着单击“布尔”按钮❸，单击“并集”按钮❹，然后单击“布尔参数”卷展栏下的“添加运算对象”按钮❺，最后单击视图中胶囊模型❻，布尔合并对象完成，如下左图所示。

步骤 08 按照上述步骤接着拾取剩下的胶囊，胶囊包装制作完成，如下右图所示。

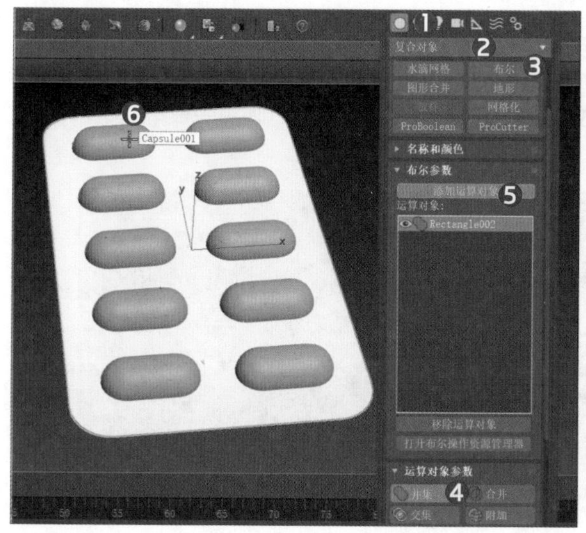

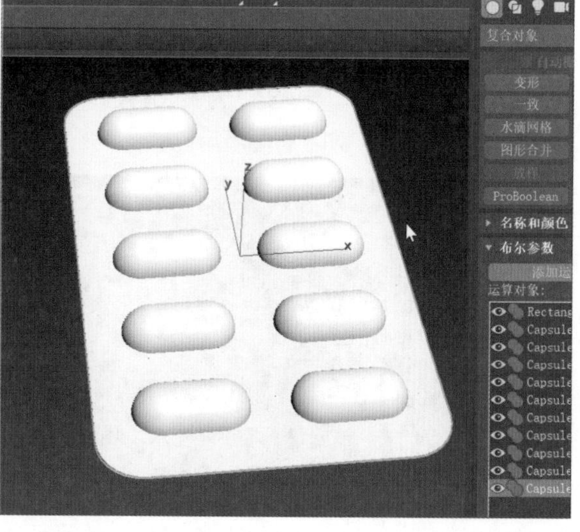

3.3.2 放样

放样是将参与操作的某一样条线作为路径，其余样条线作为放样的横截面或图形，从而在图形之间生成曲面，创建出一个新的复合对象，如下左图所示。与其他复合对象相比，放样对象并不是一旦单击“复合对象”按钮就会从选中对象中创建复合对象，而是需单击“获取图形”或“获取路径”按钮进行获取后才会创建放样对象。

执行放样操作之前，必须创建出作为放样路径或横截面的图形，选择其一来执行操作。如下右图所示为放样对象的参数卷展栏，包括“创建方法”“曲面方法”“路径参数”“蒙皮参数”和“变形”卷展栏。

- **创建方法**：确定使用图形还是路径创建放样对象，并指定路径或图形转换为放样对象的方式。
- **曲面参数**：控制放样曲面的平滑度，及指定是否沿着放样对象应用纹理贴图等。
- **路径参数**：控制在路径的不同位置插入不同的图形。
- **蒙皮参数**：调整放样对象网格的复杂性，还可通过控制面数来优化网格。
- **变形**：定义图形沿着路径缩放、扭曲、倾斜、倒角或拟合的变化。

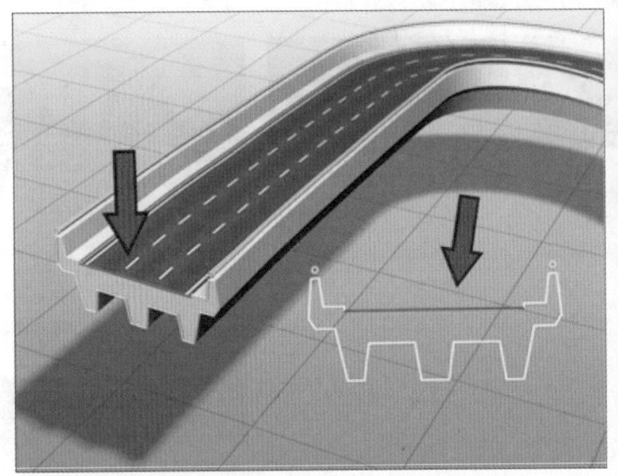

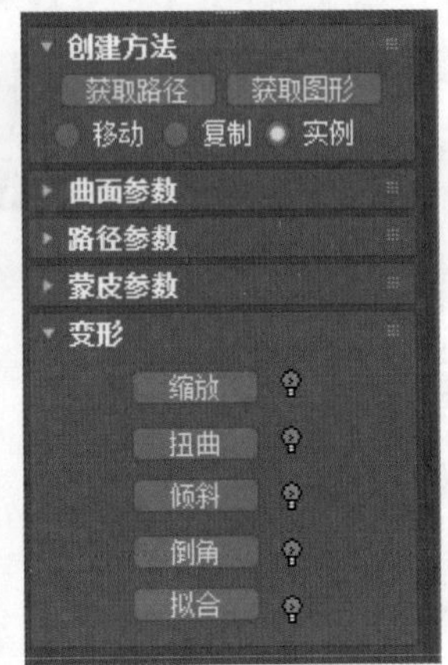

实战练习 利用放样对象操作制作罗马柱

学习了放样对象的相关操作后，用户可以应用放样功能制作罗马柱，具体操作步骤如下：

步骤 01 打开程序，在“创建”面板中单击“图形”按钮❶，在几何体类型列表中选择“样条线”选项❷，接着单击“圆”按钮❸，绘制半径为100的圆，如下左图所示。

步骤 02 如上述操作，在几何体类型列表中选择“样条线”选项，单击“星型”按钮，在参数❶中，设置“半径1”为100.0❷、“半径2”为92.0❸、“点”为26❹、“圆角半径1”为4.0❺、“圆角半径2”为4.0❺，然后绘制星型图形，如下右图所示。

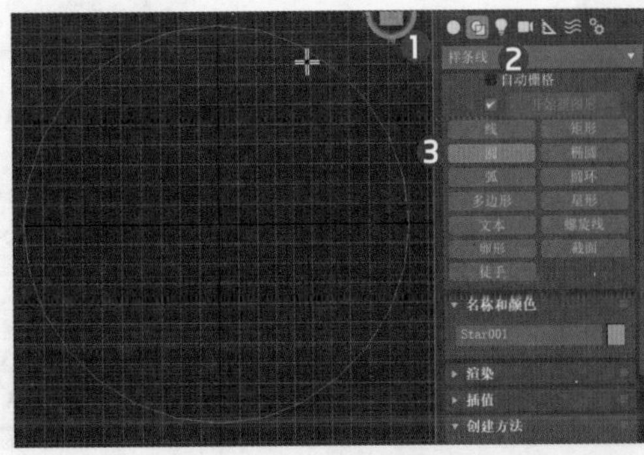

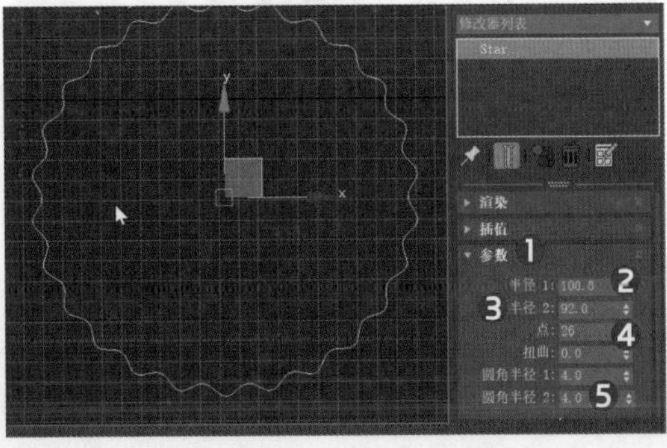

步骤 03 激活前视图，如上述同样步骤绘制一个垂直的线条作为放样的路径，然后在“创建”面板中单击“几何体”按钮❶，在几何体类型列表中选择“复合对象”选项❷，接着单击“放样”按钮❸，如下左图所示。

步骤 04 在“创建方法”选项区域中单击“获取图形”按钮❶，然后单击视图中圆❷，查看出现的圆柱效果，如下右图所示。

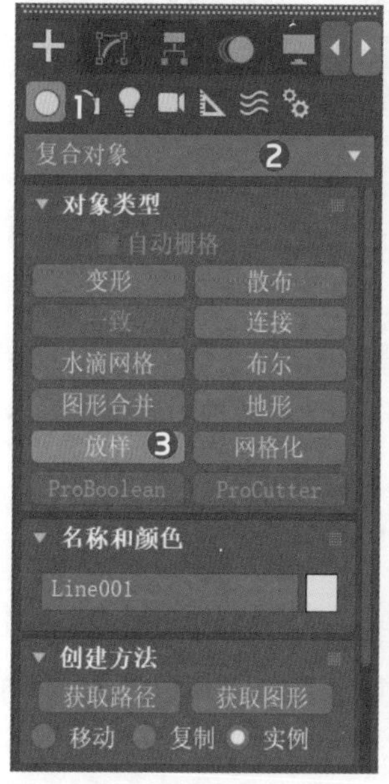

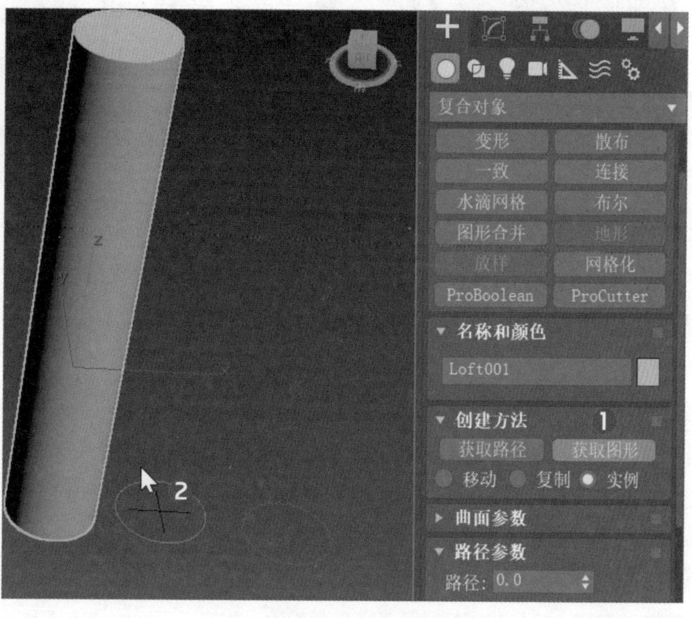

步骤 05 在“路径”数值框内输入10.0❶，单击“获取图形”按钮❷，再次单击视图中的圆形❸，此时圆柱上多了一个截面线，如下左图所示。

步骤 06 在“路径”数值框内输入12.0❶，单击“获取图形”按钮❷，此时单击视图中的星形❸，圆柱上出现了相应的造型，如下右图所示。

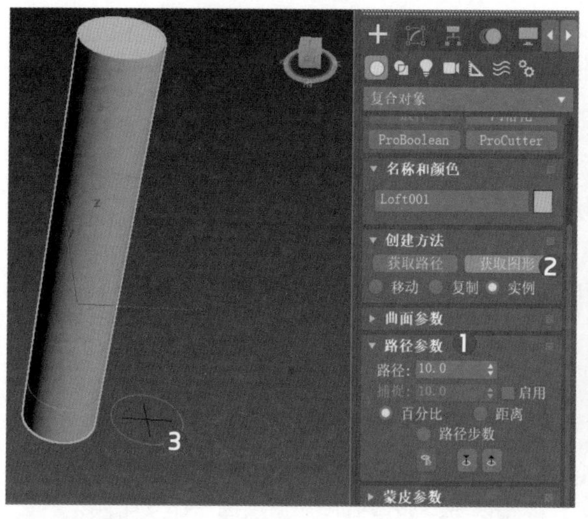

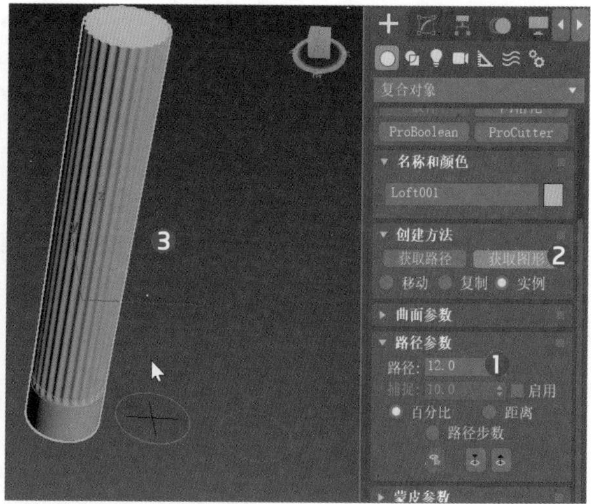

步骤 07 在“路径”数值框内输入88.0❶，单击“获取图形”按钮❷，再次单击视图中的星形，此时圆柱体另一侧又多了一个截面线❸，如下左图所示。

步骤 08 再次在“路径”数值框内输入90.0，单击“获取图形”按钮，单击视图中的圆形，罗马柱制作完成，效果图如下右图所示。

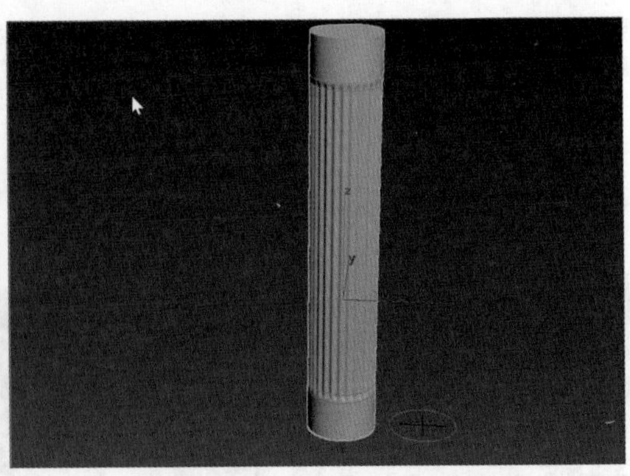

3.3.3 其他复合对象

除了布尔和放样功能创建复合对象外，3ds Max复合对象建模还提供了其他的将二维和三维对象组合在一起的建模工具，这些工具很难或不可能使用其他工具来替代，下面对这些复合对象建模命令的含义进行讲解。

- **变形**：可以合并两个或多个对象，方法是插补第一个对象的顶点，使其与另外一个对象的顶点位置相符。如果随时执行这项插补操作，将会生成变形动画。
- **散布**：可以将所选的源对象散布为阵列，或散布到分布对象的表面上。
- **一致**：通过将某个对象（称为“包裹器”）的顶点投影至另一个对象（称为“包裹对象”）的表面而创建的对象。
- **连接**：可通过对象表面的“洞”连接多个对象。要执行此操作，需删除每个对象的某些面，从而在其表面形成一个或多个洞，并确定洞的位置，以使洞与洞之间面对面，然后应用“连接”功能。
- **水滴网格**：可以通过几何体或粒子创建一组球体，这些球体还可以连接起来，就像是由柔软的液态物质构成的一样。如果一个球体在另外一个球体的一定范围内移动，它们就会连接在一起。如果这些球体相互移开，将会重新显示球体的形状。
- **图形合并**：利用一个或多个图形及网格对象来创建复合对象。这些图形嵌入在网格中（将更改边与面的模式），或从网格中消失。
- **地形**：使用等高线数据创建行星曲面。
- **网格化**：以每帧为基准将程序对象转化为网格对象，这样可以应用修改器，如弯曲或UVW贴图修改器。它可用于任何类型的对象，但主要为使用粒子系统而设计。
- **ProBoolean**：使用布尔运算将两个或多个其他对象组合起来，可靠性非常高，结果输出更清晰。
- **ProCutter**：可以执行特殊的布尔运算，主要目的是分裂或细分体积，用于爆炸、断开、装配、建立截面或将对象（如三维拼图）拟合在一起。

实战练习 使用图形合并功能制作象棋模型

用户可以利用文字和倒角圆柱体来创建象棋复合对象，其操作思路是首先利用图形合并将文字图形嵌入到倒角圆柱体中，再为得到的复合对象添加“面挤出”修改器进行挤出操作，具体操作如下所述：

步骤 01 打开程序，使用倒角圆柱体工具创建一个半径为3、高度为1.5、圆角为0.15、圆角分段为5、边数为36的倒角圆柱体，如下左图所示。

步骤 02 在顶视图中使用“文本”工具❶创建一个“炮”字，字体设为楷体❷，大小设为4.65cm❸，如下右图所示。

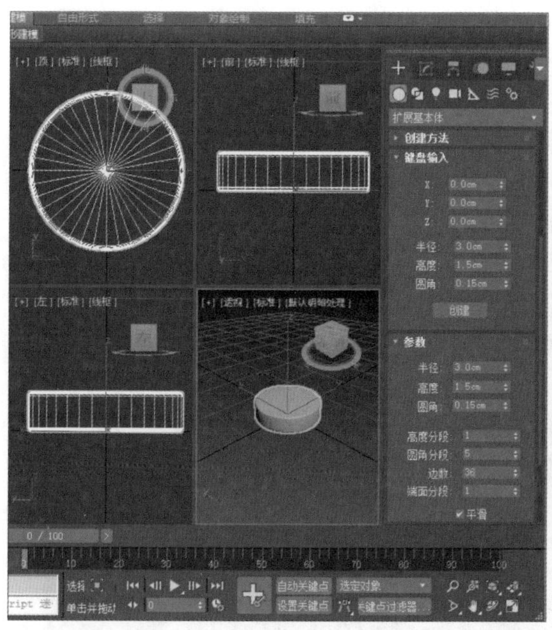

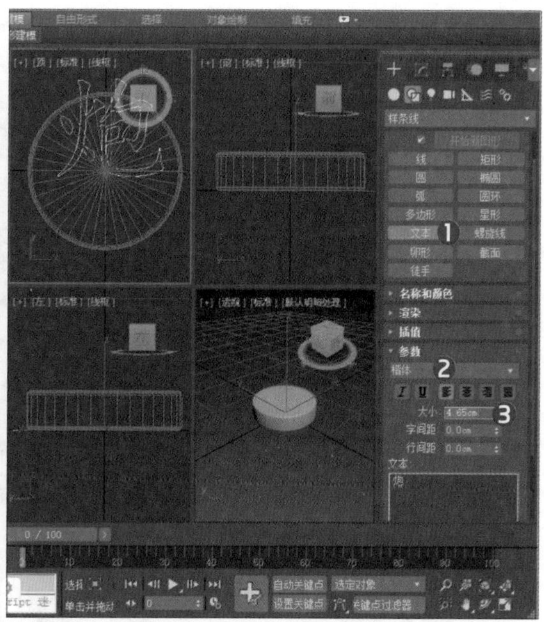

步骤 03 使用对齐、移动等工具将创建的文字图形置于圆柱体的正上方，接着选择圆柱体，使用“创建”面板下的“几何体>复合对象>图形合并”命令❶，单击“拾取图形”按钮❷，在视口中拾取文本对象❸，如下左图所示。

步骤 04 退出拾取图形及图形合并状态，选择合并后的对象❶，单击“修改”面板中修改器列表后的下三角按钮❷，从列表中选择“面挤出”选项❸，如下右图所示。

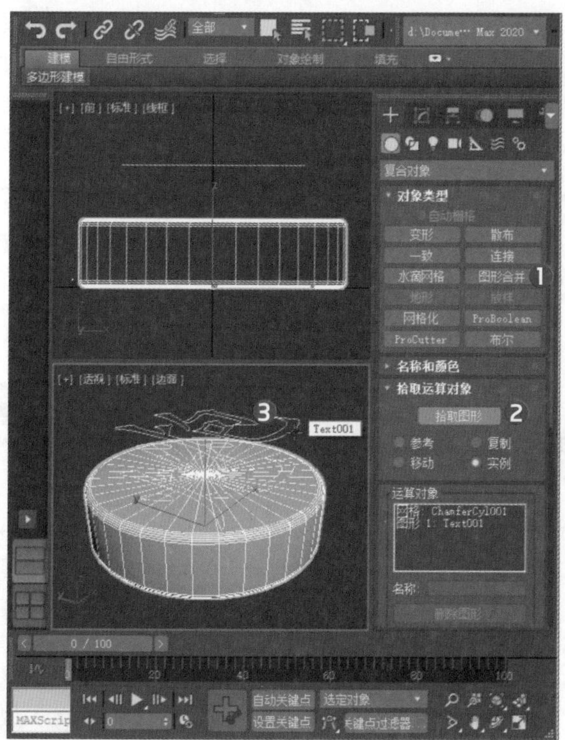

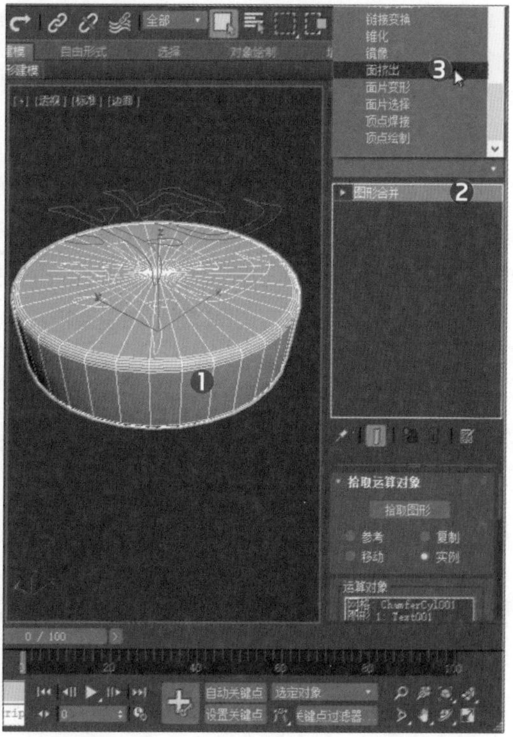

步骤 05 将“面挤出”的“数量”值设置为-2.0❶，如下左图所示。

步骤 06 设置复合对象的材质，最终效果如下右图所示。

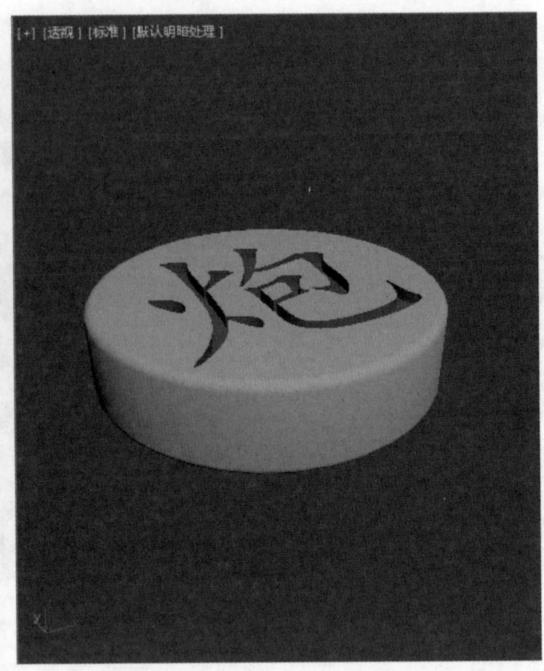

3.4 修改器建模

在3ds Max中，用户利用“创建”面板创建好模型后，大多都需到“修改”面板中对模型进行修改。在“修改”面板中除了可以修改模型对象的原始创建参数外，用户还可以给对象添加修改器，从而创建出更为复杂生动的模型。修改器建模技术在实际工作中既常用又实用，占据着非常重要的地位。

3.4.1 修改器基本知识

在创作中，用户会发现几乎每个对象都会用到修改器里的命令，无论是应用修改器创建或修改模型，还是为已经创建好的模型添加贴图纹理等。修改器中包含着绝大部分常见常用的命令，需要用户熟练掌握使用。而在应用修改器前，需要掌握修改器的一些基本知识。

1. 修改面板的组成

右图所示为某样条线的修改面板，从上至下依次所示为对象的名称、颜色、修改器下拉列表、修改器堆栈、堆栈控件及各参数卷展栏。

- **修改器列表：**单击下拉按钮，即可为选定对象添加相应的修改器，该修改器将显示在堆栈中。
- **修改器堆栈：**应用于对象的修改器将存储在堆栈中，在堆栈中单击某一修改器名称，即可打开相应

的参数卷展栏。在堆栈中上下导航，可以更改修改器的效果，或者从对象中移除某项，或者可以选择“塌陷”堆栈，使更改一直生效。

- **“锁定堆栈”控件：**激活该按钮后，即可将堆栈锁定到当前选定对象上，整个“修改”面板同时锁定到当前对象。无论后续选择如何更改，修改面板也仍然属于该对象。
- **“显示最终结果开/关切换”控件：**激活该开关后，将在选定对象显示堆栈中所有修改完毕后出现的结果，与用户当前所在堆栈中的位置无关。禁用此该开关后，对象将显示堆栈中的当前最新修改。
- **“使唯一”控件：**将实例化修改器转化为副本，断开与其他实例之间的联系，从而将修改特定于当前对象。
- **“从堆栈中移除修改器”控件：**在堆栈中选择相应的修改器，单击该按钮即可将其删除。
- **“配置修改器集”控件：**单击该按钮，可以打开修改器集菜单。

提示：修改器子对象层级的访问与操作

修改器除了自身的参数集外，一般还有一个或多个子对象层级，可以通过修改器堆栈访问。最常用的有Gizmo、轴和中心等，用户可以像对待对象一样，对其进行移动、缩放和旋转操作，从而改变修改器对对象的影响。

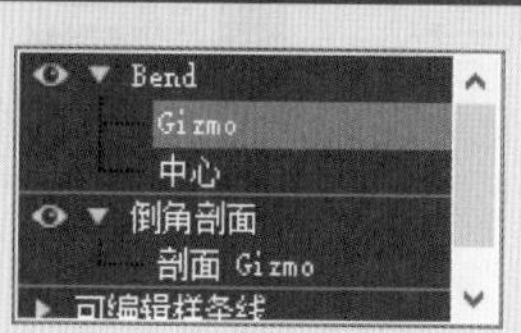

2. 自定义修改器集

3ds Max为用户提供了众多修改器，用户若要使用某种修改器时，需单击修改器列表后的下拉按钮，然后从众多选项中浏览寻找所需的修改器，因此要耗费用户一定时间，而修改器集可以在一定程度上解决这个问题，下面将为用户介绍如何显示与隐藏修改器，以及怎样自定义设置修改器集。

- **修改器集的显示与隐藏操作**

单击“修改”面板中的“配置修改器集”按钮❶，在打开的修改器集菜单中选择“显示按钮”选项❷，如下左图所示，即可以在“修改”面板中显示一些系统默认的修改器集，如下右图所示。相反的，取消勾选修改器集菜单中的“显示按钮”选项，就可以将修改器集隐藏起来。

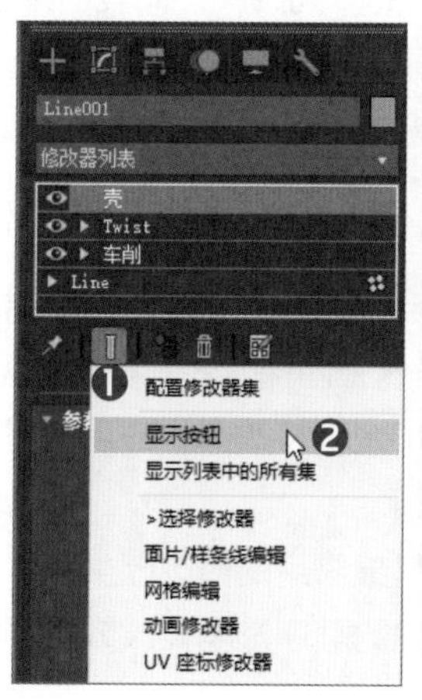

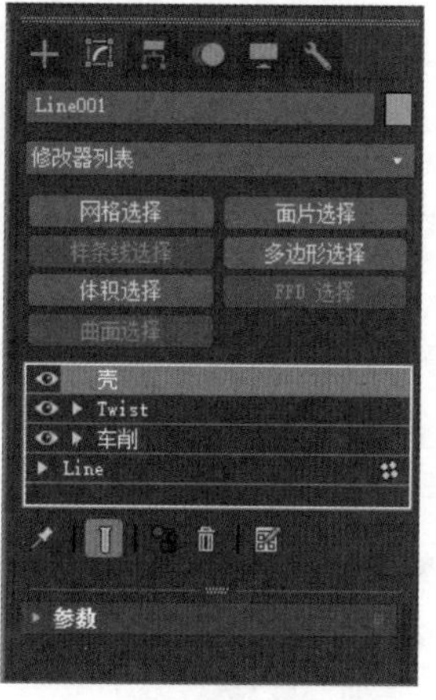

- **设置自定义的修改器集**

除了使用系统默认的修改器集外，用户还可对修改器集进行相应的自定义设置，可以将常用的二维修改器、三维修改器等添加到修改器集中，具体操作步骤如下：

步骤 01 单击“修改”面板中的“配置修改器集”按钮，在打开的修改器集菜单中选择“配置修改器集”选项，如下左图所示。

步骤 02 在打开的“配置修改器集”对话框中，用户除了可以设置修改器集中的按钮总数外❶，还可以对默认修改器集进行自定义修改，添加一些常用的修改器。用户只需在该对话框左侧的“修改器”列表中浏览找到所需修改器的名称❷，拖曳到右侧按钮上即可❸，最后单击“确定”按钮❹完成自定义设置，如下中图所示。

步骤 03 将常用的二维修改器、三维修改器等添加到修改器集中，修改面板的最终效果如下右图所示。

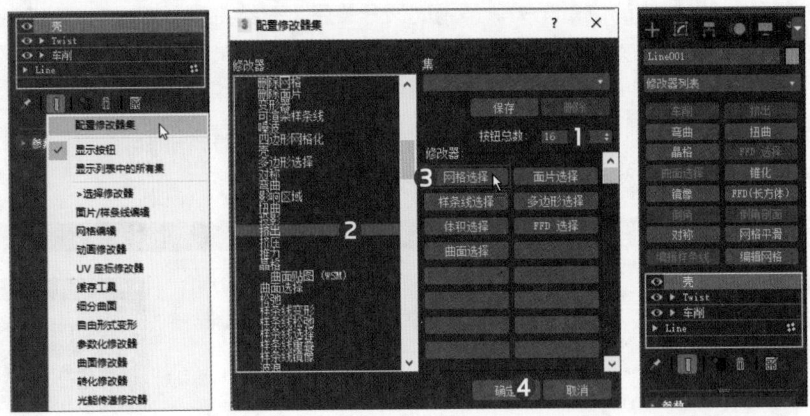

3. 修改器堆栈的基本操作

修改器堆栈不仅包含对象所应用的创建参数和修改器的累积历史记录，且具有很大的灵活性，它不进行永久性的修改。用户可以为对象添加多个修改器，其效果将会层层累积呈现，下面对修改器堆栈的基本操作进行介绍。

- **堆栈控件：** 位于堆栈列表和相关参数卷展栏中间部位，具体控件按钮的功能和操作可见上文。
- **启用和禁用修改器：** 修改器堆栈中每个修改器前都有一个眼睛图标，单击该图标按钮即可启用或禁用修改器。
- **修改器的排序：** 为选定对象添加多个修改器后，位于堆栈下方的修改器影响其上方修改器的作用效果。故为某对象添加同样的修改器后，若修改器的排列顺序不同其结果也不同。
- **复制、粘贴或塌陷修改器等命令：** 用户在修改器上单击鼠标右键会弹出一个菜单，在该菜单中可以对修改器进行复制、粘贴或是塌陷等操作。

4. 修改器种类

用户可以“修改”面板中的修改器列表查看众多修改器选项，这些修改器按照类型划分在不同的修改器集合中。在3ds Max中，默认有“选择修改器”“世界空间修改器”和“对象空间修改器”。

- **世界空间修改器：** 基于世界空间坐标而言，有10余种修改器。应用此类修改器后，该修改器始终显示在修改器堆栈的顶部，不受对象移动变换的影响。
- **对象空间修改器：** 此类修改器的数量最多，也是最常用的修改器类型，直接影响局部空间中对象的几何体，其修改结果直接显示在对象上，且堆栈的顺序影响修改效果。其中有些修改器只作用于二维对象，而有些修改器常用于三维对象。

3.4.2 常用的二维图形修改器

上节中提到在“对象空间修改器”中，有些修改器只能用于二维图形，从而快速地将二维图形转化为三维对象，在这些修改器中用户需熟悉车削、挤出、倒角、倒角剖面和扫描等常用修改器的相关参数及操作。

1. 车削

车削修改器是针对二维对象修改器，是较为常用的一个修改器，利用车削修改器可以快速、便捷地制作出一些具有高度对称性的对象，如酒瓶、花瓶、碗等。

车削修改器可以将一个图形或NURBS曲线绕某个轴旋转一定度数后生成一个三维实体对象，常用来制作对称结构强的对象，右图为其参数卷展栏。

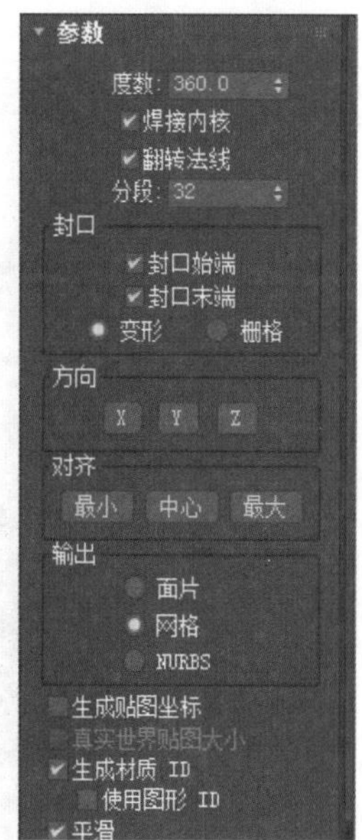

- **度数**：设置对象绕轴旋转多少度，范围为0至360，默认值是 360。
- **焊接内核**：将旋转轴上的顶点焊接起来，从而简化网格。
- **翻转法线**：因图形上顶点的方向和旋转方向，旋转对象可能会内部外翻。切换“翻转法线”复选框可修复这个问题。
- **分段**：在起始点之间，确定车削出的曲面上有多少插补线段。
- **“封口”组**：设置是否在车削对象内部创建封口及封口方式。
- **“方向”组**：设置相对对象车削的轴点，旋转轴的旋转方向，有x、y和z三种方向可供选择。
- **“对齐”组**：将旋转轴与图形的最小、中心或最大范围进行对齐操作。
- **“输出”组**：用于设置车削后得到的对象类型，有“面片”“网格”和“NURBS”三个单选按钮供选择。
- **其他参数**：“生成贴图坐标”可以将贴图坐标应用到车削对象中；“真实世界贴图大小”可以控制应用于该对象的纹理贴图材质所使用的缩放方法；“生成材质 ID”可以将不同的材质ID指定给挤出对象侧面与封口；“平滑”可以为车削图形应用平滑效果。

实战练习 使用车削修改器制作工业风灯具

通过上述对车削修改器的功能及参数介绍，用户可以利用车削修改器来制作复古工业风灯具，应用该修改器之前需要根据参考图片勾勒出灯具的轮廓形状，下面为具体的操作步骤：

步骤 01 打开随书配套光盘中的“使用车削修改器制作工业风灯具_原始文件.max”，如下左图所示。

步骤 02 激活前视图，在“创建”面板中单击“图形”按钮，利用样条线中的“线”绘制出下图所示的其中一个灯具的轮廓大致形状，如下右图所示。

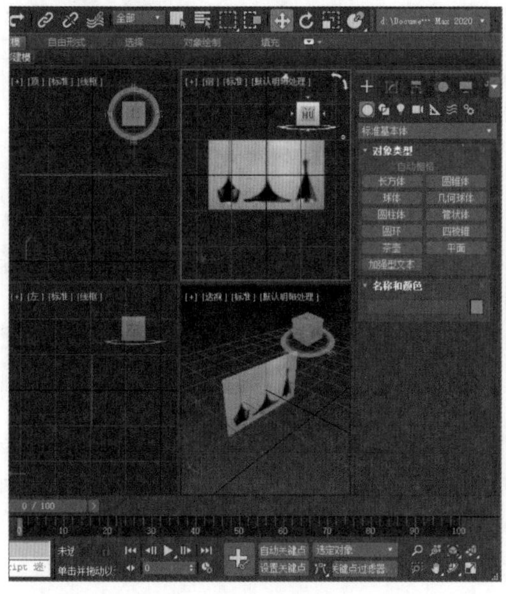

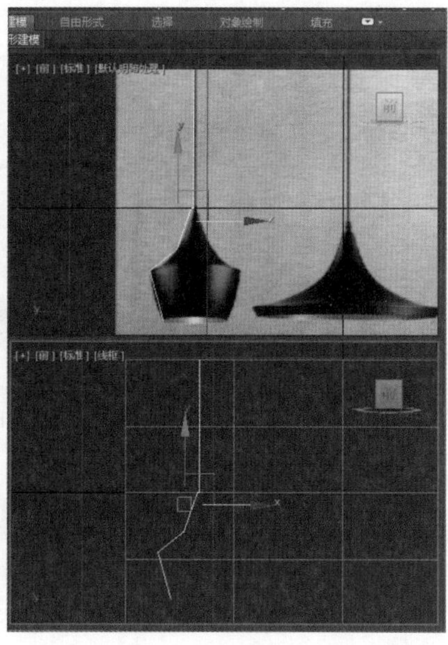

步骤 03 选中灯具轮廓样条线，按下“1”键进入“顶点”层级❶，选择样条线上的一个点❷，单击鼠标右键从弹出的菜单中选择“平滑”选项❸，如下左图所示。

步骤 04 选择如下右图所示的两个顶点❶，单击鼠标右键从弹出的菜单中选择“Bezier角点”选项❷，如下右图所示。

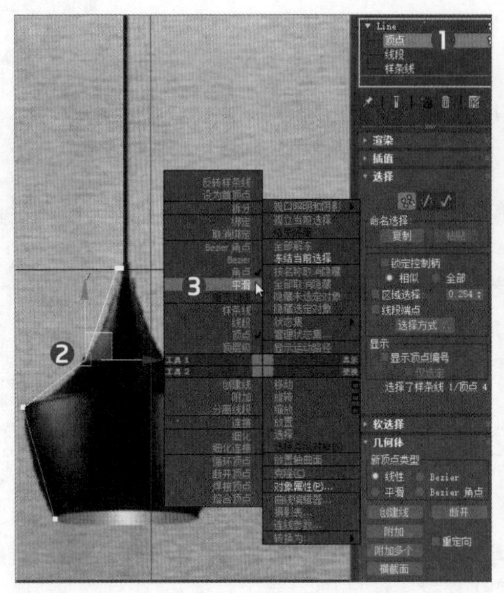

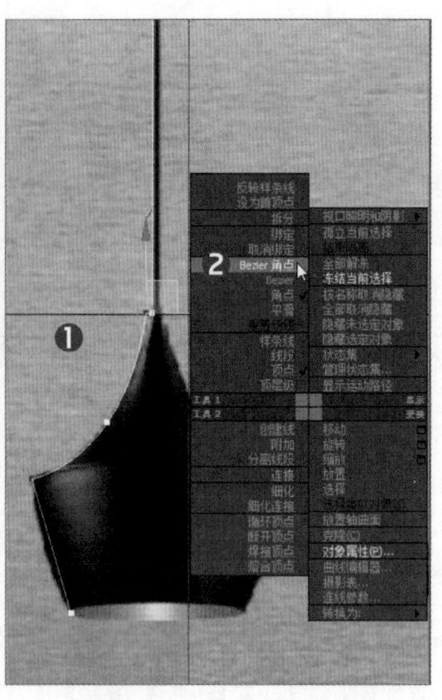

步骤 05 选择Bezier角点，参考背景图片中灯具的外形轮廓，通过调整角点的控制柄来调整样条线的形状，如下左图所示。

步骤 06 按下“1”键退出子层级状态返回对象层级❶，单击“修改器列表”后的下拉按钮，从打开的列表中选择“车削”选项❷，或是单击自定义修改器集中的“车削”按钮❸，如下右图所示。

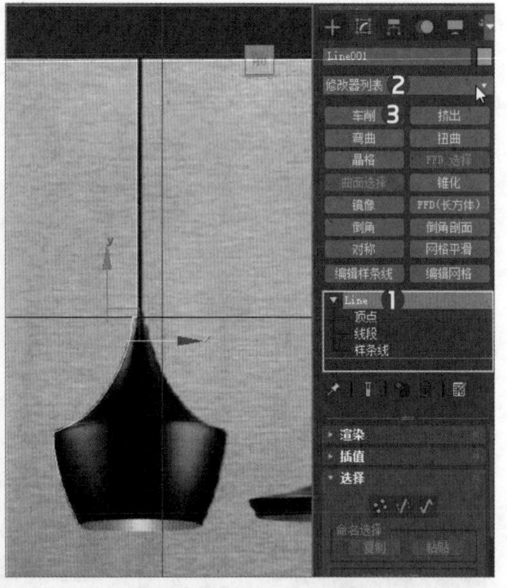

步骤 07 为图形添加“车削”修改器后，效果并不理想，这时需修改“车削”修改器中的一些参数。将“参数”卷展栏中的“分段”值设置为32❶，单击“对齐”选项组中的“最大”按钮❷，如下左图所示。

步骤 08 这时灯具模型与背景图中灯具轮廓还有些许差别，用户可以单击修改器堆栈中“车削”前的展开按钮❶，选择“轴”层级❷，在前视图中沿X轴适当移动车削轴❸，如下右图所示。

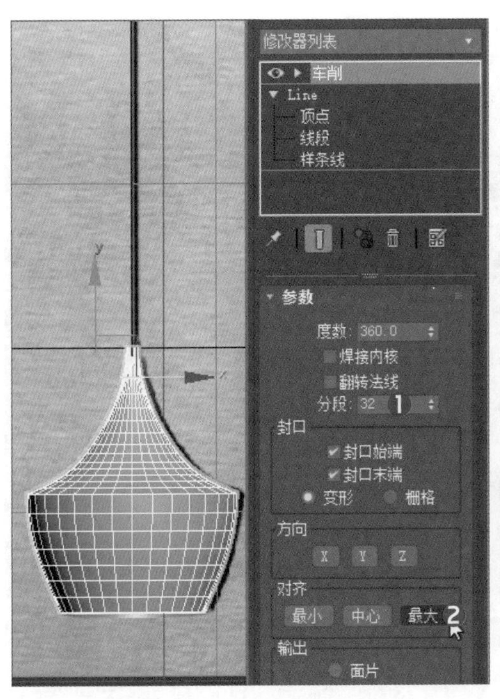

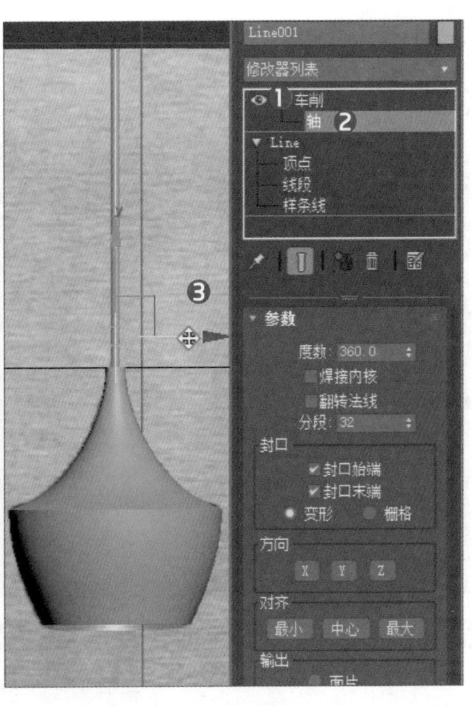

步骤 09 用户可以观察灯具模型情况，若是认为其仍不够圆滑，可以单击修改器堆栈中“样条线”层级❶，在“插值”卷展栏中将“步数”值设置为12❷，如下左图所示。

步骤 10 返回“车削”修改器❶，单击修改器集中的“壳”按钮❷，为对象添加一个“壳”修改器，如下右图所示。

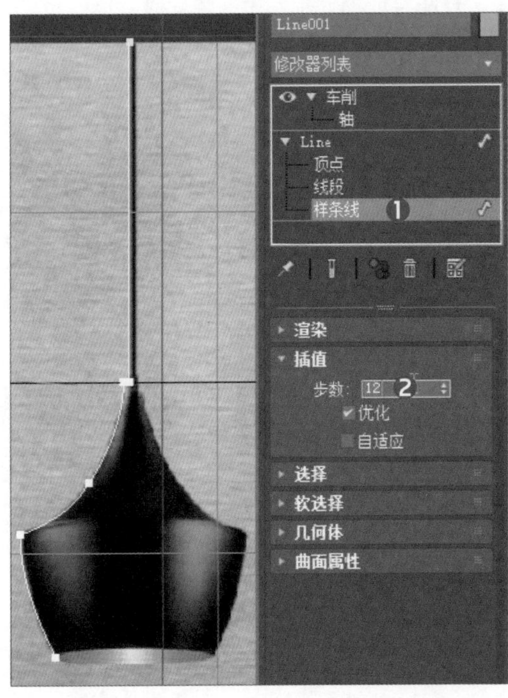

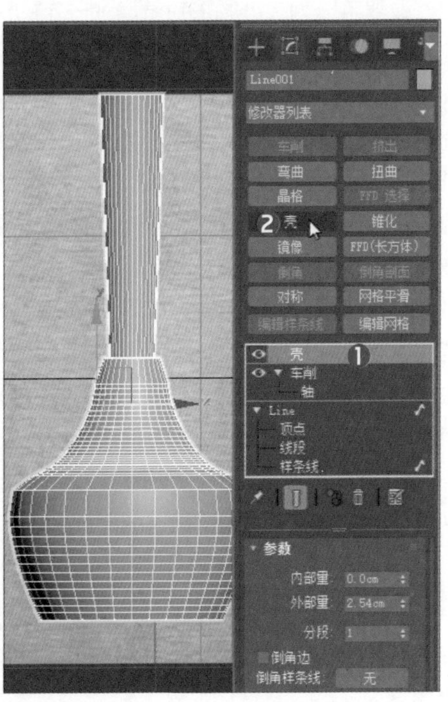

步骤 11 在“参数”卷展栏中修改“壳”修改器的参数，将“内部量”设置为0.1cm❶、“外部量”设置为0.0cm❷，如下左图所示。

步骤 12 按上述步骤举一反三，创建另外两个灯具模型，效果如下右图所示。

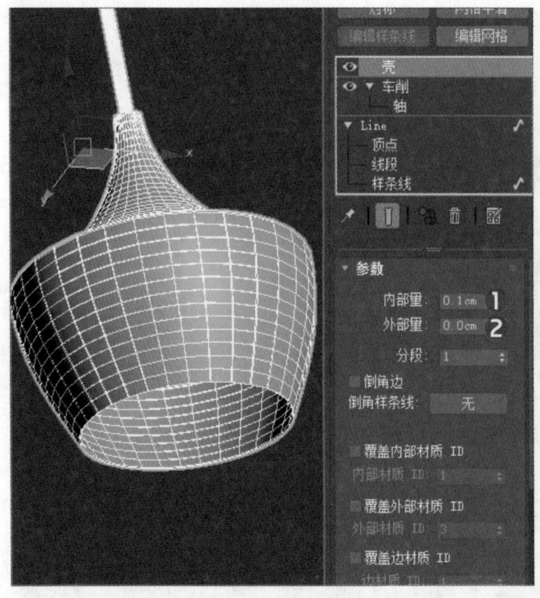

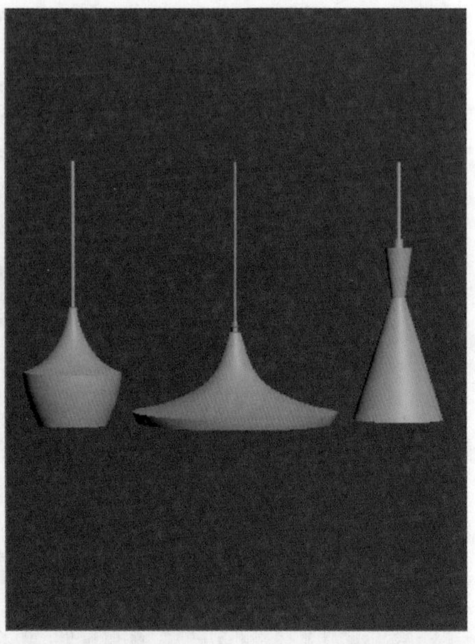

提示:"图形检查"工具

用于生成车削、挤出、放样或其他三维对象的自相交形状可能会造成渲染错误，这时用户可以使用"图形检查"工具来测试、检查样条线和基 NURBS的图形和曲线的自相交，并以图形方式显示相交分段的所有实例。在"实用程序"面板单击"更多"按钮，在打开的"实用程序"对话框中双击"图形检查"选项即可使用"图形检查"工具来检查图形。

2. 挤出

挤出修改器可以为二维图形对象增加一定的深度，并使其成为一个三维实体对象。该二维图形中的样条线须处于闭合状态，否则将挤出一个片面对象，其参数卷展栏如右图所示。

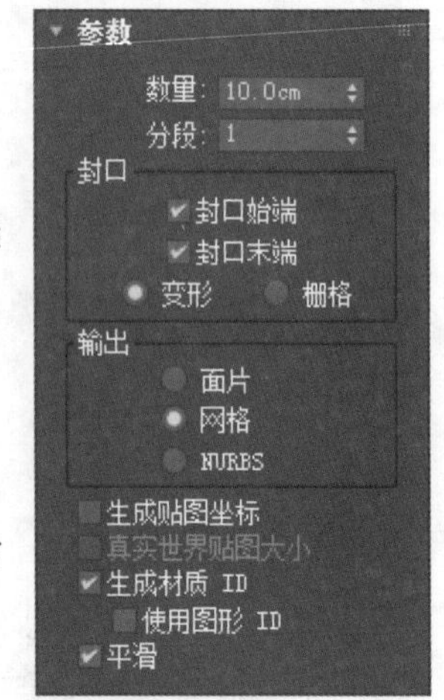

- **数量**：设置挤出的深度。
- **分段**：指定在挤出对象深度方向上线段的数目。
- **"封口"组**：设定挤出的始端或末端是否生成平面，及该平面的封口方式。
- **"输出"组**：设定挤出对象的输出方式，有面片、网格和NURBS3个单选按钮。
- **生成贴图坐标**：将贴图坐标应用到挤出对象中。
- **真实世界贴图大小**：控制应用于该对象的纹理贴图所使用的缩放方法。
- **生成材质 ID**：将不同的材质 ID 指定给挤出对象的侧面与封口。
- **使用图形 ID**：将材质 ID 指定给在挤出产生的样条线中的线段，或指定给在 NURBS 挤出产生的曲线子对象。
- **平滑**：将平滑效果应用于挤出图形。

实战练习 利用挤出修改器创建标识牌模型

下面介绍利用矩形、可编辑样条线等基本图形，结合挤出修改器来创建一个标识牌模型的方法，具体操作步骤如下：

步骤 01 在"创建"面板中单击"图形"按钮，在图形类型列表中选择"矩形"选项，单击"矩形"按钮，在绘图界面画出一个矩形，在面板下方的"键盘输入"卷展栏中，设置"长度"为2400.0❶、"宽度"为1200.0❷，单击"创建"按钮❸，如下左图所示。

步骤 02 创建出的矩形，如下右图所示。

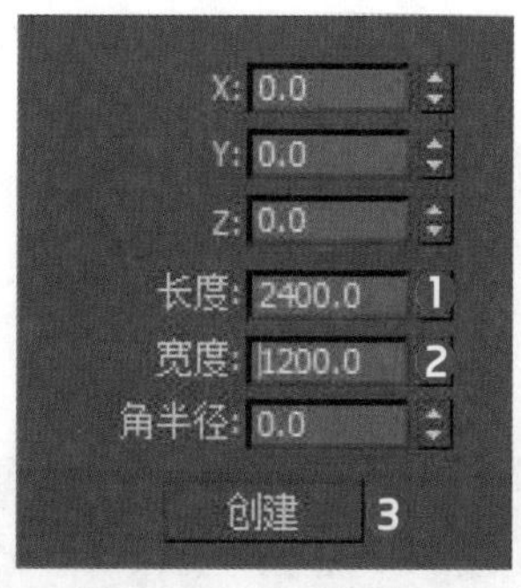

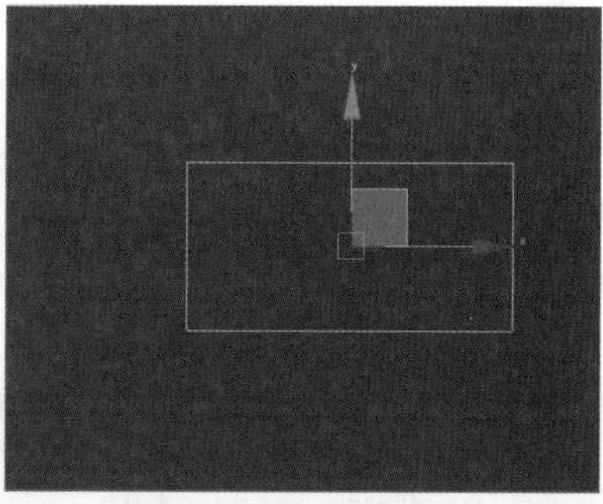

步骤 03 选中矩形单击鼠标右键，在显示菜单中移动到“转换为”❶，在子命令中鼠标左键单击“转换为可编辑样条线”❷，如下左图所示。

步骤 04 切换到“修改”面板，在“选择”下左键单击“样条线”。在“几何体”卷展栏的“轮廓”数值框中输入60，如下右图所示。

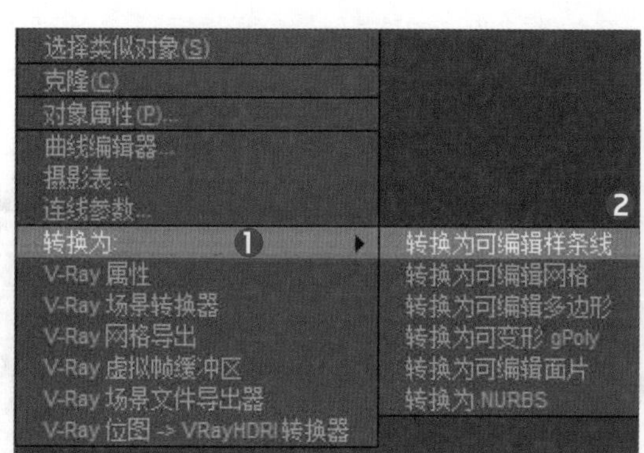

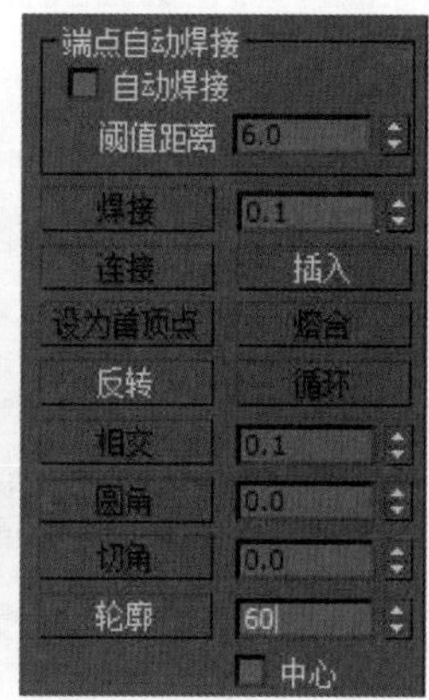

步骤 05 在“修改”面板的修改器列表中选择“挤出”选项，在“参数”卷展栏的“数量”输入200.0，如下左图所示。

步骤 06 在“主工具栏”面板中右击“捕捉开关”按钮，勾选“顶点”，关闭界面，如下中图所示。

步骤 07 单击打开“捕捉开关”。鼠标移动到矩形内侧四个角点之一，左键单击按住鼠标按对角线拖动到另一内侧角点，松开鼠标。选中新建矩形，添加“挤出”命令，在“参数”卷展栏的“数量”输入100。效果如下右图所示。

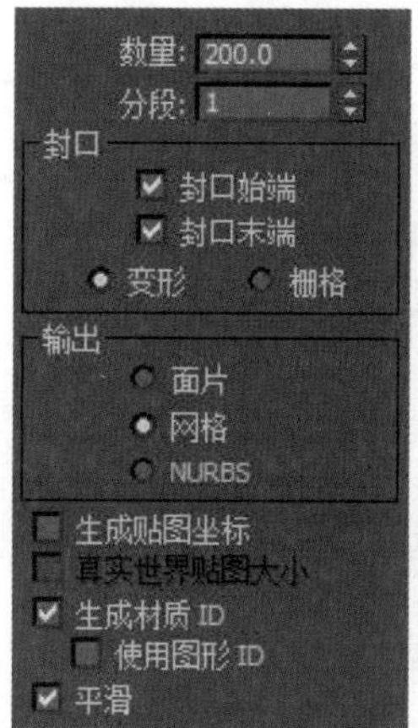

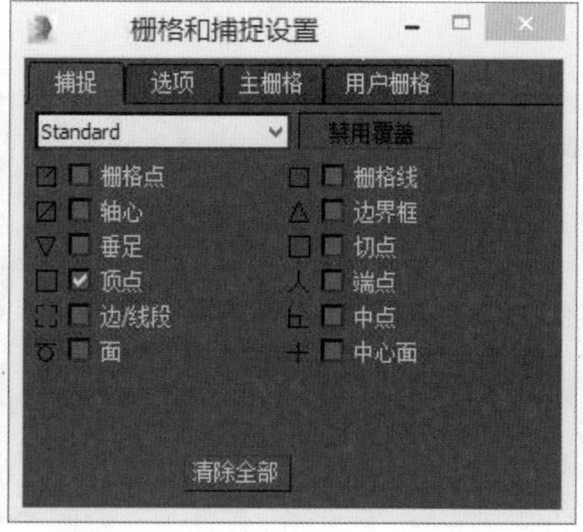

步骤 08 创建一个长为3400、宽为120的矩形。选中矩形并右击，转换为可编辑样条线。切换到“修改”面板，在“选择”下单击“顶点”。选中矩形全部顶点并右击，在弹出的快捷菜单中选择“角点”命令，如下左图所示。

步骤 09 分别选中下方两个顶点向内平移合适距离，如下右图所示。

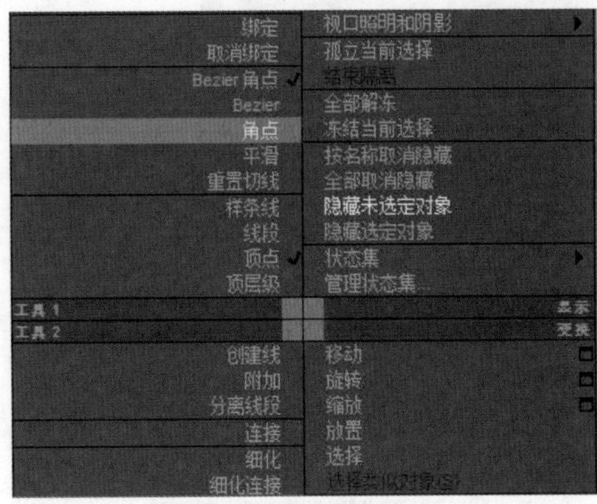

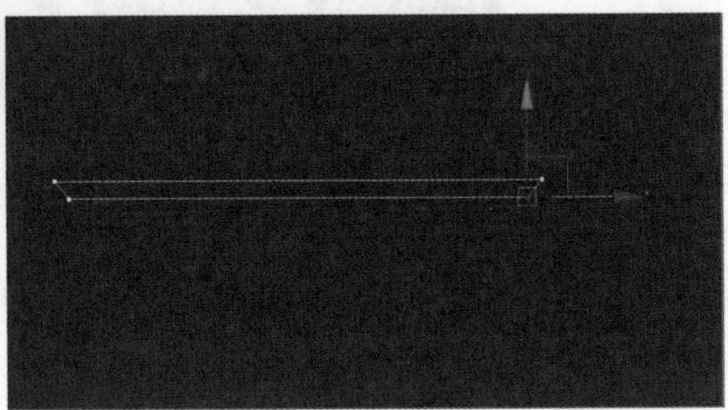

步骤 10 在“主工具栏”面板中右击“捕捉开关”按钮，勾选中点，关闭界面。在绘图界面中单击鼠标右键，在显示菜单中选择“细化”命令，如下左图所示。

步骤 11 两侧各添加三个顶点，将两侧其中两个顶点移动到合适位置，如下右图所示。

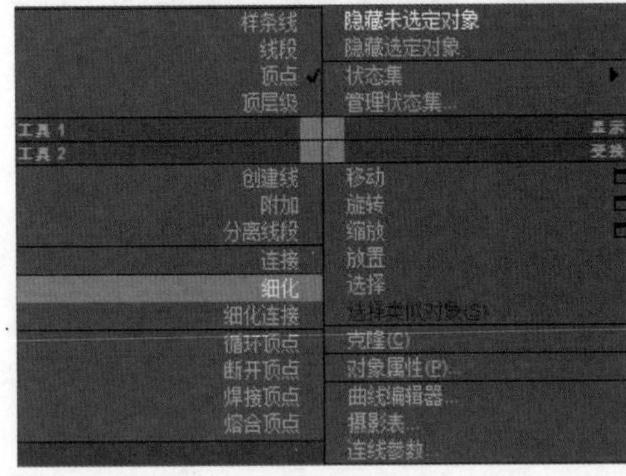

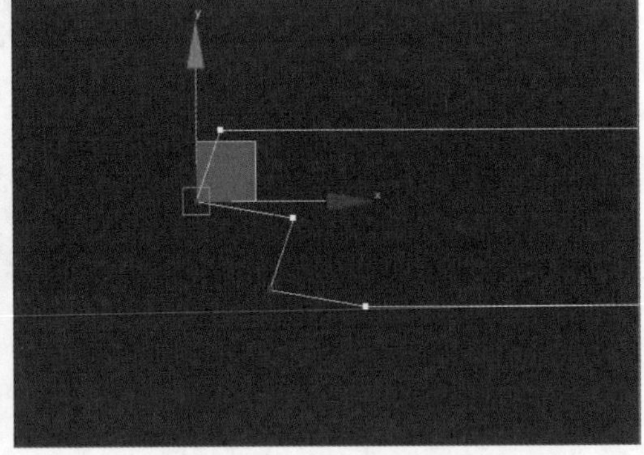

步骤 12 在“几何体”卷展栏的“圆角”数值框中输入50，两侧同样操作，如下左图所示。

步骤 13 完成物体的效果，如下右图所示。

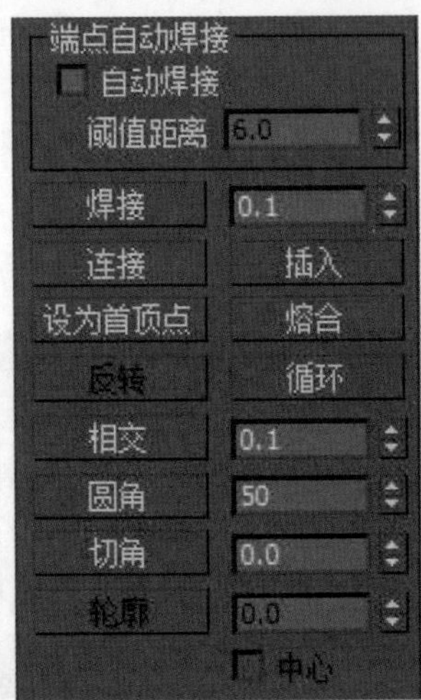

步骤 14 按住Shift键向下复制出一个物体，松开键盘鼠标后，在弹出的菜单中选择“复制”❶，副本数为1，单击“确认”按钮❷，如下左图所示。

步骤 15 完成物体复制，如下右图所示。

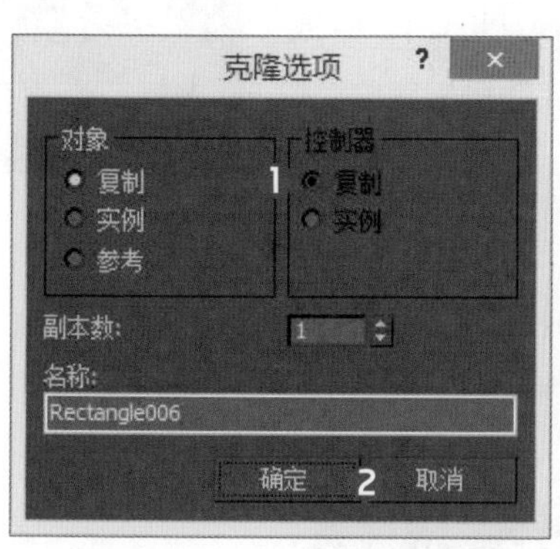

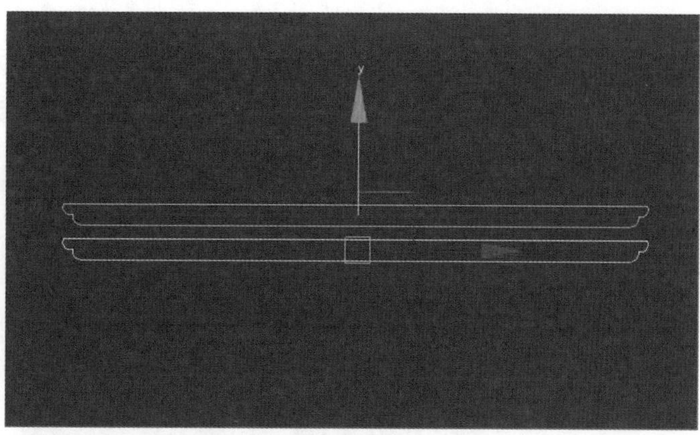

步骤 16 选中复制出的物体，在“主工具栏”面板中右击“选择并均匀缩放”按钮，如左下图所示。

步骤 17 设置“偏移：屏幕”值为95%，缩小物体并关闭菜单，如下中图所示。缩小后再向下复制一个物体。选中三个物体添加挤出命令，在“参数”卷展栏的“数量”输入210，完成挤出。

步骤 18 创建一个矩形“长为2200”“宽为140”，选中物体按住shift键向另一侧复制一个矩形，如下右图所示。选中两个物体添加挤出命令，在“参数”卷展栏的“数量”输入220，完成挤出。

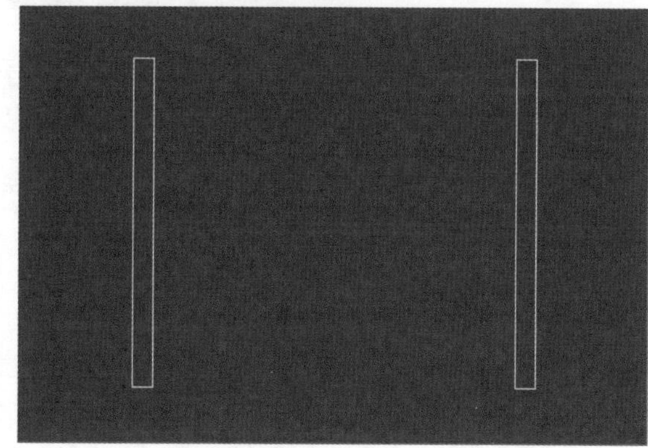

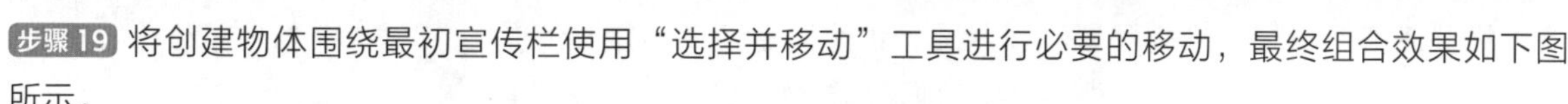

步骤 19 将创建物体围绕最初宣传栏使用“选择并移动”工具进行必要的移动，最终组合效果如下图所示。

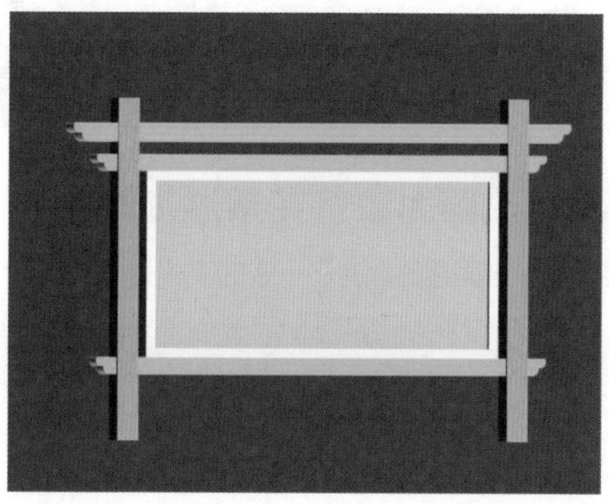

3. 倒角

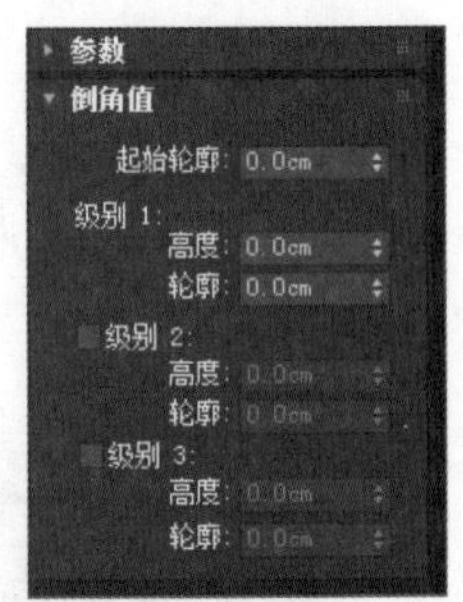

倒角修改器将二维图形挤出为三维对象，同时在边缘应用直角或圆角的倒角效果。其操作与挤出修改器相似，但可以将图形挤出不同级别，并对每个级别指定不同的高度值和轮廓量。右图为倒角对象的“参数”和“倒角值”两个卷展栏。

- **“参数”卷展栏：**设置挤出对象的封口、封口类型、曲面，以及相交的相关参数。
- **“倒角值”卷展栏：**可以设置倒角的级别个数和各个级别不同的挤出高度、轮廓量等参数。

4. 倒角剖面

倒角剖面修改器可以将一个图形作为路径或剖面来挤出一个实体对象。在3ds Max中有两种方法可以创建倒角剖面，在其“参数”卷展栏中有“经典”和“改进”两个单选按钮，选择任一单选按钮即可打开相应的“经典”或“改进”卷展栏，如下图所示。

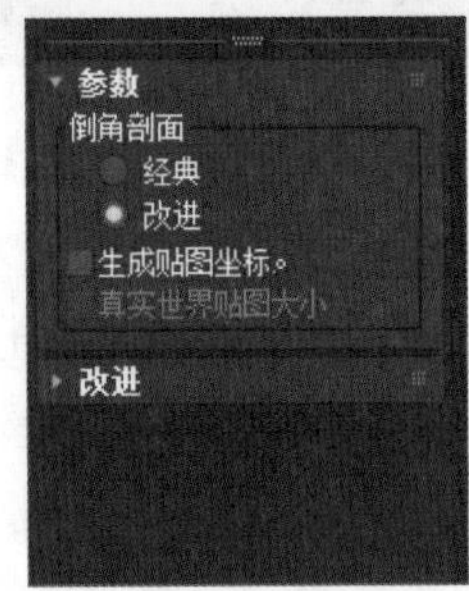

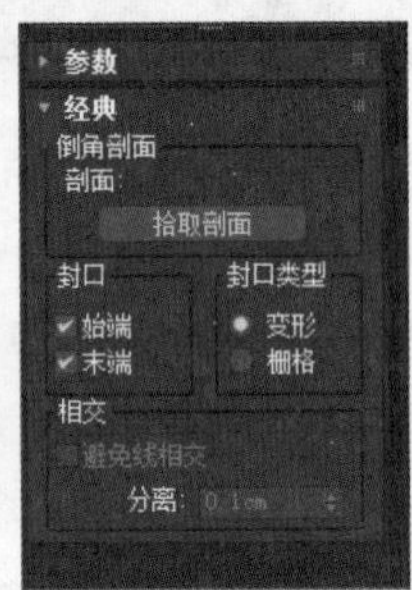

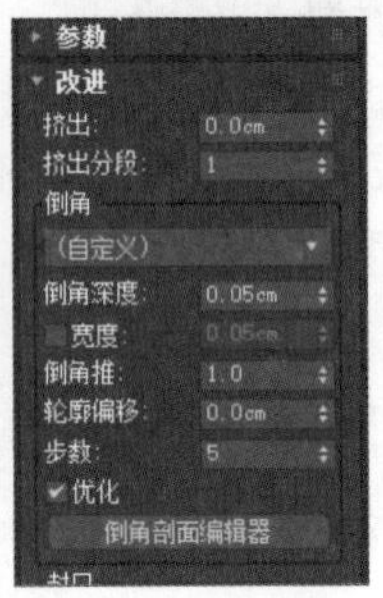

- **经典方法：**是创建对象的传统方法，须有两个二维图形，一个作为路径，即需要倒角的对象，另一个作为倒角的剖面（该剖面图形既可以是开口的样条线，也可以是闭合的样条线）。选择路径，应用倒角剖面修改器，在“经典”卷展栏中单击“拾取剖面”按钮拾取剖面。
- **改进方法：**只需一个图形即可，与倒角修改器类似，可以设置挤出的数量及分段数，还可以利用倒角剖面编辑器来编辑倒角。在其卷展栏中除有“倒角”选项组外，还有“封口”“封口类型”和“材质ID”等多个选项组。

5. 扫描

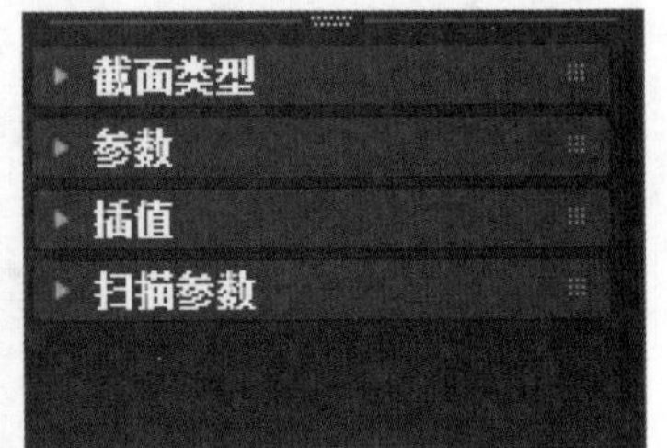

扫描修改器可以沿着基本样条线或 NURBS 曲线路径挤出横截面，这些横截面即可以是一系列预置的横截面，也可以是用户自定义的图形。该修改器与“放样”复合对象、倒角剖面修改器中的经典方法都很类似。用户在“截面类型”卷展栏中选择内置的备用截面或自定义图形的截面，然后在“参数”“插值”和“扫描参数”卷展栏中进行相应的参数设置。

实战练习 使用倒角剖面修改器为铁艺花架添加配件

用户通过上述介绍，已经对倒角剖面修改器有了一定的了解，下面将使用该修改器为铁艺花架模型添加配件，具体的操作方法如下：

步骤 01 打开随书配套光盘中“利用样条线制作铁艺花架主体部分.max”文件，选择Cylinder001❶，在“修改”面板❷中将其“高度”值改为1.25cm❸，按下Ctrl+V组合键复制该对象❹，如下左图所示。

步骤 02 选择复制出的Cylinder009❶，按下Alt+Q组合键孤立该对象❷，右键执行“转换为>转换为可编辑多边形”命令将其转换为可编辑多边形，进入“多边形”层级❸，选择底面，按Delete键进行删除操作，如下右图所示。

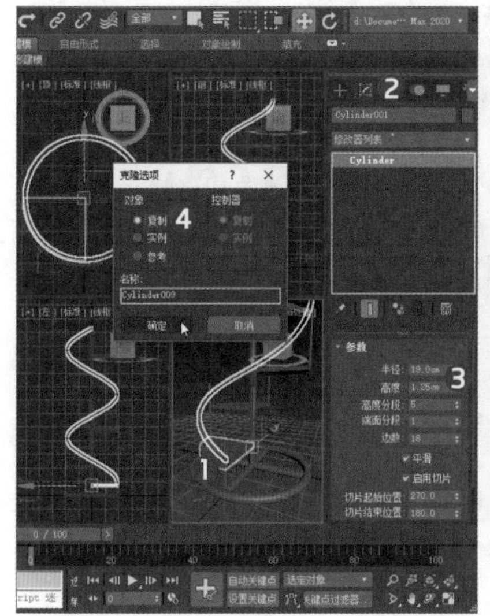
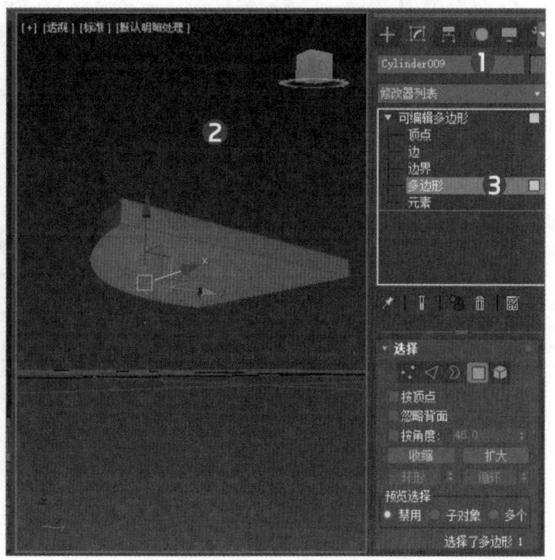

步骤 03 切换至“边界”层级❶，选择相应边界❷，单击“编辑边界”卷展栏❸中的“利用所选内容创建图形”按钮❹，在弹出的“创建图形”对话框中❺将“图形类型”设置为“线性”❻，最后单击“确定”按钮❼完成图形创建，如下左图所示。

步骤 04 退出编辑多边形状态，使用图形创建工具中的“线”工具在前视图中创建一个闭合样条线Line001❶，切换至“顶点”层级❷，勾选“选择”卷展栏中的“显示顶点编号”复选框❸，选择内拐角点❹，右键执行“设为首顶点”命令❺，观察该点编号变化，如下右图所示。

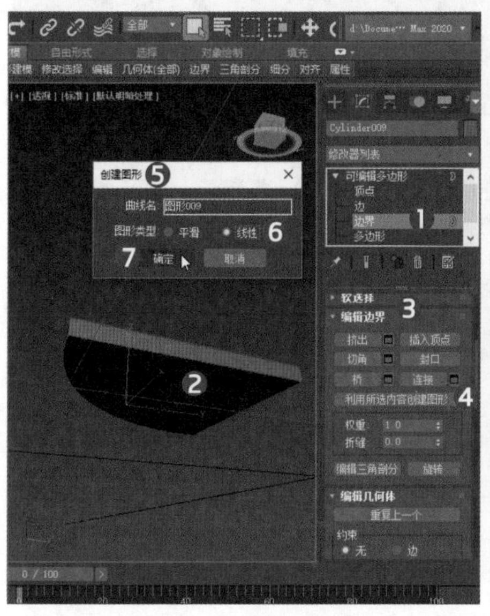
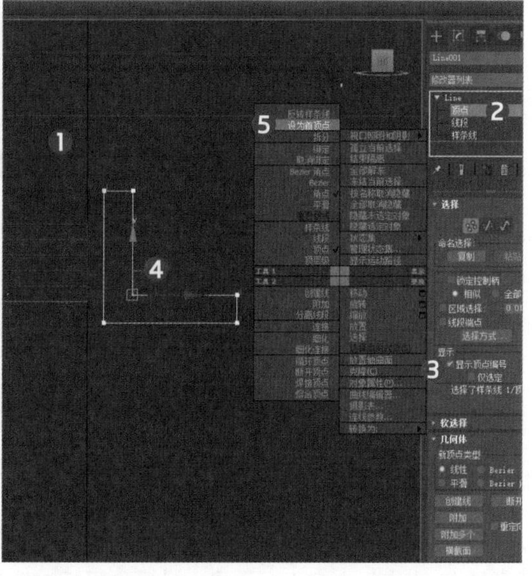

步骤 05 选择从多边形对象上创建的“图形009”❶，单击修改器集中的“倒角剖面”按钮❷，在“参数”卷展栏中选择“经典”单选按钮❸，接着再单击“拾取剖面”按钮❹，在视图中拾取Line001❺，如下左图所示。

步骤 06 进入倒角剖面修改器的“剖面Gizmo”子层级❶，使用“选择并旋转工具”在视口中选择剖面Gizmo❷，按下A键打开角度捕捉开关，设置捕捉角度为45°，按下右图所示旋转剖面Gizmo。

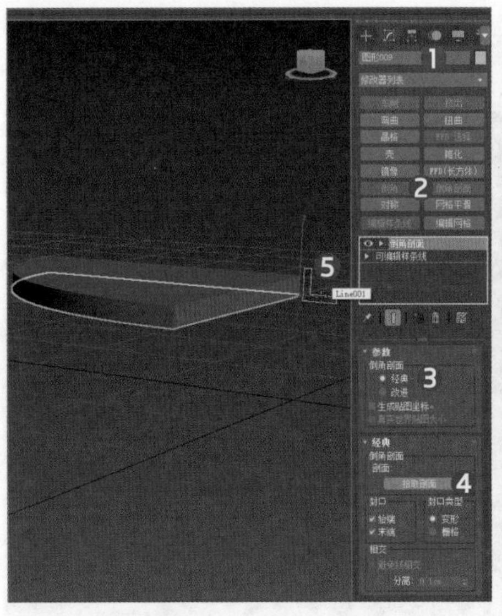

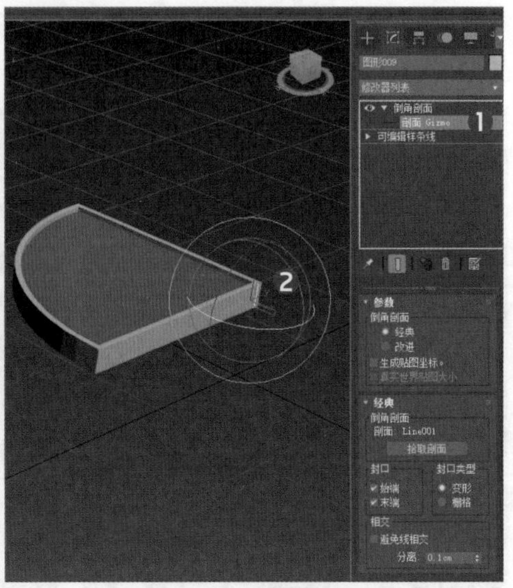

步骤 07 选择多边形对象Cylinder009，按Delete键进行删除从而退出孤立模式，在视图中按效果调整Line001各顶点，如下左图所示。

步骤 08 选择创建出的的剖面对象图形009❶，单击“附加”面板上的“阵列”按钮❷，在随即打开的“阵列”对话框中❸，设置“阵列变换”选项组“增量”选项区域内Z轴的移动增量值为13.5cm、Z轴的旋转增量值为-90.0❹，单击“对象类型”选项区域内的“实例”单选按钮❺，在“阵列维度”选项区域的1D数值框中输入8❻，最后单击“确认”按钮❼，完成阵列操作，如下右图所示。

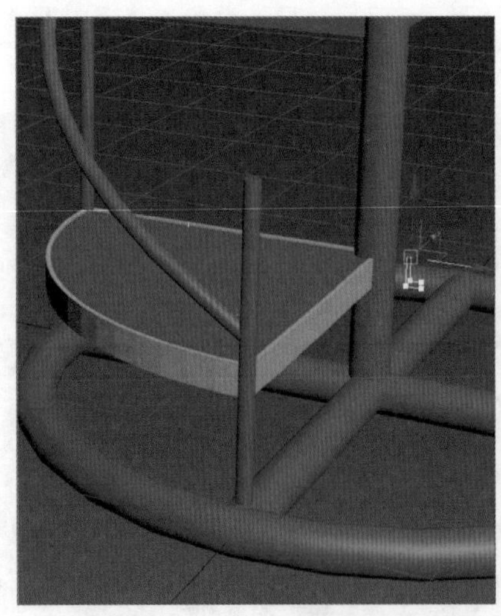

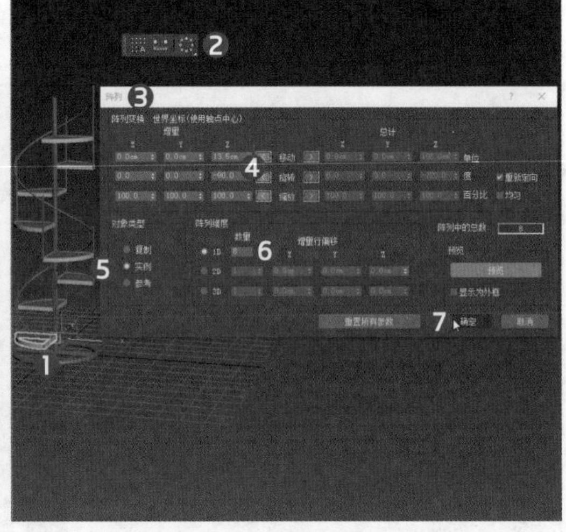

3.4.3 三维对象的常用修改器

除了一些只用于二维图形的修改器外，在3ds Max还提供了一些常用于三维对象的修改器，这其中较常用的有弯曲、扭曲、锥化、FFD、晶格、壳和网格平滑等修改器。本小节将为用户介绍这些常用的三维变形修改器的相关参数和使用方法。

1. 弯曲

弯曲修改器可以将当前选择对象围绕某一轴最多弯曲360°，允许在三个轴中的任何一轴向上控制弯曲的角度和方向，也可以对几何体的一部分限制弯曲，如下图所示。

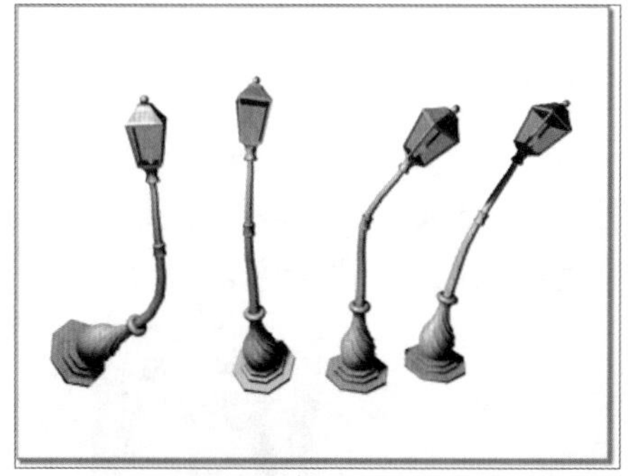

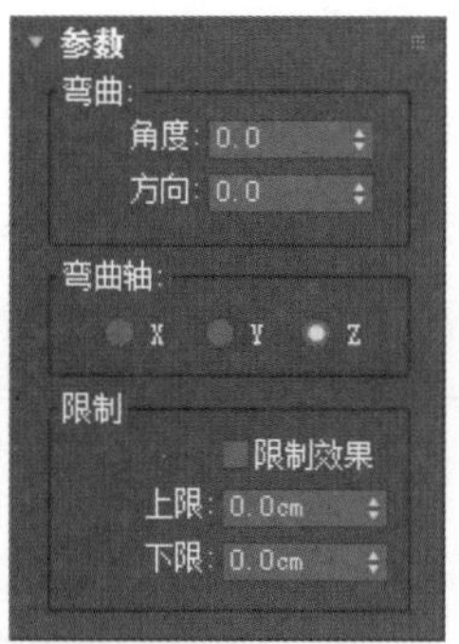

- **角度**：从顶点平面设置要弯曲的角度，范围为 －999999到999999。
- **方向**：设置弯曲相对于水平面的方向，范围为 －999999到999999。
- **“弯曲轴”组**：指定要弯曲的轴，默认选择的是Z轴单选项。
- **“限制”组**：勾选“限制效果”复选框，可将限制约束应用于弯曲效果；“上限”或“下限”值以世界单位设置上或下部边界，此边界位于弯曲中心点上或下方，超出此边界弯曲不再影响几何体，范围为0到999999。

2. 扭曲

扭曲修改器使几何体产生一个旋转效果，其参数设置与弯曲修改器相似，这里不在赘述。扭曲修改器与弯曲修改器一样都有Gizmo和中心2个子对象层级。用户可以在子对象层级上进行变换操作并设置动画，从而改变修改器的效果。变换 Gizmo时中心随之变换，而变换中心时Gizmo不随之改变，如下图所示。

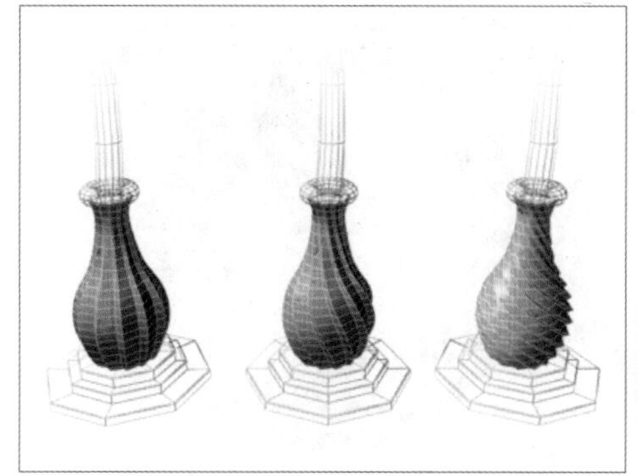

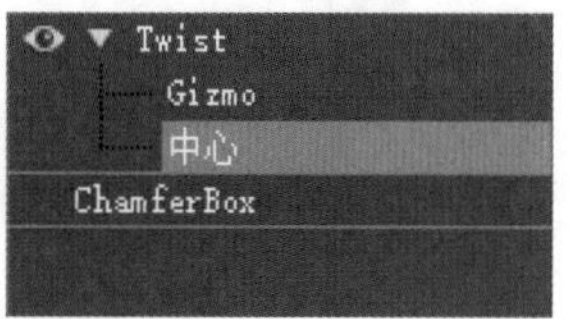

3. 锥化

锥化修改器通过缩放几何体的两端来产生锥化轮廓，一端放大而另一端缩小。大都在两组轴上控制锥化的量和曲线。此外还可以对几何体的一段限制锥化。其“参数”卷展栏与弯曲修改器类似，如下图所示。

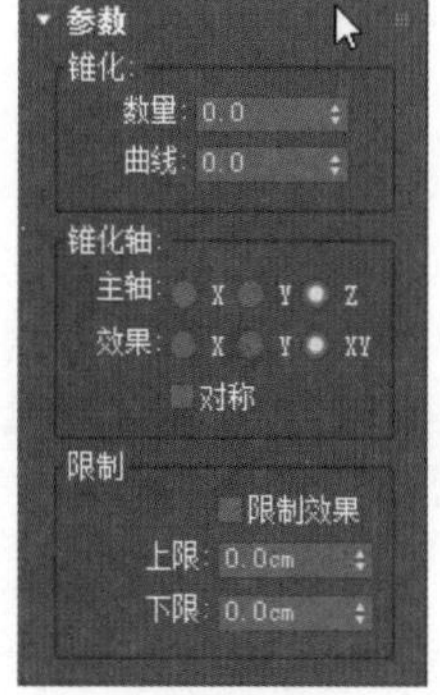

4. 晶格

晶格修改器可以将对象的线段或边转化为圆柱结构，并在顶点上产生可选的关节多面体。使用该修改器可创建基于网格拓扑可渲染的几何体结构，也可作为获得线框渲染效果的另一种方法。其“参数”卷展栏中包括“几何体”“支柱”“节点”及“贴图坐标”选项组。“支柱”选项组用于设置支柱圆柱的结构参数，“节点”选项组用来设置每个节点的类型等相关参数，如下图所示。

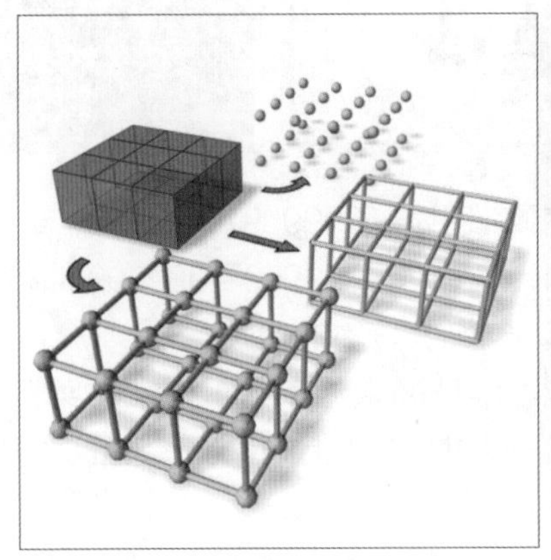

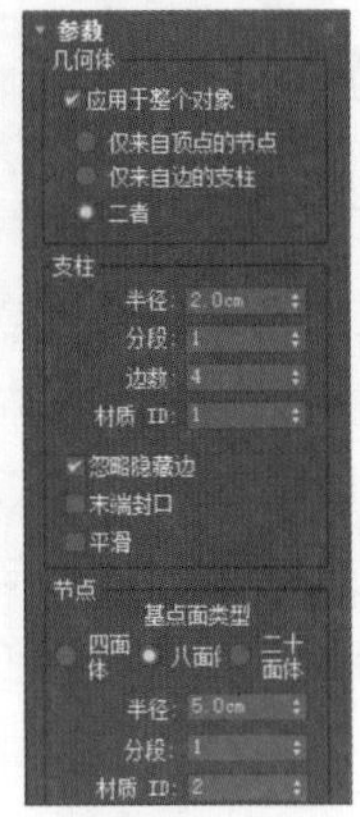

5. 壳

用户默认创建的几何模型都是单面的、内部不可见的，若想要双面可见，可以为模型添加一组与现有面相反方向的额外面，而壳修改器可以为对象赋予厚度，来连接内部和外部曲面。在其参数卷展栏中可以为内、外部曲面、边的特性、材质 ID，以及边的贴图类型等参数进行相关设置，如下图所示。

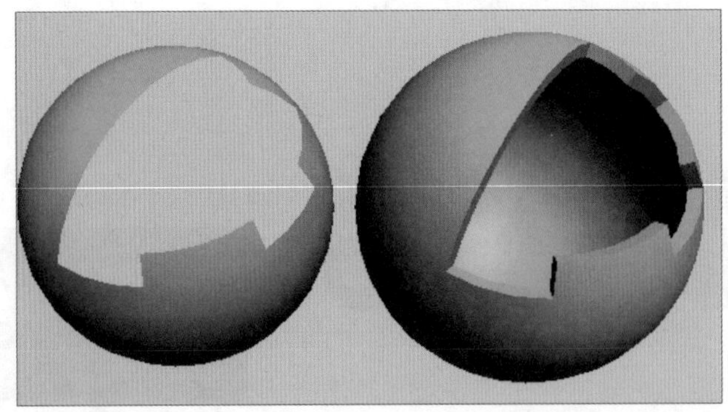

6. FFD（自由形式变形）

FFD修改器即自由形式变形修改器。使用该修改器可以创建出晶格框来包围选中几何体，通过调整晶格的控制点从而改变封闭几何体的形状。3ds Max提供了FFD 2×2×2、FFD 3×3×3、FFD 4×4×4、FFD长方体和FFD圆柱体5种自由形式变形修改器，如右图所示。

7. 网格平滑

网格平滑修改器是平滑类修改器中最常用的一种修改器，它使用多种不同方法来平滑和细分场景中的几何体，主要是通过在角和边处插补新面，从而使角和边变圆。启用该修改器后，在“修改”面板中会出现“细分方法”“软选择”“重置”“参数”“设置”“细分量”和“局部控制”卷展栏。用户可以在这些参数卷展栏中设置新面的大小和数量，以及它们是如何影响对象曲面的相关参数，如右图所示。

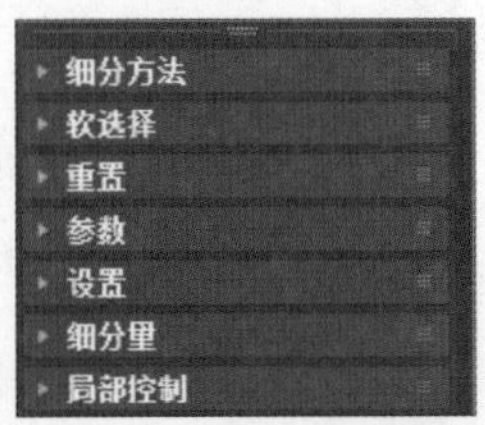

实战练习 利用晶格和FFD 3×3×3修改器制作垃圾篮

修改器列表中命令很多，我们下面通过制作垃圾篮来熟悉晶格和FFD 3×3×3的操作方法。

步骤 01 打开程序，在“创建”面板中单击“几何体”按钮❶，在几何体类型列表中选择“标准基本体”选项❷，接着单击“圆柱体”按钮❸，绘制“半径”为25.0❹，“高度”为60.0❺，“高度分段”为6❻，“端面分段”为3❼，“边数”为20 的圆柱体，如下左图所示。

步骤 02 单击“修改器列表”右侧的下拉按钮❶，在下拉列表中选中“FFD 3×3×3”选项❷，单击“FFD 3×3×3”左侧的下拉按钮❸，在下拉列表中选中“控制点”❹选项，如下右图所示。

步骤 03 激活顶视图，单击工具栏中“选择并旋转”按钮❶，选中圆柱最上面一层点进行顺时针旋转❷，如下左图所示。

步骤 04 同上述步骤选中圆柱中间一层点进行顺时针旋转，完成后如下右图所示。

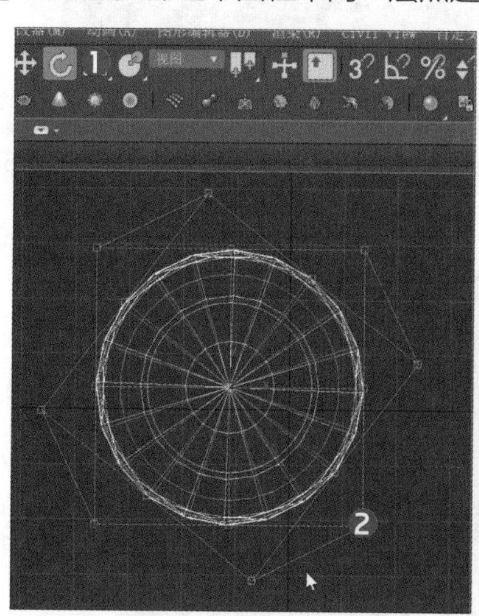

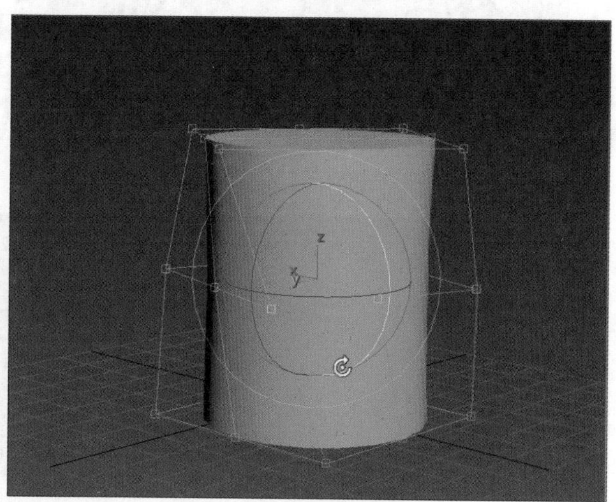

步骤 05 激活透视图，单击工具栏中“选择并均匀缩放”按钮❶，选中圆柱最下面一层点进行等比缩放❷，如下左图所示。

步骤 06 同上述步骤，选中圆柱中间一层点进行等比缩放，缩放后的中间一层要比最下一层小，如下右图所示。

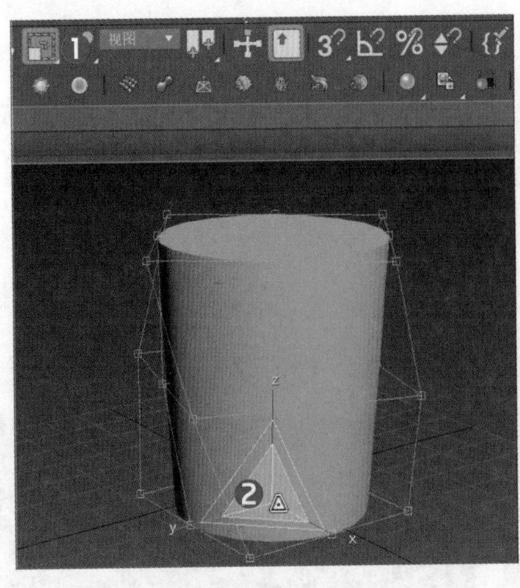

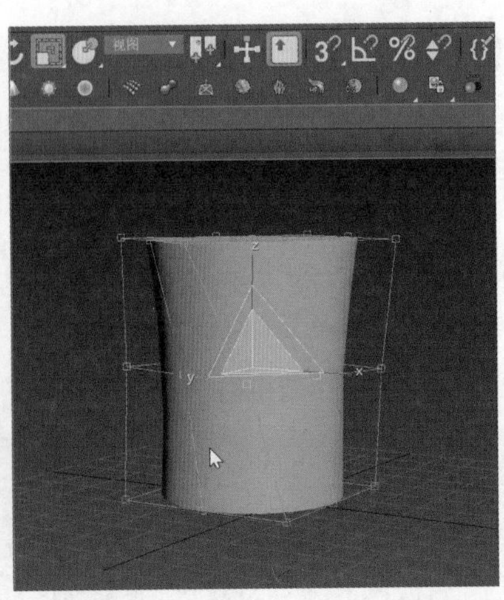

步骤 07 选中圆柱体并单击鼠标右键，在弹出的快捷菜单中选择“转化为：❶>转化为可编辑多边形❷”选项如下左图所示。

步骤 08 在“可编辑多边形”下拉列表中选中“多边形”选项❶，然后选择圆柱体顶面所有的面❷，如下右图所示。

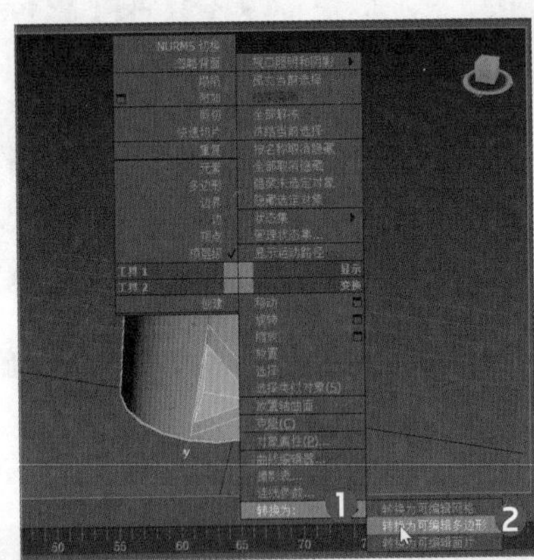

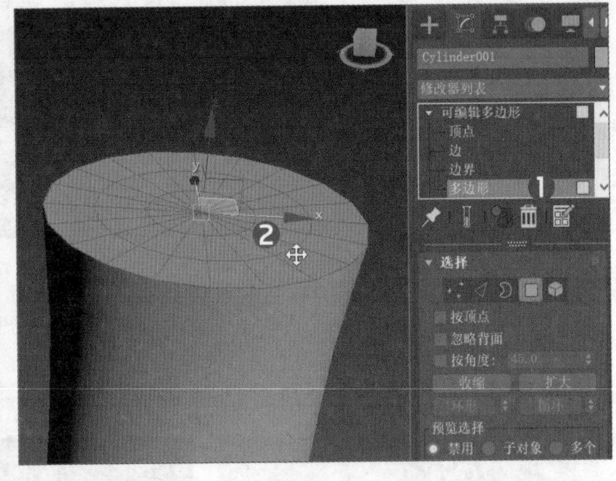

步骤 09 按下键盘上的delete键删除选中的所有面，如下左图所示。

步骤 10 选择“几何体”选项组中“仅来自支柱”单选按钮❶，支柱“半径”为0.7❷，“边数”为18❸，勾选“平滑”复选框❹，如下右图所示。

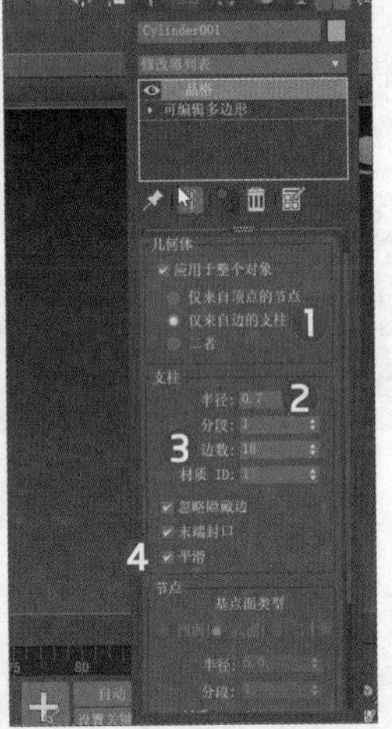

步骤 11 垃圾框制作完成效果如下图所示。

3.5 多边形建模

在3ds Max中，用户可以通过多种建模方法创建三维模型，而可编辑对象建模是其中较为常用的建模方法。可编辑对象包括可编辑样条线、可编辑多边形、可编辑网格和可编辑面片，利用这些可编辑对象用户可以更加灵活自由地创建和编辑模型。每个可编辑对象都有一些子对象层级，这些子对象是构成对象的零件。用户如要获得更高细节的模型效果，可以对子对象层级执行变换、修改和对齐等操作，下面以可编辑多边形为例，详细介绍这些可编辑对象。

3.5.1 多边形基础知识

在介绍具体的多边形建模方法之前，用户还需要了解多边形建模的一些基础知识及常用术语等，从而有利于用户对该建模方法有一个整体、清晰的认识，便于后续模型的创建。

1. 多边形术语

多边形是由三维点（顶点）和连接它们的直线（边）定义的直边形状（3个或更多边），其内部区域称为面，顶点、边和面是构成多边形的基本组件，用户可以通过选择和修改这些基本组件来调节多边形。

多边形模型是由许多单独的多边形组成，这些多边形组合形成一个多边形网格（也称为多边形集或多边形对象），而多边形网格通常共享各个面之间的公用顶点和边，这些公用的顶点和边称之为共享顶点和共享边。此外，多边形网格也可以由多个不连贯的已连接多边形集（称为壳）组成，网格或壳的外部边称为边界边。

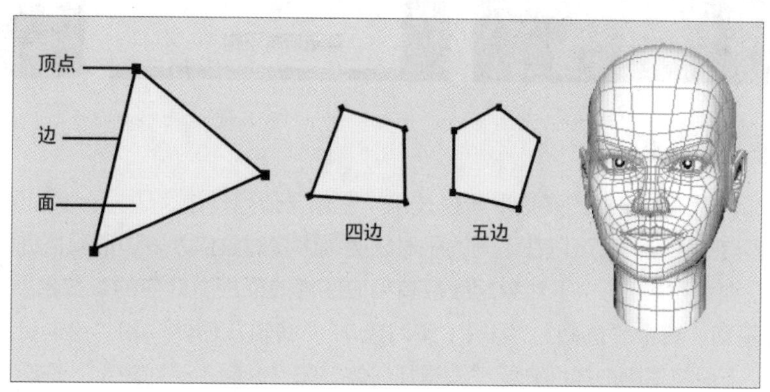

2. 多边形建模原则

虽然3ds Max支持使用四条以上的边创建多边形，但因多于四条边的面在后期渲染时易出现扭曲错误，故多边形建模时，通常使用三边多边形（称为三角形）或四边多边形（称为四边形）创建模型。此外，在创建模型的过程中，用户还需保证面法线方向的一致，否则会产生纹理错误等后果。

3.5.2 转换为多边形对象

3ds Max中的可编辑对象一般都不是直接创建出来的，都需要进行相应的转换或者是塌陷操作，将对象转换为可编辑对象。用户也可以为对象添加常用的编辑对象修改器，从而进行一些可编辑操作，主要的方法有以下三种：

1. 右键快捷菜单转换

在对象上单击鼠标右键，在弹出的快捷菜单的“变换”象限中执行“转换为：>转换为可编辑对象（样条线、网格、多边形、面片）”命令，即可将选中对象转换为可编辑对象，如下左图所示。

2. 右键单击堆栈中的基本对象

在对象的“修改”面板中，右键单击堆栈中的基本对象，在弹出的快捷菜单中，选择“转换为”组的相应选项即可，如下中图所示。

3. 利用编辑修改器

使用上述两种方法后，3ds Max将用“可编辑对象”替换堆栈中的基本对象，此时创建对象时的原始参数将不复存在。若用户仍要保持创建参数，可以为对象添加相应的编辑修改器，即可利用可编辑对象的各种控件来对对象进行可编辑操作，如下右图所示。

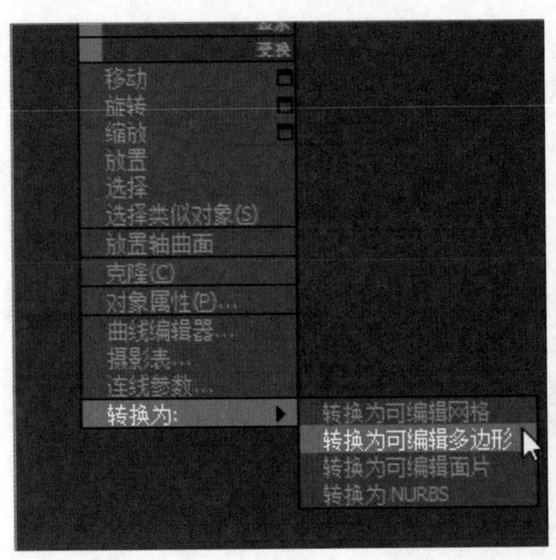

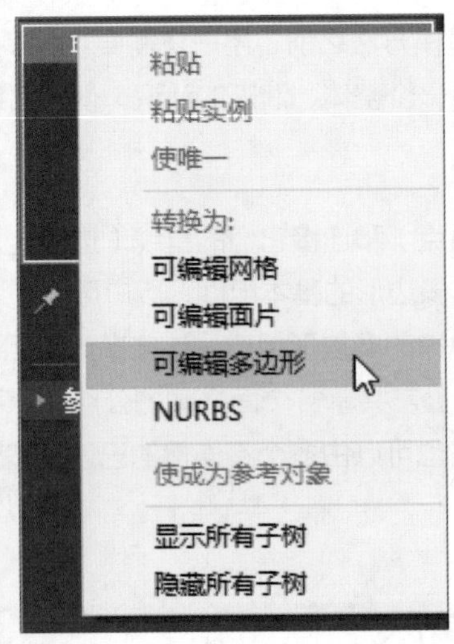

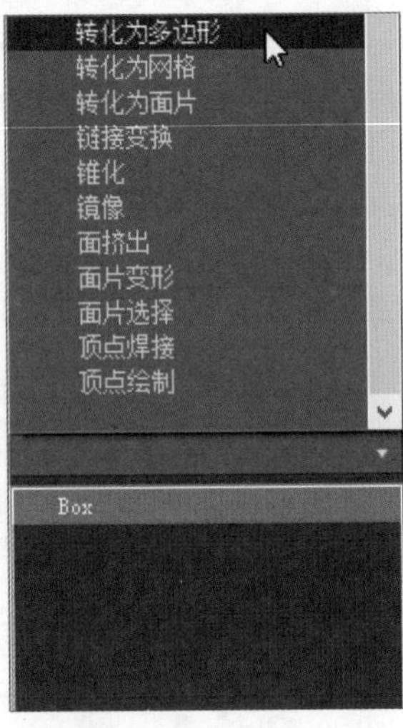

3.5.3 编辑多边形对象

可编辑多边形提供了一种重要的多边形建模技术，它包含顶点、边、边界、多边形和元素5个子对象层级。可编辑多边形有各种控件，可以在不同的子对象层级中将对象作为多边形网格进行操纵。

可编辑多边形在对象层级和5个子对象层级都有相应的修改面板，对应的参数卷展栏的个数、卷展栏中的具体命令有所差别，其中“选择”“编辑（子对象）”“编辑几何体”和“绘制变形”卷展栏较为常用，如下左图所示。下面将为用户详细介绍“编辑几何体”和“编辑（子对象）”等多个卷展栏。

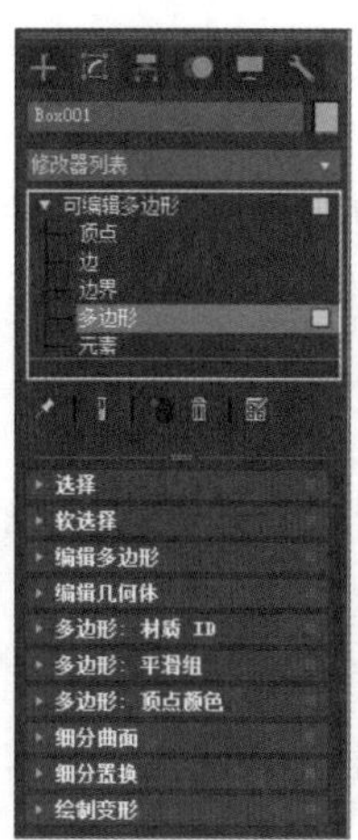

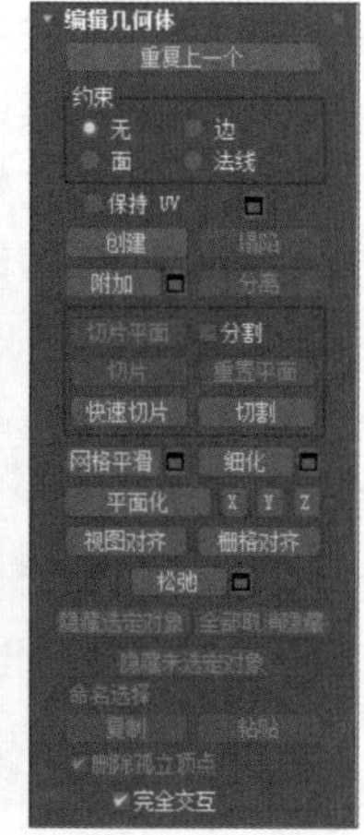

1. “编辑几何体”卷展栏

“编辑几何体”卷展栏提供了用于所有子对象层级更改多边形对象几何体的全局控件，这些控件在所有层级中用法均相同，只是在每种模式下各个控件启用的数目不尽相同，有的控件按钮处于灰度模式是为不启用，主要参数介绍如下：

- **创建**：创建新的子对象，其使用方式取决于活动的级别。
- **塌陷**：将其顶点与选择中心的顶点焊接，使连续选定子对象的组产生塌陷，对象层级和“元素”子层级不启用。
- **附加**：将场景中的其他对象附加到选定多边形对象的元素层级上。单击该控件按钮后的“附加列表”按钮，可以打开“附加列表”对话框，从对话框中选择一个或多个对象进行附加。
- **分离**：仅限于子对象层级，将选定的子对象和关联的多边形分隔为新对象或元素。
- **切割和切片组**：这些类似小刀的工具可以沿着平面（切片）或特定区域（切割）内来细分多边形网格。
- **网格平滑**：使用当前设置平滑对象，此命令使用的细分功能与网格平滑修改器中类似。
- **细化**：单击其后的“设置”按钮，设置细分对象中的所有多边形。
- **隐藏系列按钮**：仅在顶点、多边形和元素层级启用，根据情况来隐藏或显示一定数量的子对象，包含“隐藏选定对象”“全部取消隐藏”和“隐藏未选定对象”命令。

2. “编辑（子对象）”卷展栏

“编辑（子对象）”卷展栏提供了编辑相应子对象特有的功能，用于编辑对象及其子对象，包括“编辑顶点”“编辑边”“编辑边界”“编辑多边形”和“编辑元素”卷展栏，如下图所示。

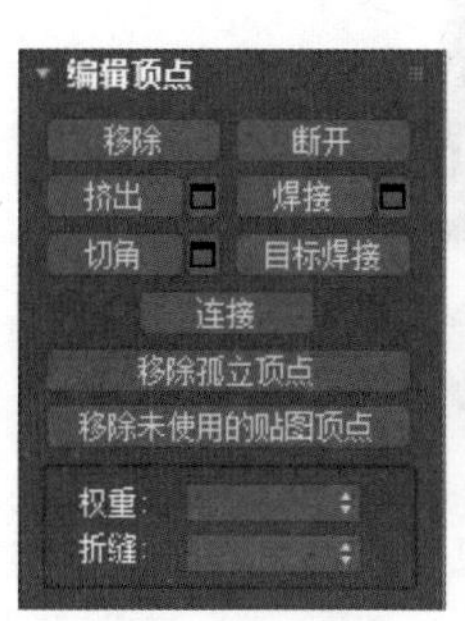

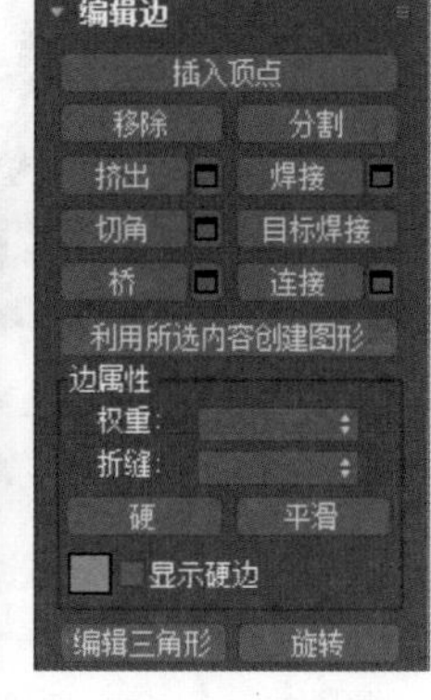

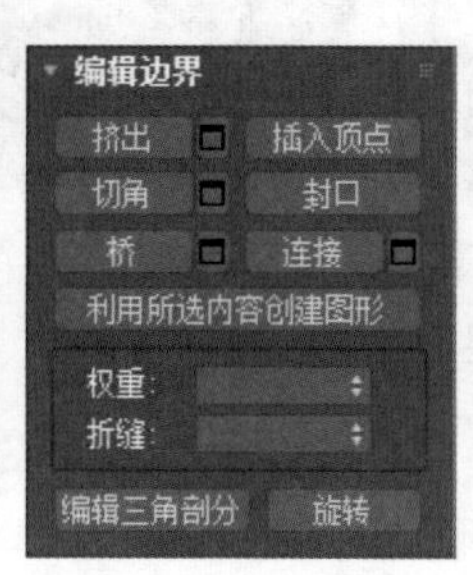

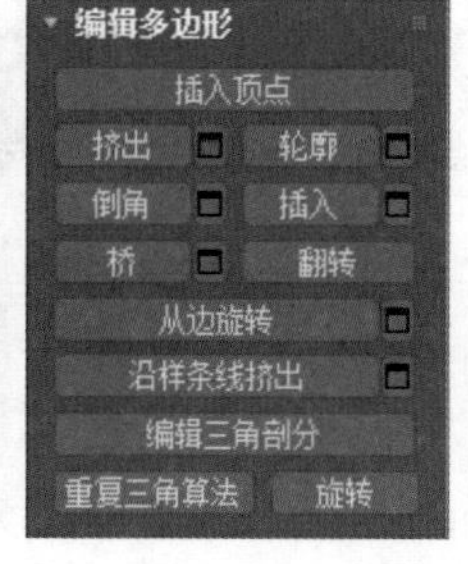

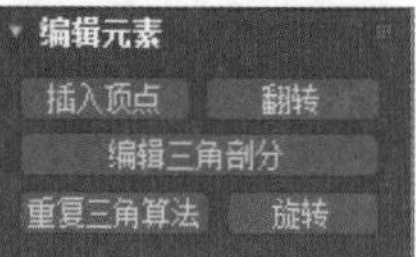

在这些“编辑（子对象）”卷展栏中，常用命令参数介绍如下：

- **插入顶点：** 启用“插入顶点”按钮后，单击某边即可在该位置处添加顶点，从而手动细分可视的边。
- **移除：** 删除选定的点或边，并接合起使用它们的多边形，等同键盘按键：Backspace键。
- **移除孤立顶点：** 将不属于任何多边形的所有顶点删除。
- **断开：** 在与选定顶点相连的每个多边形上，都创建一个新顶点，从而使多边形的转角相互分开，让它们不再相连于原来的顶点上。
- **挤出：** 可以以点、边、边界或多边形的形式挤出，既可以直接单击此按钮在视口中手动操纵挤出，也可单击其后的“设置”按钮进行精确挤出。
- **焊接：** 在指定的公差或阈值范围内，将选定的连续顶点或边界上的边进行合并操作。
- **分割：** 沿着选定边分割网格，对网格中心的单条边应用时，不会起任何作用。影响边末端的顶点必须是单独的，以便能使用该选项。
- **封口：** 仅限于边界层级，用单个多边形封住整个边界环。
- **切角：** 可在顶点、边和边界层级下单击该按钮，从而对选定子对象进行切角，边界不需事先选定。
- **连接：** 在选定的子对象（顶点、边和边界）之间创建新边，其后有“设置”按钮。
- **桥：** 在选定的边之间生成的新多边形，形成“桥”。
- **利用所选内容创建图形：** 选择一个或多个边后，请单击该按钮，以便通过选定的边创建样条线形状。新图形的枢轴位于多边形对象的中心。
- **轮廓：** 用于增加或减小每组连续选定多边形的外边，单击其后的“设置”按钮，进行更多设置，限多边形层级。
- **倒角：** 对选定多边形执行倒角操作，单击其后的“设置”按钮，进行更多设置，限多边形层级。
- **插入：** 执行没有高度的倒角操作，即在选定多边形的平面内执行该操作，单击其后的“设置”按钮，进行更多设置。

实战练习 利用可编辑多边形创建蛋椅模型

下面介绍利用球体、可编辑多边形、倒角、壳、车削、涡轮平滑、封口和FFD的工具，创建一个蛋椅的方法，具体操作步骤如下：

步骤 01 打开“创建”面板的“几何体”，在对象类型列表中选择“球体”选项，单击“球体”按钮，在面板下方的“键盘输入”卷展栏中设置“半径”为800.0❶，单击“创建”按钮❷，如下左图所示。

步骤 02 即可创建一个球体，如下右图所示。

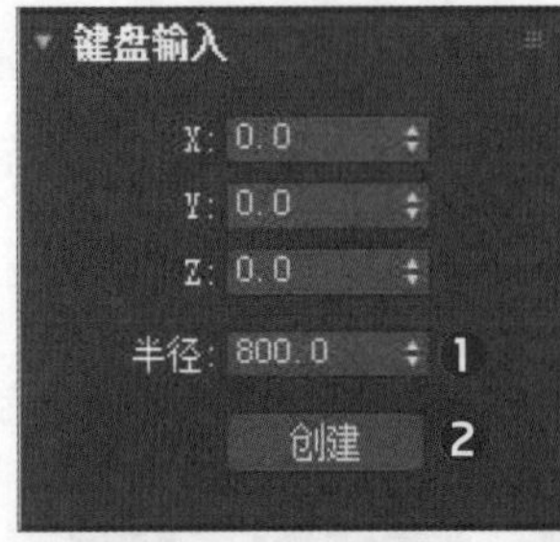

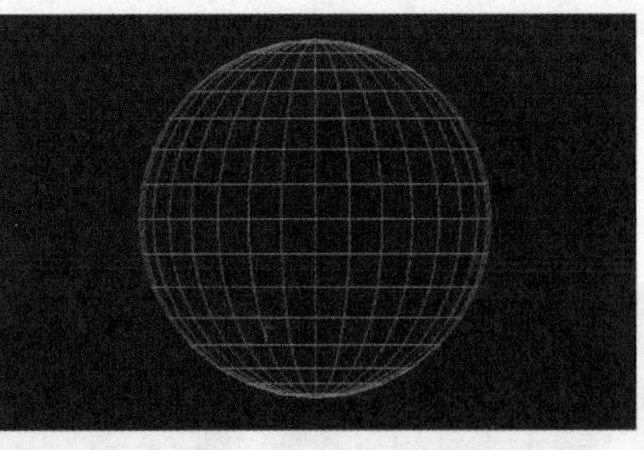

步骤 03 选中球体单击鼠标右键，在弹出的快捷菜单中选择“转换为：”命令❶，在子命令列表中选择“转换为可编辑多边形”命令❷，如下左图所示。

步骤 04 切换到“修改”面板，在“选择”下单击“多边形”按钮。选中球体一半多边形删除后，再次单击“多边形”按钮，退出选择，如下右图所示。

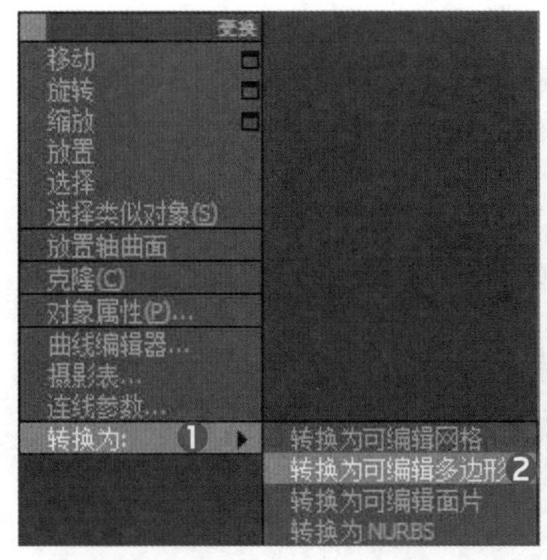

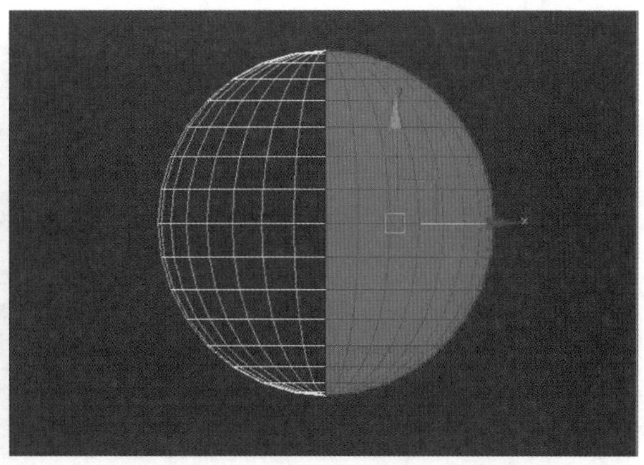

步骤 05 在“修改”面板的修改器列表中，选择“FFD4×4×4”选项，在扩展面板中选择“控制点”选项，如下左图所示。

步骤 06 选中“控制点”选项后，通过移动将半球体调节成蛋型，如下右图所示。

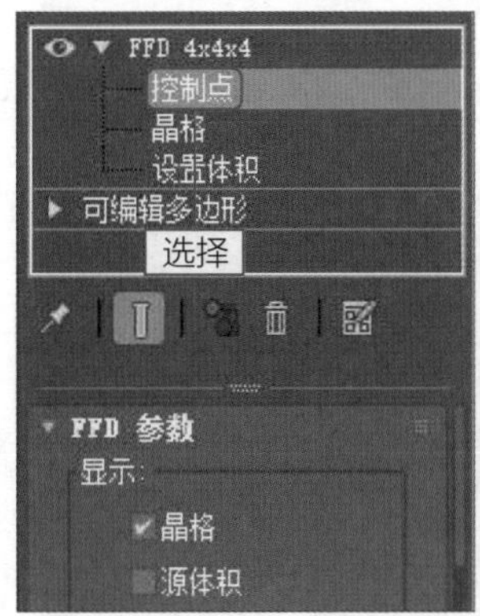

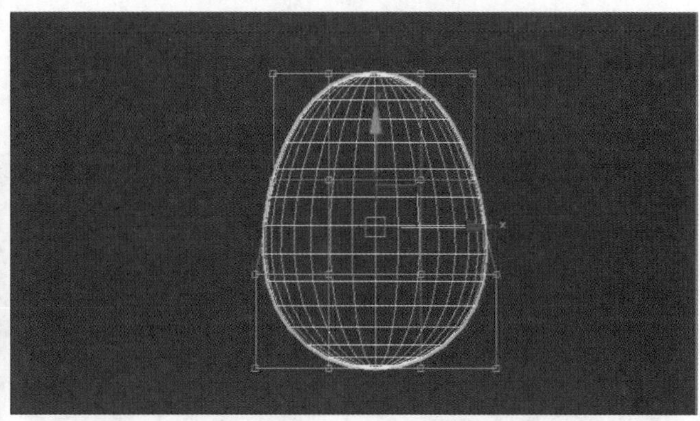

步骤 07 再次执行“转换为可编辑多边形”命令，切换到“修改”面板，在“编辑几何体”选项区域中，单击“切割”按钮，如下左图所示。

步骤 08 在半球体上切割出一条斜线，切换到“修改”面板，在“选择”选项区域中单击“多边形”按钮，删除部分多边形，再次单击“多边形”按钮退出选择，如下右图所示。

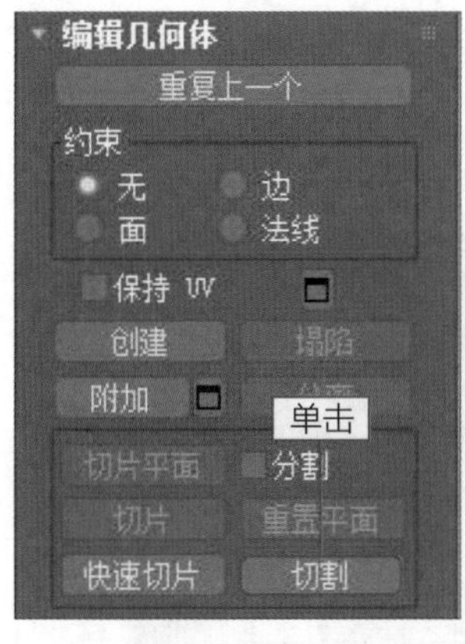

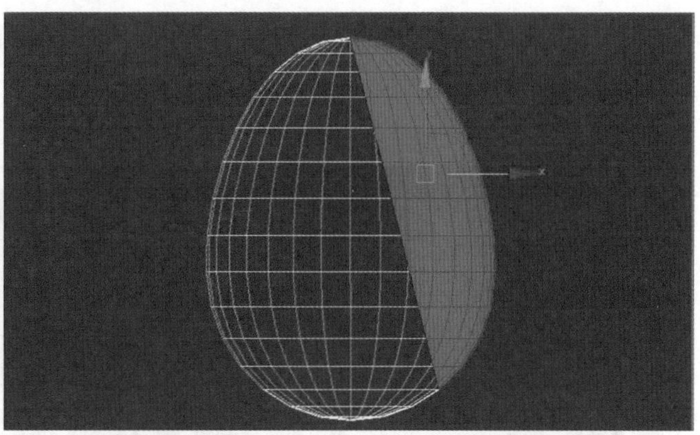

步骤 09 选中半球体，在“主工具栏”面板中单击“镜像”按钮，如下左图所示。

步骤 10 打开“镜像：屏幕 坐标”对话框，选择“变换”单选按钮❶，选择“镜像轴”为X❷，在“克隆当前选择”选项区域中，选择“复制”单选按钮❸，然后单击“确定”按钮❹，如下右图所示。

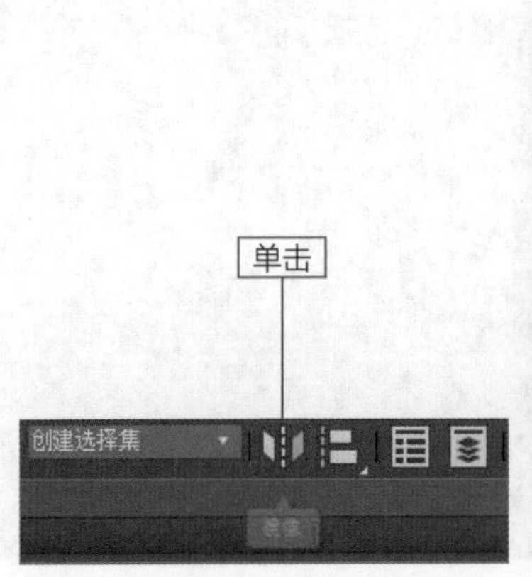

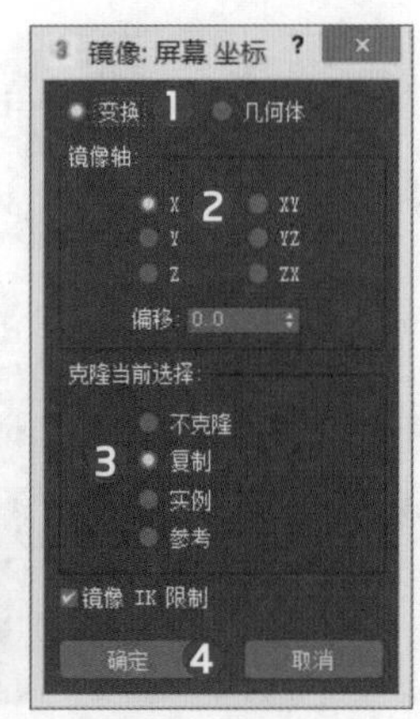

步骤11 选中复制出的半球体，单击鼠标右键，在弹出的快捷菜单中选择“附加”命令后，单击另一半球体，如下左图所示。

步骤12 切换到“修改”面板，在“选择”下单击“顶点”按钮，选中所有顶点，在“编辑顶点”选项区域中左键单击“焊接”按钮，退出顶点选择，如下中图所示。

步骤13 在“修改”面板的修改器列表中选择“壳”选项，在“参数”卷展栏中设置“外部量”为25. 0，如下右图所示。

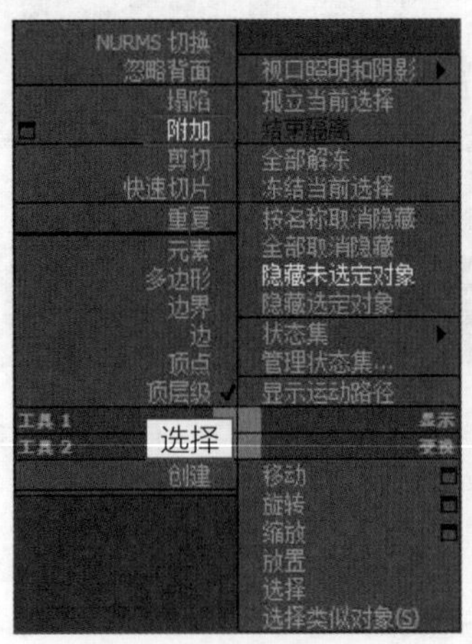

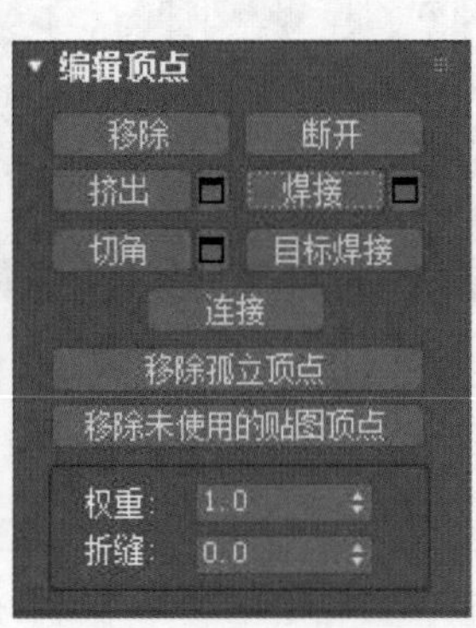

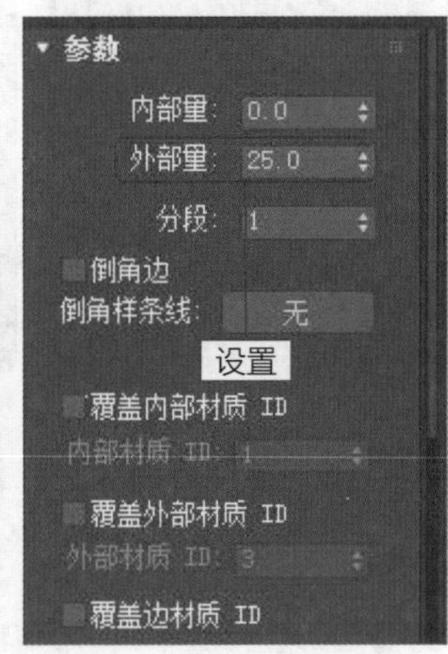

步骤14 再次执行“转换为可编辑多边形”命令，切换到“修改”面板，在“选择”下单击“边”按钮，选中蛋椅内侧一圈边，如下左图所示。

步骤15 在“修改”面板的“编辑边”选项区域中单击“分割”按钮，如下右图所示。

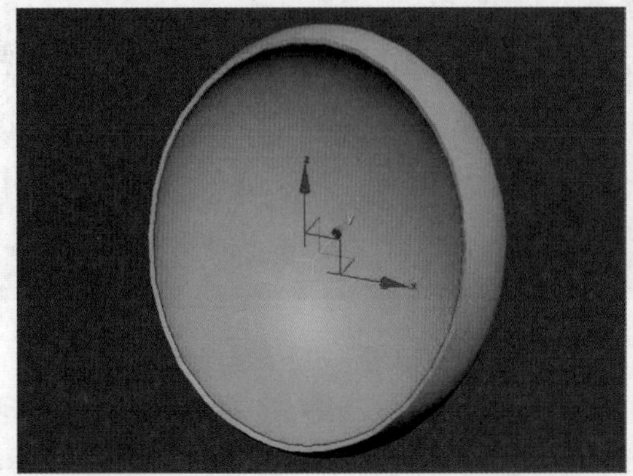

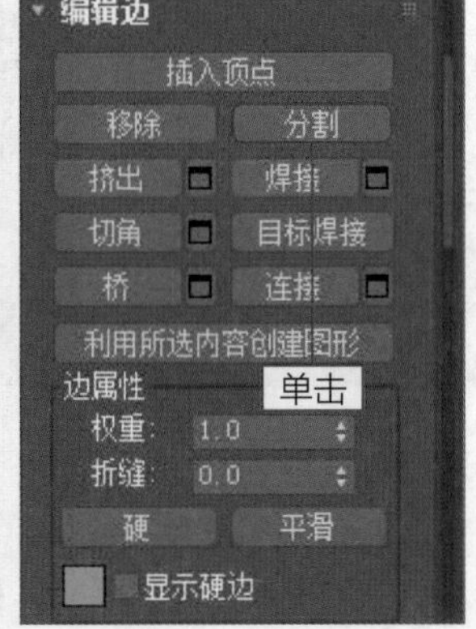

步骤16 切换到“修改”面板，在“选择”下单击“元素”按钮，选择蛋椅内侧并删除，如下左图所示。

步骤17 接着单击“边界”按钮，选择蛋椅内侧一圈边界，在“编辑边界”选项区域中，单击“切角”后的“设置”按钮，如下中图所示。

步骤18 在弹出的界面中设置“边切角量”为1.0❶、“连接边分段”为1❷，单击“确定”按钮❸，如下右图所示。

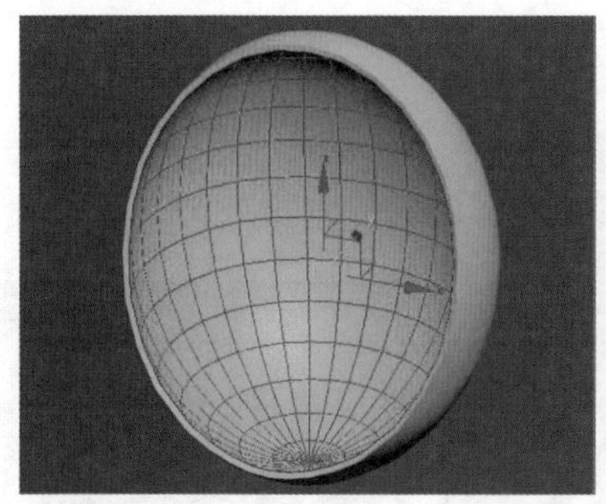

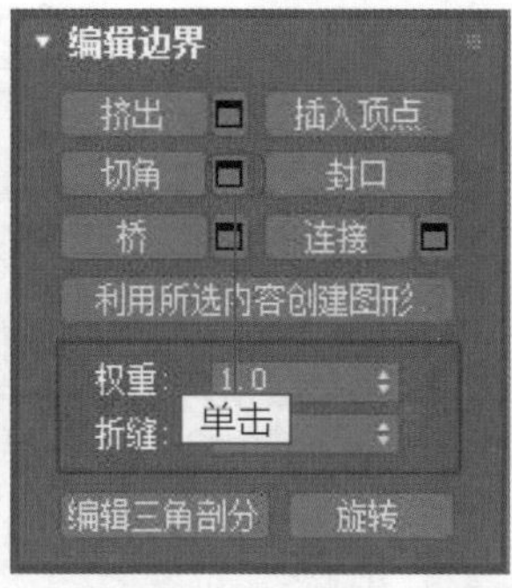

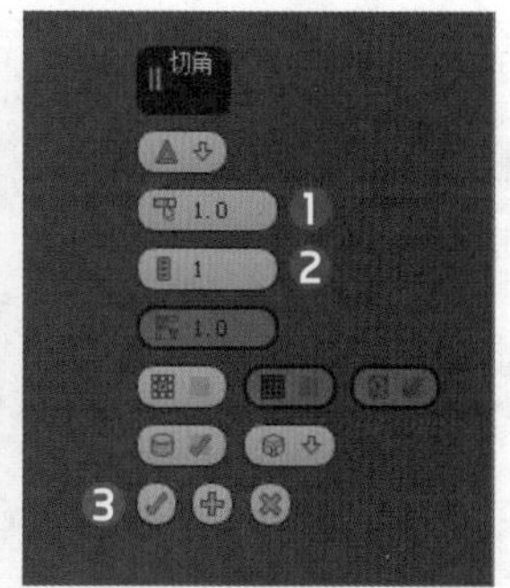

步骤19 倒角完成后再次选择最内侧一圈边界，利用“选择并平均缩放”工具向内缩放到合适位置，如下左图所示。

步骤20 利用“移动”和“选择并旋转”工具将边界线向后移动并对齐，如下右图所示。

步骤21 在“编辑边界”选项区域中单击“封口”按钮后，退出边界选择，如下左图所示。

步骤22 选中蛋椅，在“修改”面板的修改器列表中选择“涡轮平滑”选项，在“涡轮平滑”卷展栏中设置“迭代次数”为1❶，“分隔方式”勾选“平滑组”❷，如下右图所示。

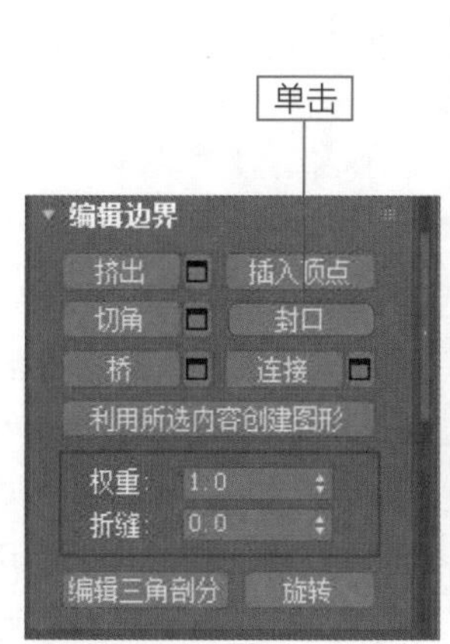

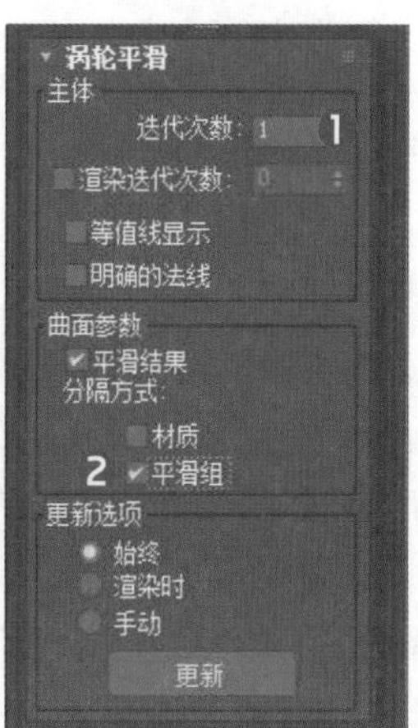

步骤23 在“创建”面板中单击“图形”按钮，在图形类型列表中选择“线”选项，在蛋椅下方绘制底盘一半轮廓，如下左图所示。

步骤24 选中其中部分顶点，在“几何体”卷展栏的“圆角”数值框中输入25，如下中图所示。

步骤25 在“修改”面板中修改器列表中选择“车削”选项，在子列表中选择“轴”选项，移动轴线至合适位置，如下右图所示。

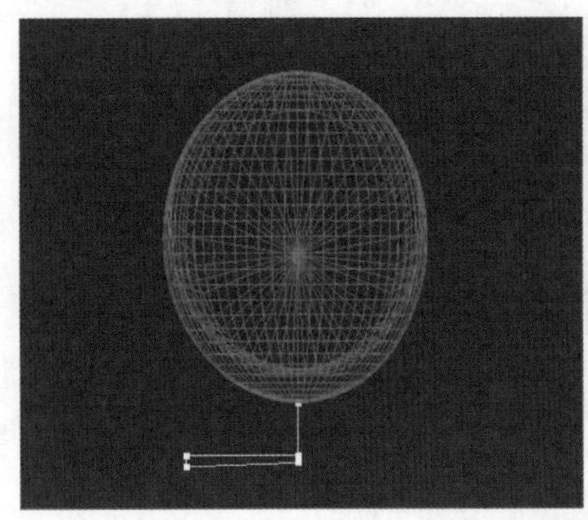

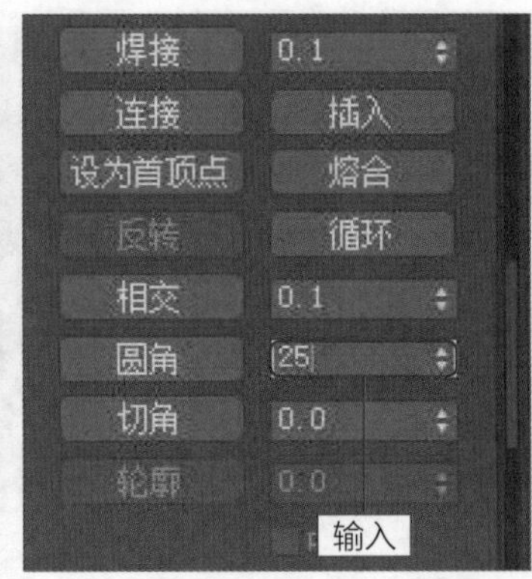

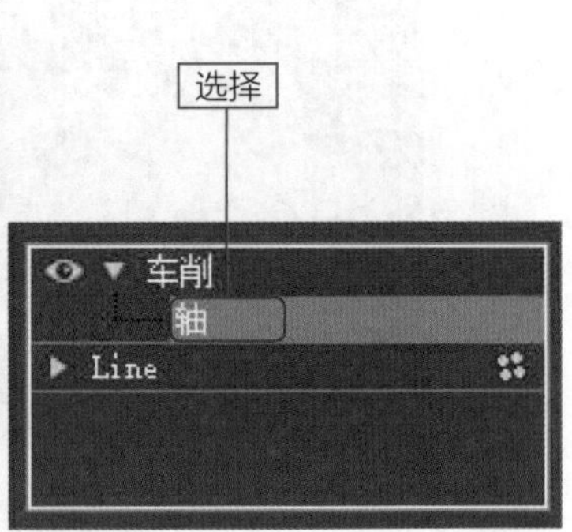

步骤26 使用“选择并移动”工具将创建物体进行必要的移动，最终组合效果如下图所示。

3.6 其他建模方法

在3ds Max中，除了上述介绍的诸多建模方法外，用户还可以使用网格建模和NURBS建模来创建具特定的模型，下面将为用户介绍这两种建模方法。

3.6.1 网格建模

可编辑网格与可编辑多边形类似，其转换、操作方法和参数设置基本上也与可编辑多边形相同，如下左图所示。不同的是可编辑网格是由三角形面组成，而可编辑多边形是由任意顶点的多边形组成。“编辑几何体”卷展栏提供了用于所有对象层级或子对象层级更改图形对象的全局控件，只在不同层级下，各控件启用的数目不尽相同，如下中图所示。

在3ds Max中，可编辑网格的转换途径还包括：选择对象后切换至“实用程序”面板中，单击“塌陷”按钮，接着在选择“网格”单选按钮，最后单击“塌陷选定对象”按钮即可，如下右图所示。

3.6.2 NURBS建模

使用 NURBS曲线和曲面建模是高级建模的方法之一，该方法可以更好地控制模型表面的曲线度，特别适合创建含有复杂曲线的曲面模型。NURBS曲线在图形建模一节中已有介绍，下面为用户介绍NURBS曲面建模的相关内容。

- **创建方法：**其一，在“创建”面板中单击“几何体”按钮，在几何体类型列表中选择“NURBS曲面”选项；其二，可以对创建出的基本体等对象进行右键快捷菜单的转换操作。
- **参数卷展栏：**NURBS曲面对象层级下有如下左图所示的7个参数卷展栏。
- **NURBS创建工具箱：**在“常规”卷展栏中单击“NURBS创建工具箱”按钮可以打开NURBS创建工具箱，该工具箱提供了许多NURBS创建工具，如下右图所示。

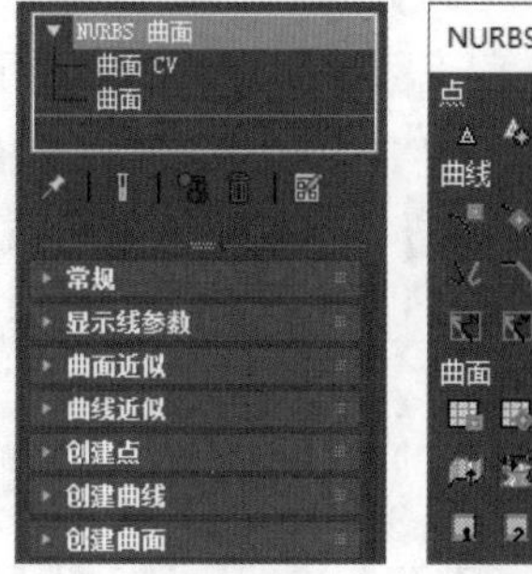

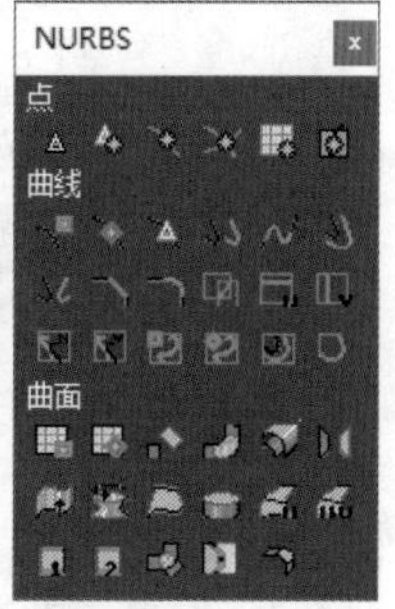

知识延伸：创建VRay代理对象

在3ds Max的大型场景中，当某一对象重复被使用时（如场景中的植物部分），若使用实体进行渲染将会占据大量内存，这时用户可以考虑在场景中使用代理物体。

VRay代理对象在渲染时，可以直接从磁盘中将外部文件导入到场景中的VRay代理网格内，而场景中的代理网格是一个低面物体，可以节省大量的虚拟及物理内存，具体使用方法是：在物体上单击鼠标右键，在弹出的菜单中选择“VRay网格体导出”命令，接着在弹出的“VRay网格体导出”对话框中，进行相应的设置并保存在合适的路径中以便使用。

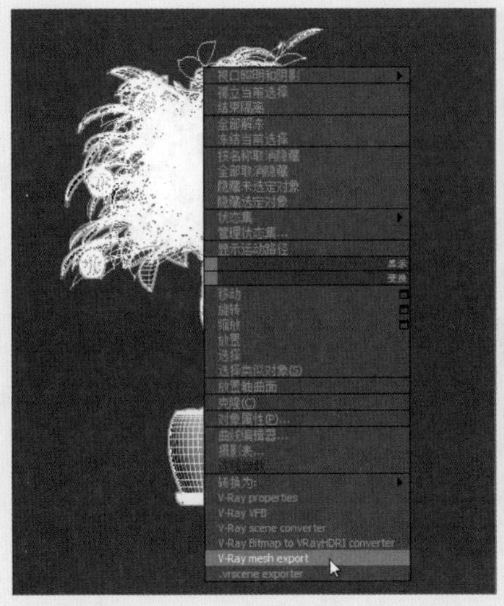

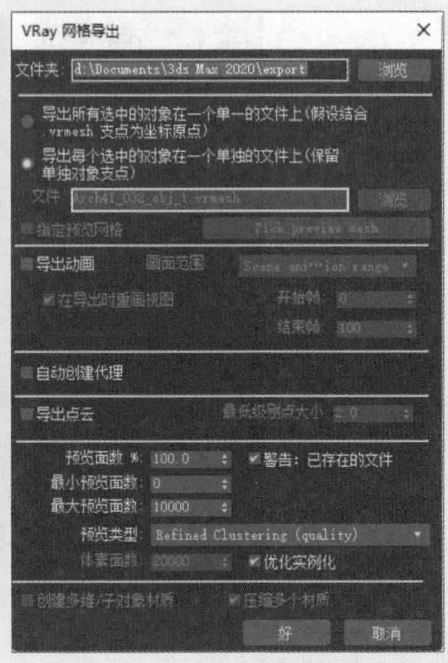

上机实训：制作洗漱池模型

经过本章知识的学习，下面利用基本体、多边形建模、修改器等相关知识，根据下述步骤，来制作出一个洗漱池模型。

步骤 01 打开程序，激活顶视图，单击“创建>几何体>标准几何体”下的“长方体”按钮❶，在“键盘输入”卷展栏中设置“长度”“宽度”“高度”值分别为480.0cm、880.0cm、540.0cm❷，单击“创建”按钮❸创建一个长方体，如下左图所示。

步骤 02 接着使用“圆柱体”工具创建一个圆柱体❶，并在“修改”面板❷中设置其“半径”“高度”“高度分段”“边数”值分别为35.0cm、50.0cm、1、8❸，并按右图所示调整圆柱体位置。

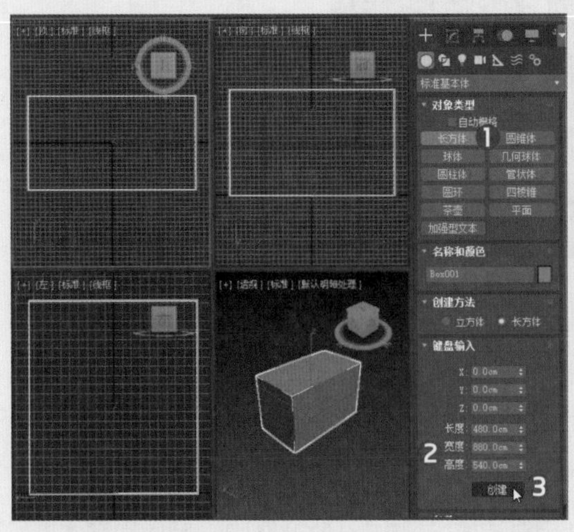

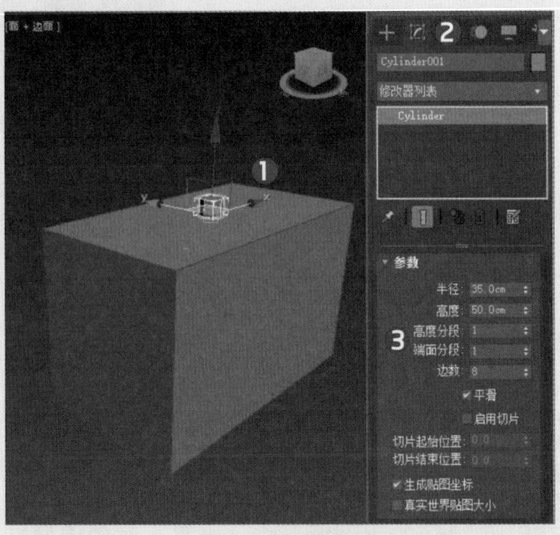

步骤 03 选择创建的两个对象，按M键打开“材质编辑器”面板❶，单击“将材质指定给选定对象”按钮❷将任一材质指定给对象，选择长方体，单击鼠标右键从弹出的快捷菜单中选择“隐藏选定对象”选项将长方体隐藏起来❸，如下左图所示。

步骤 04 选择圆柱体❶，单击鼠标右键执行“转换为：>转换为可编辑多边形”命令❷，将其转换为可编辑多边形，如下右图所示。

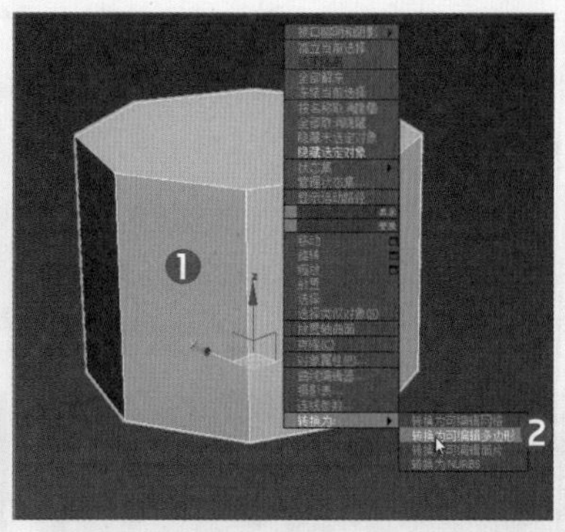

步骤05 按4键进入“多边形”层级，选择底部面，单击“修改”面板下❶的“编辑多边形”卷展栏❷中“挤出”后的设置按钮❸，在视口中弹出的挤出面板中将挤出的“高度”值设置为0.5❹，并单击“确定”按钮❺，完成挤出设置，如下左图所示。

步骤06 保持选定底部面状态，单击“修改”面板下的“编辑多边形”卷展栏中“插入”后的设置按钮❶，在视口中弹出的插入面板中将插入的“数量”值设置为0.5❷，并单击“确定”按钮❸，完成插入设置，如下右图所示。

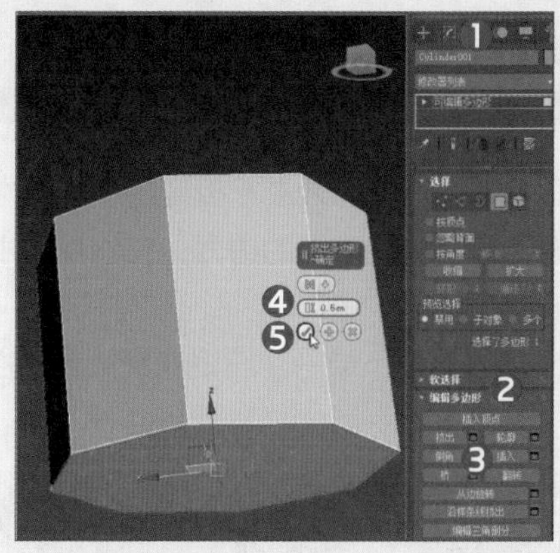

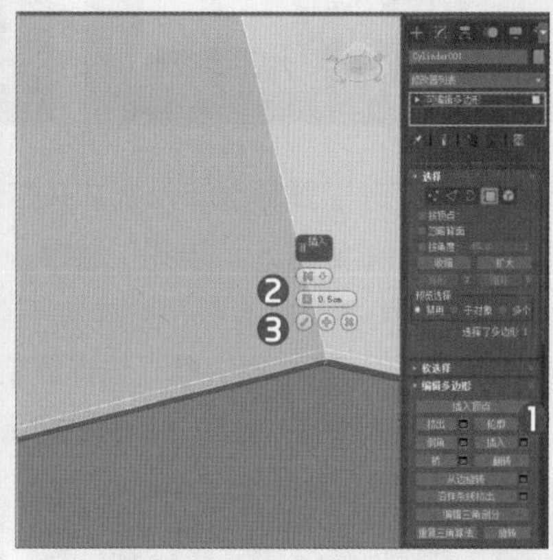

步骤07 保持选定底部面状态，切换至底视图❶，单击鼠标右键执行“快速切片”命令，或是单击“修改”面板下的“编辑多边形”卷展栏中的“快速切片”按钮❷，按S键打开捕捉开关❸，按下左图所示进行切片操作。

步骤08 上述操作完成后再次单击“快速切片”按钮即可退出切片状态，接着选择顶部面将其挤出0.5高度后，按Delete键将该面删除，再按下3键进入“边界”层级❶，选择删除面后得到的边界❷，如下右图所示。

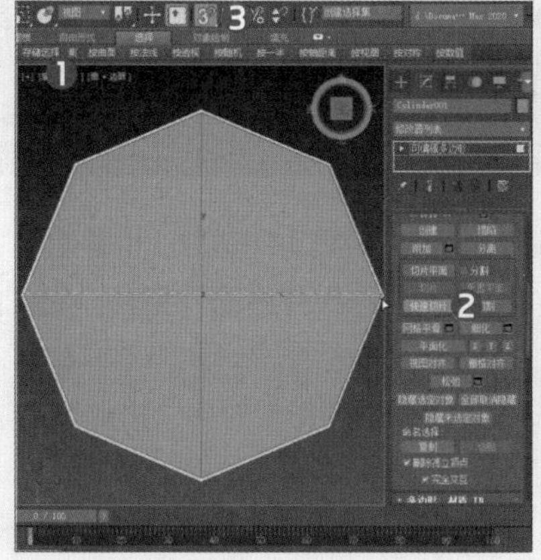

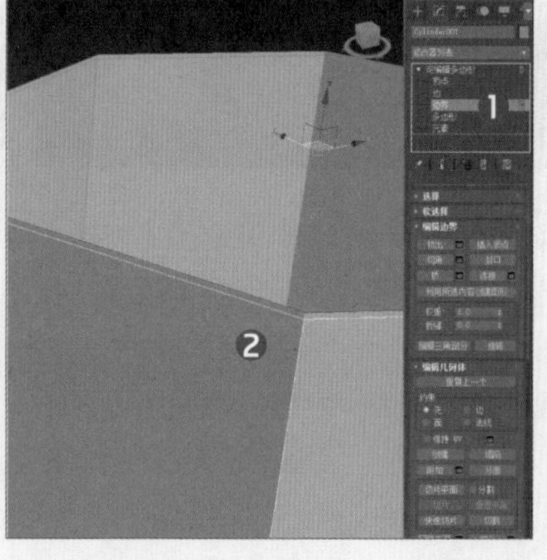

步骤 09 激活顶视图，按住Shift键使用“选择并均匀缩放”工具，对所选边界进行少许缩放，松开鼠标和键盘，保持边界的选中状态，再次按住Shift键并使用“选择并均匀缩放”工具对边界缩放操作，缩放尺寸按下左图所示进行操作。

步骤 10 按下“5”键进入“元素”层级❶，在前视图中选择元素，按住Shift键使用“选择并移动”工具沿Y轴移动复制元素❷，松开鼠标和键盘，在弹出的“克隆部分网格”对话框中❸，选择“克隆到元素”单选按钮❹，单击“确定”按钮❺完成克隆操作，如下右图所示。

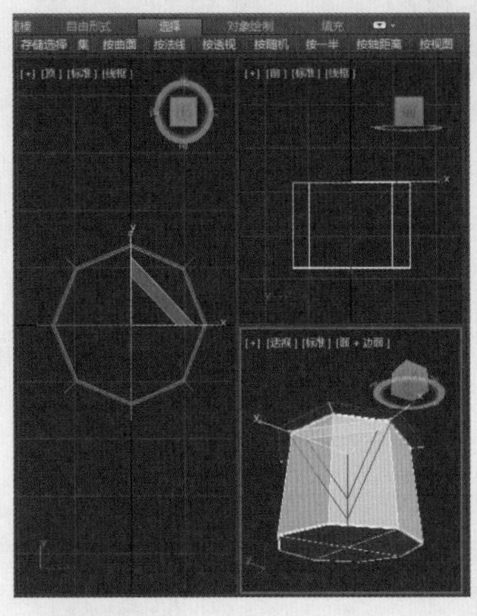

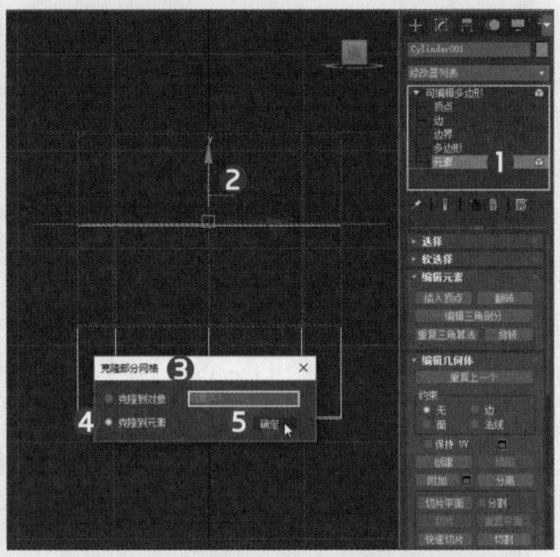

步骤 11 在“元素”层级下选择复制出的元素，并在顶视图中对该元素进行相应的缩放操作，并观察其他视图中缩放尺寸，接着按下3键进入“边界”层级，选择复制出元素上的边界，在顶视图中按原元素的边界进行缩放，如下左图所示。

步骤 12 按下“5”键进入“元素”层级❶，选择复制出的元素❷，单击“编辑元素”卷展栏下的“翻转”按钮❸，将该元素的法线进行翻转操作，如下右图所示。

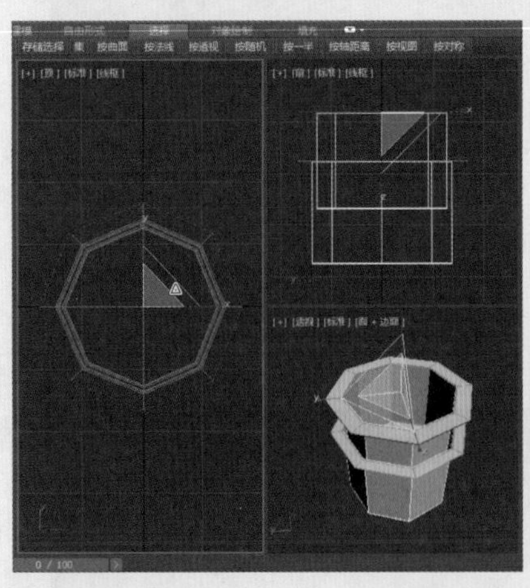

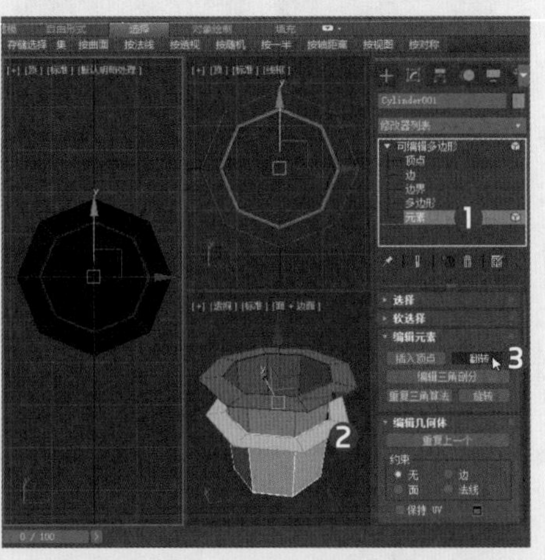

步骤 13 进入“边界”层级，按Ctrl键选择多边形上的两条边界，在视口中按住Shift键使用“选择并均匀缩放”工具对所选边界进行缩放，切换至前视图，按下W键激活“选择并移动”工具，沿Y轴向上移动所选边界，如下左图所示。

步骤 14 按下1键进入“顶点”层级，切换至顶视图，按下右图所示的形状对多边形的顶点进行调节，接着按下“4”键进入“多边形”层级，按住Ctrl键并配合使用主工具栏中的“选择对象”工具选择下右图所示的四个多边形，单击鼠标右键执行“快速切片”命令，在顶视图中进行切片操作，如下右图所示。

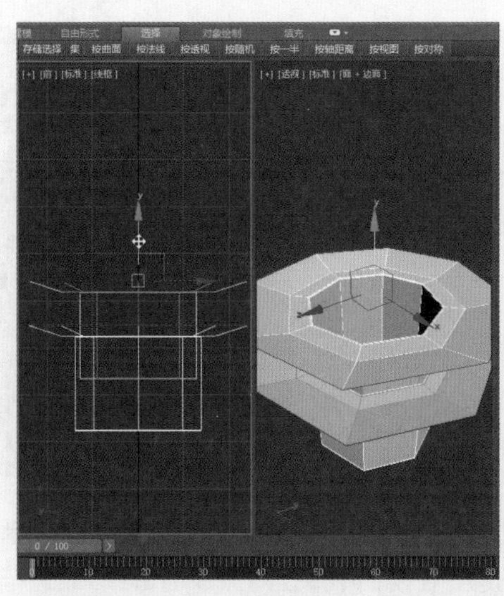

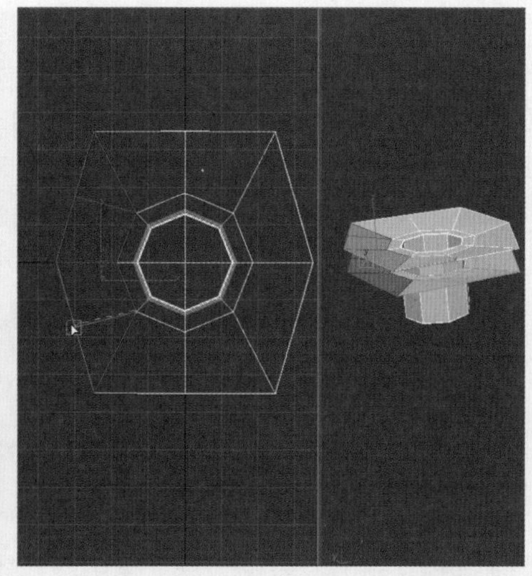

步骤 15 退出切片模式，按下2键进入“边”层级❶，在图中所示的四条边上使用“编辑边”卷展栏中的“插入顶点”工具❷进行插入顶点操作，如下左图所示。

步骤 16 先在“顶点”层级下按右图所示调整各顶点的位置，然后按下2键进入“边”层级，框选图中所示的8条边，切换至顶视图中，按住Shift键使用“选择并移动”工具沿X轴移动所选边，结果如下右图所示。

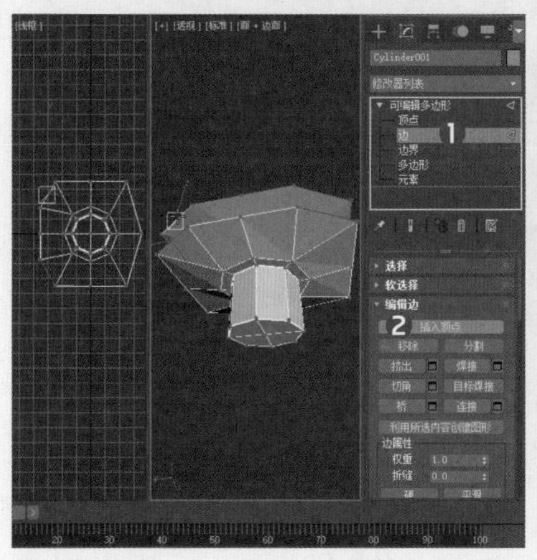

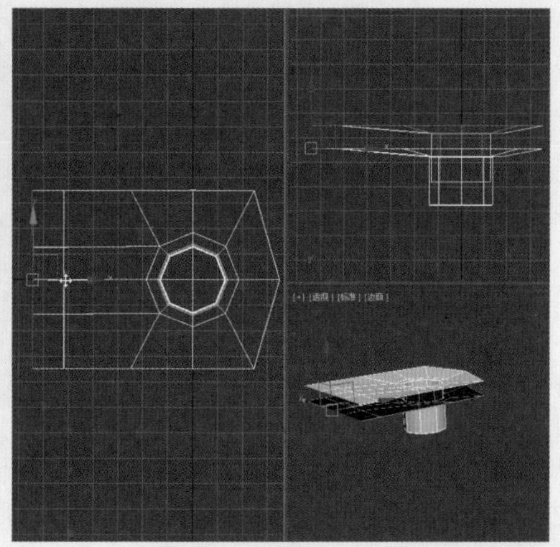

步骤 17 用户首先要在“边”和“顶点”层级下在顶视图和前视图中调整各边、顶点的位置，然后按下4键进入“多边形”层级，框选图中所示多边形，按下Delete键将其删除，如右图所示。

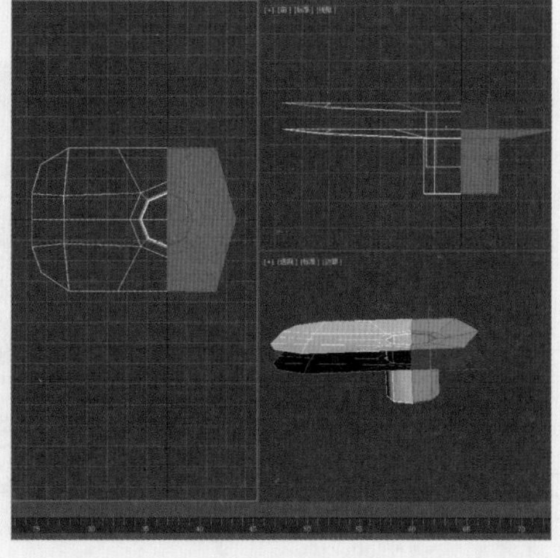

步骤18 再次按下4键退出“多边形”层级返回对象层级，切换至顶视图，单击主工具栏中的“镜像”按钮❶，在弹出的“镜像：屏幕坐标”对话框❷中，单击“克隆当前选择”选项区域内的“复制”单选按钮❸，最后单击“确定”按钮❹，完成镜像操作，如右图所示。

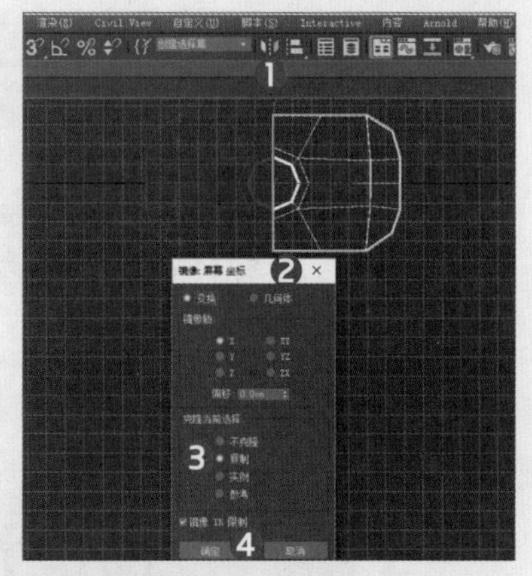

步骤19 选择对象Cylinder001❶，单击鼠标右键在弹出的快捷菜单中选择“附加”选项，或是单击“修改”面板下的“编辑几何体”卷展栏中的“附加”按钮❷，在视口中单击对象Cylinder002进行附加操作❸，如下左图所示。

步骤20 按下1键退出附加模式进入“顶点”层级❶，框选下右图所示的顶点❷，接着单击“修改”面板中“编辑顶点”卷展栏下的“焊接”按钮❸，对所选顶点进行焊接操作，如下右图所示。

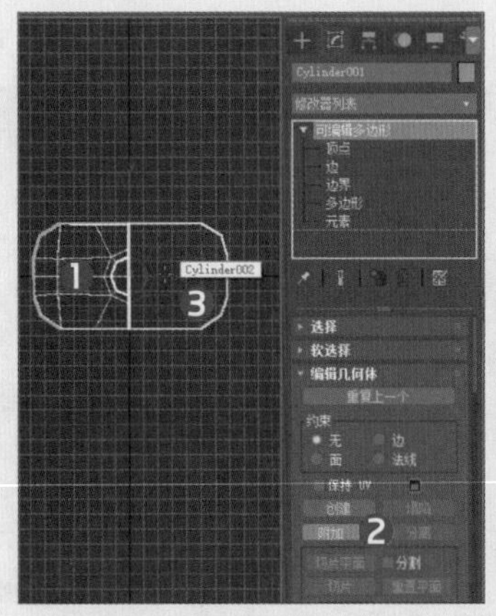

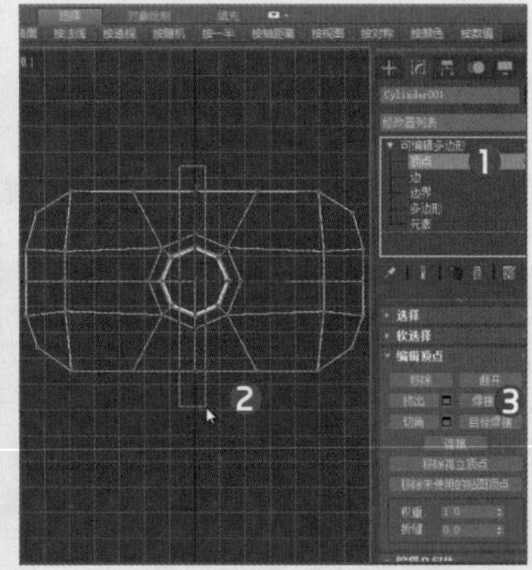

步骤21 先在“边界”层级下选择图中所示边界，按住Shift键在顶视图中使用“选择并均匀缩放”工具缩放所选边界，再切换至前视图进行相应的缩放、移动调整，如下左图所示。

步骤22 按下右图所示的效果，在各个视图中使用“选择并均匀缩放”“选择并移动”工具对所选边界进行相应的缩放或移动操作。

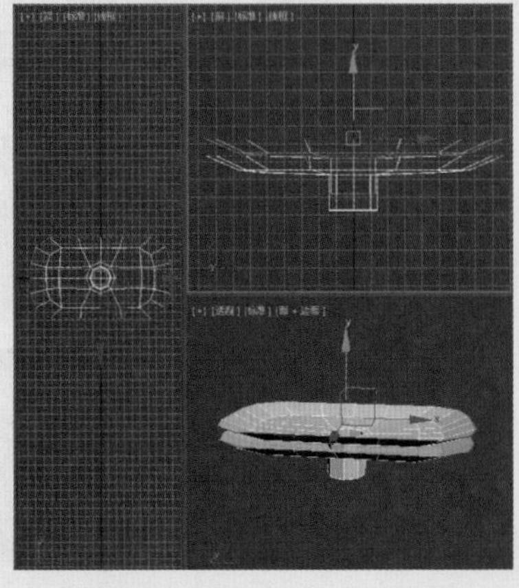

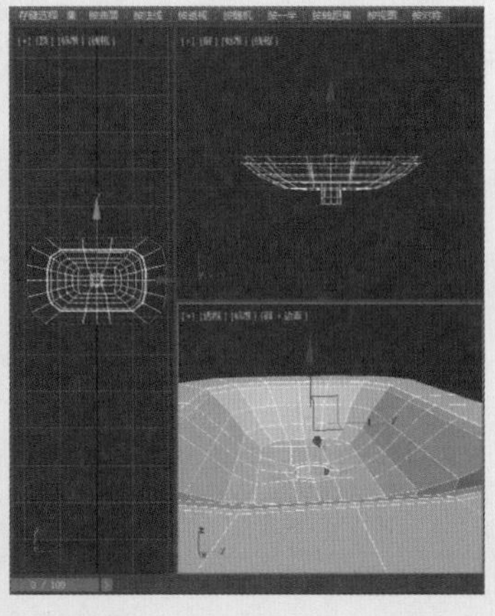

步骤23 按3键退出“边界”层级返回对象层级，单击鼠标右键执行“全部取消隐藏”命令显示隐藏的长方体对象，按下1键进入“顶点”层级，在顶视图中按显示的长方体边界调整Cylinder001对象上边界处顶点位置，按2键进入“边”层级，依次选择对应边界上的相对平行的边❶，在“修改”面板下单击“编辑边”卷展栏中的“桥”按钮❷，对所选边进行桥接操作，如下左图所示。

步骤24 在“多边形”层级下选择桥接出的面，按下右图所示进行挤出操作，进入“边”层级选择挤出面上的任一垂直向的边，使用“环形”工具选择与之平行的所有边，然后单击“编辑边”卷展栏中“连接”后的设置按钮❶，在视口弹出的连接面板中将连接边的“分段”“收缩”值设置为2、75❷，并单击“确定”按钮❸，完成连接操作，如下右图所示。

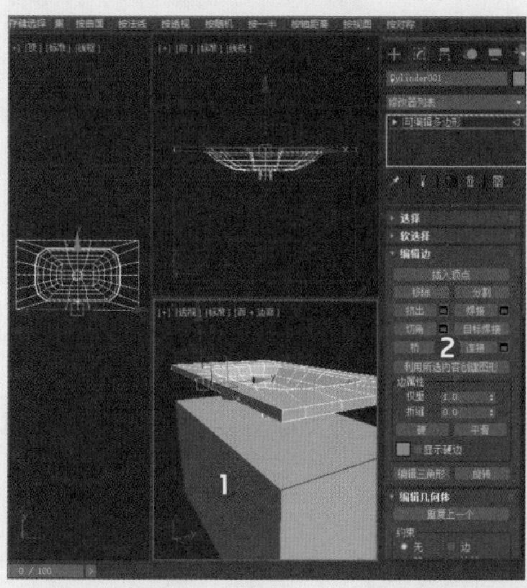

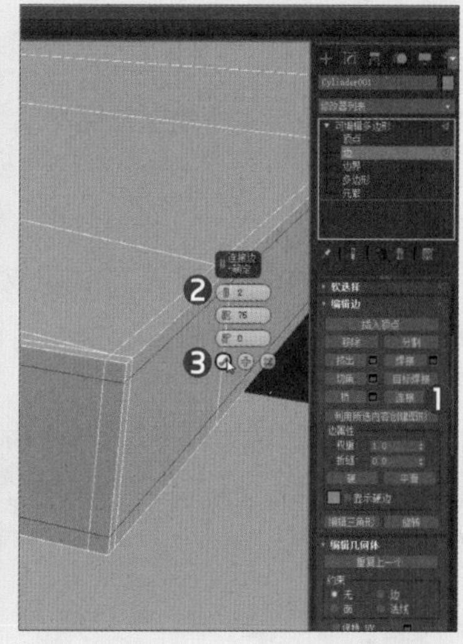

步骤25 按2键退出边层级返回对象层级，接着单击“修改”面板中“修改器列表”后的下拉按钮，从列表中为对象添加“涡轮平滑”修改器❶，然后在“涡轮平滑”卷展栏中将“迭代次数”值改为2❷，如下左图所示。

步骤26 用户可以举一反三，按下右图所示完善洗漱池的其他组成部分。

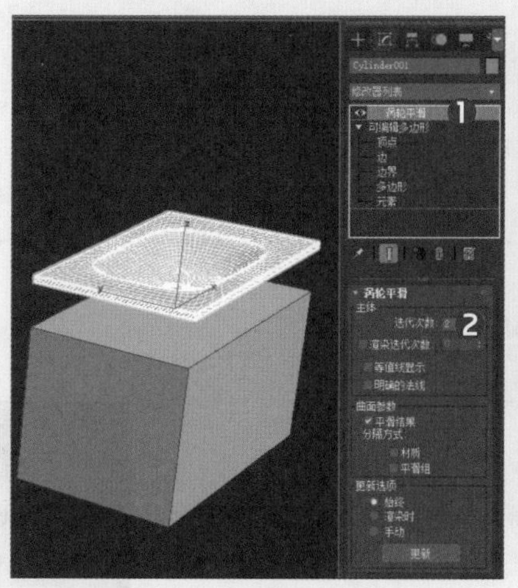

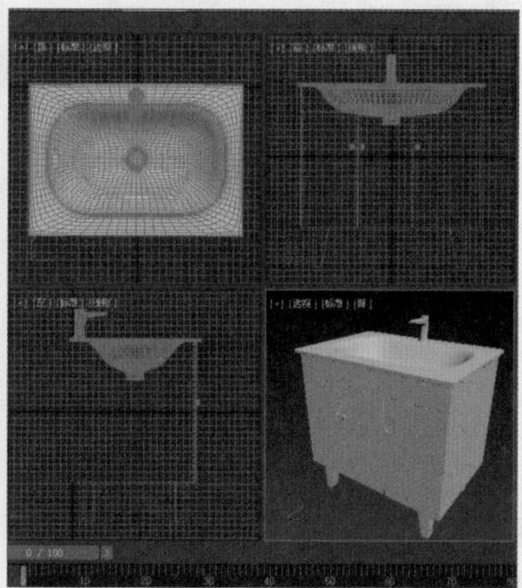

课后练习

1. 选择题

(1) 下列各选项中，(　　) 属于扩展基本体。

A. 圆柱体　　B. 几何球体

C. 切角长方形　　D. 加强型文本

(2) 要创建复合对象，需在“创建”面板中单击(　　)按钮，接着在相应的类型列表中进行选择。

A. 几何体　　B. 图形

C. 辅助对象　　D. 系统

(3) 下列各选项中，(　　) 不属于常用的二维修改器。

A. 车削　　B. 放样

C. 倒角剖面　　D. 挤出

(4) 下面(　　)修改器可以将对象的线段或边转化为圆柱结构，并在顶点上产生可选的关节多面体。

A. 弯曲　　B. FFD

C. 晶格　　D. 网格平滑

(5) 在可编辑多边形的边或边界子对象层级中，以下(　　)操作，可以通过选择所有平行于选中边的边来扩展边选择，从而快速选择多个边。

A. 收缩　　B. 扩大

C. 环形　　D. 循环

2. 填空题

(1) 在“创建”面板中，几何基本体的类型有__________和__________2种。

(2) 在布尔运算中，__________运算可以将执行运算对象的体积合并，并删除对象相交的或重叠的部分。

(3) 在3ds Max中，众多修改器被划分到__________、__________、__________3大类型，其中__________使用局部坐标系，直接影响局部空间中对象的几何体，包含的修改器种类也最为繁多。

(4) 可编辑样条线中，顶点的类型有__________、__________、__________、__________这4种。

(5) 可编辑多边形中，子对象层级的类型有__________、__________、__________、__________、__________5种。

3. 上机题

打开随书配套光盘中的“第三章上机题.max”文件，利用本章所学的知识，根据文件中提供的图纸，综合使用多种建模方法制作出右图所示模型。

Chapter 04 摄影机与灯光

本章概述

场景模型创建好后，选取一个好的摄影角度对建筑表现尤为重要，故需要用户了解、掌握摄影机特性、类型及其常用参数来创建所需摄影机，而恰当的灯光设置将让效果图增光添彩，故灯光部分将介绍标准灯光、光度学灯光、VRay光源系统等多种灯光，而VRay灯光在室内表现方面应用较为广泛。

核心知识点

❶ 了解摄影机类型
❷ 掌握摄影机的创建
❸ 理解不同的标准灯光
❹ 理解不同的光度学灯光
❺ 了解VRay光源系统

4.1 摄影机

在3ds Max中，用户可以通过摄影机从特定的观察点表现场景，与真实世界中的摄影机类似，3ds Max场景中的摄影机也可模拟表现现实世界中的静止图像、运动图片或视频。在学习摄影机之前，需首先了解真实世界中摄像机的结构或专业术语。

4.1.1 摄影机的特性

在现实世界中，摄影机使用镜头将场景反射的灯光聚焦到具有灯光敏感性曲面的焦点平面，而3ds Max中的摄像机模拟真实摄影机，其参数名称与真实摄像机中的专业术语基本相同，包括镜头、焦距、视野和景深等，下右图中A代表焦距长度，B代表视野。

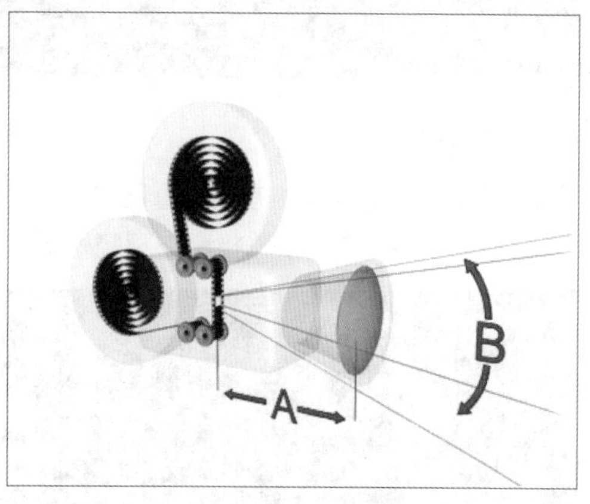

1. 镜头焦距

焦距是指镜头和灯光敏感性曲面间的距离。焦距将会影响对象出现在图片上的清晰度，焦距越小图片中包含的场景对象就越多，而焦距越大图片中包含的场景对象更少，但会显示远距离对象的更多细节。

2. 视野

视野控制场景中可见的数量，以水平线度数进行测量。视野与镜头的焦距直接相关，例如，15mm的镜头显示水平线约为100度，而50mm的镜头显示水平线约为40度，故镜头越长，视野越窄，镜头越短，视野越宽。

3. 3ds Max摄像机与真实世界摄影机的区别

3ds Max摄像机包含与电影拍摄过程中所用摄影机移动操作，如摇移、推拉和平移等相对应的控制功能，但计算机渲染并不需要真实世界摄影机的一些控制，如聚焦镜头和推近胶片等。

4.1.2 标准摄影机的类型

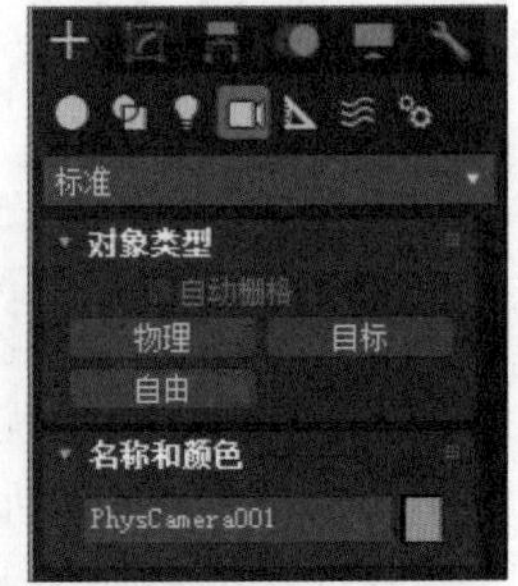

在制作效果图或动画的过程中，需要用户创建合适的摄影机来凸显对象或动画效果，3ds Max为用户提供了3种类型的摄影机，包括目标摄影机和自由摄影机2种传统摄影机，此外还有物理摄影机。

用户可以在“创建”面板中单击“摄影机”按钮，在摄影机类别中选择“标准”选项，即可创建上述3种摄影机，如右图所示。

1. 目标摄影机

目标摄影机可以查看摄影机放置的目标图标周围的区域，它包含目标和摄影机两个独立图标，比自由摄影机更容易定向，且始终面向其目标，故用户只需将目标对象定位在所需观察位置的中心处即可，常用于静帧画面的表现。

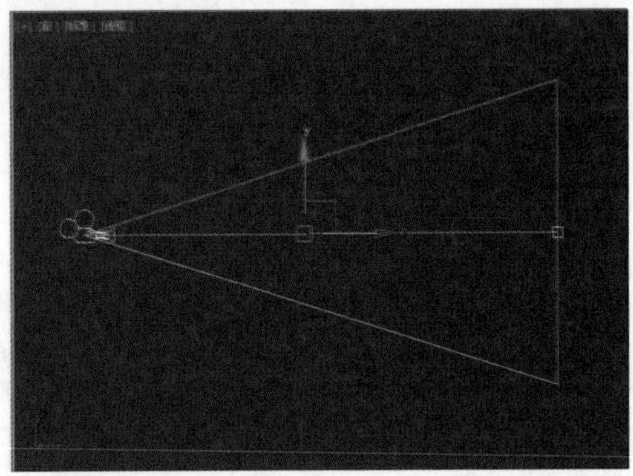

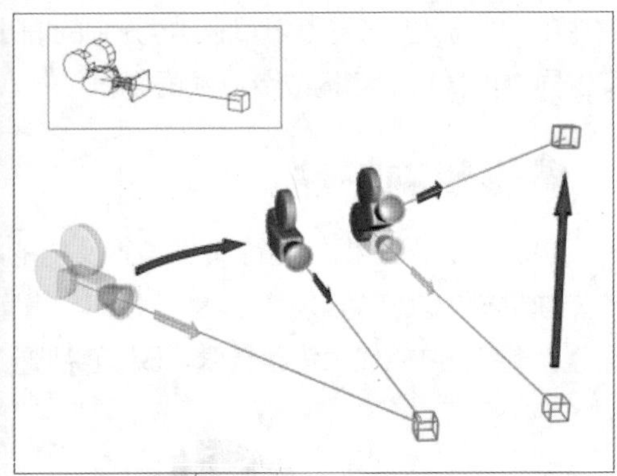

2. 自由摄影机

自由摄影机在摄影机指向的方向查看区域对象，与目标摄影机不同，自由摄影机只由单个图标摄影机表示，没有目标点。使用自由摄影机可以更轻松地设置动画，且不受限制地移动、旋转和定向摄像机。

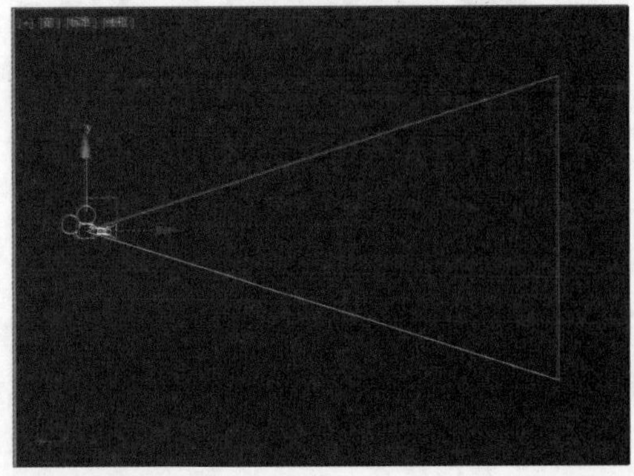

3. 物理摄影机

物理摄影机是用于基于物理的真实照片级渲染的最佳摄影机类型，将场景的帧设置与曝光控制等其他效果集成在一起，其功能的支持级别取决于所使用的渲染器，下图为其在前视图和透视图中的效果。

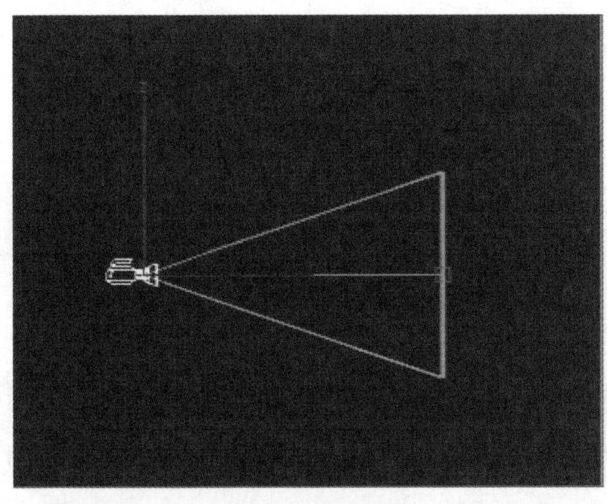

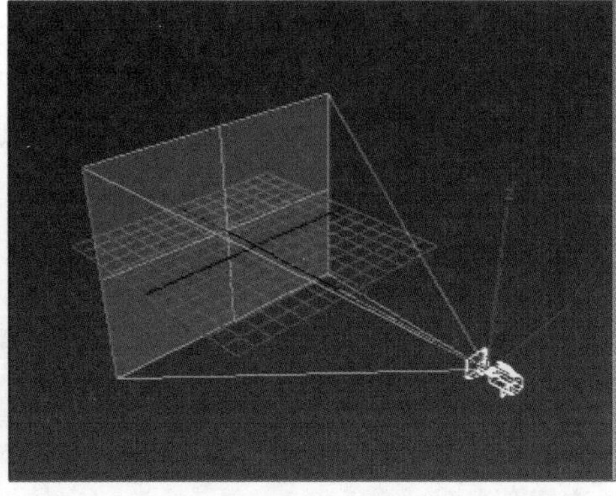

4.1.3 摄影机的常用参数

在3ds Max中提供的3种摄影机对应的参数面板中，目标摄影机与自由摄影机参数一致，且与物理摄影机的参数相比较为简单，如下图所示。

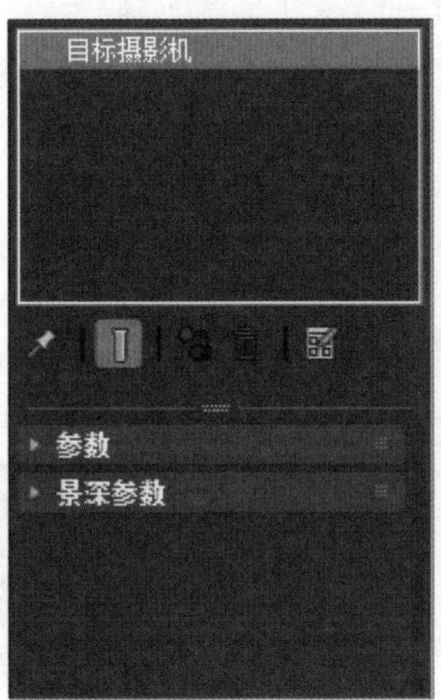

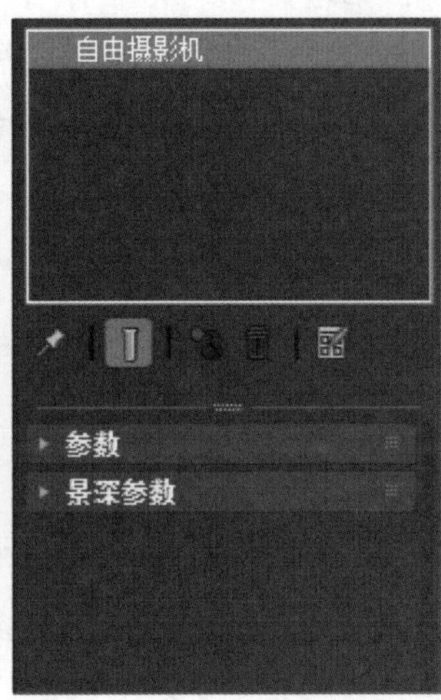

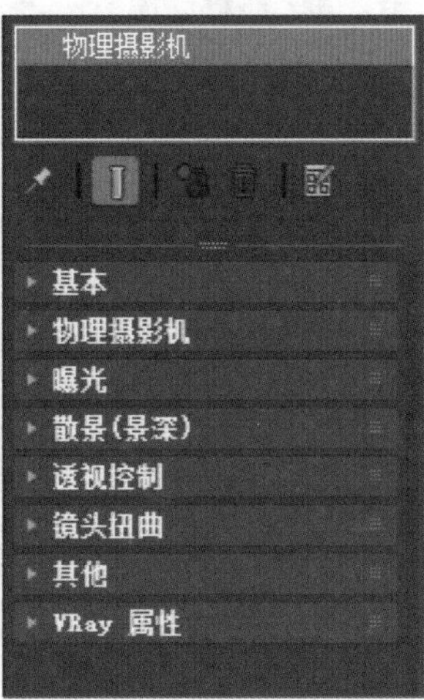

1. “参数”卷展栏

在两种传统摄影机的“参数”卷展栏中，单击“类型”下拉按钮，从打开的列表中可以将目标摄影机与自由摄影机进行切换操作，下面将为用户重点介绍2种摄影机“参数”卷展栏中的常用参数。

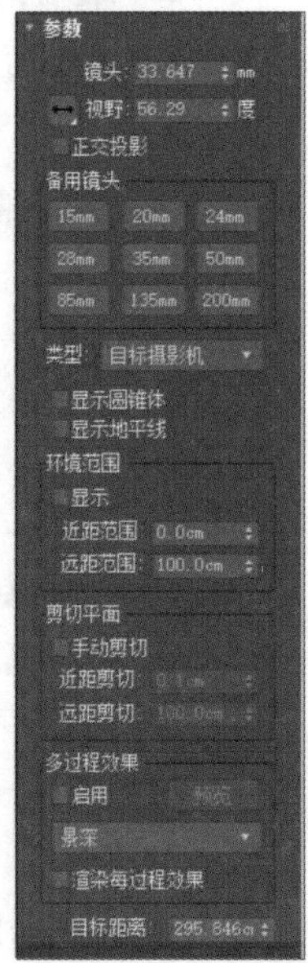

- **镜头**：以毫米为单位设置摄影机的焦距。
- **视野方向弹出按钮**：选择如何应用视野值，有水平、垂直和对角线3个选项。
- **视野**：决定摄影机查看区域的宽度。
- **正交投影**：勾选此复选框后，摄影机视图与用户视图一致，而取消勾选此复选框时，摄影机视图与标准的透视视图一致。
- **“备用镜头”组**：提供一些预设值设置摄影机的焦距。
- **类型**：可将目标摄影机与自由摄影机进行相互切换。
- **显示圆锥体**：除摄影机视口外的视口中，显示摄影机视野定义的锥形光线。
- **显示地平线**：在摄影机视口中的地平线层级显示一条深灰色的线条。
- **“环境范围”组**：设置大气效果的“近距范围”和“远距范围”限制，控制两个限制之间的对象消的大气效果。

- **“剪切平面”组**：定义剪切平面的“近距范围”和“远距范围”值，比近距剪切平面近或比远距剪切平面远的对象不可视。
- **“多过程效果”组**：指定设置摄影机应用景深或运动模糊效果。
- **目标距离**：设置摄影机和目标点之间的距离，在自由摄影机中该目标点不可见，可作为旋转摄影机所围绕的虚拟点。

2. “景深参数”或“运动模糊参数”卷展栏

在“参数”卷展栏的“多过程效果”选项组的下拉列表中选择“景深”或“运动模糊”选项后，将在参数面板中出现对应的“景深参数”或“运动模糊参数”卷展栏，而有关景深和运动模糊效果的设置，将在下节进行详细介绍。

4.1.4 景深和运动模糊

摄影机可以创建2种多过程渲染效果，即景深和运动模糊，它们是基于多个渲染通道来生成对应效果，每次渲染之间轻微移动摄影机，来达到相同帧的多重渲染。因此开启多过程渲染效果后，将增加渲染时间，而且如果两种效果同时在一个摄影机中应用时，会使渲染速度变得非常慢，故在同一个摄影机上景深和运动模糊效果相互排斥。若要在场景中同时应用景深和运动模糊，可以使用多过程景深（摄影机参数）和对象运动模糊相组合的方法。

1. 景深

在“参数”卷展栏中启用“景深”选项后，摄影机将通过模糊到摄影机焦点某距离处的帧的区域之外区域产生模糊效果。

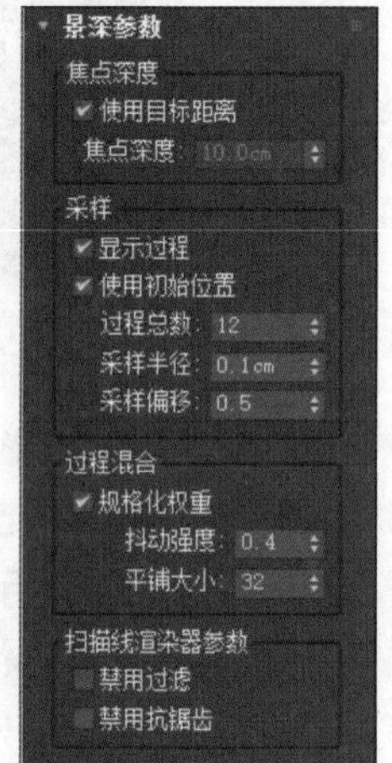

（1）“焦点深度”组

- **使用目标距离**：勾选该复选框后，可以将摄影机的目标距离用作每个过程偏移摄影机的点，取消勾选该复选框后，使用“焦点深度”值偏移摄影机。
- **焦点深度**：只有当“使用目标距离”复选框处于禁用状态时，设置距离偏移摄影机的深度。“焦点深度”较低的值提供狂乱的模糊效果；较高的“焦点深度”值模糊场景的远处部分。

（2）“采样”组

- **显示过程**：勾选该复选框后，渲染帧窗口显示多个渲染通道。
- **使用初始位置**：勾选该复选框后，第一个渲染过程位于摄影机的初始位置。
- **过程总数**：用于生成效果的过程数，增加此值可以增加效果的精确性，但渲染时间将延长。
- **采样半径**：通过移动场景生成模糊的半径。增加该值，将增加整体模糊效果；减小该值，将减少模糊。
- **采样偏移**：是模糊靠近或远离“采样半径”的权重，该值越大，提供的效果越均匀。

（3）“过程混合”组

- **规格化权重**：当启用该参数后，将权重规格化，会获得较平滑的结果，而当禁用该参数后，效果会变得清晰一些，但通常颗粒状效果更明显。
- **抖动强度**：控制应用于渲染通道的抖动程度，增加此值会增加抖动量，并且生成颗粒状效果。
- **平铺大小**：设置抖动时图案的大小。
- **“扫描线渲染器参数”组**：用于渲染过程中禁用过滤或抗锯齿效果，禁用后可缩短渲染时间。

2. 运动模糊

运动模糊是通过在场景中基于移动的偏移渲染通道，来模拟摄影机的运动模糊效果，其参数设置卷展栏如右图所示。

- **偏移：** 设置模糊的偏移距离，默认情况下，模糊在当前帧前后是均匀的，即模糊对象出现在模糊区域的中。增加“偏移”值，移动模糊对象后面的模糊，与运动方向相对。减少该值移动模糊对象前面的模糊。
- **“过程混合”组：** 该选项组用以避免混合过程出现太人工化、规则的效果。
- **“扫描线渲染器参数”组：** 与景深中的参数意义相同。

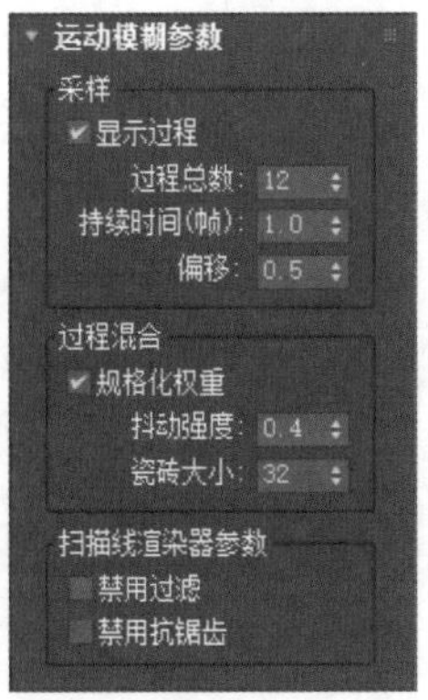

实战练习 为运动物体添加运动模糊效果

通过上述对摄影机知识的相关介绍，用户可以使用目标摄影机为场景中的运动物体添加运动模糊效果，具体操如下：

步骤 01 打开随书配套光盘中的“为运动物体添加运动模糊效果_原始文件.max”文件，如下左图所示。

步骤 02 在“创建”面板❶中单击“摄影机”按钮❷，在摄影机类别中选择“标准”选项❸，接着单击“目标”按钮❹，在顶视图创建如下右图所示的摄像机❺。

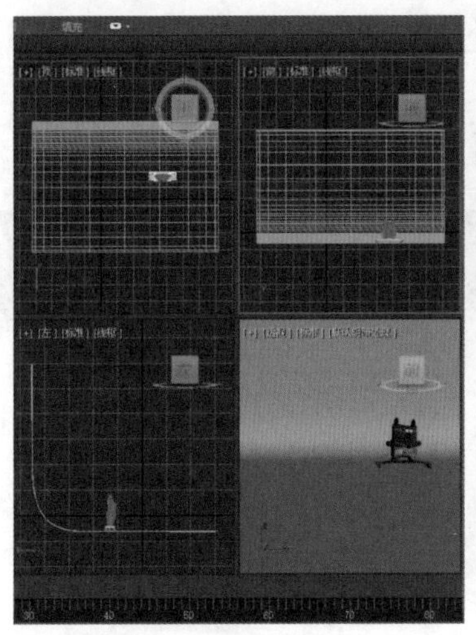

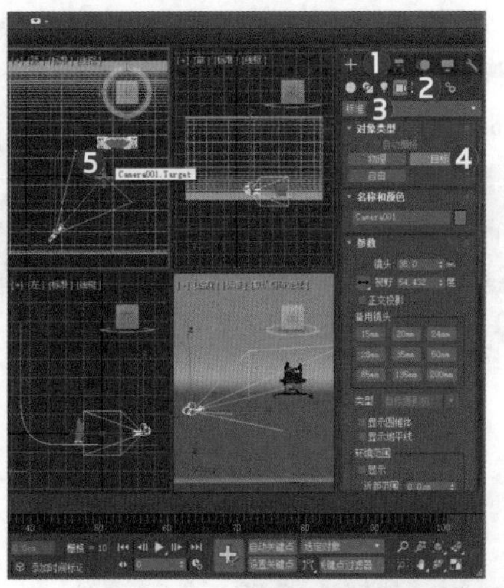

步骤 03 拖动时间滑块至30帧处❶，在“修改”面板❷中将“参数”卷展栏中“镜头”设置为35.0❸、“视野”设置为54.432❹、“目标距离”设置为50.0cm❺，如右图所示。

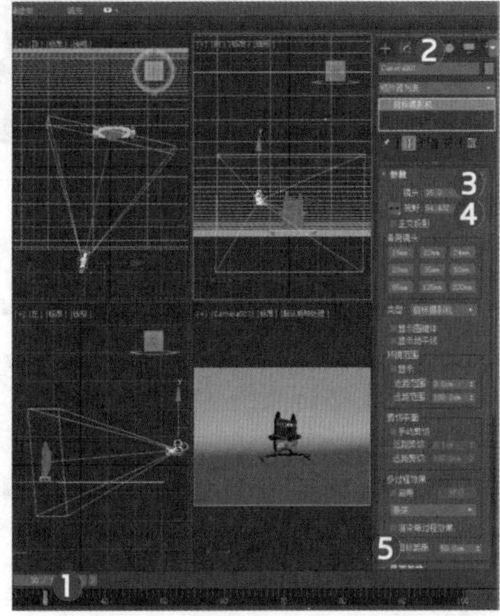

步骤 04 在透视图中按C键切换至摄影机视图，再按F9键对摄影机视图进行渲染，效果如下图所示。

步骤 05 在“修改”面板的“参数”卷展栏的“多过程效果”选项组中勾选“启用”复选框❶、选择“运动模糊”选项❷，接着在“运动模糊参数”卷展栏中将“过程总数”设置为10❸，如下左图所示。

步骤 06 在摄影机视图中按下F9键对当前帧再次进行渲染，即可出现运动模糊效果，如下右图所示。

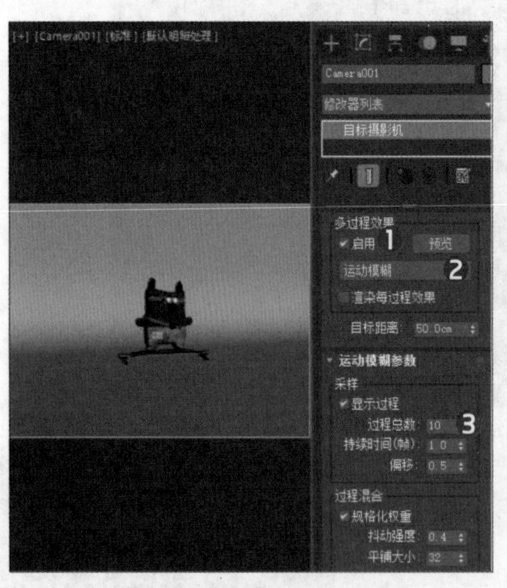

4.2 灯光基础知识

通常情况下用户创建的场景中没有灯光，3ds Max会使用默认的照明着色来渲染场景，而默认照明往往不够亮，也不能照到复杂对象的所有面上，故渲染出的场景效果与所需效果相去甚远。这时用户就需要自定义添加灯光使场景的外观更逼真。在3ds Max中，可以用灯光来模拟真实世界中的光源效果，照亮场景中的其他对象，并通过灯光投射阴影增强场景的真实感、清晰度和三维效果。不同种类的灯光对象利用不同的方式投影灯光，模拟不同种类的光源，如下图所示为使用灯光来模拟日光下会客厅场景。

提示：默认照明如何作用

一旦用户创建了一个灯光，灯光对象将会替换默认的照明，这时默认照明就会被程序禁用，而用户若是将场景中所有的灯光对象删除，则又会重新启用默认照明系统。一般默认照明由两个不可见的灯光组成：一个位于场景上方偏左的位置；另一个位于下方偏右的位置。默认照明也受“环境和效果”对话框中“环境”面板上的“环境光”设置的影响。

4.2.1 灯光类型

3ds Max中的灯光主要由标准灯光和光度学灯光两种类型组成，用户若是安装了VRay渲染器，还可以使用该渲染器带有的特定光源系统，即VRay灯光。用户可以在“创建”面板中单击“灯光”按钮，在灯光类别列表中选择相应灯光选项，即可打开相应的灯光面板，如下图所示分别为标准灯光、光学度灯光和VRay灯光面板。

用户无论使用上述三种灯光中的何种灯光，都取决于要在3ds Max的虚拟世界中模拟真实世界中的自然照明还是人工照明光源，而这些光源大致可概括为以下三种：

- **自然光：** 即为自然阳光，在地平面上的阳光是一种来自一个方向的平行光线，其方向和角度因时间、纬度和季节而异。
- **人工光：** 创建正常照明、清晰场景的用于室内还是夜间室外的多种人为光源。
- **环境光：** 模拟从灯光反射远离漫反射曲面的常规照明，通常用于外部场景，补充场景主灯光。

4.2.2 灯光属性

在3ds Max中，用户无论创建了多么复杂、华丽的模型，还是设计了多么精彩绝伦的材质，若没有合适的灯光照明来表现，或是照明参数设置不理想对建筑可视化来说都是一件功亏一篑的事情，因此对灯光属性了解越多越可以让用户游刃有余地使用灯光。

通常情况下，场景中的灯光对象都有以下作用：一是：改进场景的照明，提高场景亮度，使灯光照到复杂对象的所有面上；二是：各种类型的灯光都可以投射阴影，通过灯光投射阴影可以增强场景的真实感，用户也可以选择性地控制对象投影或接收阴影，而这一切都由灯光属性来控制。

- **强度**：灯光的强度影响灯光照亮对象的亮度，灯光强度值越大场景中的对象越亮，而投影在明亮颜色对象上的暗光只显示暗的颜色。
- **入射角**：对象上的曲面与光源倾斜的越多，曲面接收到的光越少，看上去就会越暗，而曲面法线相对于光源的角度称为入射角。当入射角为0度（也就是说光源与曲面垂直）时，曲面由光源的全部强度照亮，随着入射角的增加，照明的强度减小。而这说明灯光的入射角将影响灯光强度。
- **衰减**：在现实世界中，灯光的强度将随着距离的加长而减弱。远离光源的对象看起来更暗，距离光源较近的对象看起来更亮，这种效果称为灯光的衰减。实际上，灯光以平方反比速率衰减，即其强度的减小与到光源距离的平方成比例。当光线由大气驱散时，通常衰减幅度更大，特别是当大气中有灰尘粒子如雾或云时。
- **反射光和环境光**：对象反射光可以照亮其他对象，曲面反射光越多那么用于照明该环境中其他对象的光也就越多。反射光用以创建环境光，环境光具有均匀的强度，并且属于均质漫反射，且不具有可辨别的光源和方向。
- **灯光颜色**：灯光的颜色部分依赖于生成该灯光的过程，如钨灯投影橘黄色的灯光，水银蒸汽灯投影冷色的浅蓝色灯光，太阳光为浅黄色。灯光颜色也依赖于灯光通过的介质，如大气中的云染为天蓝色，脏玻璃可以将灯光染为浓烈的饱和色彩。灯光颜色为加性色，主要颜色为红色、绿色和蓝色三色，当与多种颜色混合在一起时，场景中总的灯光将变得更亮并且逐渐变为白色。

4.3 标准灯光

标准灯光是基于计算机的模拟灯光对象，如家用或办公室灯、舞台和电影工作使用的灯光设备，以及太阳光本身等都可以通过标准灯光来模拟，与光度学灯光不同，标准灯光不具有基于物理的强度值。

4.3.1 标准灯光种类

3ds Max中提供了“目标聚光灯”“自由聚光灯”“目标平行光”“自由平行光”“泛光”和“天光”6种标准灯光，如右图所示，而这6种标准灯光又可归纳为聚光灯、平行光、泛光和天光四大类。

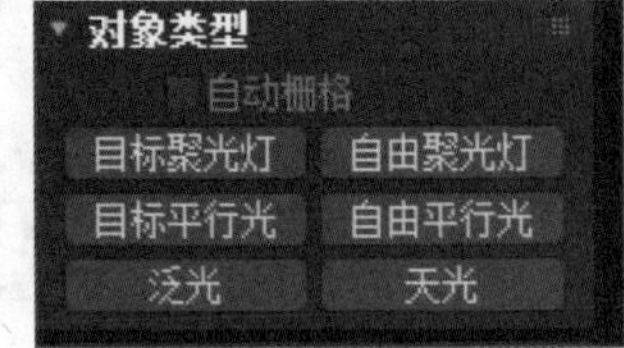

1. 聚光灯

聚光灯和现实世界中的闪光灯一样投影聚焦的光束，加强曝光量，让场景中的对象更明亮，像剧院或桅灯下的聚光区等都可以通过聚光灯来达到相应效果。在聚光灯的两种类型中，“目标聚光灯”使用可移动目标对象使灯光指向特定方向，而“自由聚光灯”没有目标对象，用户可以移动和旋转自由聚光灯以使其指向任何方向，下图所示分别为目标聚光灯图标、自由聚光灯图标及聚光灯的透视图示意。

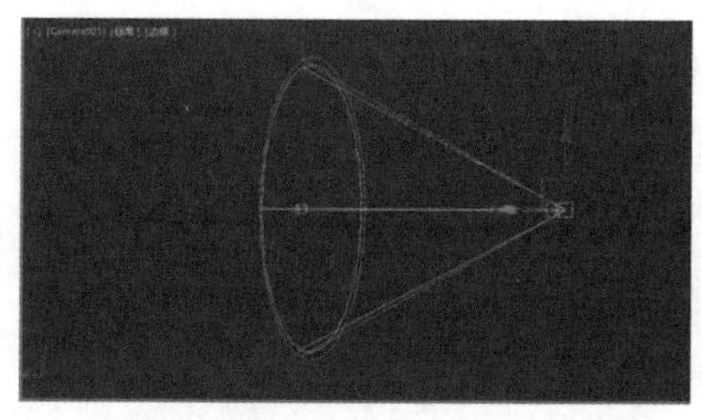
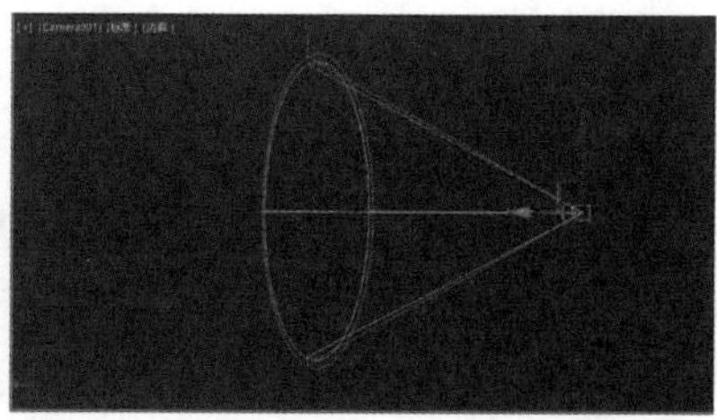
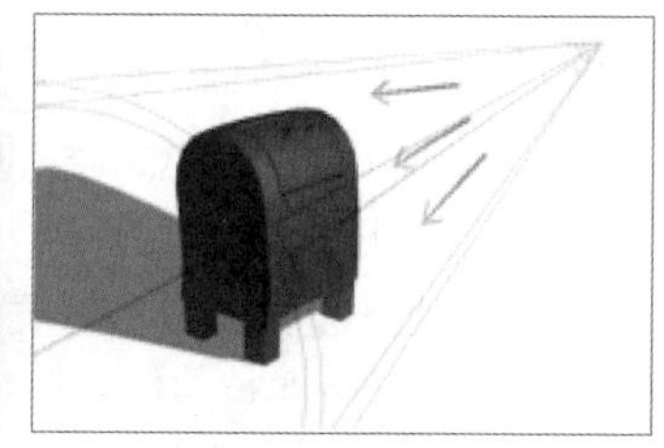

2. 平行光

平行光包括目标和自由平行光两种，主要用于模拟太阳光，当太阳在地球表面上投影时，所有平行光都以一个方向投影平行光线。在3ds Max中，用户可以调整平行灯光的颜色和位置，并能在3D空间中对灯光旋转操作等，下图所示分别为目标平行光图标、自由平行光图标及平行光的透视图示意。

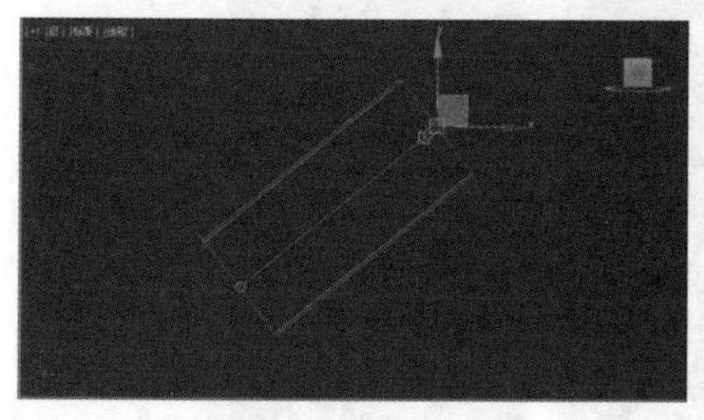
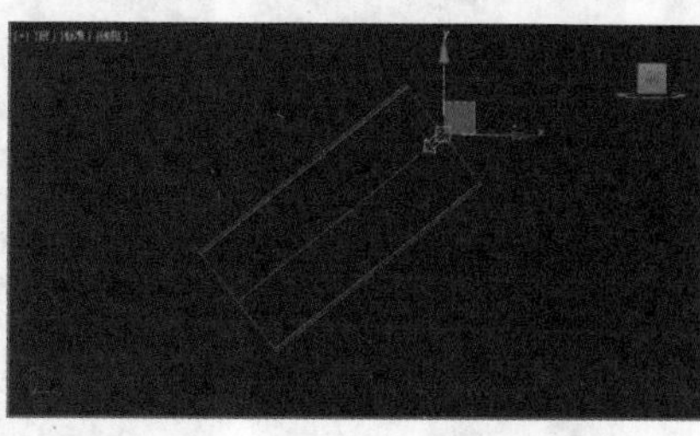
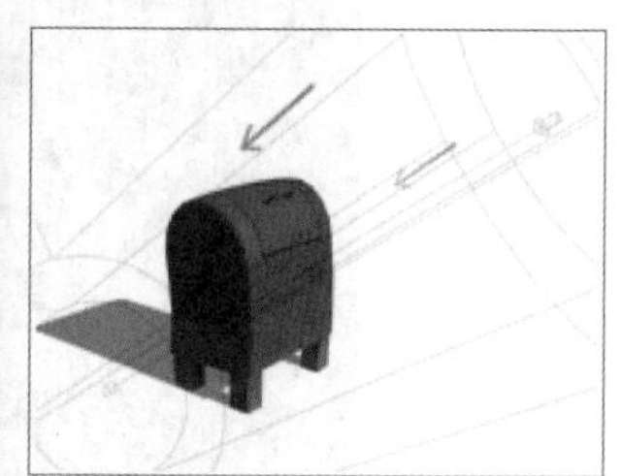

3. 泛光

泛光灯从单个光源向各个方向投影光线，用于将辅助照明添加到场景中，或模拟点光源。泛光灯可以投射阴影和投影，单个投射阴影的泛光灯等同于六个从同一中心指向外侧投射阴影的聚光灯，但泛光灯生成光线跟踪阴影的速度比聚光灯要慢，故在场景中要避免将光线跟踪阴影与泛光灯一起使用。下图所示分别为泛光灯图标、泛光灯在顶视图及透视图示意。

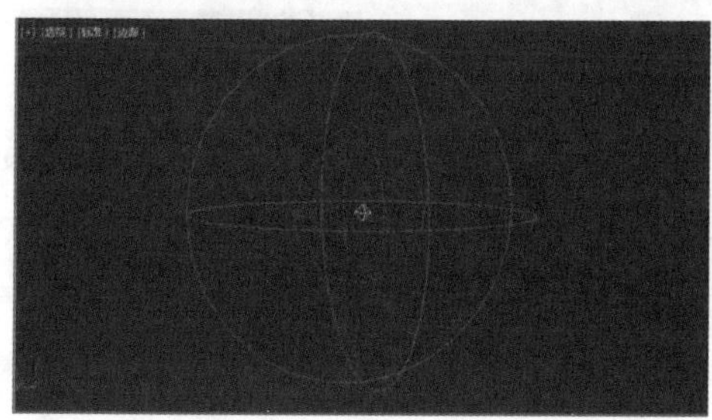
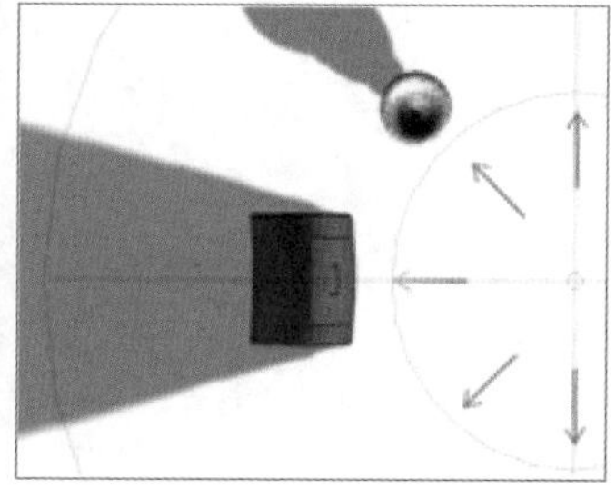
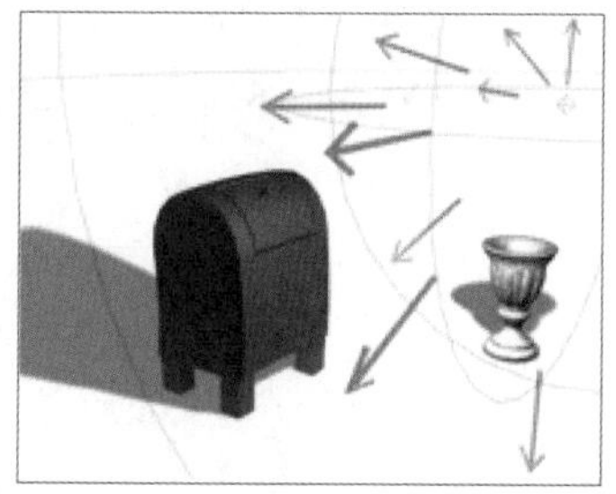

4. 天光

天光可以建立日光模型，设置天空的颜色或将其指定为贴图，是一种较为特殊的标准灯光。天光与高级照明（光跟踪器或光能传递）结合使用效果较好，下右图所示为将天光模型作为场景上方的圆屋顶的示意图。

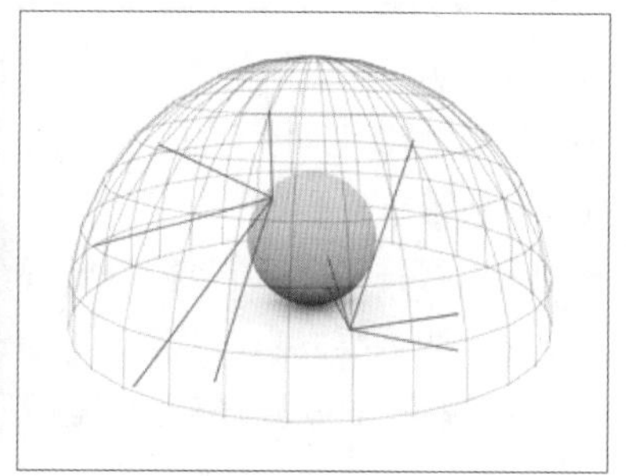

4.3.2 标准灯光的参数设置

在4类标准灯光的默认参数面板中，除去天光这种较为特殊的标准灯光外，用户可以发现剩余的3种标准灯光都共同拥有“常规参数”“强度/颜色/衰减”“高级效果”“阴影参数”“阴影贴图参数”和“大气和效果”6个相同的默认参数卷展栏，而用户也可进行自定义开启或关闭其他未在默认参数面板中出现的参数卷展栏，如“VRayShadows参数”卷展栏。此外，聚光灯有特定的“聚光灯参数”卷展栏，平行光有特定的“平行光参数”卷展栏。

在标准灯光众多的参数卷展栏中，“常规参数”“强度/颜色/衰减”“聚光灯参数”或“平行光参数”属于基本参数卷展栏，而“高级效果”“阴影参数”和“大气和效果”等属于公用照明卷展栏。

1. “常规参数”卷展栏

（1）“灯光类型”选项组

- **启用**：用于启用或禁用灯光。
- **灯光类型下拉列表**：更改灯光的类型，包括聚光灯、平行光和泛光这3个选项。
- **目标**：在聚光灯参数面板中，该复选框用于“自由聚光灯”和“目标聚光灯”的切换；在平行光中，则用于“自由平行光”和“目标平行光”的切换；在泛光中，此参数不可用。其后的“目标”数值框设置灯光与其目标点之间的距离。

（2）“阴影”选项组

- **启用**：用于设置当前灯光是否投射阴影，默认设置为未启用。
- **使用全局设置**：勾选该复选框时，该灯光投射的阴影将影响整个场景的阴影效果，而禁用该复选框时，则必须为渲染器选择使用哪种方式生成特定的灯光阴影。
- **阴影类型下拉列表**：决定渲染器是使用哪种方式来生成灯光的阴影，包括阴影贴图、光线跟踪阴影、高级光线跟踪和区域阴影多个选项，若用户安装VRay渲染器，则常用VRayShadows选项。每一种阴影类型都有其特定的参数卷展栏，用以进行具体的阴影属性设置。

（3）“排除”按钮

单击该按钮可以打开“排除/包含”对话框，在该对话框中用户将选定对象排除于灯光效果之外，或是将选定对象包含于灯光效果之内，换言之确定选定的灯光不照亮或单独照亮哪些对象，将哪些对象视为隐藏渲染元素，或是将哪些对象从渲染器生成的反射中排除。

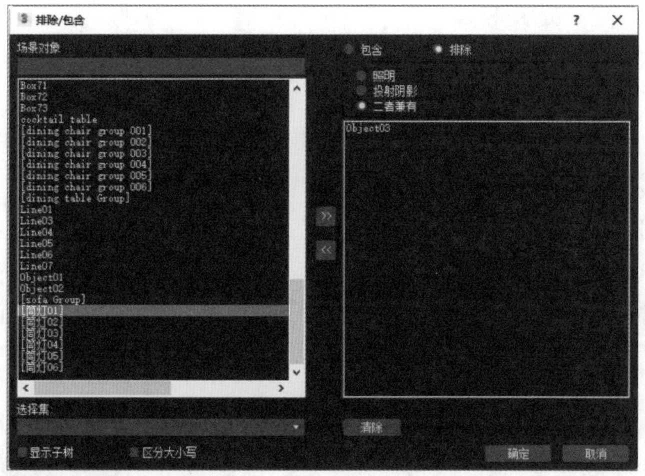

- **“场景对象”列表**：从该列表中选择对象，然后使用“>>”按钮，将所选对象添加至右侧的列表中。
- **包含**：决定灯光效果是否包含右侧列表中的对象。
- **排除**：决定灯光效果是否排除右侧列表中的对象。
- **照明**：用于包含或排除灯光在对象表面是否产生照明效果。
- **投射阴影**：用于包含或排除灯光在对象是否投射阴影。
- **二者兼有**：用于包含或排除灯光在对象是否产生照明效果和投射阴影。

提示：“排除/包含”对话框的用途

尽管灯光排除在现实情况下不会出现，但该功能在需要精确控制场景中的照明时非常有用，如可以专门添加灯光来照亮单个对象而不是其周围环境，或希望灯光给一个对象（而不是其他对象）投射阴影。

2.“强度/颜色/衰减”卷展栏

使用“强度/颜色/衰减” 参数卷展栏可以设置灯光的颜色和强度，也可以自定义灯光的衰退、近距衰减和远距衰减等参数。

（1）“倍增”参数设置

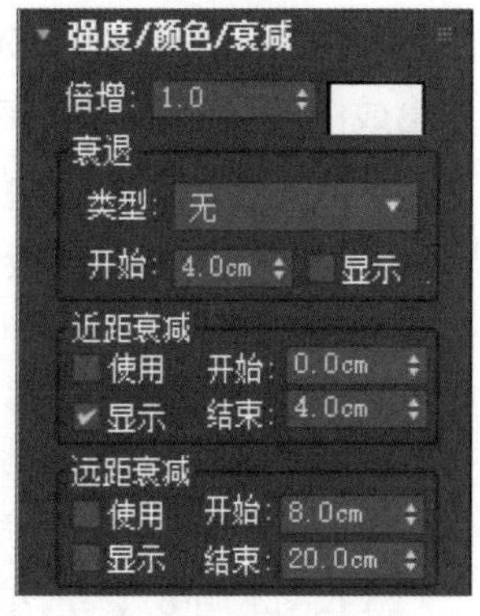

- **倍增**：将灯光的功率放大一个正或负的量，例如将倍增设置为2，灯光将亮两倍，而负值可以减去灯光，这对于在场景中有选择地放置黑暗区域较为有用，该参数的默认值为1.0。
- **色样**：单击色样按钮将打开“颜色选择器”对话框，进行灯光颜色的设置。

（2）“衰退”选项组

- **类型**：选择要使用的衰退类型，有“无”“倒数”和“平方反比”3种类型可供选择，其中“倒数”和“平方反比”是使远处灯光强度减小的两种不同方法，而“无”选项则不应用衰退，其结果是从光源处至无穷大处灯光仍然保持全部强度，除非启用远距衰减。
- **开始**：如果不使用衰减，则设置灯光开始衰退的距离。
- **显示**：在视口中显示衰退范围，默认情况下，开始范围线呈蓝绿色。

（3）“近距衰减”选项组

- **使用**：启用灯光的近距衰减。

- **开始**：设置灯光开始淡入的距离。
- **显示**：在视口中显示近距衰减范围，对于聚光灯而言，衰减范围看似像圆锥体的镜头部分，对于平行光而言，其形状像圆锥体的圆形部分，而对于启用“泛光化”的泛光灯、聚光灯或平行光来说，其形状像球形。默认情况下，近距衰减“开始”图标为深蓝色，“结束”图标为浅蓝色。
- **结束**：设置灯光达到其全值的距离。

（4）“远距衰减”选项组

- **结束**：设置灯光淡出减为 0 的距离。
- **显示**：选中灯光时，衰减范围始终可见，勾选此复选框，在取消选择该灯光时，衰减范围才可见。

3.“聚光灯参数”卷展栏

当创建或选择目标聚光灯或自由聚光灯时，“修改”面板中将显示“聚光灯参数”卷展栏，该卷展栏中的参数用以控制聚光灯的聚光区/衰减区等效果。

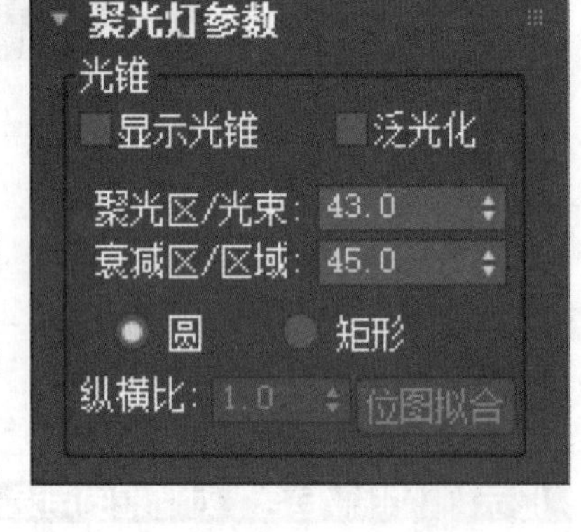

- **显示圆锥体**：启用或禁用圆锥体的显示。
- **泛光化**：启用泛光化后，灯光将在所有方向上投影灯光，但投影和阴影只发生在该灯光的衰减圆锥体内。
- **聚光区/光束**：调整灯光圆锥体的角度，聚光区值以度为单位进行测量，默认值为 43.0。
- **衰减区/区域**：调整灯光衰减区的角度，衰减区值以度为单位进行测量，默认值为 45.0。
- **圆或矩形**：确定聚光区和衰减区的形状。
- **纵横比**：设置矩形光束的纵横比，使用“位图适配”按钮，可以使纵横比匹配特定的位图，默认值为 1.0。

4.“阴影参数”和“VRayShadows参数”卷展栏

在“常规参数”卷展栏中的“阴影”选项组中，勾选“启用”复选框，并在阴影类型下拉列表选择“VRayShadow”选项后，即可设置或打开“阴影参数”和“VRayShadows参数”卷展栏，如右图所示。

（1）“阴影参数”卷展栏

在3ds Max提供的所有灯光类型（除了“天光”和“IES 天光”）中，各灯光的参数卷展栏中都具有“阴影参数”卷展栏，该卷展栏中的参数用于设置阴影颜色和其他常规阴影属性，如右图所示。

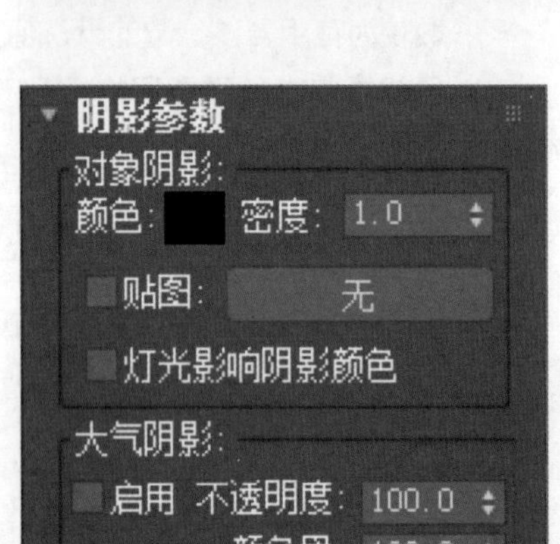

- **颜色**：单击色样按钮打开“颜色选择器”对话框，然后为灯光投射的阴影选择一种颜色，默认颜色为黑色。
- **密度**：调整阴影的密度，默认设置为 1.0。
- **“贴图”复选框**：启用该复选框后，即可将贴图指定给阴影，默认设置为禁用状态。
- **灯光影响阴影颜色**：启用该复选框后，可将灯光颜色与阴影颜色（如果阴影已设置贴图）混合起来，默认情况下设置为禁用状态。

- **“大气阴影”组**：可以使如体积雾这样的大气效果也投射阴影，并可设置具体参数。

（2）“VRayShadows参数”卷展栏

用户在安装VRay渲染器后，即可将阴影类型设置为“VRay-Shadow”选项，然后在“修改”面板中打开对应的“VRayShadows参数”卷展栏，进行阴影设置。

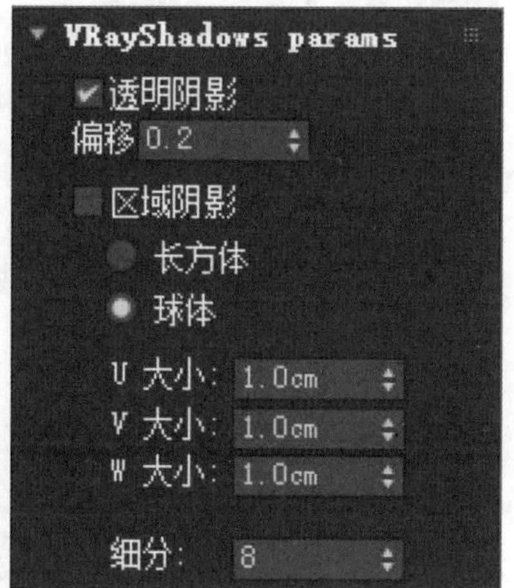

- **透明阴影**：当勾选此复选框后，透明表面将投影彩色阴影，否则，所有的阴影都为黑色。
- **偏移**：用于更改阴影偏移值，增加该值将使阴影移离投射阴影的对象。
- **区域阴影**：勾选该复选框，可实现区域阴影效果，增加阴影的细节部分，使灯光阴影效果更为真实。其具体参数可在该卷展栏下方进行设置，应用区域阴影后将花费一定的时间来进行渲染。

5.“高级效果”卷展栏

“高级效果”卷展栏提供影响灯光影响曲面方式的控件参数，也包括为投射灯光添加贴图，使灯光对象成为一个投影的设置，如右图所示。

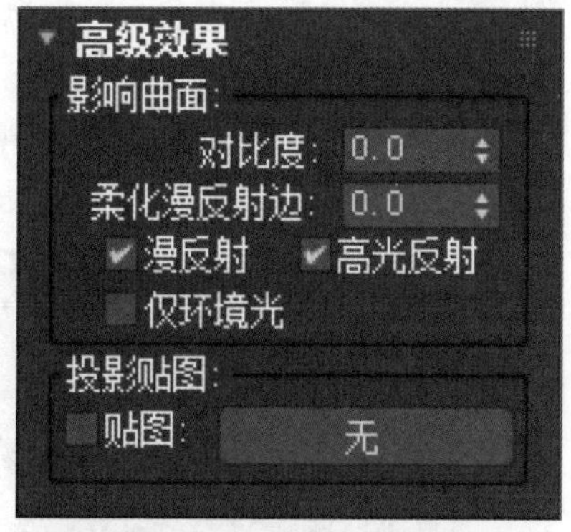

- **“影响曲面”组**：调整曲面的漫反射区域和环境光区域之间的关系，其中“漫反射”复选框勾选后，灯光将影响对象曲面的漫反射属性，而勾选“高光反射”复选框时，灯光将影响对象曲面的高光属性。
- **“投影贴图”组**：利用贴图将灯光变成投影，投影的贴图可以是静止的图像，也可以是动画文件。

6.“大气和效果”卷展栏

使用“大气和效果”卷展栏可以指定、删除、设置大气参数和与灯光相关的渲染效果，此卷展栏参数是按下8键打开的“环境和效果”面板中的部分参数。

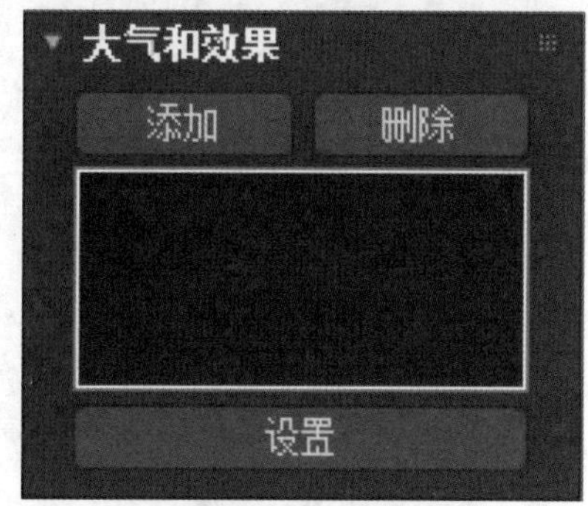

- **添加**：单击该按钮可打开“添加大气或效果”对话框，使用该对话框可以将大气或渲染效果添加到灯光中。
- **设置**：单击该按钮可打开“环境和效果”面板，可进行具体效果设置。

实战练习 使用聚光灯为书房添加灯光效果

通过上述对标准灯光知识的相关介绍，用户可以使用标准灯光中的聚光灯为书房场景添加灯光效果，具体操作步骤如下：

步骤 01 打开随书配套光盘的“使用聚光灯为书房添加灯光效果_原始文件.max”文件，如下左图所示。

步骤 02 切换至摄影机视图，按下F9键对摄影机视图进行渲染，观察渲染效果，可发现场景中只模拟了有些许月光照入的书房场景，如下右图所示。

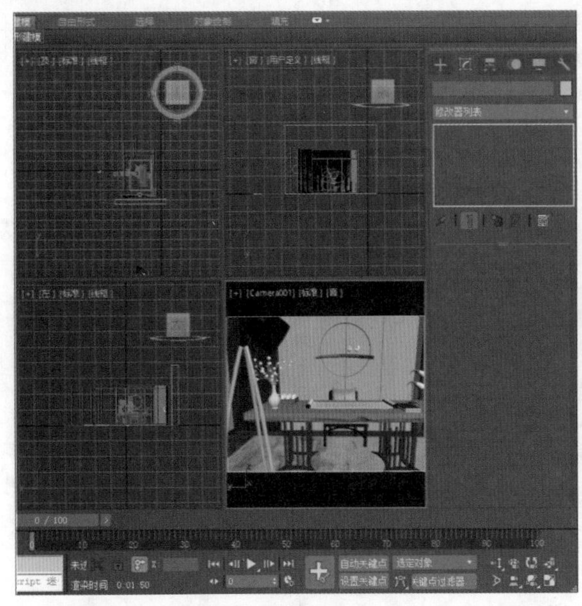

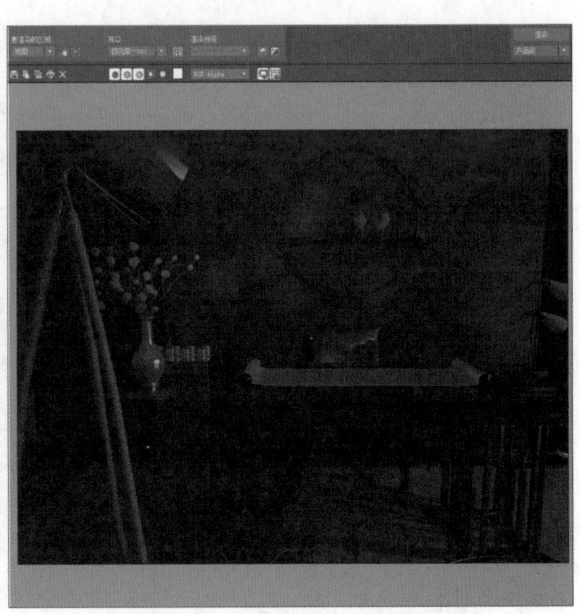

步骤 03 在“创建”面板❶中单击“灯光”按钮❷，在灯光类别中选择“标准”选项❸，接着单击“目标聚光灯”按钮❹，激活左视图创建如下左图所示的灯光❺。

步骤 04 单击“选择过滤器”下拉按钮，选择“L-灯光”选择❶，将选择限制为灯光对象，使用“选择并移动”工具在各个视图中调整灯光的位置❷，如下右图所示。

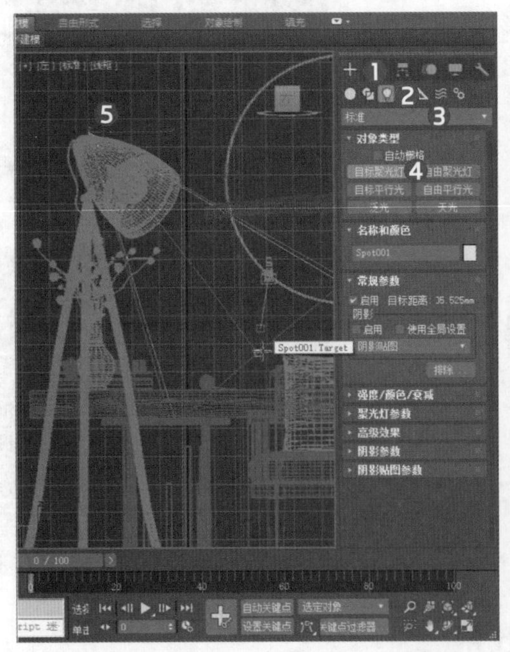

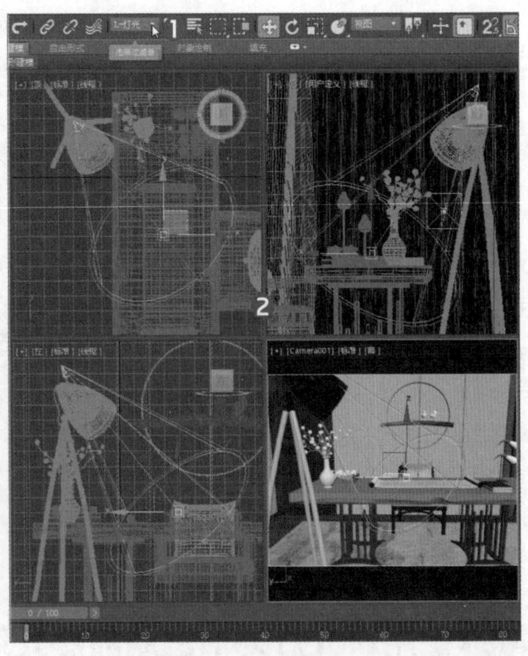

步骤 05 激活摄影机视图，按下F9键对摄影机视图进行渲染，观察渲染效果，可发现场景中创建的聚光灯照明效果过于生硬，没有衰减过度效果，强度过高，颜色也不柔和，如下左图所示。

步骤 06 选择创建的聚光灯，展开“修改”面板❶中的“强度/颜色/衰减”卷展栏，将“倍增”值设置为0.55❷，灯光颜色设置为淡黄色❸，在“远距衰减”选项组中勾选“使用”和“显示”复选框❹，并设置“开始”“结束”值分别为500.0cm、1500.0cm❺，接着在“聚光灯参数”卷展栏中将“聚光区/光束”“衰减区/区域”值分别设置为43.0、50.0❻，如下右图所示。

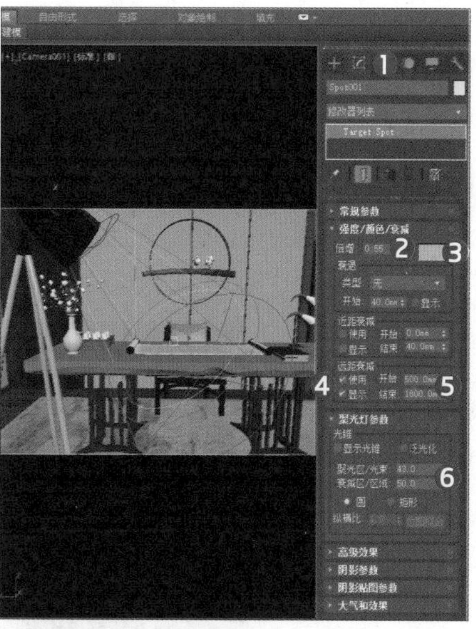

步骤 07 激活摄影机视图，按下F9键对摄影机视图进行渲染，观察最终渲染效果，如下图所示。

4.4 光度学灯光

光度学灯光是一种使用光度学（光能）值来更精确地定义灯光的灯光类型，可使灯光效果如在真实世界一样。用户可以创建具有各种分布和颜色特性灯光，或导入照明制造商提供的特定光度学文件。

4.4.1 光度学灯光种类

光度学灯光通过光度学（光能）值更精确地定义灯光，如同在真实世界一样，用户可以在三维场景中创建具有各种分布和颜色特性的光度学灯光，也可以导入一些特定光度学文件以便设计出基于商用灯光的照明效果。

用户可以在“创建”面板中单击“灯光”按钮，在灯光类别列表中选择“光度学”选项，接着单击对应的灯光按钮，即可在场景中创建“目标灯光”“自由灯光”和“太阳定位器”3种类型的光度学灯光。

1. 目标灯光

在3ds Max中创建一个目标灯光后，会自动为其指定“注视”控制器，该灯光多用来模拟现实生活中的筒灯、射灯及壁灯等，下图为采用球形分布、聚光灯分布和Web分布的3种目标灯光的示意图。

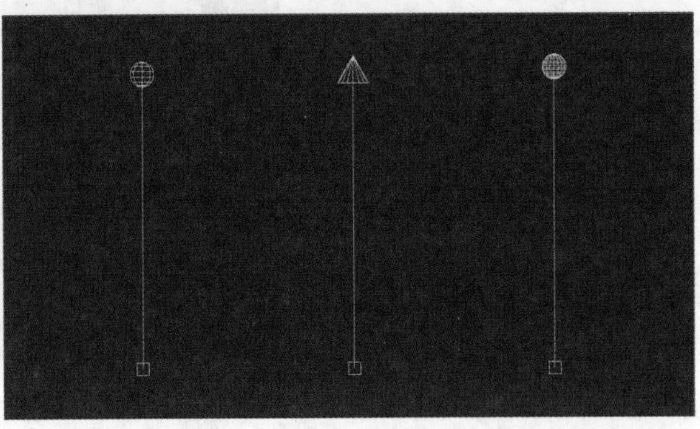

2. 自由灯光

自由灯光与目标灯光相比时，用户可发现其没有目标子对象，可以通过使用变换来调整灯光，下图为采用球形分布、聚光灯分布和Web分布的3种自由灯光的示意图。

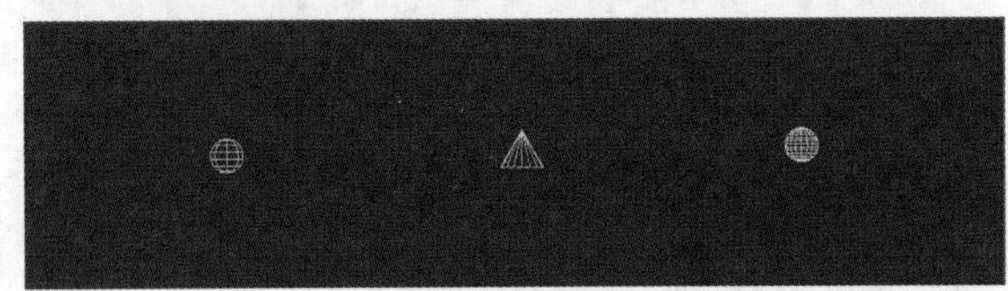

3. 太阳定位器

太阳定位器遵循太阳在地球上某一给定位置地理角度和运动，可以定位模拟不同季节、日期和时间的全球不同经纬度城市的太阳光效果，用户可以直接在其参数卷展栏中进行定位设置。

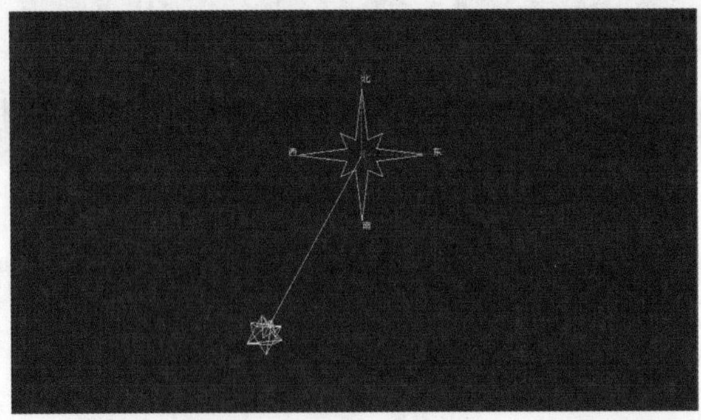

4.4.2 光度学灯光的参数设置

在光度学灯光的多个参数卷展栏中，用户会发现“阴影参数”“阴影贴图参数”“大气和效果”和“高级效果”参数卷展栏与标准灯光中的参数一致，“常规参数”卷展栏也大致相同，而“强度/颜色/衰减”和“图形/区域阴影”卷展栏与标准灯光相比相差较大。此外，光度学灯光还存在特有的“分布（光度学Web）”卷展栏，下面将为用户介绍几种与标准灯光不同的常用参数卷展栏。

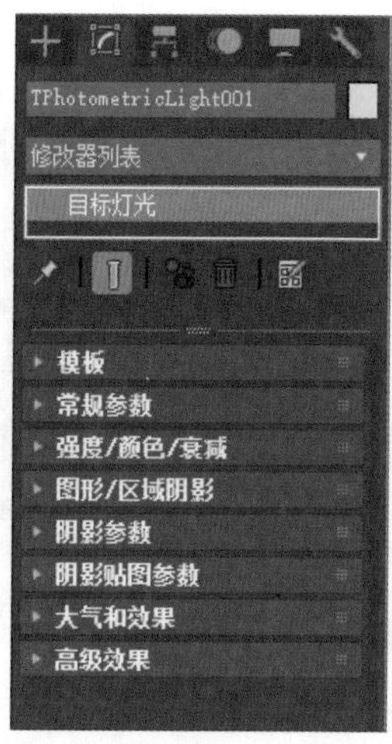

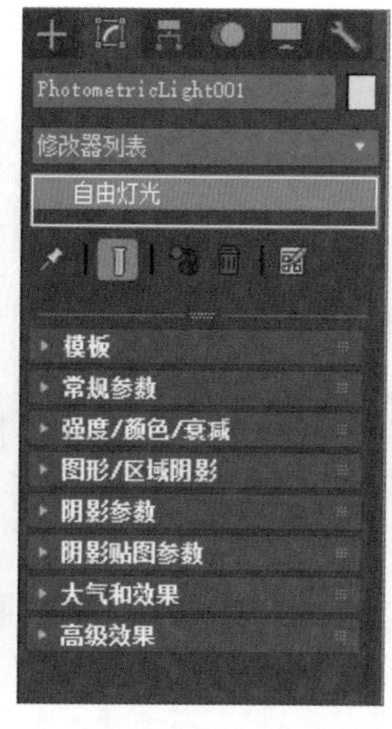

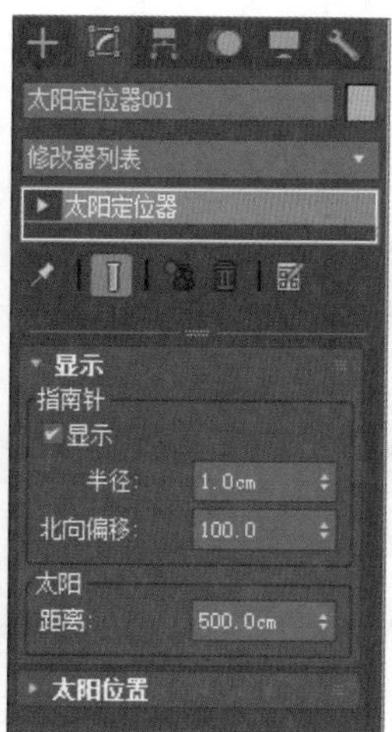

1. “常规参数”卷展栏

单击该参数卷展栏中“灯光分布（类型）”下拉按钮，从列表中可以选择“光度学 Web”“聚光灯”“统一漫反射”和“统一球形”4个选项来设置灯光的不同分布类型。

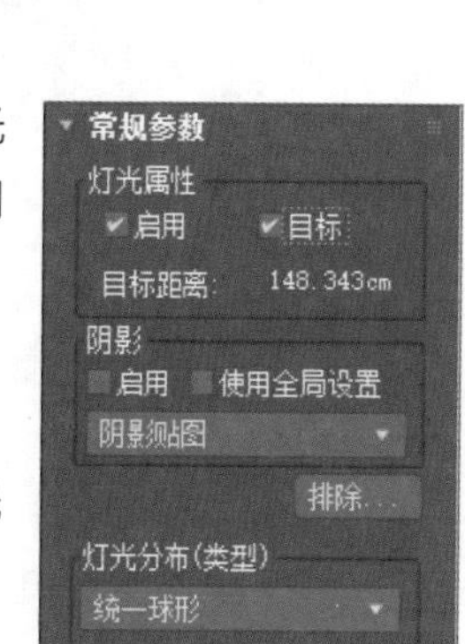

- **光度学 Web分布**：基于模拟光源强度分布类型的几何网格。
- **聚光灯分布**：像闪光灯一样投影聚焦的光束。
- **统一漫反射分布**：仅在半球体中投射漫反射灯光，像从某个表面发射灯光一样。
- **统一球形分布**：可在各个方向上均匀投射灯光。

2. “强度/颜色/衰减”卷展栏

“强度/颜色/衰减” 参数卷展栏用来设置光度学灯光的颜色、强度、暗淡和衰减极限等参数。

(1)“颜色”选项组

- **灯光下拉列表**：拾取常见灯，使之近似于灯光的光谱特征，共有21种选择。
- **开尔文**：调整色温微调器设置灯光的颜色，色温以开尔文度数表示。
- **过滤颜色**：模拟置于光源上的过滤色的效果，例如红色过滤器置于白色光源上就会投影红色灯光效果。

(2)“强度”选项组

在物理数量的基础上指定光度学灯光的强度或亮度，有lm（流明）、cd（坎得拉）和lx (lux)3种单位设置光源的强度，其中lm测量灯光的总体输出功率（光通量），cd 用于测量灯光的最大发光强度，lx测量以一定距离并面向光源方向投射到表面上的灯光所带来的照度。

3. “图形/区域阴影”卷展栏

该卷展栏用于选择生成阴影的灯光图形，在“从（图形）发射光线”组中展开下拉列表，可以选择“点光源”“线”“矩形”“圆形”“球形”和“圆柱体”6种选项来设置阴影生成的图形。

而当选择非“点光源”选项时，灯光维度和阴影采样参数控件将分别显示“从（图形）发射光线”组和“渲染”组，这时若勾选“渲染”组的“灯光图形在渲染中可见”复选框，灯光图形在渲染中会显示为

自供照明（发光）的图形，而不勾选该复选框将无法渲染灯光图形，只能渲染它投影的灯光。

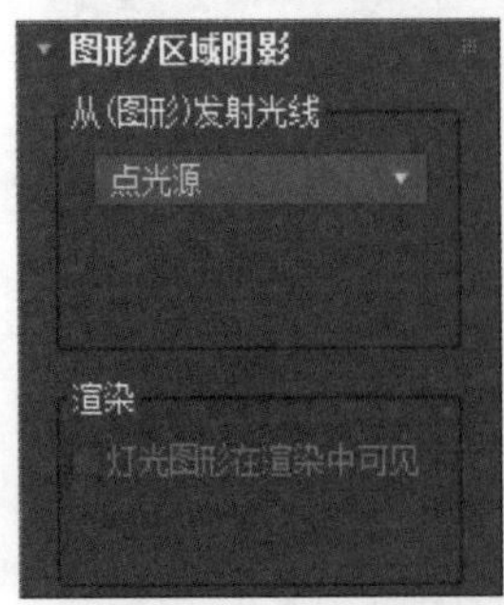

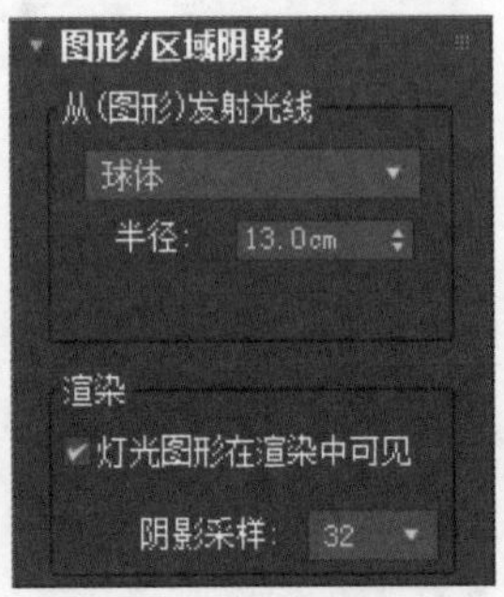

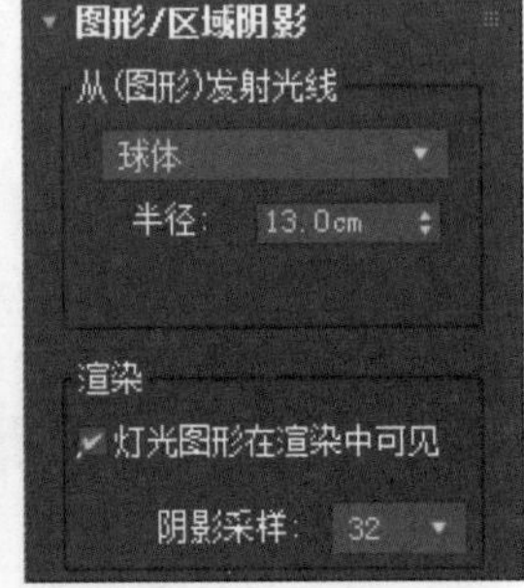

4.“分布（聚光灯）”或“分布（光度学Web）”卷展栏

正如上文所述，在“常规参数”卷展栏中“灯光分布（类型）”下拉列表中选择“聚光灯”或“光度学 Web”选项，则会对应出现“分布（聚光灯）”或“分布（光度学Web）”卷展栏供具体参数的调节。

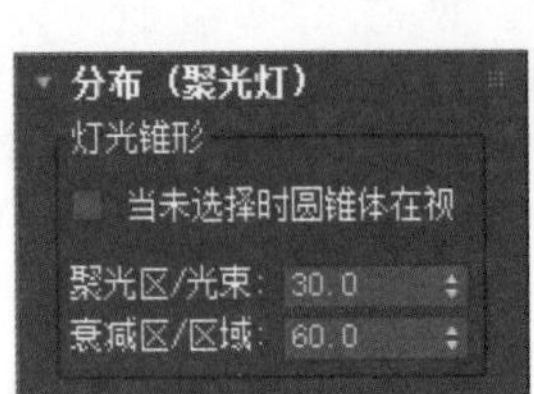

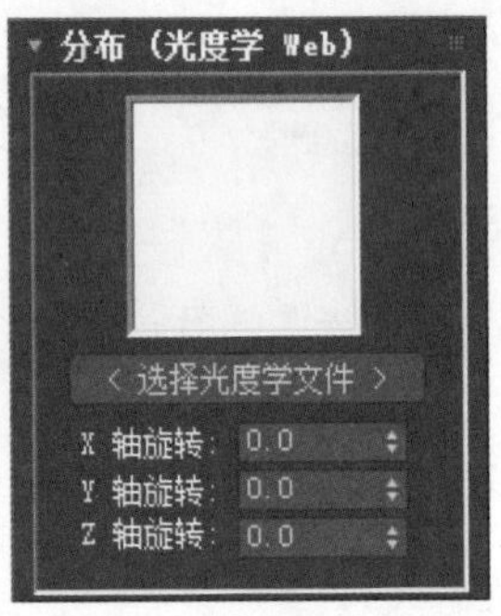

（1）“分布（聚光灯）”卷展栏

当使用聚光灯分布创建或选择光度学灯光时，“修改”面板上将显示“分布（聚光灯）”卷展栏，该参数卷展栏中的参数控制聚光灯的聚光区或衰减区，其中“聚光区/光束”参数调整灯光圆锥体的角度，“衰减区/区域”参数调整灯光区域的角度。

（2）“分布（光度学Web）”卷展栏

该参数卷展栏用来选择光域网文件并调整web的方向，可以通过单击“选择光度学文件”按钮，打开“打开光域Web文件”对话框来指定光域Web文件，该文件可采用IES、LTLI或CIBSE格式，一旦选择某个文件后，该按钮上会显示文件名，而不带具体的扩展名。

- **Web 文件的缩略图：**缩略显示灯光分布图案的示意图，如下图鲜红的轮廓表示光束，而在某些Web中，深红色的轮廓表示不太明亮的区域。

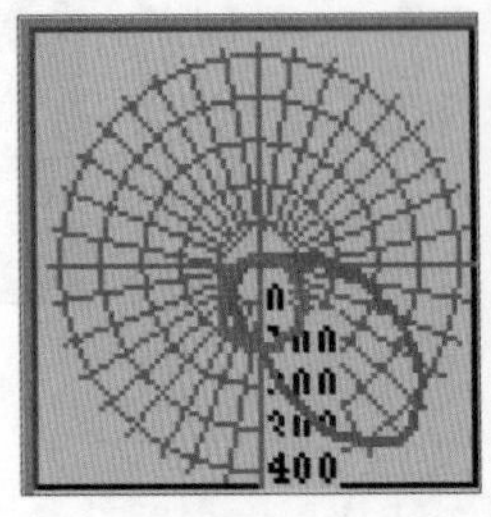

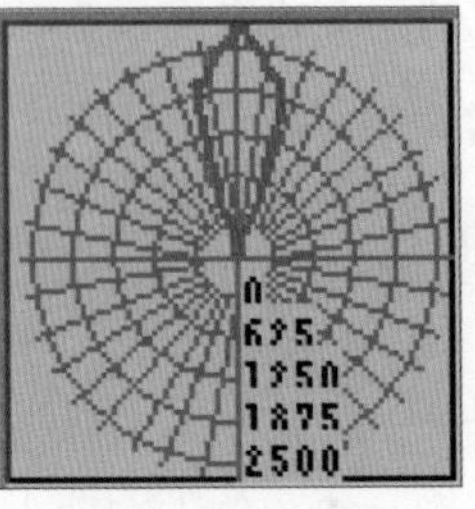

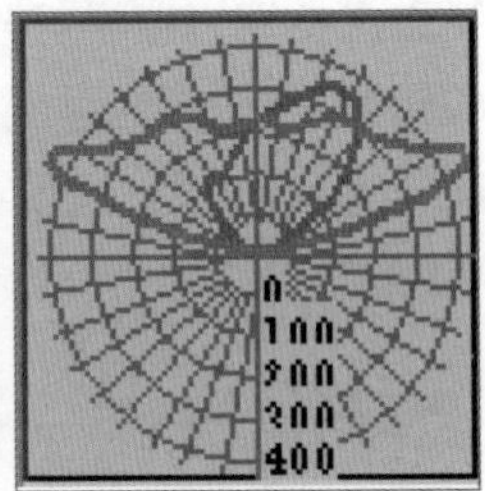

- **X 轴旋转：**沿着X轴旋转光域网，旋转中心是光域网的中心，范围为-180°至180°。
- **Y 轴旋转：**沿着Y轴旋转光域网，旋转中心是光域网的中心，范围为-180°至180°。
- **Z 轴旋转：**沿着Z轴旋转光域网，旋转中心是光域网的中心，范围为-180°至180°。

实战练习 使用光学度灯光创建射灯效果

通过上述对光学度灯光知识的相关介绍，用户可以使用光学度灯光中的目标灯光为场景添加射灯效果，具体操作步骤如下：

步骤 01 打开随书配套光盘中的“使用光学度灯光创建射灯效果_原始文件.max”文件，如下左图所示。

步骤 02 切换至摄影机视图，按下F9键对摄影机视图进行渲染，观察渲染效果，如下右图所示。

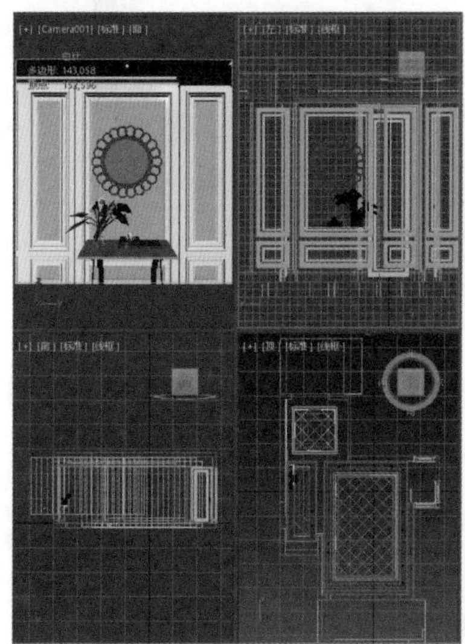

步骤 03 在“创建”面板❶中单击“灯光”按钮❷，在灯光类别中选择“光学度”选项❸，接着单击“目标灯光”按钮❹，在左视图创建灯光，并在其他视图中调整灯光位置❺，如下左图所示。

步骤 04 激活摄影机视图，按下F9键对摄影机视图进行渲染，可发现场景中创建的照明效果过于生硬，曝光过度，没有阴影且存在反射噪点，如下右图所示。

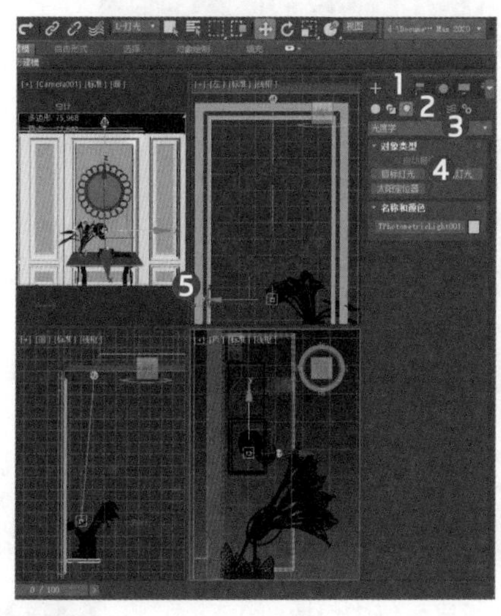

步骤 05 进入该灯光的“修改”面板❶，在“常规参数”卷展栏中勾选“启用”阴影复选框❷，阴影类型设置为VrayShadow❸，“灯光分布（类型）”设置为“光学度Web”❹，接着单击“分布（光学度Web）”卷展栏中的“选择光学度文件”按钮，如下左图所示❺。

步骤 06 在弹出的“打开光域Web文件”浏览选择“小射灯01.ies”文件❶，单击“打开”按钮完成选择❷，如下右图所示。

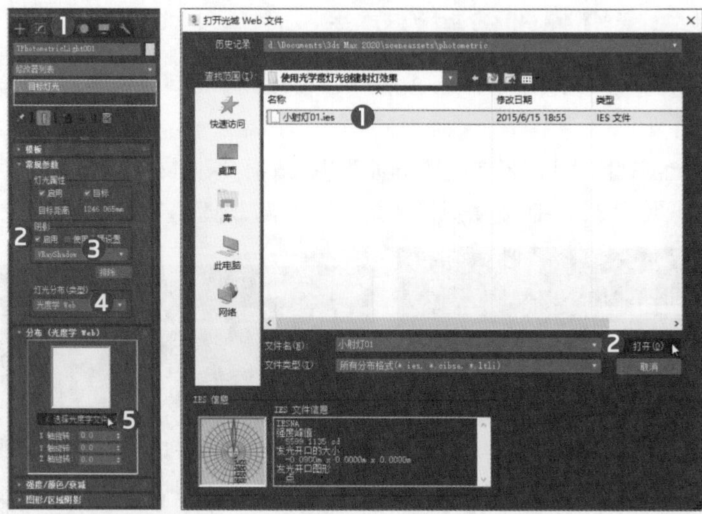

步骤 07 在“强度/颜色/衰减”卷展栏❶中设置“过滤颜色”为淡黄色❷，强度值为24000❸，接着在VrayShadow params卷展栏中将“细分”值设为20❹，最后取消勾选“高级效果”卷展栏中的“高光反射”复选框❺，如下左图所示。

步骤 08 激活摄影机视图，按下F9键对摄影机视图进行渲染，观察最终渲染效果，如下右图所示。

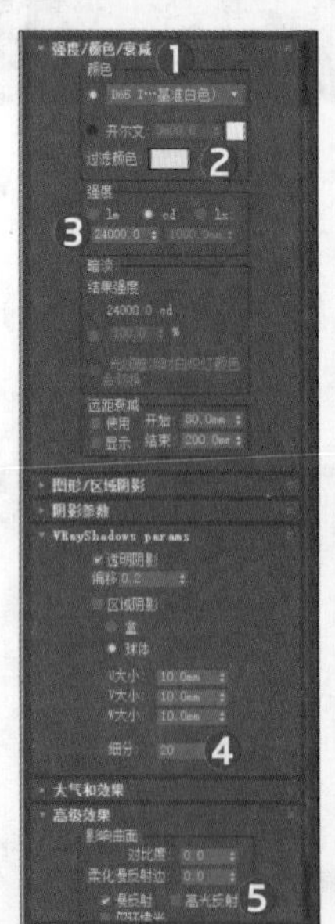

4.5 VRay光源系统

VRay灯光是Vray渲染器带有特定的光源系统，这些灯光系统中包括VrayLight、VRayIES、Vray-环境光和VRay-太阳光4种灯光类型，每种灯光类型有其特定的用途，对应相应的参数面板。

在“创建”面板中单击“灯光”按钮，在灯光类型列表中选择VRay选项，接着单击对应的灯光按钮，即可在场景中创建Vray灯光，其中VrayLight和VRay-Sun是2种较为常用的灯光类型。

4.5.1 VRayLight

在VRayLight的多个参数卷展栏中，“Vray灯光参数”和“选项”参数卷展栏较为常用，它们包含了一些必要的参数。

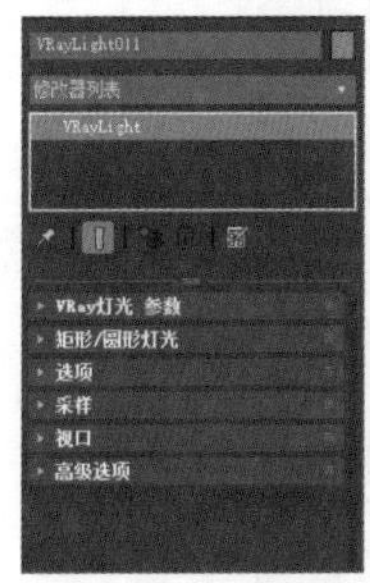

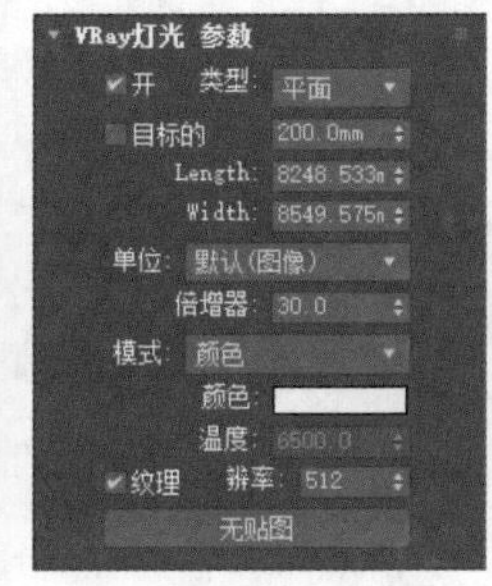

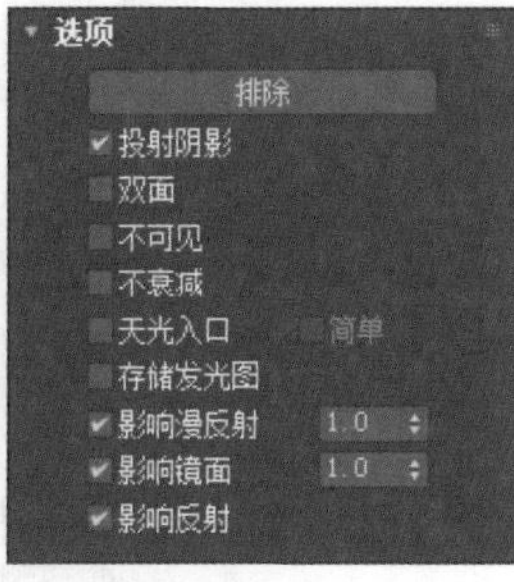

1. “Vray灯光参数”卷展栏

- **类型：** 提供了平面、穹顶、球体、网格和圆形5种灯光类型。
- **单位和倍增：** 设置灯光亮度单位和灯光的倍增值。
- **颜色：** 设置灯光的颜色。
- **纹理：** 控制是否使用贴图纹理来设置灯光。

2. “选项”卷展栏

- **排除：** 用于设置所选灯光对场景对象的影响，包括是否提供照明或产生投射阴影，单击此按钮可以打开“排除/包含”对话框。
- **投射阴影：** 在“选项”参数卷展栏勾选该复选框，可以使灯光产生阴影。
- **不可见：** 该复选框可设置灯光是否可见。
- **不衰减：** 勾选该复选框后，灯光的亮度不随距离衰减。
- **天光入口：** 勾选该复选框后，该灯光的参数设置将被VRay渲染器忽略，代以环境相关参数。
- **存储发光图：** 勾选该复选框后，系统将VRay灯光的光照效果保存在Irradiance map（发光贴图）中。
- **影响漫反射/高光/反射：** 这些复选框决定灯光是否对物体材质的漫反射、高光或反射等属性产生影响。

实战练习 使用VrayLight创建小夜灯照明效果

通过上述对Vray灯光知识的相关介绍，用户可以使用VrayLight中的球体灯光为场景添加照明效果，具体操作步骤如下：

步骤 01 打开随书配套光盘中的“使用VRayLight创建小夜灯_原始文件.max”文件，如右图所示。

步骤 02 在“创建”面板❶中单击“灯光”按钮❷，在灯光类别中选择VRay选项❸，再单击VRayLight按钮❹，在“VRay灯光 参数”卷展栏中将“类型”设置为球体❺，在顶视图创建灯光❻，如下图所示。

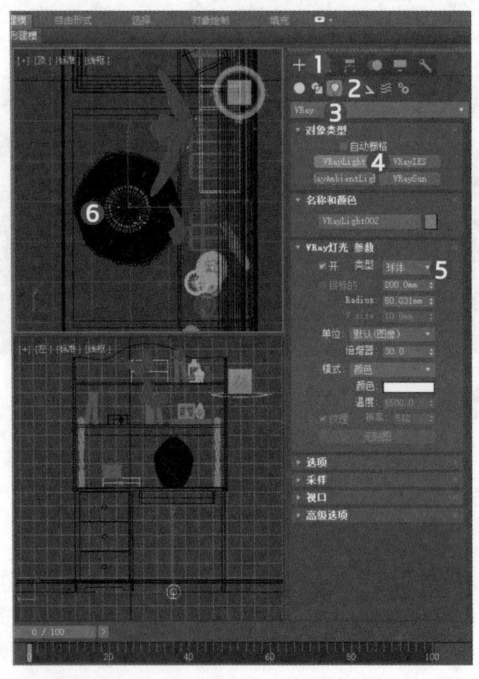

步骤 03 在其他视图中调整灯光位置❶，进入“修改”面板❷将球体灯光的半径值设置为60.0cm❸，灯光“倍增器”值设置为15.0❹，灯光颜色设为淡黄色❺，如下左图所示。

步骤 04 激活摄影机视图，按下F9键进行渲染，最终效果如下右图所示。

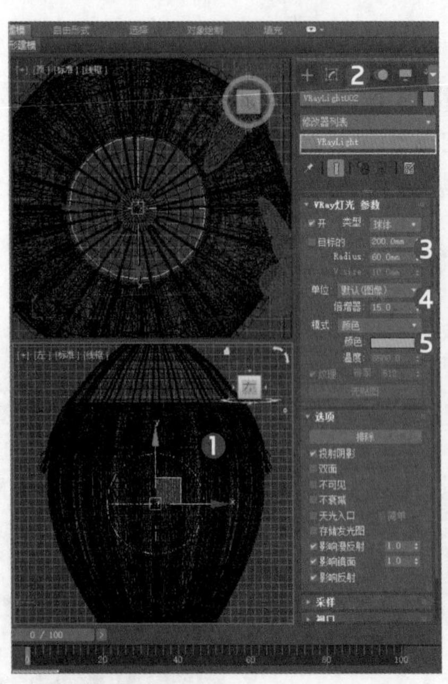

4.5.2 VRaySun

VRaySun主要用来模拟真实室外的太阳光线，在室外建筑表现方面使用VRaySun可以达到较为理想的灯光阴影效果，其参数面板如右图所示，下面为用户介绍该面板中的主要参数：

- **浑浊度（turbidity）**：控制大气层的浑浊度，光线穿过浑浊大气时，大气中的悬浮颗粒会使光线发生衍变，该值越高，表示大气越浑浊，光线传播也就越弱，太阳光就越偏暖。相反的该值越小太阳光就越偏冷，该参数最小值为2，最大值为20。此外，太阳光的冷暖也与光线自身与地面的夹角有关，角度越小越暖，越垂直越冷。
- **臭氧（ozone）**：控制大气层中的臭氧成分，影响光线到达地面的数量，值越大臭氧越多，达到地面的光线就越少。
- **强度倍增（intensity multiplier）**：控制太阳光的强度，值越大太阳光越强烈。
- **大小倍增（size multiplier）**：控制太阳的大小，该值将对物体的阴影产生影响，值越小产生的阴影越锐利。
- **阴影细分（shadow subdivs）**：控制阴影的采样质量，值越高阴影噪点越少，质量越高，渲染时间也就越长。

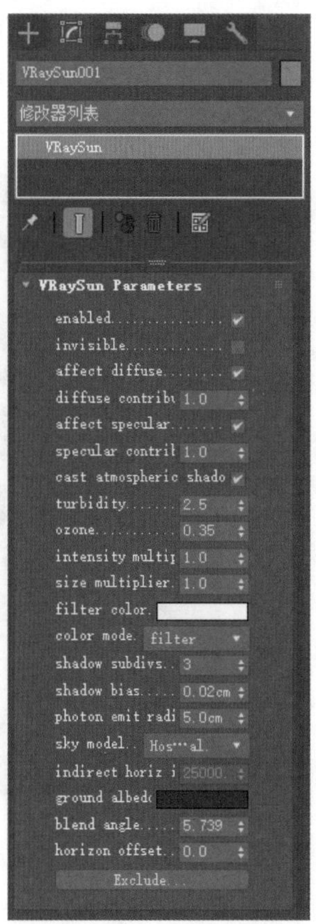

实战练习 使用VRaySun为室外场景创建太阳光

用户可以通过使用VRaySun为室外创建太阳光来熟悉该灯光，具体操作步骤如下:

步骤 01 打开随书配套光盘中的“使用VRayLight创建小夜灯_原始文件.max”文件，如下左图所示。

步骤 02 在“创建”面板❶中单击“灯光”按钮❷，在灯光类别中选择VRay选项❸，再单击VRaySun按钮❹，在前视图创建灯光，在弹出的对话框中单击“否”按钮❺，如下右图所示。

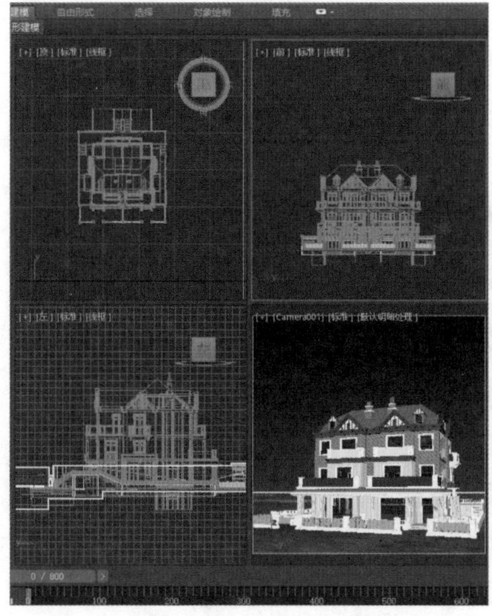

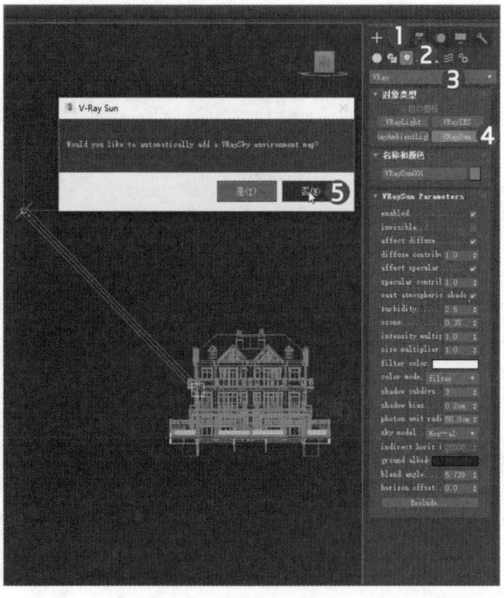

步骤 03 进入“修改”面板❶将“强度倍增”设为0.03❷、“大小倍增”设为5❸、“过滤颜色”设为淡黄色❹、“阴影细分”设为5❺，如下左图所示。

步骤 04 激活摄影机视图，按下F9键进行渲染，效果如下右图所示。

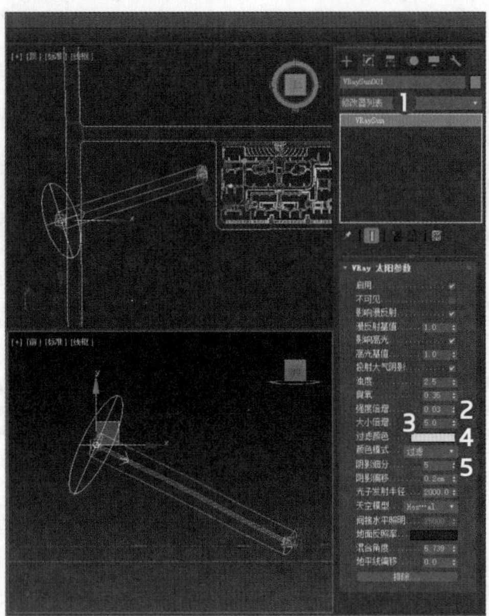

知识延伸：VRaySky

用户在创建VRaySun时，程序中会自动弹出提示框，询问用户是否需要创建一个和该灯光关联的环境贴图，即VRaySky，VRaySky是VRay光源系统中非常重要的部分，该部分内容与贴图、环境效果方面的内容息息相关。用户可以按下8键打开“环境和效果”面板，将该面板中的VRaySky环境贴图❶拖拽到“材质编辑器”面板中的空白材质球上❷，接着即可在“VRaySky参数”卷展栏中进行相应的编辑操作❸，“VRaySky参数”卷展栏与上一节中的VRaySun参数设置基本相同，如下图所示。

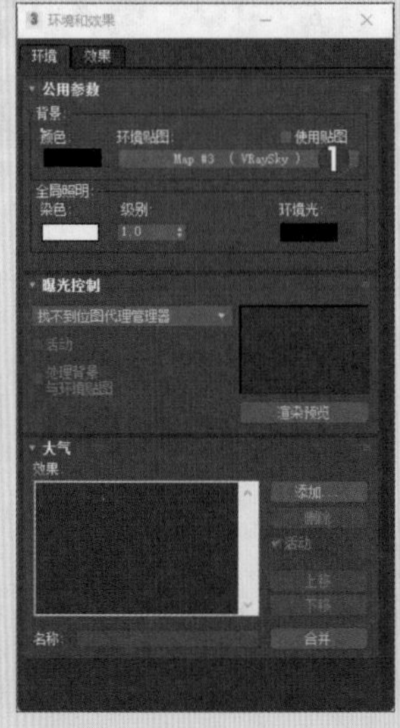

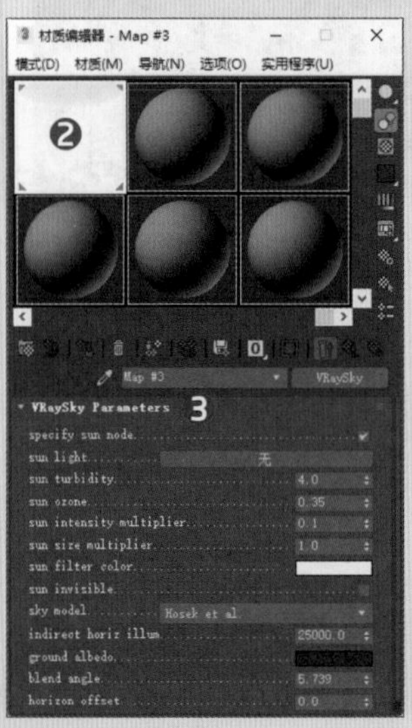

上机实训：为卧室场景添加灯光效果

通过本章的学习，用户对灯光的类型及创建有了一定的了解，下面案例要求使用VRayLight（平面或球体）和目标灯光（光度学）为客厅场景设置灯光效果。

1. VRay灯光的创建

步骤 01 打开随书配套光盘中的“为卧室场景添加灯光效果.max”文件，如下左图所示。

步骤 02 按下F9键对摄影机视图进行渲染，从渲染结果可以看出，该场景需要模拟的是白天卧室的照明效果，用户需观察思考如何布置灯光，如下右图所示。

步骤 03 单击左视图左上角的切换视口标签，将视口切换至右视图❶，在“创建”面板中单击“灯光”按钮❷，将灯光类型设为VRay❸，单击VRayLight按钮❹，并在右视图中沿着落地窗外沿创建灯光，接着在前视图中调整灯光位置❺，如下左图所示。

步骤 04 选择创建的灯光，切换至“修改”面板❶，展开“VRay灯光 参数”卷展栏，将灯光“倍增器”值设置为10❷，“颜色”设置为浅蓝色（RGB值为155、195、255）❸，在“选项”卷展栏中勾选“不可见”复选框❹，在“视口”卷展栏中勾选“视口线框颜色”复选框并设置其颜色❺，如下右图所示。

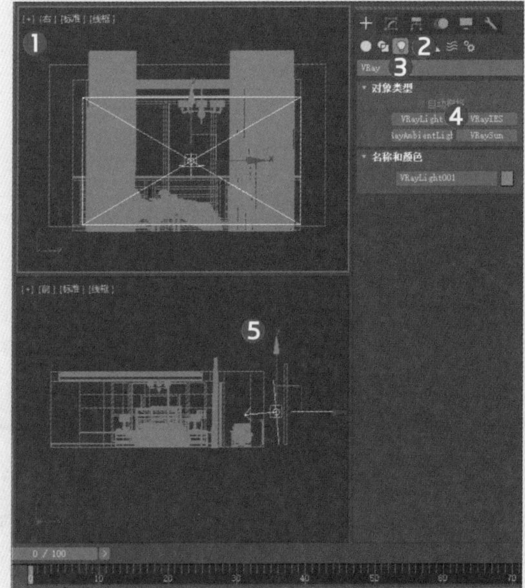

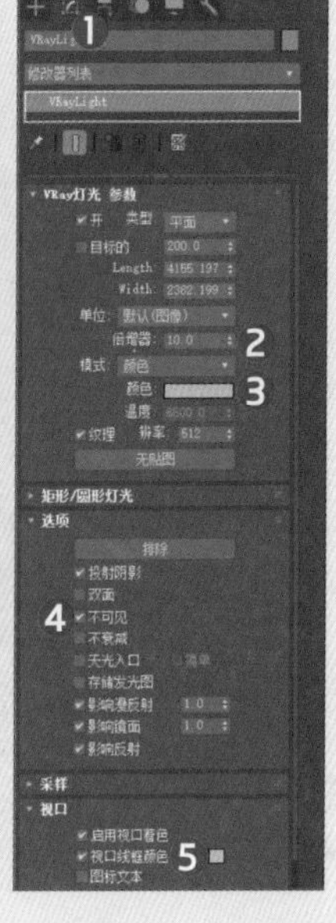

步骤 05 继续在右视图中创建一个VRayLight，并在其他视图中调整灯光大小、位置，如下左图所示。

步骤 06 进入“修改”面板❶，在“VRay灯光参数”卷展栏，将灯光“倍增器”值设置为7.0❷，在“选项”卷展栏中勾选“不可见”复选框❸、取消勾选“影响镜面”“影响反射”复选框❹，如下右图所示。

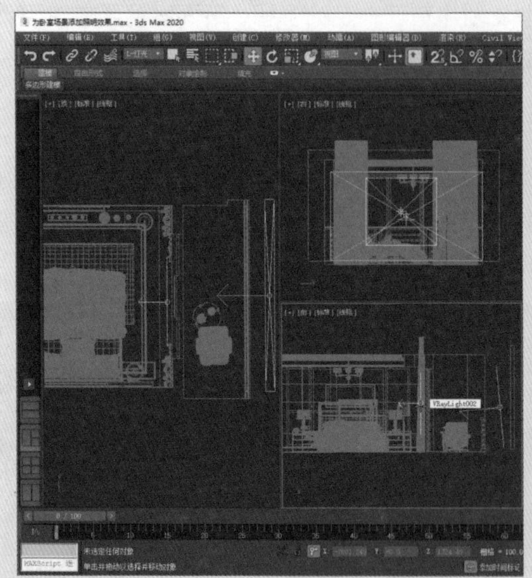

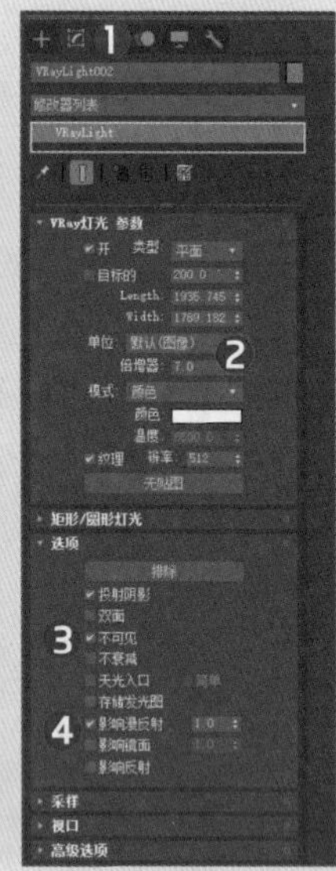

步骤 07 选择“电视墙”“电视柜”“地板”“床头装饰001”对象并执行孤立操作，在视图中创建一个大小、位置如下左图所示的VRayLight灯光，并实例复制出另一个灯光对象，使用变换工具调整灯光对象的大小、位置，如下左图所示。

步骤 08 进入“修改”面板❶，在“VRay灯光 参数”卷展栏，将灯光“倍增器”值设置为15.0❷，“颜色”设置为浅黄色（RGB值为250、216、167）❸，在“选项”卷展栏中勾选“不可见”复选框❹、取消勾选“影响镜面”“影响反射”复选框❺，如下右图所示。

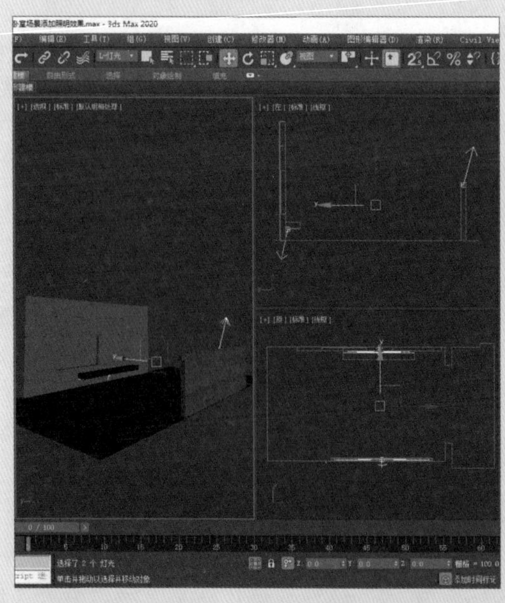

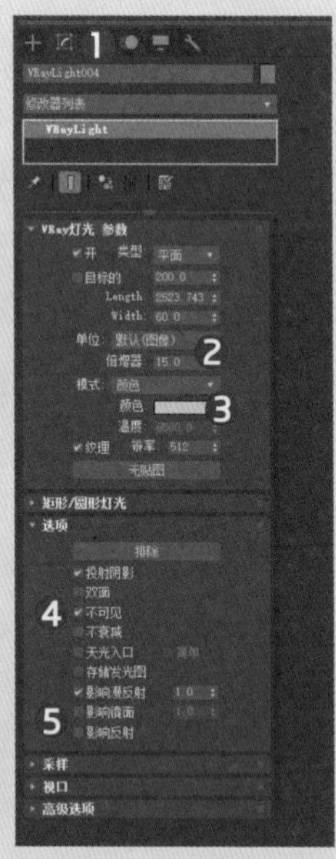

步骤 09 孤立出台灯及落地灯对象，在“创建”面板中单击“灯光”按钮❶，将灯光类型设为VRay❷，单击VRayLight按钮❸，在“VRay灯光 参数”卷展栏中将灯光的“类型”设置为球体❹，接着在顶视图中如下左图所示的位置创建球体灯光❺。

步骤 10 将创建的球体灯光实例复制到其他灯具模型处，并在各个视图中调整三个灯光对象的位置❶，切换至“修改”面板❷，在“VRay灯光 参数”卷展栏，将灯光的“半径”（Radius）值设置为40.0❸、“倍增器”值设置为200.0❹，“颜色”设置为黄色（RGB值为255、176、105）❺，在“选项”卷展栏中勾选“不可见”复选框❻、取消勾选“影响镜面”“影响反射”复选框❼，如下右图所示。

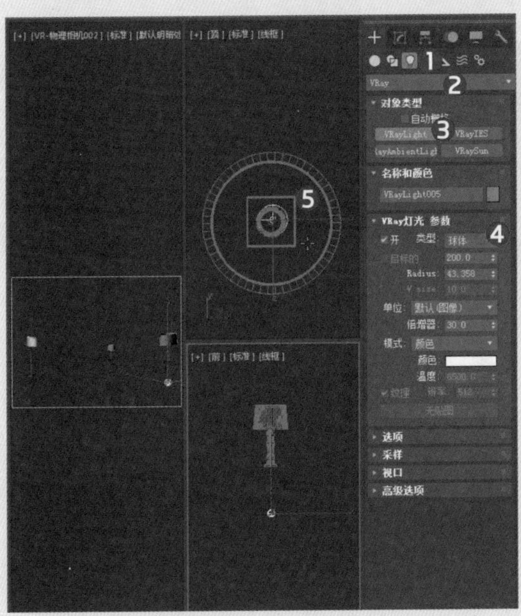

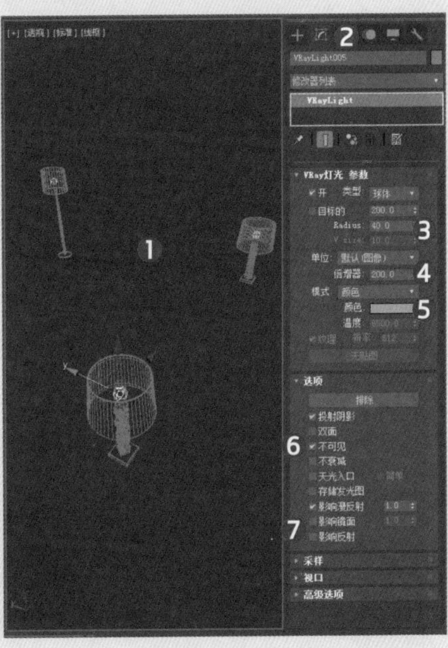

2. 光度学灯光的创建

步骤 01 在“创建”面板❶中单击“灯光”按钮❷，将灯光类型设为“光度学”❸，单击“目标灯光”按钮❹，并“常规参数”卷展栏中将“灯光分布（类型）”设置为“光度学Web”选项❺，接着在前视图中拖动鼠标创建灯光，如下左图所示。

步骤 02 切换至“修改”面板❶，在“常规参数”卷展栏的“阴影”选项区域内勾选“启用”复选框❷，展开“分布（光度学 Web）卷展栏”，单击“选择光度学文件”按钮❸，如下右图所示。

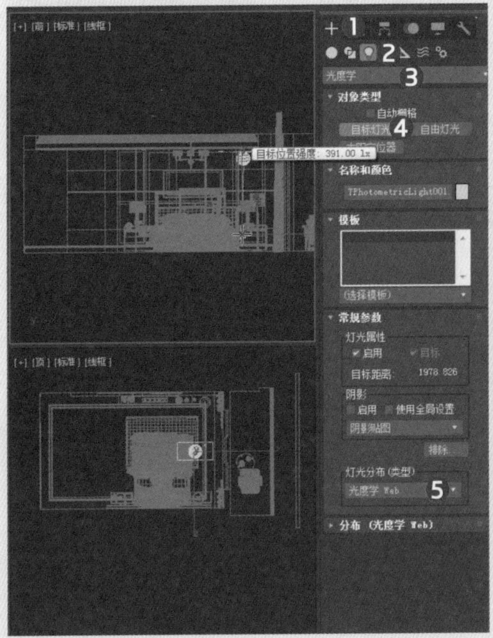

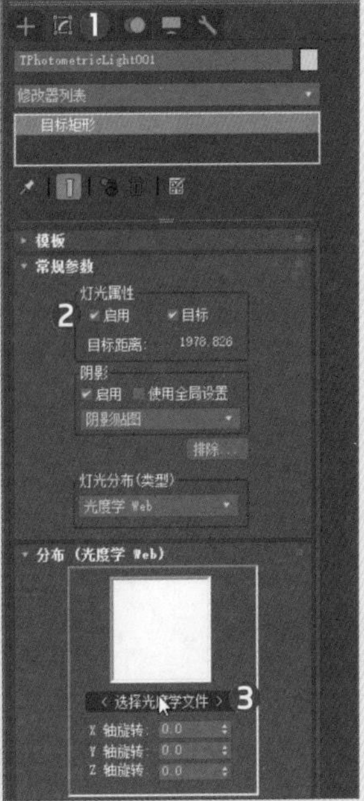

步骤 03 在随即打开的“打开光域 Web文件”对话框中，浏览选择“筒灯01.ies”文件❶，单击“打开”按钮❷，打开光域 Web文件，如下左图所示。

步骤 04 在各个视口中调整灯光的位置，并实例复制出多个光度学灯光对象❸，最终光度学灯光的分布情况如下右图所示。

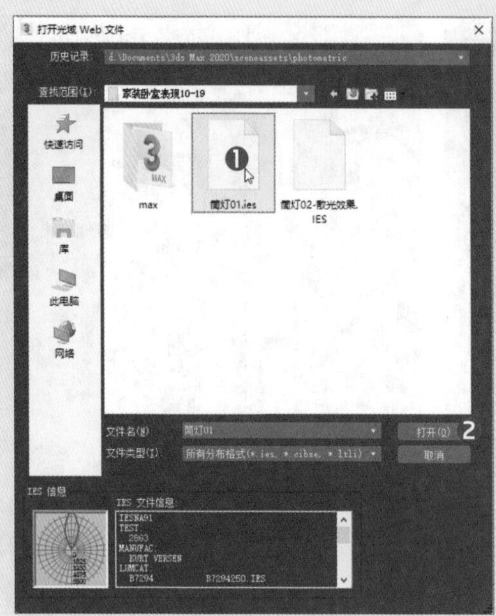

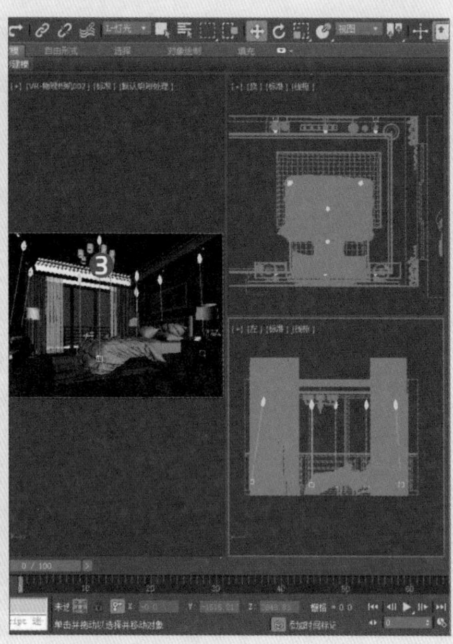

步骤 05 激活摄影机视图，按下F9键，对场景进行渲染，最终效果如下图所示。

课后练习

1. 选择题

（1）在当前视口中按下（　　）键，可以快速切换至摄影机视口。

A. G　　B. H

C. J　　D. C

（2）3ds Max提供了下列哪几种摄影机类型（　　）。

A. 目标摄影机　　B. 自由摄影机

C. 物理摄影机　　D. 以上都是

（3）在3ds Max中的标准灯光中，（　　）的创建不需要考虑位置。

A. 目标聚光灯　　B. 自由平行光

C. 泛光　　D. 天光

（4）3ds Max的光度学灯光包括（　　）。

A. 目标灯光　　B. 自由灯光

C. 太阳定位器　　D. 以上都是

（5）在目标光度学灯光中，可以载入光域网使用的灯光分布类型是（　　）。

A. 统一球形　　B. 聚光灯

C. 统一漫反射　　D. 光度学Web

2. 填空题

（1）在3ds Max中，当前视口处于透视图时，按下组合键__________可以基于当前透视创建出一个摄影机。

（2）摄影机的2个重要特性是__________和__________。

（3）在室内表现方面，可以创建__________来模拟筒灯或射灯等。

（4）__________是一种较为特殊的标准灯光，与高级照明（光跟踪器或光能传递）结合的使用效果较好。

（5）在VRay光源系统中，常用__________来模拟真实的室外太阳光线。

3. 上机题

打开随书光盘中提供的“第四章上机题.max”文件，尝试为场景添加灯光对象，灯光分布及最终效果如下图所示。

Chapter 05 材质与贴图

本章概述

材质与贴图对表现建筑与室内效果的质感、细节方面至关重要，故在本章学习过程中，用户需掌握材质编辑器面板中的各部分命令及参数设置，掌握常用材质和贴图的使用方法，如标准材质、V-Ray材质、位图贴图、平铺贴图、衰减贴图等，能够利用本章知识完成基本的材质设计。

核心知识点

1. 掌握材质编辑器面板
2. 知道3ds Max几大类材质类型
3. 熟悉标准材质的参数设置
4. 掌握V-Ray材质
5. 知道3ds Max贴图类型

5.1 材质的编辑与管理

在3ds Max中材质用来详尽描述对象如何反射或透射灯光，当光线到达曲面时，曲面将会反射或至少反射一些光线，这时才看到曲面，而曲面的外观表现取决于到达它的光以及曲面材质的属性，如颜色、平滑度和不透明度等。用户除了可以直接使用材质来指定曲面的诸多视觉属性外，还可借助贴图来模拟对象的颜色、纹理、质地、光泽度、不透明度等属性，从而使场景对象更加真实、细致。本节主要为用户介绍材质的一些基本知识，以及如何使用材质编辑器和如何管理材质。

5.1.1 材质的基础知识

在3ds Max中，材质属性与灯光属性相辅相成，材质属性的体现受灯光参数的影响，因此用户在设计材质前，需要了解一些材质基本属性的含义。此外还需了解工作中设计材质的流程概要，以便为以后的学习创作做好准备。

1. 材质的基本属性

真实世界中，用户通过视觉、触觉等感官感觉来体会物体的样貌、质感等，而在3ds Max构建的虚拟世界中，这一切可以通过物体的相关物理属性进行模拟创作，这些物理属性包括漫反射、高光、放射、折射、不透明度等。

- **漫反射：** 对象表面显示的颜色，即通常提及的对象颜色，因灯光和环境因素的影响而有所偏差。
- **高光反射：** 物体表面高亮处显示的颜色，反映了照亮灯光的颜色，当其颜色与漫反射颜色相符时，会产生一种无光效果，从而降低材质的光泽性。
- **不透明度：** 该属性可以使场景中的对象产生透明效果，而使用贴图可以产生局部透明效果。
- **反射/折射：** 反射是指光线投射到物体表面后，根据入射角度将光线反射出去，如平面镜可以使对象表面放映反射角度方向；折射是指光线透过对象后，改变了原有的光线的投射角度，使光线产生偏差，如透过水面看对象。

2. 工作流程概要

当模型创建好后，就需要创建新材质并将其应用于对象，从而使对象更加真实、更有质感。通常情况下，材质的设计工作都遵循以下步骤：

第1步： 因可用的材质取决于活动渲染器，故首先选择要使用的渲染器，并使其成为活动渲染器；

第2步： 打开材质编辑器，选择材质类型，并为材质命名；

第3步： 在材质编辑器中，设置各材质组件的相关参数，如漫反射颜色、光泽度、不透明度等；

第4步： 将贴图指定给相应的材质通道，并调节其参数；

第5步： 将材质指定给选定对象；

第6步： 如有必要，应调整UV贴图坐标，以便正确定位带有对象的贴图；

第7步： 保存材质。

5.1.2 材质编辑器

在材质编辑器中，用户可以创建和编辑材质，并将贴图指定给相应材质通道。材质编辑器是一个非常重要的独立面板，场景中所有的材质都在该面板中制作完成。

3ds Max中提供了精简材质编辑器和Slate材质编辑器两种材质编辑器面板，前者与后者相比较小，精简材质编辑器面板主要由菜单栏、示例窗（球体）、工具栏和参数卷展栏4部分组成，下文将对这4部分进行详细介绍，下图所示分别为精简材质编辑器面板和Slate材质编辑器面板。用户可以通过以下3种方法来打开材质编辑器面板：

方法1： 在菜单栏中执行“渲染>材质编辑器>精简材质编辑器/Slate材质编辑器”命令；

方法2： 在主工具栏中单击“材质编辑器”按钮；

方法3： 按下快捷键M。

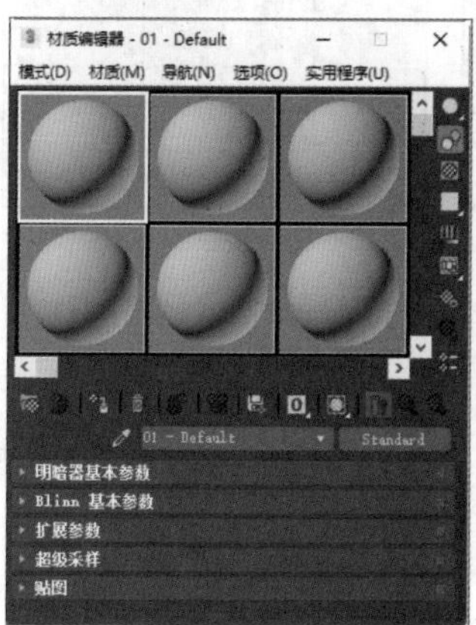

1. 菜单栏

在位于面板界面的顶部，提供了调用各种材质编辑器工具的方式，由“模式”“材质”“导航”“选项”和“实用程序”5个菜单组成，以下为常用的菜单介绍：

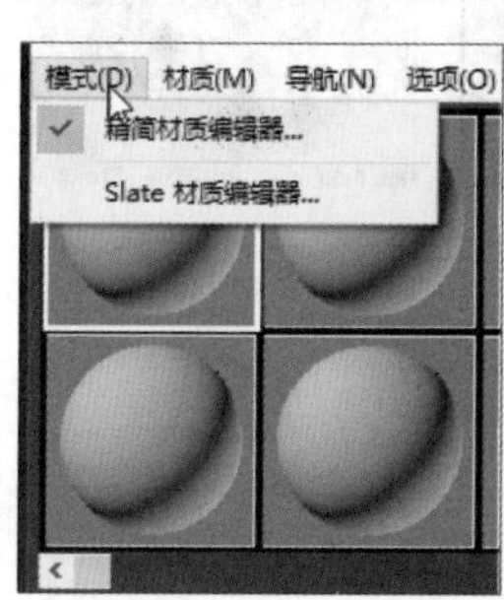

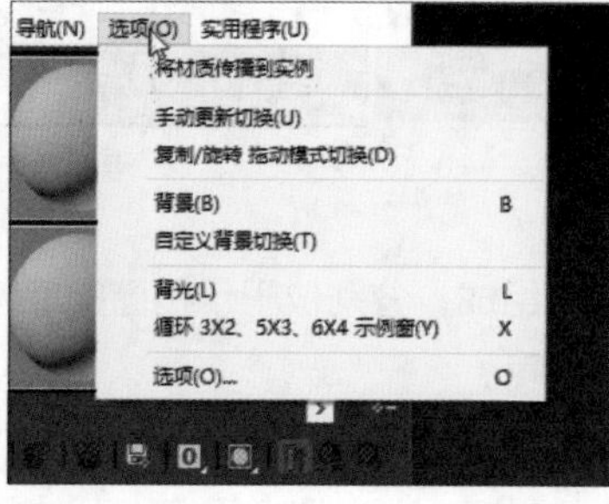

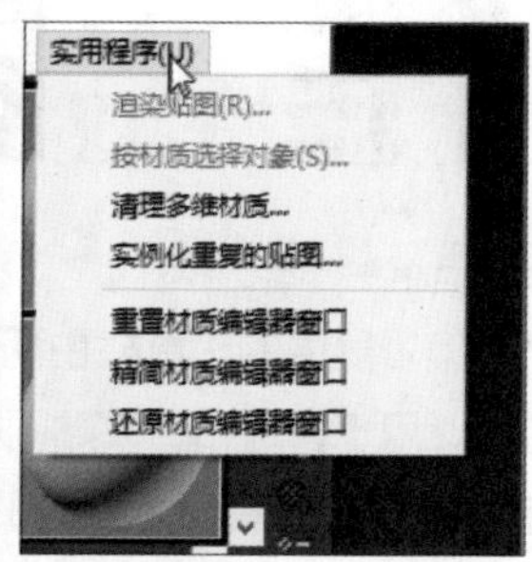

- **“模式”菜单：** 用于精简材质编辑器和Slate材质编辑器之间的切换操作。
- **“材质”“导航”菜单：** 这两个菜单中包含一些常用的管理和更改贴图及材质的子菜单，其中绝大部

分子菜单的功能与工具栏中的命令按钮功能一致，可参考下文。

- **“选项”菜单：**提供了一些附加的工具和显示选项，其中“循环切换3X2、5X3、6X4示例窗”子菜单命令可以将示例窗数目在3X2、5X3和6X4间进行循环，示例窗最多数目为24个。
- **“实用程序”菜单：**提供了渲染贴图和按材质选择对象等命令，其中“重置材质编辑器窗口”命令，可将默认的材质类型替换材质编辑器示例窗口中的所有材质，此操作不可撤销；而“精简材质编辑器窗口”命令，可将示例窗口中所有未使用的材质设置为默认类型，只保留场景中的材质，并将这些材质移动到编辑器的第一个示例窗中，此操作同样不可撤销。但“重置材质编辑器窗口”和“精简材质编辑器窗口”命令都可用“还原材质编辑器窗口”命令还原示例窗口以前的状态。

2. 示例窗（球体）

位于面板界面的上部，可以对材质或贴图进行预览显示，在每个窗口中都可以预览一个材质，单击示例窗将其激活，活动示例窗周围显示为白色边界。

- **采样数目：**默认情况下示例窗中有6个采样对象，示例窗最多采样数目为24个，当一次查看的窗口采样数少于 24 个时，可以使用滚动条在它们之间进行移动查看。
- **采样类型：**默认情况下采样对象是一个球体，用户可以在材质编辑器的纵向工具栏中单击“采样类型”按钮更改采样对象的预览形状，有球体、圆柱体和正方体3种类型。

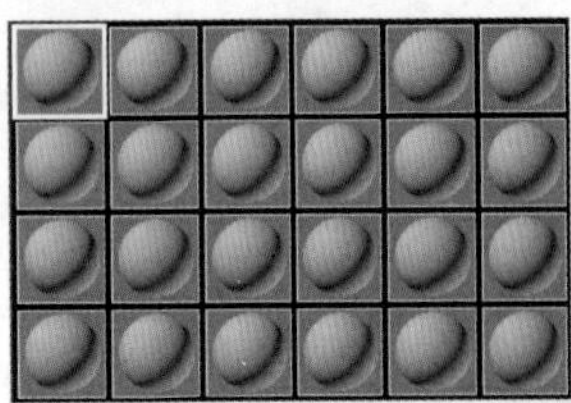
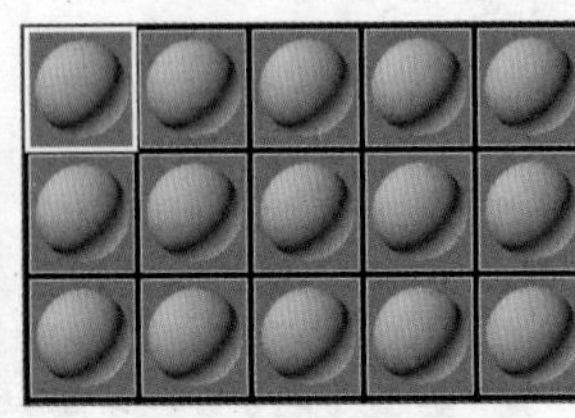
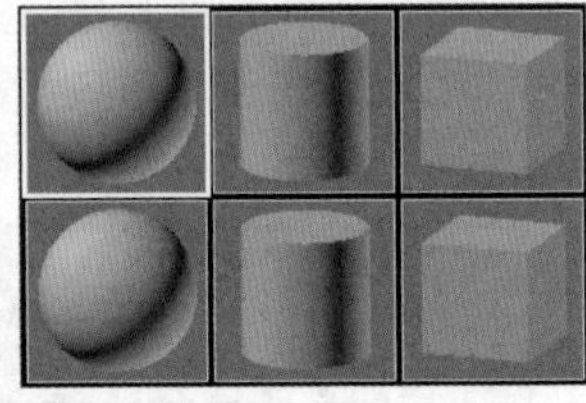

- **窗口显示对象：**示例窗中既可以显示材质，也可以显示贴图。
- **示例窗右键菜单：**当右键单击活动示例窗时，会弹出一个快捷菜单，该菜单包含一些常用命令❶，如执行“拖动/旋转”命令时，可以旋转材质球来观察材质球其他位置的效果❷，而执行“放大”命令时，可以将示例窗进行单独、浮动和放大处理❸，或在某个示例窗上双击也可达到“放大”命令的效果。

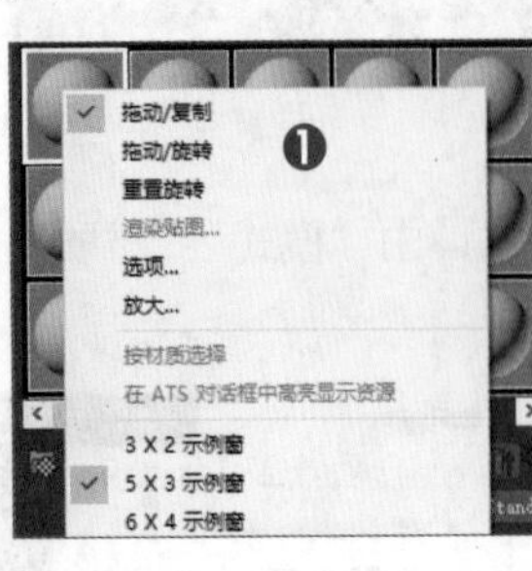

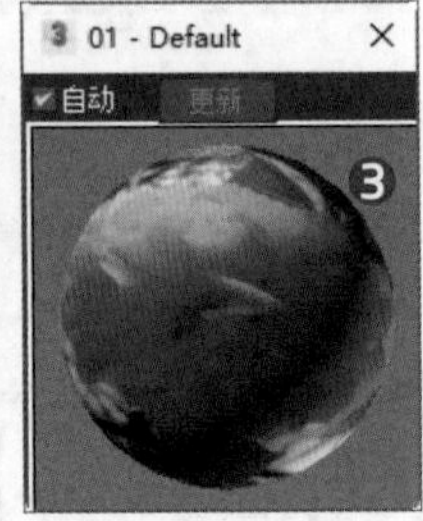

3. 工具栏及其他字段

精简材质编辑器中的工具栏由两部分组成，分别位于示例窗的底部和右侧面，工具栏中的工具及工具栏下面的控件，用于管理和更改贴图及材质。

（1）示例窗底部工具栏（横向）

- **获取材质：**单击该按钮可以打开“材质/贴图浏览器”面板，在该面板中用户可以选择材质或贴图类型，也可以单击“材质/贴图浏览器选项”下拉按钮，进行材质库的新建与打开等操作。
- **将材质放入场景：**在编辑材质之后更新场景中的材质。

- **将材质指定给选定对象**：将活动示例窗中的材质应用于场景中当前选定的对象，同时示例窗将成为热材质。

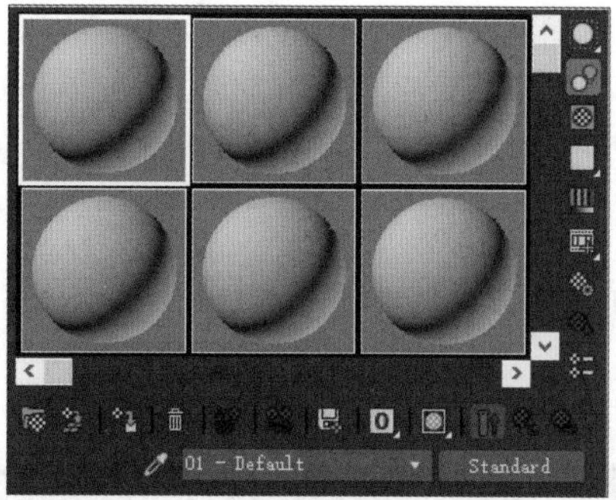

- **重置贴图/材质为默认设置**：可以将活动示例窗中的贴图或材质的值重置。
- **生成材质副本**：通过复制自身的材质，生成材质副本而冷却当前热示例窗。
- **使唯一**：可以使贴图实例成为唯一的副本，还可以使一个实例化的子材质成为唯一的独立子材质，可以为该子材质提供一个新材质名，其中子材质是“多维/子对象”材质中的一个材质。
- **放入库**：可以将选定的材质添加到当前库中。
- **材质ID通道**：按住该按钮不放，可以弹出诸多材质ID通道按钮，这些按钮能将材质标记为“视频后期处理”效果或渲染效果，或存储以RLA或RPF文件格式保存的渲染图像的目标，以便通道值可以在后期处理应用程序中使用，材质 ID 值等同于对象的G缓冲区值。
- **视口中显示明暗处理材质**：按住此按钮不放，可以将贴图在视口中以两种显示方式进行切换，这两种方式是：明暗处理贴图（Phong）或真实贴图（全部细节）。
- **显示最终结果**：可以查看所处级别的材质，而不查看所有其他贴图和设置的最终结果。
- **转到父对象**：可以在当前材质中向上移动一个层级。
- **转到下一个同级项**：将移动到当前材质中相同层级的下一个贴图或材质。

（2）示例窗右侧面工具（纵向）

- **采样类型**：选择要显示在活动示例窗中的几何体类型，有球体、圆柱体和正方体3种。
- **背光**：将背光添加到活动示例窗中。默认情况下，此按钮处于启用状态。
- **背景**：启用该按钮可以将多颜色的方格背景添加到活动示例窗中，如果要查看不透明度和透明度的效果，该图案背景很有帮助。
- **采样UV平铺**：按住该按钮不放，将弹出可以在活动示例窗中，调整采样对象上的贴图图案重复的不同按钮。
- **视频颜色检查**：用于检查示例对象上的材质颜色是否超过安全NTSC或PAL阈值。
- **生成预览**：按住该按钮，可弹出生成预览、播放预览和保存预览3个按钮，为动画贴图向场景添加运动。
- **选项**：单击该按钮可以打开“材质编辑器选项”对话框，用于控制如何在示例中显示材质和贴图。
- **按材质选择**：可以基于“材质编辑器”中的活动材质选择对象，该活动示例窗包含场景中使用的材质，否则此命令不可用。
- **材质/贴图导航器**：单击该按钮可以打开一个无模式对话框，在该对话框中可以通过材质中贴图的层次或复合材质中子材质的层次快速导航。

（3）工具栏下面的控件

- **从对象拾取材质（滴管）**：可以从场景中的一个对象上选择材质。具体使用方法是：单击该按钮，然后将滴管光标移动到场景中的对象上，当滴管光标位于包含材质的对象上时，滴管充满“墨水”，单击该对象后，此对象上的材质会出现在活动示例窗中。

- **名称字段（材质和贴图）**：显示和修改材质或贴图的名称。

“类型”按钮（材质和贴图）：单击“类型”按钮，显示“材质/贴图浏览器”对话框，然后选择活动示例窗的材质类型或贴图类型。

（4）反射比和透射比的显示

反射比和透射比在示例窗和工具栏之间，一般不启用，仅当在“首选项”对话框的“光能传递”选项卡上，勾选“材质编辑器”组中的“显示反射比和透射比信息”复选框后才显示该信息。用光能传递解决方案来模拟物理准确的照明时，材质的反射比和透射比值才尤其重要。

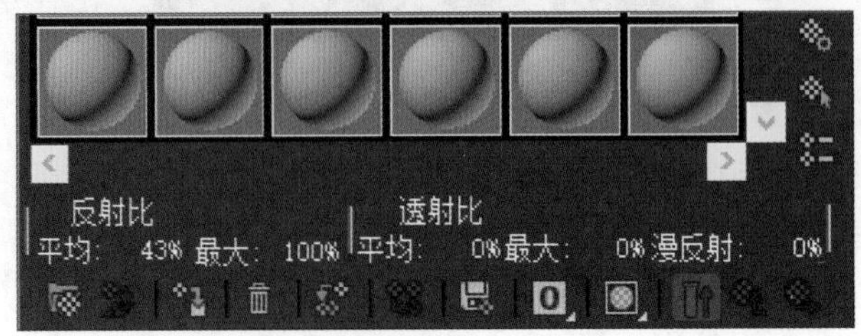

4. 参数卷展栏

位于材质编辑器界面的下部，几乎所有的材质参数都在这进行设置，是用户使用最为频繁的区域，因不同的材质类型具有不同的卷展栏，故此区域将在以后的“材质类型”章节中进行详尽介绍。

5.1.3 材质的管理

用户可以通过“材质管理器”或“材质/贴图浏览器”面板来管理和浏览场景中的所有材质贴图。“材质/贴图浏览器”可在材质编辑器中，单击横向工具栏中的“获取材质”按钮来打开，而“材质管理器”可以在菜单栏中执行“渲染>材质资源管理器”命令打开，下图所示为“材质管理器”面板。

因“材质编辑器”同时显示的材质数量有限，而“材质管理器”却可以浏览场景中所有材质、贴图，查看材质应用的对象，更改材质分配，或以其他方式管理材质。故当前场景较为复杂、材质较多时，用户可以选择“材质管理器”来管理材质贴图。

“材质管理器”界面包含两个面板：上部为“场景”面板，下部为“材质”面板。“场景”面板类似于“场景资源管理器”，用户可以在其中浏览和管理场景中的所有材质与对象，而利用“材质”面板可以浏览和管理单一的材质，分配或更换材质的贴图等。

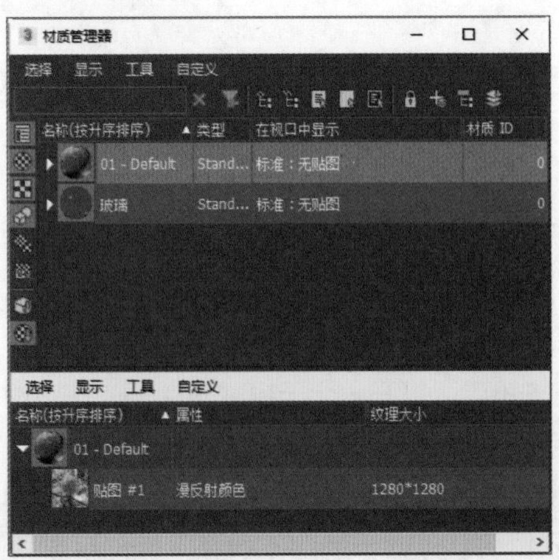

5.2 材质类型

3ds Max中包含多种不同的材质类型，不同的材质有不同的用途，正如材质设计工作流程的第1步所言，因可用的材质类型取决于活动渲染器，故在选择材质类型前，应先选择要使用的渲染器，然后再打开“材质/贴图浏览器”面板或对话框，从中进行材质类型的选择，下图所示分别为ART渲染器、默认扫描线渲染器和V-Ray渲染器下的“材质/贴图浏览器”面板。

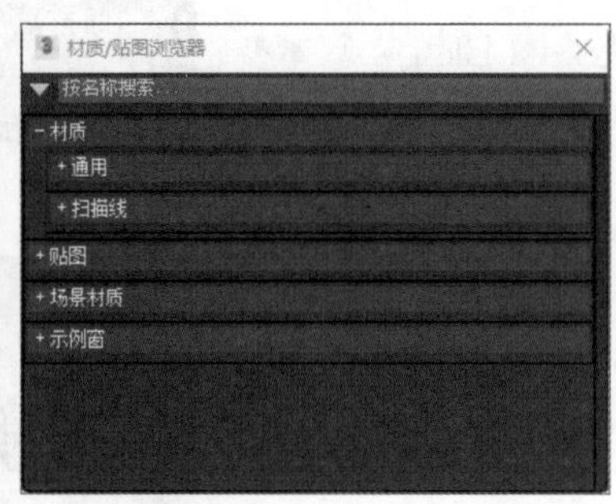

1. “材质/贴图浏览器”面板的打开

用户可以在菜单栏中执行“渲染>材质/贴图浏览器”命令打开“材质/贴图浏览器”面板，或者是在“材质编辑器”中单击工具栏下面的“类型”按钮打开“材质/贴图浏览器”对话框，两者功能一致。

2. “材质/贴图浏览器”面板的组成

“材质/贴图浏览器”面板中大致包括以下内容：“材质”“贴图”“场景材质”和“示例窗”卷展栏等。其中“材质”卷展栏中的内容因活动渲染器不同会有所差别，不同的材质类型在此选取。

3. 材质类型

在“材质”卷展栏中大致有如下几个子卷展栏：“Autodesk”“通用”“扫描线”和“V-Ray”子卷展栏，每种子类别下都有数目不等的材质类型，而“通用”“扫描线”和“V-ray”中的材质较为常用。

- **Autodesk材质：** 是构造、设计和环境中常用的材质，与 Autodesk Revit材质以及AutoCAD和Autodesk Inventor中的材质对应。3ds Max中的Autodesk材质包括Autodesk 塑料、实心玻璃、墙漆、常规、水、混凝土、玻璃、石料、砖石CMU、硬木、金属、金属漆、镜子和陶瓷14种。
- **通用材质：** “通用”类别下的材质适用于各种渲染器，主要包括物理材质、双面、多维/子对象、顶/底和混合等，其中双面、多维/子对象、顶/底和混合材质属于复合材质类型。
- **扫描线下的光度学材质：** 包括光线跟踪、建筑、标准和高级照明覆盖4种材质，其中标准材质使用最为广泛，几乎在所有的渲染器下都可渲染，下文将对其进行详尽介绍。
- **V-Ray材质：** 用户若要使用V-Ray材质类型，首先应安装V-Ray渲染器插件方能使用相应材质。V-Ray材质种类繁多，达20多种，在日常工作中应用较为广泛，效果较为理想。

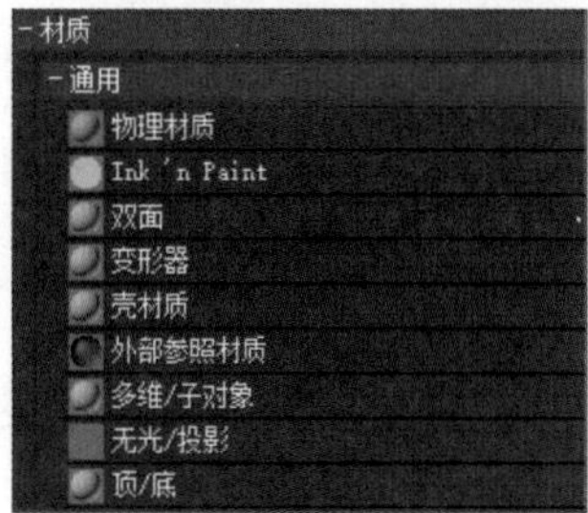

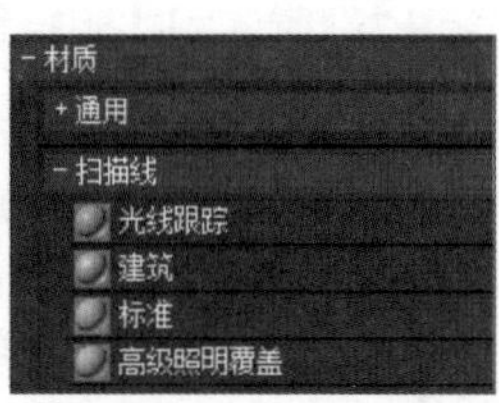

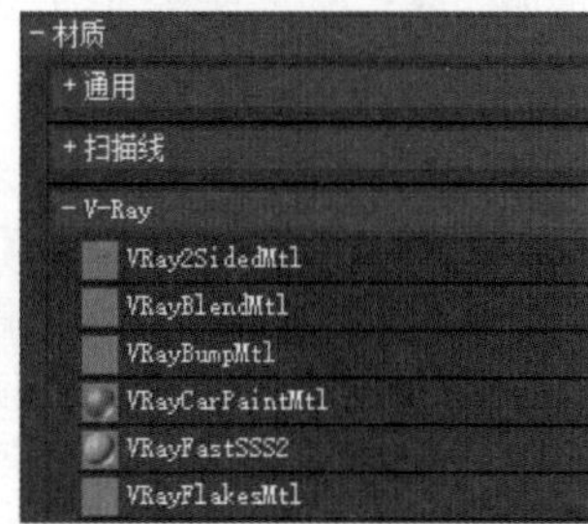

5.2.1 标准材质

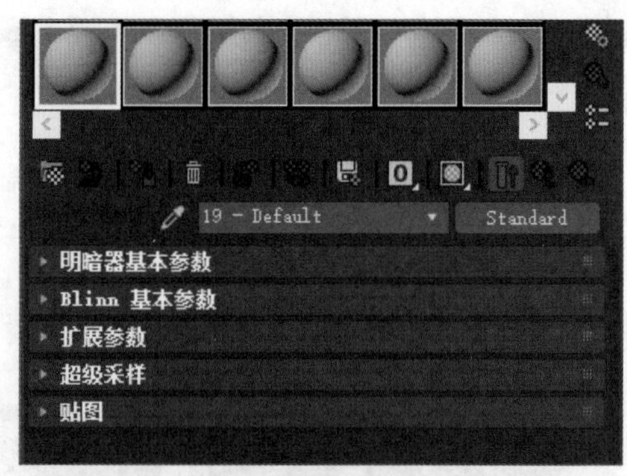

在3ds Max中，标准材质是使用最为普遍的材质类型，它可以模拟对象表面的反射属性。标准材质既可以为对象提供单一的颜色，也可使用贴图制作更为复杂多样的材质。通常情况下，按下M键打开“材质编辑器”面板，其中的所有材质球都为标准材质类型，如右图所示。

标准材质主要包含“明暗器基本参数”“（Blinn）基本参数”“扩展参数”和“贴图”多个卷展栏。

1. “明暗器基本参数”卷展栏

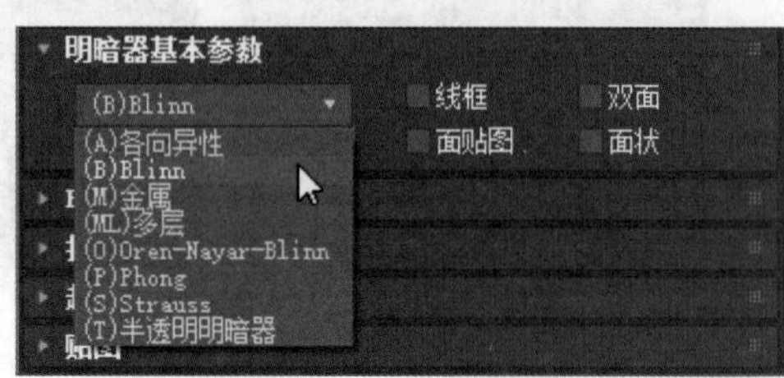

该卷展栏主要为活动材质选择不同的着色类型（即明暗处理类型），此外还附加一些影响材质显示方式的控件，如右图所示。

（1）明暗器类型

在标准材质和光线跟踪材质中都可指定明暗处理类型，“明暗器”是一种用于描述曲面响应灯光方式的算法，每个明暗器最明显的特征之一就是生成反射高光的方式不同。在“明暗器基本参数”卷展栏中，单击明暗器下拉列表，从列表中可选择所需的明暗器类型的名称，共8种，下图依次为各向异性、Blinn、金属、多层、Oren-Nayar-Blinn、Phong、Strauss和半透明明暗器效果球展示。

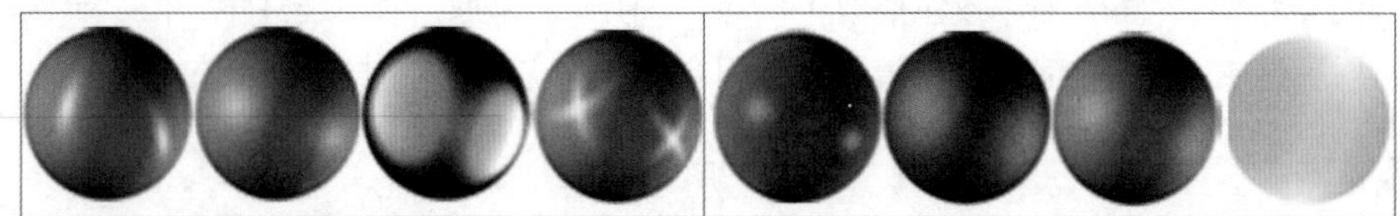

- **各向异性**：该明暗器在对象表面上使用椭圆形在U维和V维两个不同维度创建高光，这些高光在表现头发、玻璃或磨沙金属效果时用处显著，故上述情况多使用“各向异性”明暗器。
- **Blinn**：是最常用的一种明暗器，可以获得灯光以低角度擦过对象表面时产生的高光，使用该明暗器处理明暗时往往能比Phong明暗处理得到更圆、更柔和、更显细微变化的高光。
- **金属**：用于处理效果逼真的金属表面，以及各种看上去像有机体的材质。
- **多层**：有着比各向异性更复杂的高光，包括一套两个反射高光控件，适用于高度磨光的曲面。
- **Oren-Nayar-Blinn**：是在Blinn明暗器基础上进行改变，适用于布料或陶土等无光曲面。
- **Phong**：该明暗器可以平滑面之间的边缘，还可真实地渲染有光泽、规则曲面的高光，适用于具有强度很高的、圆形高光的表面。
- **Strauss**：适用于金属和非金属曲面。
- **半透明明暗器**：该处理器与Blinn明暗处理方式类似，用于指定光线透过材质时散布的半透明度。

（2）其他控件

在“明暗器基本参数”卷展栏中，除了可以设置不同的明暗器外，还可以设置不同材质的显示方式。

- **线框**：以线框模式渲染材质，用户可以在扩展参数上设置线框的大小。
- **双面**：使材质成为双面，将材质应用到选定面的双面上。
- **面贴图**：将材质应用到几何体的各面，如果材质是贴图材质，则不需要使用贴图坐标，贴图会自动应用到对象的每一面。

2.“Blinn基本参数”卷展栏

不同的明暗器对应不同的基本参数卷展栏，故基本参数卷展栏会因所选的明暗器而异。因Blinn明暗器最为常用，也是系统默认的明暗器，故下面将以“Blinn基本参数”卷展栏为例，讲解材质的多种参数。

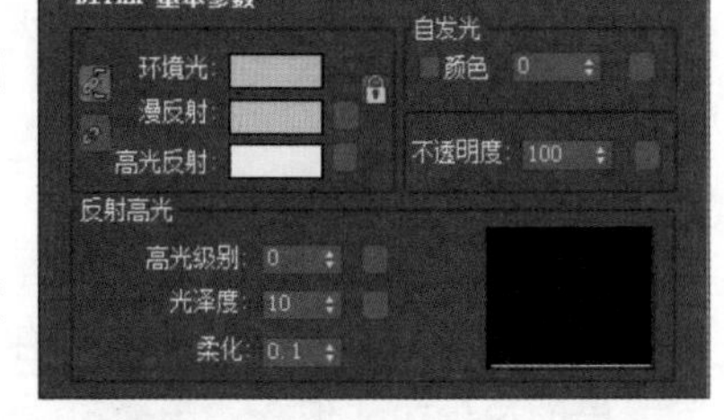

- **环境光和漫反射：**设置材质的颜色，“环境光”颜色控制阴影中的颜色（受间接灯光影响），“漫反射”颜色控制直射光中的颜色。一般情况下锁定两种颜色，使它们保持一致，更改其一另一种也随之改变，可添加贴图。
- **高光反射：**控制物体高亮处显示的颜色，可指定贴图，也可在“反射高光”选项组中控制高光的大小和形状。
- **自发光：**可以使材质从自身发光，勾选复选框时，自发光的颜色可替换曲面上的阴影，从而创建白炽效果。当增加自发光时，自发光颜色将取代环境光，可为自发光添加贴图。
- **不透明度：**控制材质是不透明、透明还是半透明效果，单击贴图按钮可指定不透明度贴图。
- **高光级别：**影响“反射高光”的强度，值越大，高光将越亮，在标准材质中默认值为0，可添加贴图。
- **光泽度：**影响“反射高光”的区域大小，随着该值增大，高光区域将越来越小，材质也将变得越来越亮，在标准材质中默认值为10，单击其后的贴图按钮可指定光泽度贴图。
- **柔化：**用于柔化反射高光的效果，特别是由掠射光形成的反射高光。当“高光级别”值很高，而“光泽度”值很低时，对象表面上会出现剧烈的背光效果，这时增加“柔化”的值可以减轻这种效果。0 表示没有柔化，1表示将应用最大量的柔化，默认设置为 0.1。
- **高光图：**该曲线显示调整“高光级别”和“光泽度”值的效果。如果降低“光泽度”值时，曲线将变宽，而增加“高光级别”值时，曲线将变高。

3. 其他参数卷展栏

除上述两种常用卷展栏外，标准材质中还包括“扩展参数”“超级采样”和“贴图”卷展栏。“扩展参数”卷展栏除在Strauss和半透明两种明暗器下不同外，在其余6种明暗处理类型下都是相同的，它可以设置“高级透明”“反射暗淡”和“线框”选项组相关参数。而在“贴图”卷展栏中可以添加和修改贴图类型。

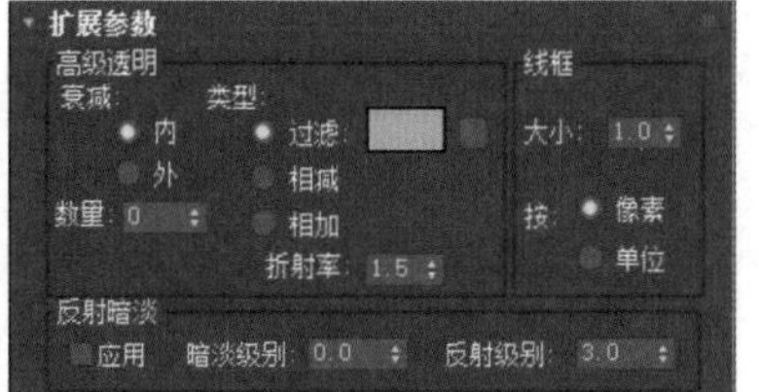

5.2.2 其他光度学材质

在扫描线渲染器的光度学材质中，除了应用最为广泛的标准材质外，还包括“光线跟踪”“建筑”和“高级照明覆盖”材质，下面将对这3种材质进行简单介绍。

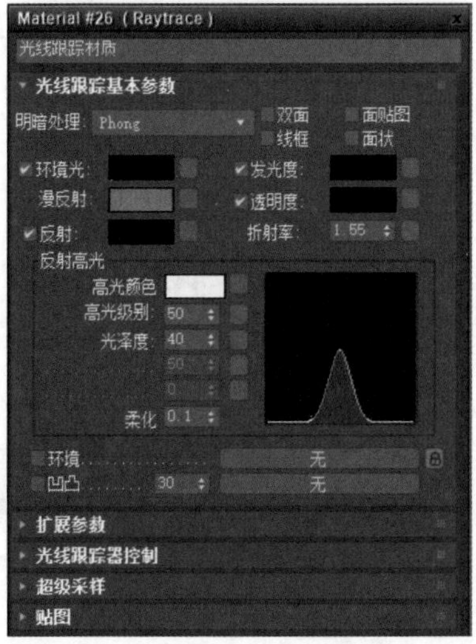

1.“光线跟踪”材质

“光线跟踪”材质是一种高级的曲面明暗处理材质，与标准材质一样，都能支持漫反射表面明暗处理，但该材质能够创建完全光线跟踪的反射和折射，还支持雾、颜色密度、半透明和荧光等特殊效果。

因使用“光线跟踪”材质生成的反射和折射，要比用反射/折射贴图生成的反射和折射更精确，故如果在标准材质中需要设置精确的、光线跟踪的反射和折射时，可以使用光线跟踪贴图，即在反射、折射的贴图通道上添加“光线跟踪”材质。该材质主要包括以下几个卷展栏：

- **“光线跟踪基本参数”卷展栏：**控制材质的明暗处理、颜色组件、反射或折射，以及凹凸等，如果使用“光线跟踪”材质来创建反射和折射，则只需要调整该卷展栏中的参数。
- **“扩展参数”卷展栏：**控制半透明和荧光等特殊效果。
- **“光线跟踪器控制”卷展栏：**影响光线跟踪器自身的操作，用于提高渲染性能等。

2.“建筑”材质

“建筑”材质注重设置材质物理性质，因此当该材质与光度学灯光和光能传递一起使用时，能够产生具有精确照明水准的逼真渲染效果。借助这种功能组合，用户可以创建精确性很高的照明研究。此外，不建议在场景中将“建筑”材质与标准灯光或“光线跟踪器”一起使用。

- **“模板”卷展栏：**提供一些材质类型的列表，对于“物理性质”卷展栏而言，模板只是一组预设的参数，可提供一些入门指导。
- **“物理性质”卷展栏：**设置材质的漫反射、反光度、透明度、折射率、亮度等物理性质，是最需要调整的卷展栏。
- **“特殊效果”卷展栏：**控制凹凸、置换、强度和裁切参数设置。
- **“高级照明覆盖”卷展栏：**调整光能传递中建筑材质的行为。

3.“高级照明覆盖”材质

“高级照明覆盖”材质可直接控制材质的光能传递属性，通常是基础材质的补充，而基础材质可以是任意可渲染的材质。多数对象不需应用此材质，它对普通渲染没有影响，主要有以下两种用途：

- 调整在光能传递解决方案或光跟踪中使用的材质属性。
- 产生特殊的效果，如让自发光对象在光能传递解决方案中起到作用。

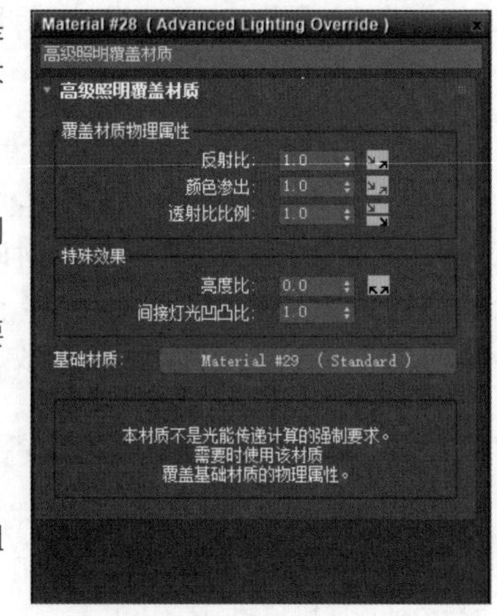

右图所示为“高级照明覆盖”材质设置界面，其中包括以下主要内容：

- **“覆盖材质物理属性”选项组：**控制基础材质的高级照明属性。
- **“特殊效果”选项组：**在光能传递处理中考虑自发光材质，“亮度比”和“间接灯光凹凸比”参数与基础材质中的特殊组件相关联。

5.2.3 物理材质

物理材质是一种专注控制基于物理工作流的现代的、分层的材质类型，与ART渲染器兼容使用，效果真实理想，但其渲染时间较长。物理材质的参数界面有“标准”和“高级”两种模式，“高级”模式是“标准”模式的超集，包括一些隐藏的参数；“标准”模式下的参数在大多数情况下足以生成切实可行的材质，下图所示分别为两种模式下的参数界面及“高级”模式下的“基本参数”卷展栏。

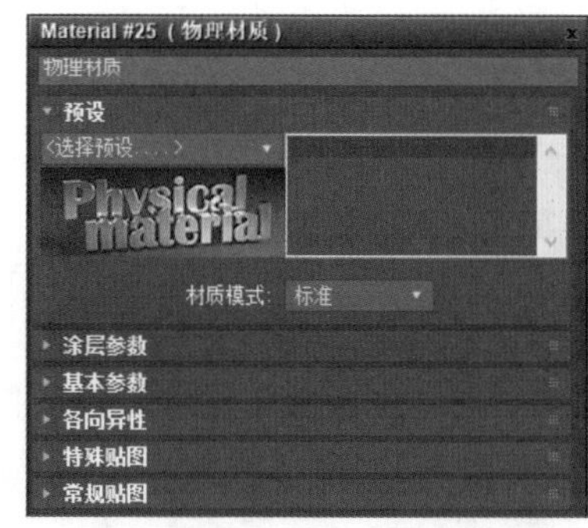

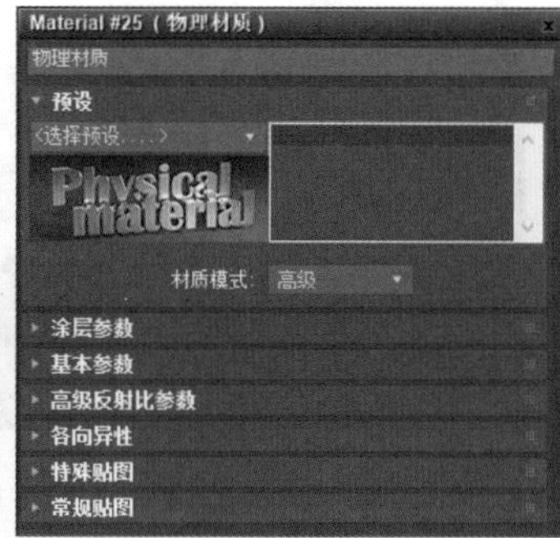

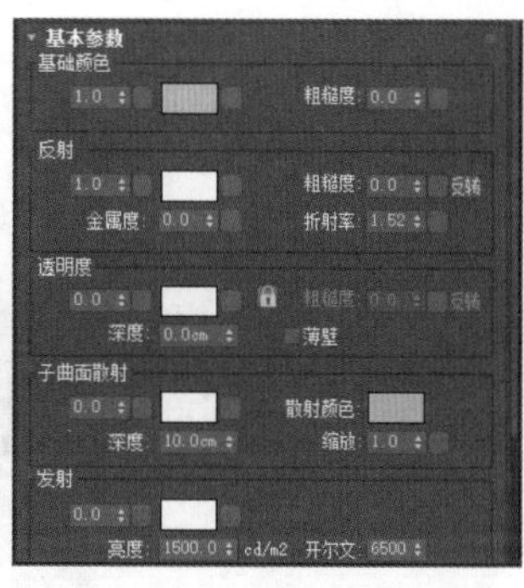

两种模式中的“预设”“涂层参数”“各向异性”“特殊贴图”和“常规贴图”5个卷展栏完全相同，而“高级”模式下的“基本参数”卷展栏较“标准”模式下多了一些附加参数，以期为用户提供更多灵活的自定义设置，下面将为用户介绍主要参数卷展栏中的具体参数含义。

1.“高级”模式下的“基本参数”卷展栏

（1）“基本颜色”选项组

该选项组包含材质基础颜色的颜色、权重、贴图及漫反射粗糙度等参数设置。

（2）“反射”选项组

- **权重：** 控制反射的相对度量，通常设置为1.0来获得逼真的效果，取值范围为0~1之间，可添加贴图。
- **颜色：** 控制反射的颜色，默认为白色，可单击“颜色”旁边的按钮来选择贴图等。
- **粗糙度：** 控制材质的粗糙度，较高的粗糙度值产生较模糊的效果，反之则产生更为镜面状的效果。可以勾选其后的“反转”复选框进行反转操作。
- **金属度：** 控制在两个明暗处理模式之间的混合量，用于金属材质和非金属材质的渲染效果。

当“金属度”值为 0.0时，“粗糙度”值分别为 0.0、0.3 和 0.6的效果，如下图所示。

当“金属度”值为1.0 时，“粗糙度”值分别为 0.0、0.3 和 0.6的效果，如下图所示。

- **折射率（IOR）：** 该参数定义多少光线进入媒介时发生弯曲，即材质的 Fresnel 反射率，默认情况下使用角函数。实际上，即定义曲面上面向查看者的反射与曲面边上的反射之间的平衡。当IOR 分别为 1.2、1.5和2.0时的效果，如下图所示。

（3）“透明度”选项组

- **粗糙度：**定义了透明度的清晰度，即透明曲面上的不齐整、脊形或凸出效果。默认情况下，透明度的粗糙度值锁定为与反射率的粗糙度锁定，可以通过取消锁定图标来断开链接值。当值为0.0是透明平滑的（像窗玻璃），1.0 为非常粗糙，即值越高，粗糙效果越显著（像毛玻璃）。当“粗糙度”值分别为0.0、0.3和0.6时的效果，如下图所示。

- **深度：**当值为0.0，则以传统计算机图形方式计算“曲面”上的透明度，不受媒介内传播的影响，对象的厚度也没有任何影响；当值不为0.0，光线将受媒介的吸收影响，从而在指定的深度上，光线将具有给定的颜色；当勾选“薄壁”复选框时，模型面不表示实体的边界表面，深度没有任何作用，当光线穿过材质时不发生折射。

当“深度”值为0.0和启用“薄壁”复选框时，效果如下图所示。

当“深度”值分别为0.1cm、1cm和5cm时的效果，如下图所示。

（4）“子曲面散射（SSS）” / “半透明”选项组

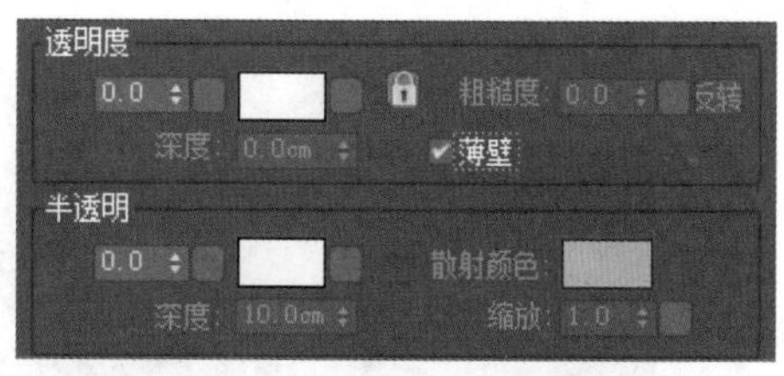

“子曲面散射”选项组定义对象内光线的散射，控制光线在材质内的传送情况，可使光线在材质中移动时进行着色。在“透明度”选项组中启用“薄壁”模式后，SSS选项组将变为“半透明”选项组，这是因为SSS是一个体积效应，而“薄壁”模式没有体积。

- **权重：** 子曲面散射的相对度量，SSS与漫反射明暗处理共享能量，因此增加SSS权重会从正常的漫反射明暗处理淡出到使用 SSS 进行明暗处理。当“SSS 权重”分别为 0.0、0.5和1.0时，效果如下图所示。

- **深度：** 定义光线穿透到对象中的深度，当SSS“深度”值分别为0.0、0.1和1.0，效果如下图所示。

- **散射颜色：** 定义光线在媒介内传播时如何被染色，当“曲面颜色”为白色，“散射颜色”分别为蓝色、绿色和红色时，效果如下图所示。

（5）“发射”选项组

该选项组是在其他明暗处理之上添加光线，发射效果由权重和颜色乘以亮度来定义，此外由开尔文色温（值为6500为白色）染色。

- **权重和颜色：** 自发光的相对度量和颜色，颜色也受开尔文温度影响。
- **亮度：** 曲面的发光度，以 cd/m2（也称为“nits”）为单位。当“亮度”值分别为1500、5000和50000时，效果如下图所示。

- **开尔文：**发光度发射的开尔文温度，与颜色相互影响。当“开尔文”色温分别为 3000、6500和10000时，效果如下图所示。

2.“涂层参数”卷展栏

物理材质具有给材质添加涂层的功能，该涂层在所有其他明暗处理效果之上充当透明涂层，涂层始终反射（具有给定的粗糙度），并被假定为绝缘体，反射率基于使用给定的涂层折射率的Fresnel等式，反射始终是白色，现实生活中涂漆木材就是涂层效果一个很好的例子。“涂层参数”卷展栏包括涂层权重、颜色、粗糙度和折射率等参数，如右图所示。

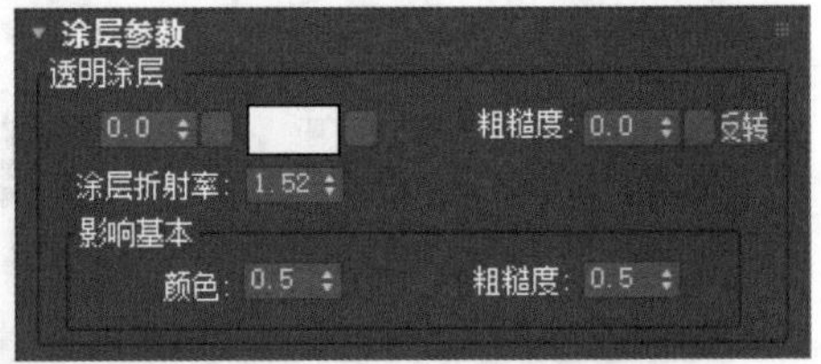

- **权重和颜色：**涂层的厚度和基础颜色，下图所示为在一个菱形贴图上应用涂层权重，并且使用白色、绿色和红色不同的涂层颜色。

- **粗糙度：**曲面上的不齐整、脊形或凸出物的数量，下图所示为粗糙度分别为 0.0、0.25和0.5时。

- **涂层折射率**：涂层的折射率级别，仅影响折射的角度依赖关系，涂层实际上不折射灯光。
- **“影响基本”选项组中的颜色**：通过“颜色”值来控制涂层对基本材质产生的明暗效果级别，下图为在该选项组中将“颜色”的值分别设为0.0、0.5和1.0时的效果。

- **“影响基本”选项组中的粗糙度**：利用“粗糙度”来控制涂层对基本材质产生的粗糙模糊效果级别，涂层越粗糙，对基本材质的粗糙度产生的影响越大。下图所示为在其他卷展览中将“金属度”设为1.0后，在基础颜色上使用红色涂层，并将其粗糙度分别设为 0.0、0.5 和1.0时的效果。

3.“各向异性”卷展栏

物理材质的“各向异性”卷展栏可在指定的方向上拉伸高光和反射，以提供具有颗粒的特殊效果。在拉丝金属等材质中效果显著，其中特定颗粒提供了在不同方向有不同粗糙度的视觉效果。

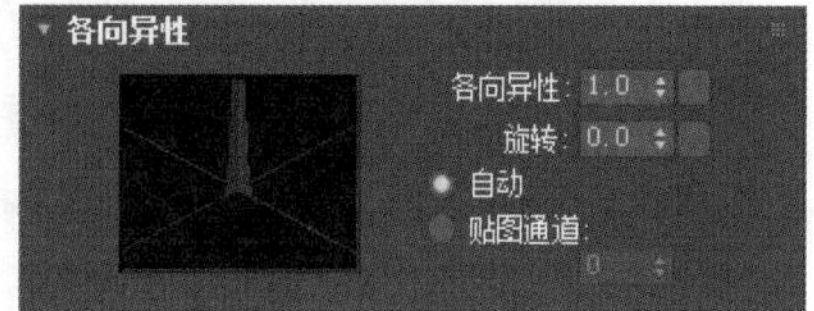

- **各向异性**：定义“拉伸”效果的程度。原则上，它是水平与垂直粗糙度值之间的比率，这意味着，值 1.0时不会产生拉伸效果，下图所示为“各向异性”值分别为1.0、0.5和0.1时的效果。

- **旋转**：该值可以旋转各向异性效果，其中0.0到1.0是一个完整的360° 旋转，下图所示为“旋转”值分别为0.0、0.12和0.25时的效果。

实战练习 使用物理材质制作铁艺花架材质

在“预设”卷展栏用户可以选择一些预设选项，以便快速创建不同类型的材质，例如木纹、玻璃、金属等材质，也可以在预设模板的基础上自定义材质，下面将使用物理材质制作铁艺花架材质。

步骤 01 打开随书光盘中的“使用物理材质制作铁艺花架材质.max”文件，按下F9键，对摄影机视图进行渲染，如下左图所示。

步骤 02 按下M键打开“材质编辑器”面板❶，选择一个空白材质球❷，将其命名为木材材质❸，单击standard按钮❹，从弹出的对话框中选择“物理材质”选项❺，单击“确定”按钮❻，如下右图所示。

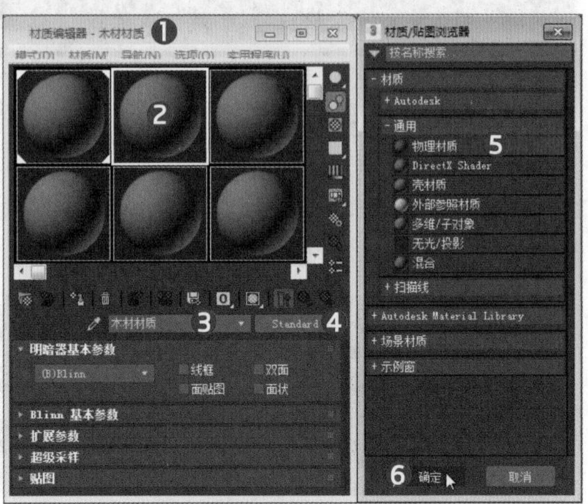

步骤 03 在“预设”卷展栏中将预设类型设置为“.光滑油漆木材”❶，在“基本参数”卷展栏❷中单击基础颜色后的贴图通道按钮❸，如下左图所示。

步骤 04 在随即进入的“基础颜色贴图”子层级中❶，单击“位图参数”卷展栏中位图后的通道按钮❷，在打开的对话框中浏览选择随书光盘中提供的木纹纹理贴图，如下右图所示。

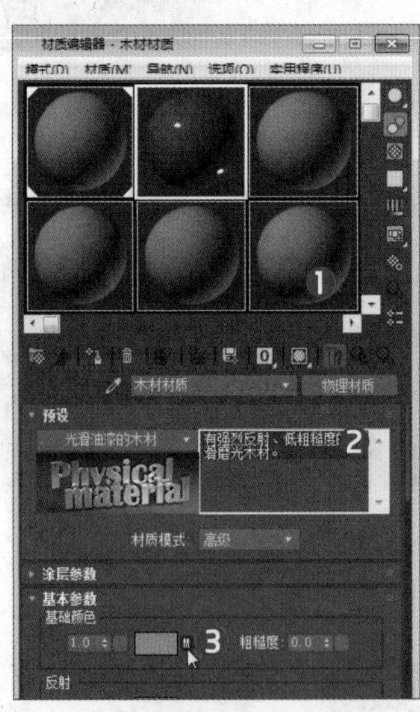

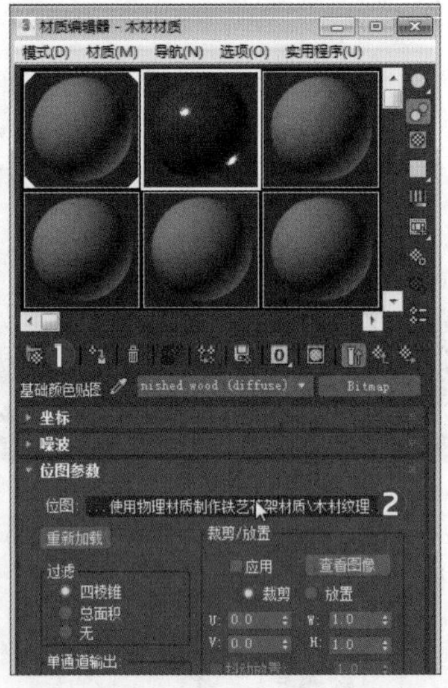

步骤 05 在场景中选择“实木隔板”对象，单击“材质编辑器”工具栏上的“将材质指定给选定对象”按钮❶，将设置的材质指定给该对象，如下左图所示。

步骤 06 选择一个空白材质球❶，将材质类型设为物理材质❷，并命名为金属材质❸，接着将预设类型设置为“.无光金”❹，选择场景中的“铁艺架”对象，将该材质赋予所选对象❺，如下右图所示。

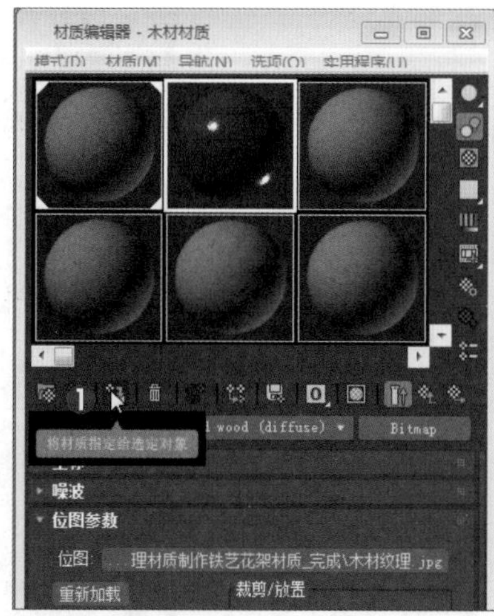
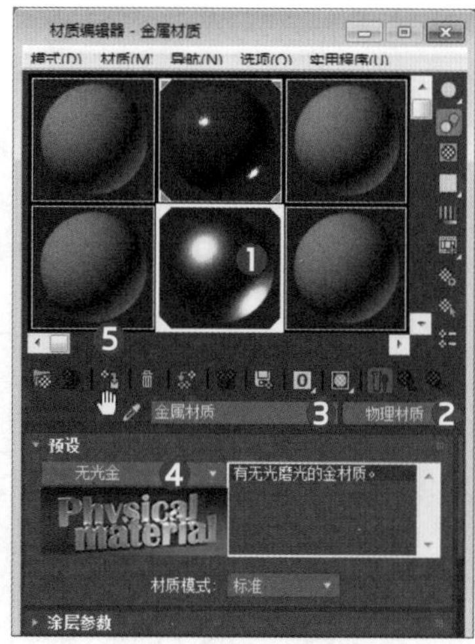

步骤 07 按下F9键，对摄影机视图进行渲染，最终效果如下图所示。

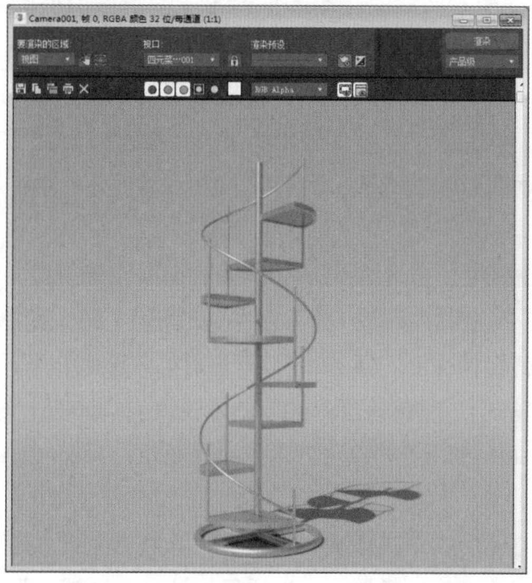

5.3 V-Ray材质

用户在安装VRay渲染器并将其指定为活动渲染器后，即可使用一种特殊的材质类型V-Ray材质。在V-Ray材质中，包含一系列用于模拟不同物体表面特性的材质类别，如表现塑料、金属、半透明或发光物体等20多种材质，其中VRayMtl、VRayBlendMtl、VRayLightMtl、VRay2SidedMtl、VRayMtlWrapper和VRayOverrideMtl是较为常用的材质。

5.3.1 VRayMtl材质

在VRay渲染器提供的众多材质中，VRayMtl材质是使用最为频繁、效果较为显著的一种材质类型，被广泛用于多种材质的调节。在场景中使用该材质可以获得更加准确的物理照明（光能分布）和更快的渲染速度，而在发射和折射参数调节也显得更为方便。此外用户可以应用不同的纹理贴图来控制反射和折射，或是增加凹凸贴图和置换贴图等表现物体表面特性。

1. “VRay材质 基本参数”卷展栏主要参数介绍

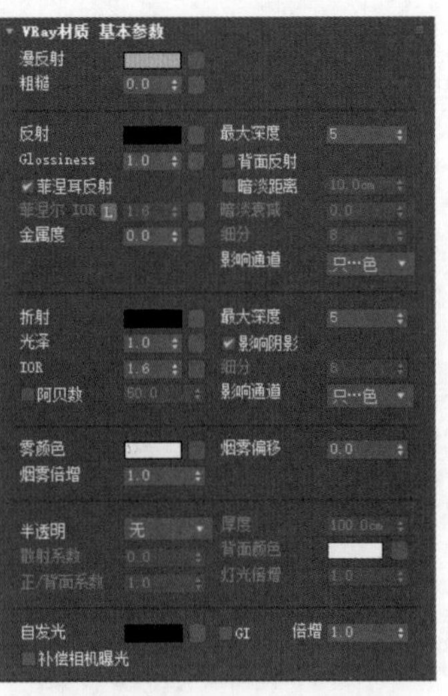

（1）“漫反射”选项组

- **漫反射**：指定材料的漫反射颜色，但实际的颜色还取决材质的反映和折射情况，可添加贴图。
- **粗糙度**：用于模拟物体表面或被灰尘覆盖的表面的粗糙程度。

（2）“反射”选项组

- **反射**：指定反射量和反射色，反射量取决于颜色的灰度值。
- **Glossiness**：该参数控制反射的光泽度或清晰度，值为1时，产生镜面反射，低值产生模糊的反射，因此通常该参数也被称为“反射模糊”。
- **菲涅耳反射**：启用该复选框时，反射强度依赖于光线和物体表面法线之间的角度。角度值接近0度（即当光线几乎平行于表面）时，反射可见性最大，而当光线垂直于表面时，几乎没反射发生。此外，菲涅耳反射效果也取决于折射率。
- **菲涅耳折射**：指定计算菲涅尔反射时使用的折射率，通常该值被锁定，解除锁定后可以进行精细控制。
- **最大深度**：指定射线可以被反射的最大次数，值越高渲染所需的时间越长，但效果越真实显著。
- **细分**：控制“反射光泽”的品质，值越高渲染所需的时间越长，但产生平滑的效果越精细。
- **影响通道**：指定受材质反射影响的通道，有“仅颜色”“颜色+alpha”和“所以通道”3个选项。

（3）“折射”选项组

- **折射**：指定折射量和折射颜色，折射量取决于颜色的灰度或亮度值，当颜色越白（即灰度值越趋于255）时，物体越透明；而当颜色越黑（即灰度值越趋于0）时，物体越不透明。
- **光泽**：控制折射的清晰或模糊程度，值越趋于1产生折射效果越清晰，值越趋于0效果越模糊。
- **IOR**：控制折射率，描述光穿过物体表面时的弯曲方式，当物体的折射率为1，光不会改变方向。
- **阿贝数**：即Abbe number，表示色散系数。启用此选项后，可以增加或减小色散效应。

（4）烟雾选项组

- **雾颜色**：指定光线穿过物体后的衰减情况，当烟雾颜色为白色时，光线不会被吸收衰减。
- **烟雾倍增**：控制烟雾效果的强度，值越小，光线吸收少，物体越透明，反之，物体越不透明。
- **烟雾偏移**：控制烟雾颜色的应用方式，其值为负数时，可以使物体的薄部分更透明，较厚的部分更不透明，而值为正数时，情况相反，即更薄的部分更不透明，而更厚的部分更透明。

（5）“半透明”和“自发光”选项

- **半透明**：选择用于计算半透明算法（又称次表面散射），当有折射存在时此值才有意义。
- **自发光**：控制物体表面自发光效果，勾选“全局”复选框时，自发光会影响全局光照，并允许对邻近物体投光，而“倍增”值可以自发光值。

2. 其他参数卷展栏介绍

在VRayMtl材质面板中，除了常用的“基本参数”卷展栏外，还包括“双向反射分布函数”“选项”和“贴图”等卷展栏。

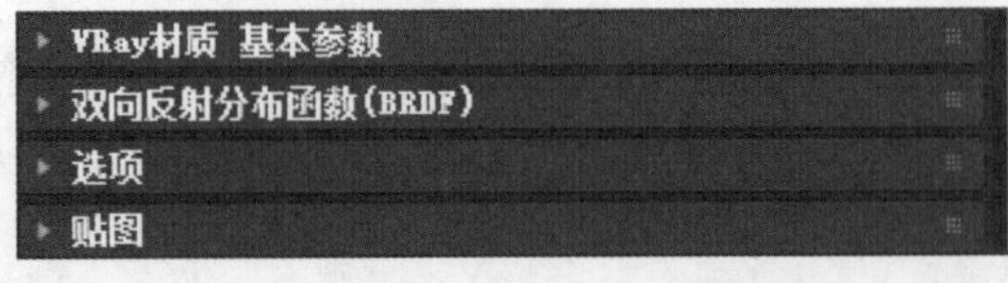

- **“双向反射分布函数”卷展栏：**用于设置高光和光泽反射的类型，并进行相关参数的设置。
- **“选项”卷展栏：**包含“跟踪反射”“跟踪折射”“背面反射”“雾系统单位比例”“使用发光贴图”“能量保存模式”和“不透明度模式”等参数设置，其中不勾选“跟踪反射”或“跟踪折射”复选框时，VRay将不渲染反射或折射效果。
- **“贴图”卷展栏：**设置材质所使用的各种纹理贴图，大多数贴图也可以在“基本参数”和“双向反射分布函数”卷展栏中定义，常为“漫反射”“反射”“凹凸”“置换”和“不透明度”添加贴图。

实战练习 使用VRayMtl材质制作皮革及塑料材质

VRayMtl材质在建筑与室内设计领域应用广泛，在玻璃、塑料、金属、水等多种材质的表现上都能达到良好效果。下面以使用VRayMtl材质制作皮革及塑料材质为例，向用户介绍该材质的基本使用方法。

步骤 01 打开随书光盘中的“使用VRayMtl材质制作皮革及塑料材质.max”文件，按F9对摄影机视图进行渲染，观察需要赋予材质的部分，如下左图所示。

步骤 02 按下M键，打开“材质编辑器”面板❶，选择一个空白材质球❷，将其命名为“塑料材质”❸，并将材质类型设置为VRayMtl材质❹，如下右图所示。

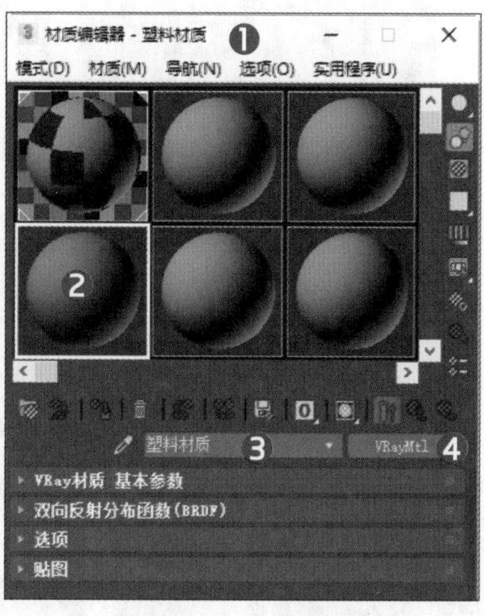

步骤 03 展开“VRay材质 基础参数”卷展栏，在“漫反射”选项组中，将“漫反射”颜色设为黄色❶（RGB值分别为红:250、绿:195、蓝:10），在“反射”选项组中将“反射”颜色设为深灰色（红、绿、蓝值都为30）❷，取消勾选“菲涅尔反射”复选框❸，单击反射颜色后的贴图通道按钮❹，如下左图所示。

步骤 04 在打开的“材质/贴图浏览器”中选择“衰减”选项❶，单击“确定”按钮❷，如下右图所示。

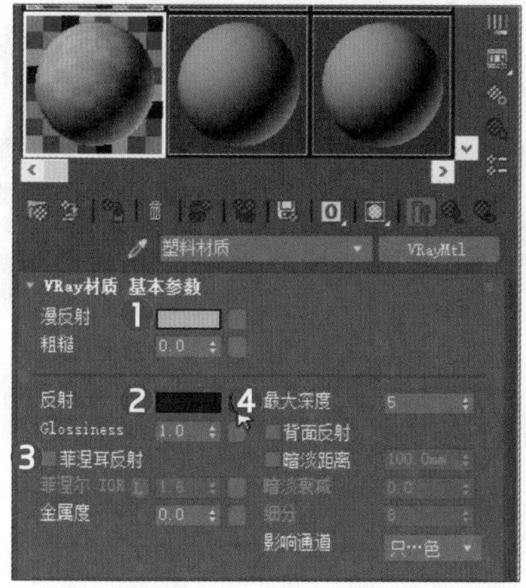

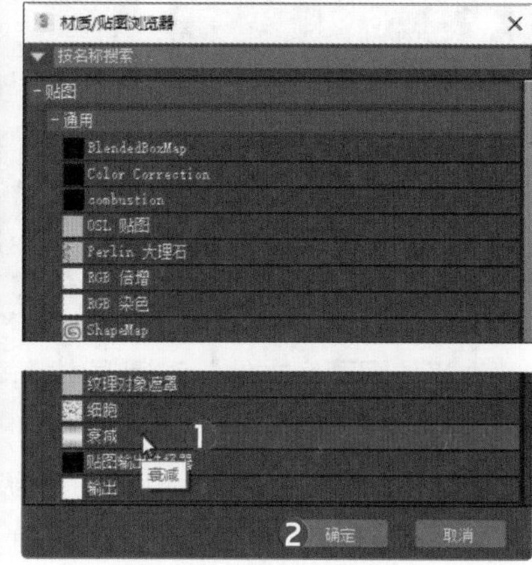

步骤 05 在随即进入的反射贴图（Reflect map）即衰减（Falloff）贴图子层级中❶，单击“衰减参数”卷展栏❷中“衰减类型”后的下拉按钮，从列表中选择Fresnel选项❸，如下左图所示。

步骤 06 单击选中“材质编辑器”面板中的“小黄人_body”材质球❶，将光标移动到设置好的“塑料材质”球上❷，按住鼠标左键拖动复制该材质到“小黄人_body”中材质ID编号为1的子材质上❸，随即松开鼠标，在弹出的对话框中将复制方法设置为“实例”❹，如下右图所示。

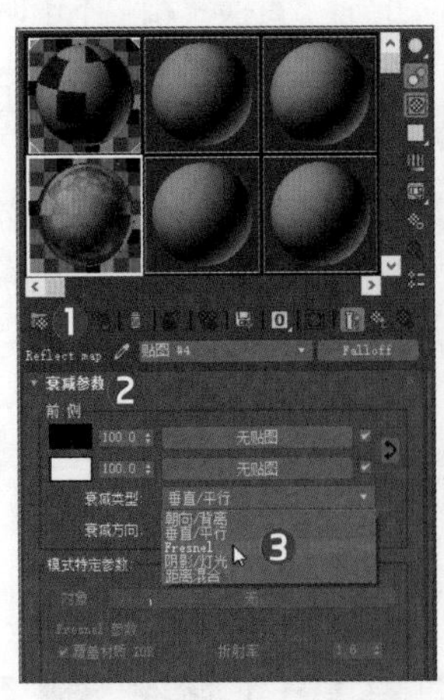

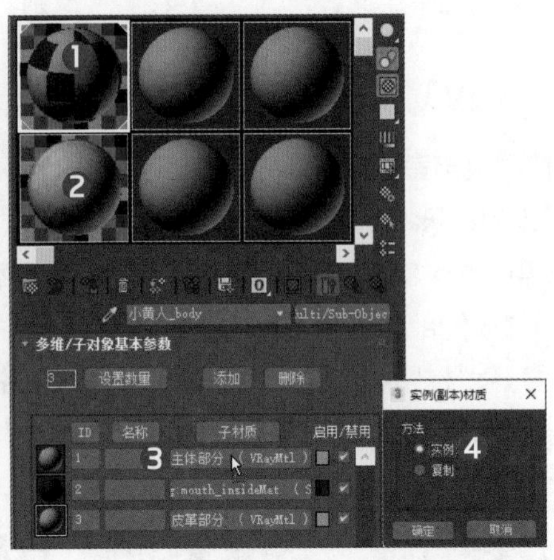

步骤 07 选择一个空白的材质球❶，将材质名称设置为“皮革材质”❷、材质类型设置为VRayMtl❸，展开“VRay材质 基础参数”卷展栏，在“漫反射”选项组将“漫反射”颜色设为深灰色（红、绿、蓝值都为10）❹，在“反射”选项组中将“反射”颜色设为灰色（红、绿、蓝值都为155）❺，光泽度（Glossiness）值设为0.8❻，在“折射”选项组中将折射率（IOR）值设置为3.5❼，如下左图所示。

步骤 08 展开“贴图”参数卷展栏❶，单击“凹凸”后的通道按钮❷，在弹出的“材质/贴图浏览器”对话框中选择“位图”选项❸，接着单击“确定”按钮❹，如下右图所示。

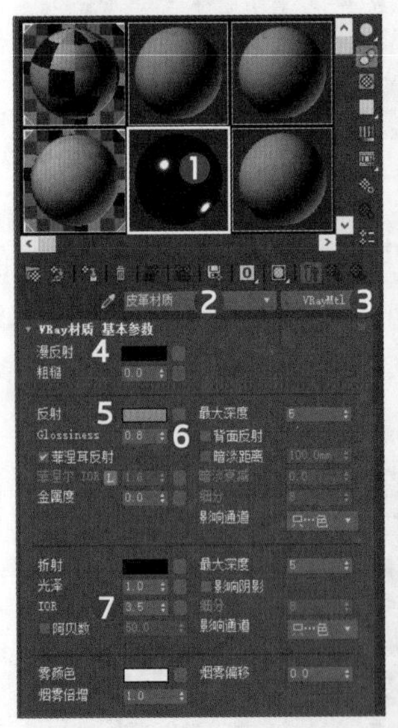

步骤 09 在打开的“选择位图图像文件”对话框中❶，浏览选择随书光盘中提供的凹凸纹理贴图❷，然后单击“打开”按钮❸，如下左图所示。

步骤 10 在随即进入的凹凸贴图（bump map）子层级中❶，将“坐标”参数卷展栏❷中“瓷砖”的U、V值都设置为4.5❸，单击材质编辑器工具栏上的“转到父对象”按钮❹，返回上一层级，如下右图所示。

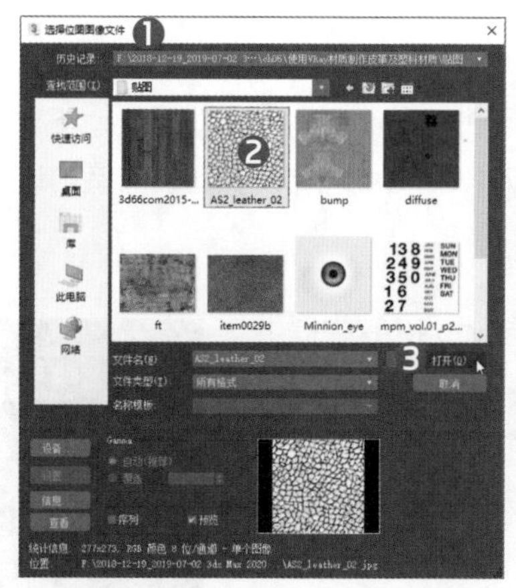
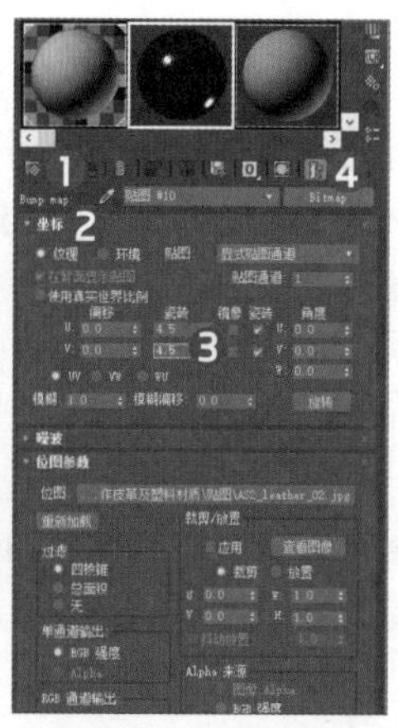

步骤 11 在返回的“贴图”卷展栏中，使用鼠标左键按住“凹凸”后的贴图通道❶，拖动复制该贴图到“反射”通道上❷，松开鼠标左键，在随即弹出的“复制（实例）贴图”对话框中设置复制方法为“复制”❸并单击“确定”按钮❹，然后将反射值设置为80.0❺，再次复制凹凸通道上的贴图到光泽度（Glossiness）通道上❻，如下左图所示。

步骤 12 单击选中“材质编辑器”面板中的“小黄人_body”材质球❶，将光标移动到设置好的“皮革材质”球上❷，按住鼠标左键拖动复制该材质到“小黄人_body”中材质ID编号为3的子材质上❸，随即松开鼠标，在弹出的对话框中将复制方法设置为“实例”，如下右图所示。

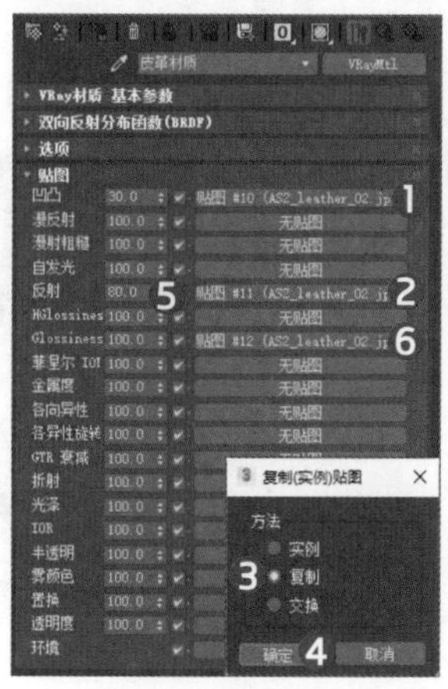
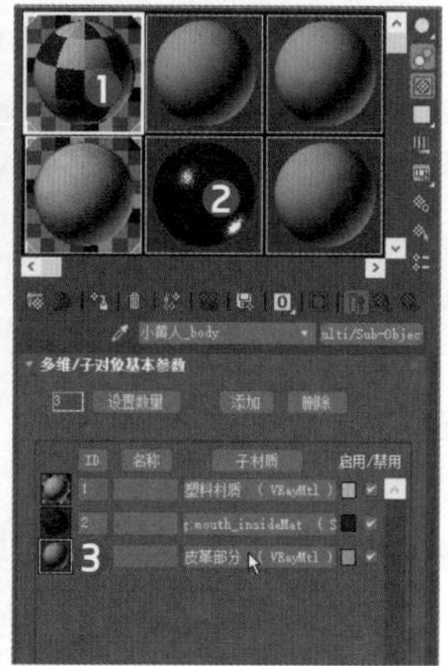

步骤 13 按下F9键，对摄影机视图进行渲染，最终效果如下图所示。

5.3.2 其他V-Ray材质

VRay渲染器提供的材质类别中，除了最常用的VRayMtl材质外，VRay2SidedMtl、VRayBlendMtl、VRayLightMtl、VRayMtlWrapperMtl和VRayOverrideMtl材质在建筑与室内设计领域也较为常用。

1. VRay双面材质

VRay2SidedMtl即VRay双面材质之意，与3ds Max中提供的双面材质相似，是V-Ray渲染器提供的一种实用的材质类型，因该材质允许看到物体背面的光线，为物体的前面和后面指定两个不同的材质，故多用来来模拟纸、布窗帘、树叶等半透明物体的表面。

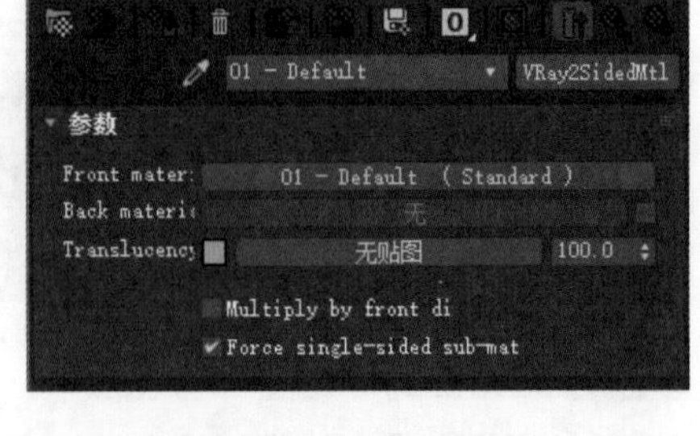

从上图可知VRay双面材质由以下主要参数组成：

- **正面材质（Front material）：** 用于物体正表面材质的设置。
- **背面材质（Front material）：** 用于物体内表面材质的设置，其后复选框可启用或禁用该子材质。
- **半透明（Translucency）：** 设置两种子材质之间相互显示的程度值。该值取值范围是从0.0到100.0的百分比，设置为 100% 时，可以在内部面上显示外部材质，并在外部面上显示内部材质，设置为50%时，内部材质指定的百分比将下降，并显示在外部面上。
- **乘前扩散（Multiply by front diffuse）：** 当启用该复选框时，半透明乘以前材质的漫反射。
- **强制单面子材质：** 启用该复选框后，材质只表现其中一个子材质。

2. VRay灯光材质

VRayLightMtl即VRay灯光材质，是一种可以使物体表面生产自发光的特殊材质类型，允许用户将该自发光材质的对象作为实际直接照明光源，还允许将对象转换为实际光源。

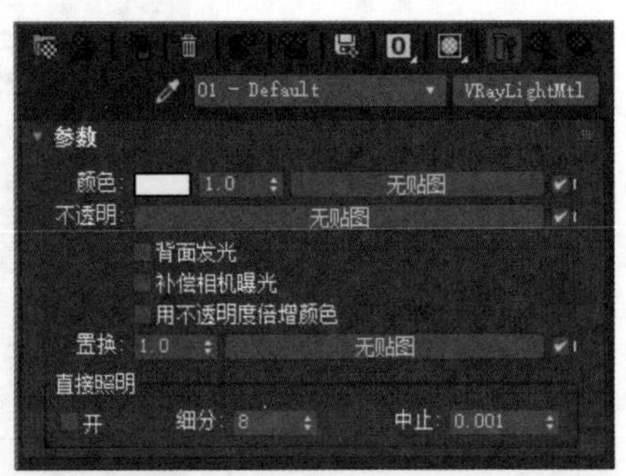

- **颜色：** 指定材质的自发光颜色。
- **倍增：** 设置自发光的亮度。
- **不透明度：** 用贴图纹理来控制材质背面发射光不透明度。
- **背面发光：** 勾选此复选框后，物体的背面也发射光。

3. VRay材质转换器

VRayMtlWrapper即VRay材质转换器，用于控制应用基础材质后物体的全局照明、焦散等属性设置，这些属性也可在“对象属性”对话框中设置。如果场景中某一材质出现过亮或色溢情况，可以用VRay材质转换器将该材质包裹、嵌套起来，从而控制自发光或饱和度过高材质对其他对象的影响。

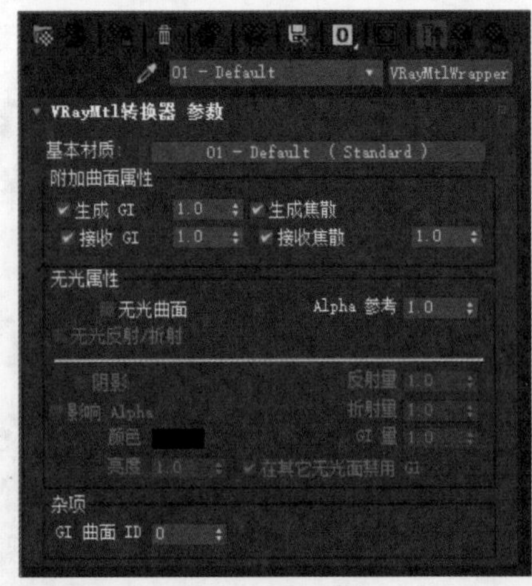

- **“基础材质”：** 指定物体表面的实际材质。
- **“附加曲面属性”选项组：** 设置物体在场景中的全局照明和焦散相关属性。
- **“无光属性”选项组：** 设置物体在渲染过程中是否可见、是否产生反射/折射、是否产生阴影、接收全局照明的程度等参数设置。

5.3.3 复合材质

复合材质可以将两个或多个子材质组合为一个新的更为复杂多样的材质，特别是与贴图一起使用时效果更为显著。复合材质有多种不同的组合方式，其子材质可以是光度学材质，也可以是非光度学材质。

3ds Max中的复合材质大致有混合材质、合成材质、双面材质、多维/子对象材质、虫漆材质和顶/底材质等，其中混合材质、顶/底材质和多维/子对象材质较为常用。

用户可以在“材质/贴图浏览器”面板中对这些复合材质进行创建转换设置，如右图所示。

1.“混合”材质

混合材质可以在曲面的单个面上将两种材质按一定的方式进行混合处理，默认情况下，两种子材质都是带有“Blinn”明暗处理的“标准”材质，右图所示即为混合材质的参数界面。

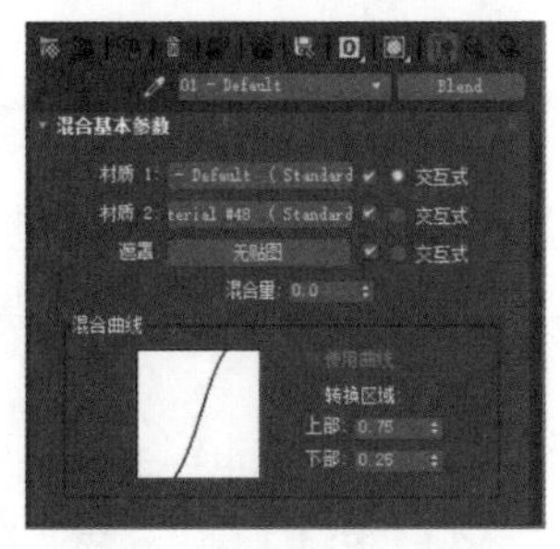

- **材质 1/材质 2：** 设置两个用以混合的子材质，单击任一子材质按钮可进入子材质的参数面板，进行子材质参数设置，而每个按钮后的复选框用以启用或禁用该材质。
- **交互式：** 该单选按钮控制在视口中对象上的显示类型，可以是两种材质之一或遮罩贴图。
- **遮罩：** 指定用作遮罩的贴图，两种子材质之间的混合度取决于该遮罩贴图的强度，遮罩的明亮（较白的）区域显示的主要为“材质 1”，而遮罩的黑暗（较黑的）区域显示的主要为“材质 2”，使用其后的复选框来启用或禁用遮罩贴图。
- **混合量：** 确定两种子材质的混合比例（百分比），0 表示只有“材质 1”可见，100表示只有“材质 2”可见。如果已指定遮罩贴图，并且其后的复选框已启用，则该参数不可用。
- **“混合曲线”选项组：** 用于控制进行混合的两种颜色之间变换的渐变或尖锐程度，只有指定遮罩贴图后，才会影响混合。

2.“顶/底”材质

顶/底材质可以将两个不同的材质指定给对象的顶部和底部，从而在一个对象上将两种材质混合在一起。

- **顶材质/底材质：** 单击顶或底子材质按钮编辑顶或底子材质，每个按钮右侧的复选框可用于关闭材质，使其不可见。
- **交换：** 交换顶和底材质的位置。
- **“坐标”选项组：** 以“世界”或“局部”方式确定顶和底边界。
- **混合：** 混合顶和底子材质之间的边缘界线。
- **位置：** 确定两种材质在对象上划分的位置。

3.“多维/子对象”材质

多维/子对象材质可以在几何体的子对象级别上分配不同的材质，创建多维材质后可以使用网格选择修改器选中对象子层级面，然后将多维材质中的子材质指定给选中的面。

要为选中的面层级子对象指定一种子材质前，必须为其设置材质ID值，且对象的材质ID数目要子材质的数目相对应，设置子对象层级材质ID值的具体步骤如下：在可编辑多边形的多边形层级下，选择相应多边形，在“修改”面板的“多边形：材质ID值”卷展栏中设置ID值。

实战练习 使用混合材质制作雕花镜面材质

复合材质种类繁多，每一种复合材质有各自的不同特点，适用于建筑与室内设计领域中的不同模型，用户可以根据需要进行适当的选择。下面将以使用混合材质制作雕花镜面材质为例，介绍复合材质的基本使用方法。

步骤 01 打开随书光盘中的“使用混合材质制作雕花镜面材质.max”文件，该场景模型如下左图所示。

步骤 02 按M键调出“材质编辑器”面板，选择一个空白的材质球❶，将材质类型设置为混合（Blend）材质❷，并将其命名为“雕花镜面”❸，单击“材质1”后的通道按钮❹，如下右图所示。

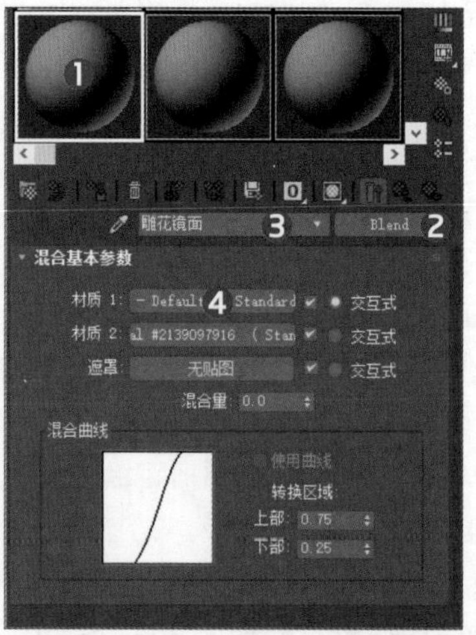

提示：选择渲染器

混合材质的子材质类型既可以是标准材质，也可以是V-Ray材质类型，当用户需要将子材质类型设置为V-Ray材质，须首先确保指定的渲染器为V-Ray渲染器，否则将无法使用V-Ray材质，这时用户只需按下F10键，打开“渲染设置”面板❶，单击“渲染器”后的下拉按钮❷，从渲染器列表中选择V-Ray渲染器即可❸，如右图所示。

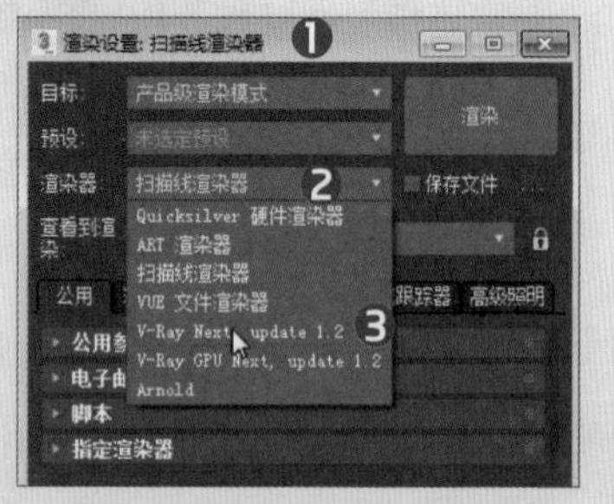

步骤 03 在进入的“材质1”子层级中❶，将材质类型设置为VRayMtl❷，并命名为“镜子材质”❸，展开“VRay材质 基本参数”卷展栏，在“反射”选项组中设置“反射”颜色为白色（红、绿、蓝值都为240）❹，取消勾选“菲涅耳反射”复选框❺，完成上述设置后单击面板横向工具栏上的“转到父对象”按钮❻，返回上一层级，如下左图所示。

步骤 04 在返回的“雕花镜面”材质层级中，单击“材质2”后的通道按钮❶，如下右图所示。

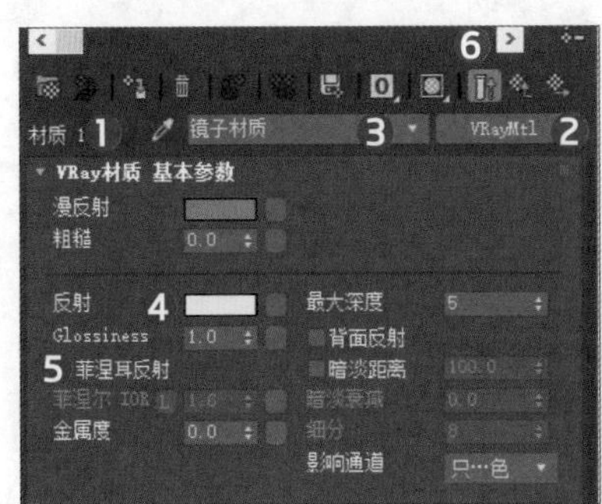

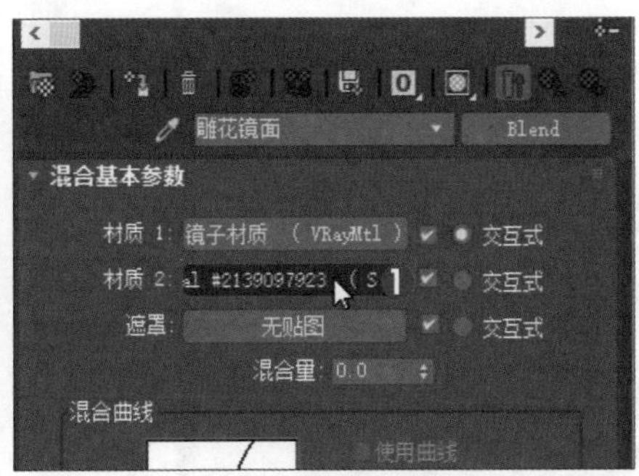

步骤 05 在进入的“材质2”子层级中❶，将材质类型设置为VRayMtl❷，并命名为“雕花材质”❸，展开“VRay材质 基本参数”卷展栏，在“漫反射”选项组中设置“漫反射”颜色为深咖色（红：50，绿：30，蓝：25）❹，在“反射”选项组中设置“反射”颜色为灰色（红、绿、蓝值都为100）❺，取消勾选“菲涅耳反射”复选框❻，如下左图所示。

步骤 06 完成上述设置后返回“雕花镜面”材质层级，接着单击“遮罩”后的通道按钮❶，在弹出的对话框中选择“位图”选项❷，单击“确定”按钮❸，如下右图所示。

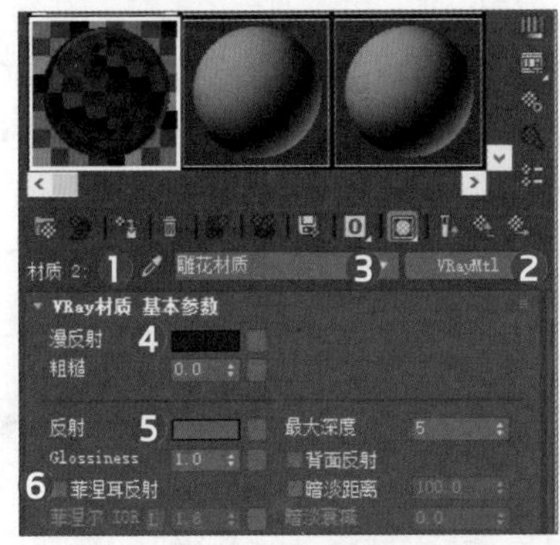

步骤 07 在弹出的“选择位图图像文件”对话框中浏览选择“黑白遮罩”贴图❶，如下左图所示。

步骤 08 返回上一层级，单击“遮罩”后的“交互式”单选按钮❶，观察材质球效果，如下右图所示。

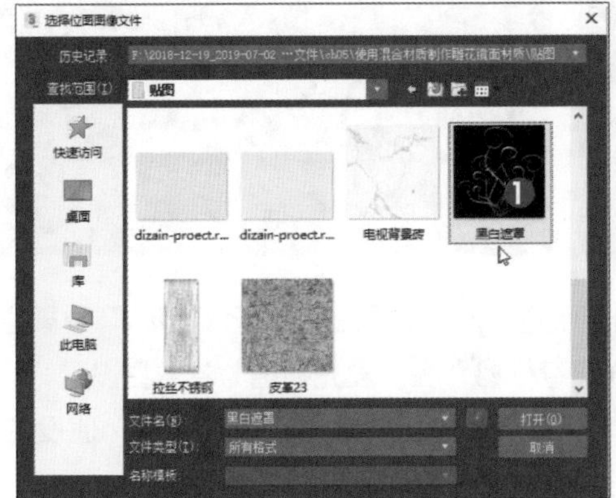

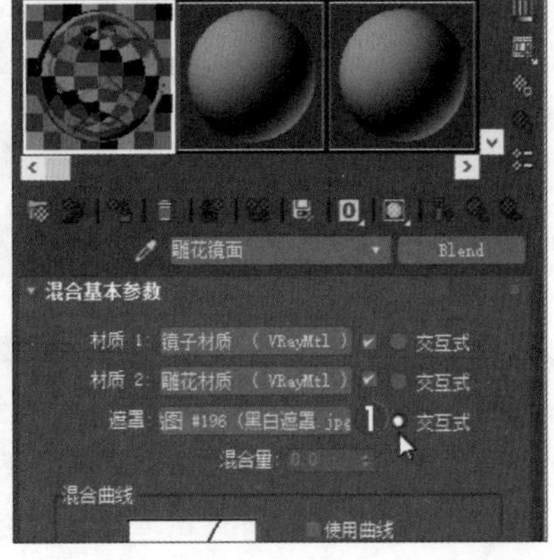

步骤 09 选择“装饰墙”材质球❶，单击面板纵向工具栏上的“按材质选择”按钮❷，选择场景中的“装饰镜”对象，将设置好的“雕花镜面”材质❸指定给该对象，如下左图所示。

步骤 10 在“修改”面板中为“装饰镜”对象添加“UVW贴图”修改器❶，在“贴图”选项组中选择“长方体”单选按钮❷，并设置“长度”“宽度”“高度”值为1000.0、2500.0、2500.0❸，如下右图所示。

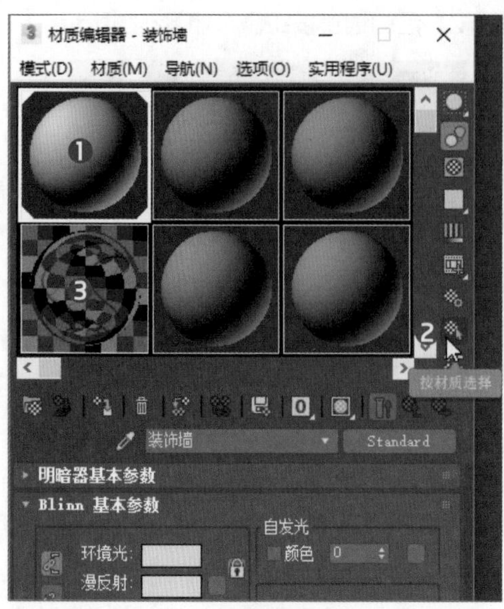

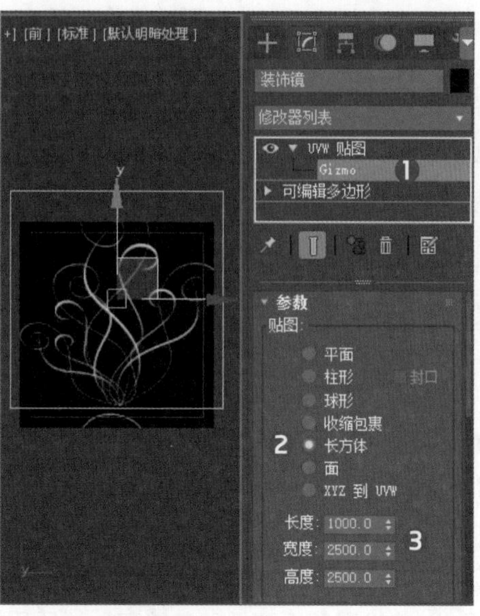

步骤 11 按下F10键，打开“渲染设置”面板，切换至V-Ray选项卡❶，在Image sampler卷展栏中设置“类型”为“块”❷，在Image filter卷展栏中将“过滤器”类型设置Catmull-Rom❸，如下左图所示。

步骤 12 展开Bucket image sampler卷展栏，将“最大细分”值设置为4❶，在Color mapping卷展栏中将“类型”设置为Exponential❷，“伽玛”值为1.0❸，勾选“子像素贴图”“钳制输出”复选框❹，如下右图所示。

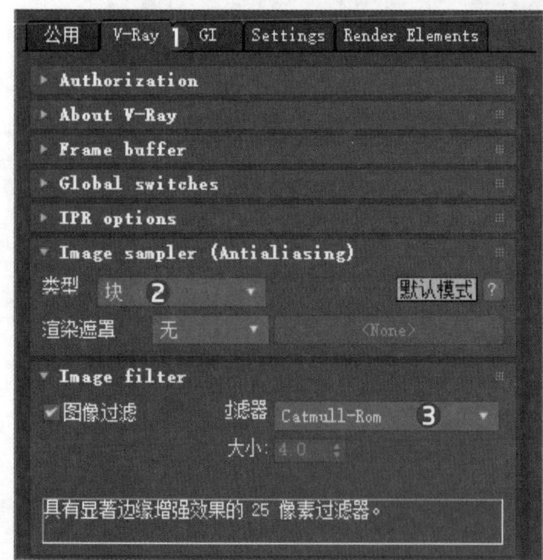

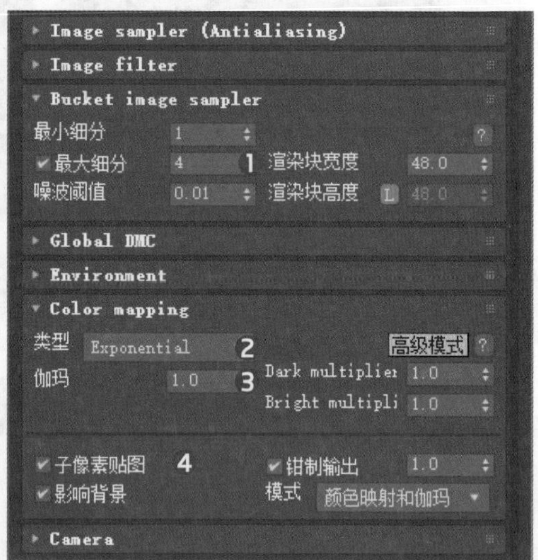

步骤 13 切换至“全局照明”选项卡❶，按下左图所示进行参数设置：在“全局照明”卷展栏中设置“首次引擎”、“二次引擎”分别为“发光贴图”、“灯光缓存”❷，在“发光贴图”卷展栏设置“当前预设”为“自定义”❸，“最大速率”、“最小速率”都为-3❹，在“灯光缓存”卷展栏将“细分”值设置为800❺。

步骤 14 按下F9键，对摄影机视图进行渲染，最终效果如下右图所示。

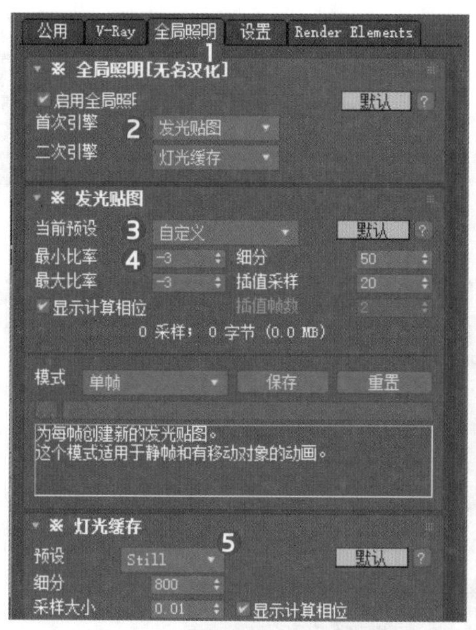

5.4 贴图

贴图用于模拟物体表面纹理、反射、折射等效果，也可以在不增加对象几何体复杂度的情况下，增加模型表现细节（置换贴图除外），从而使对象外观更具感染力和真实感。在3ds Max中，根据各个贴图使用方法和效果的不同，可以将系统提供的众多贴图大致分为5大类，即2D 贴图、3D 贴图、合成器贴图、颜色修改器贴图、反射和折射贴图。

用户可以在“材质编辑器”的“贴图”卷展栏中进行贴图的添加，该卷展栏中有很多贴图通道，单击任一通道按钮，即可打开“材质/贴图浏览器”来选择相应贴图类型，如下图所示。

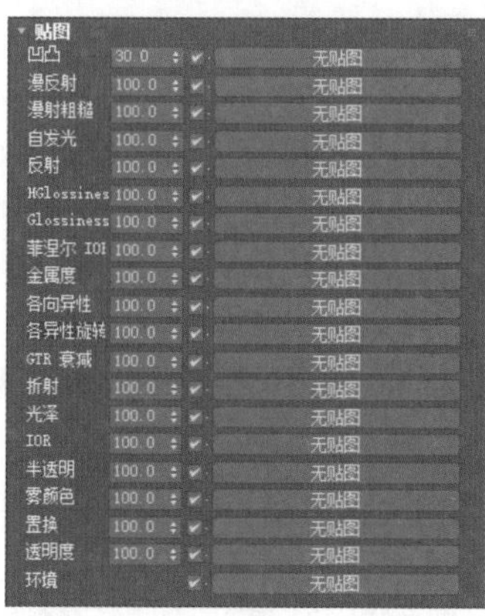

5.4.1 2D贴图

2D贴图是一种作用于几何对象表面的二维图像贴图，可用作环境贴图来为场景创建背景。最简单常用的2D贴图是位图，其他种类的2D贴图按程序生成，下面介绍常用的2D贴图。

1. 位图

位图是最为常用的贴图类别，单击“贴图”卷展栏任一贴图通道按钮在打开的“材质/贴图浏览器”中选择“贴图”卷展栏中的“位图”选项，即可添加位图，下图所示为“位图”的参数面板。

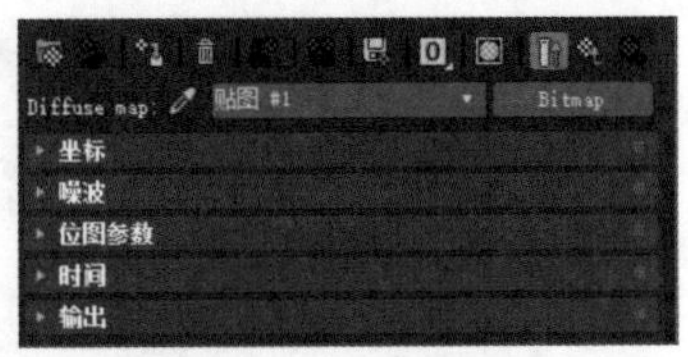

2. 平铺

用户可以利用平铺贴图快速创建按一定规律重复组合的贴图类别，常用于砖块效果的创建，多在“漫反射”和“凹凸”通道上使用，砖块的平铺纹理颜色、砖缝颜色尺寸，可在“高级控制”卷展栏中设置，如下左图所示为“平铺”的参数面板。

3. 渐变

用户可以利用“渐变”贴图将两种或三种颜色相互混合形成新的贴图效果，各颜色间的颜色过渡或相互间的混合位置等参数，可在“渐变参数”卷展栏中进行设置，如下右图所示为“渐变”的参数面板。

4. 渐变坡度

“渐变坡度”贴图与“渐变”贴图类似，但是可以指定任何数量的颜色或贴图，参数更为复杂多样，并且几乎任何参数都可以设置关键帧。

5.4.2 3D贴图

3D 贴图是利用程序以三维方式生成的图案贴图，将3D贴图指定给选定对象，如果将该对象的一部分切除，那么切除部分的纹理与对象其他部分的纹理相一致，噪波和衰减是最为常用的两种3D 贴图。

1. 噪波

“噪波”贴图是在两种颜色或材质贴图之间进行交互，从而在对象曲面的生成随机扰动，常用于“凹凸”通道和模拟水纹波动动画上使用，如下左图所示为“澡波”的参数面板。

2. 衰减

“衰减”贴图模拟在几何体曲面的面法线角度上，生成从白到黑过渡值的衰减情况，默认设置下，贴图会在法线从当前视图指向外部的面上生成白色，而在法线与当前视图相平行的面上生成黑色，如下右图所示为“衰减”的参数面板。

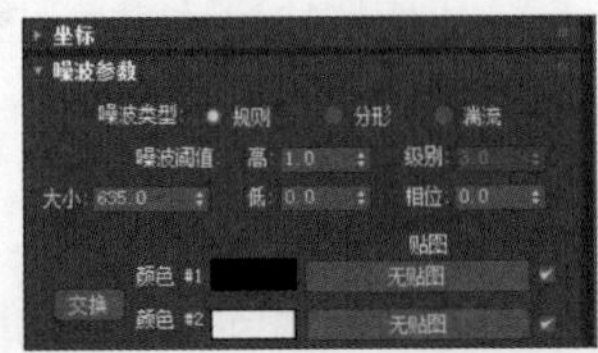

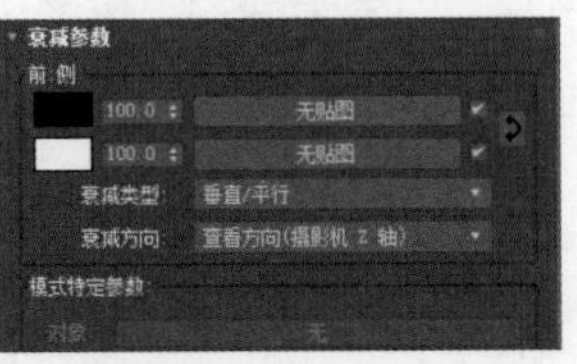

3. 泼溅

“泼溅”贴图是可生成分形表面图案一个3D贴图，在“漫反射”通道上添加该贴图，用以创建类似泼溅的图案效果非常便捷。

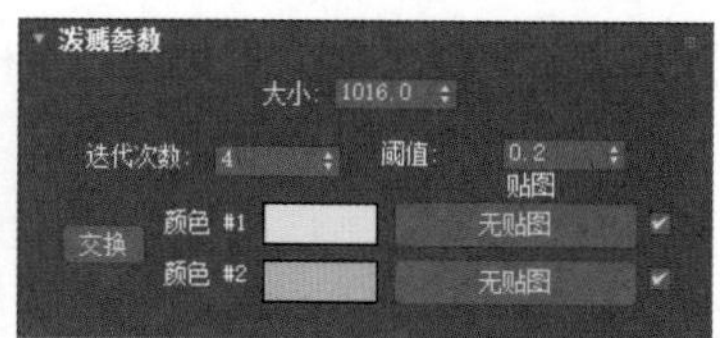

4. 波浪

“波浪”贴图是一种可以生成水花或波纹效果的3D贴图。应用该贴图后，生成一定数量的球形波浪中心将被随机分布在球体上，此贴图相当于同时具有漫反射和凹凸效果的贴图。

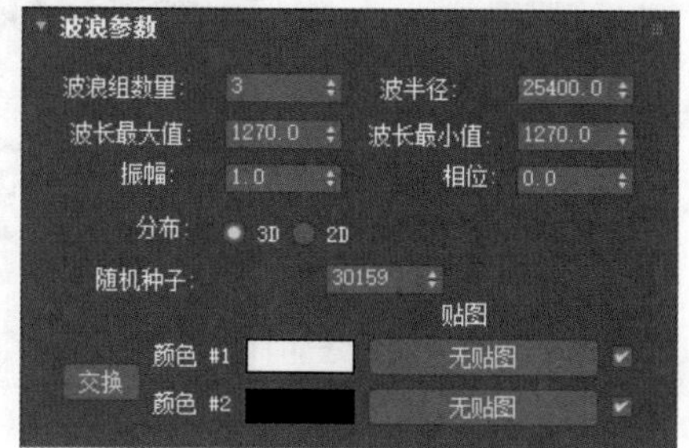

5.4.3 合成器贴图

合成器贴图专用于合成其他颜色或贴图，即在图像处理过程中，将两个或多个图像等叠加以将其组合成新的图像或颜色。

1. 遮罩

使用“遮罩”贴图，可以在曲面上利用黑白贴图通过一种材质查看另一种材质，默认情况下，浅色（白色）的遮罩区域显示已应用的贴图，而较深（较黑）的遮罩区域显示基本材质颜色。用户可以使用“反转遮罩”复选框来反转遮罩的效果。

2. 混合

使用“混合”贴图可以将两种颜色或贴图通过一定方式合成新的贴图，用户既可以使用百分比混合它们，也可以利用遮罩贴图将其混合，如下左图所示即是将两种贴图通过黑白图混合成新的贴图。

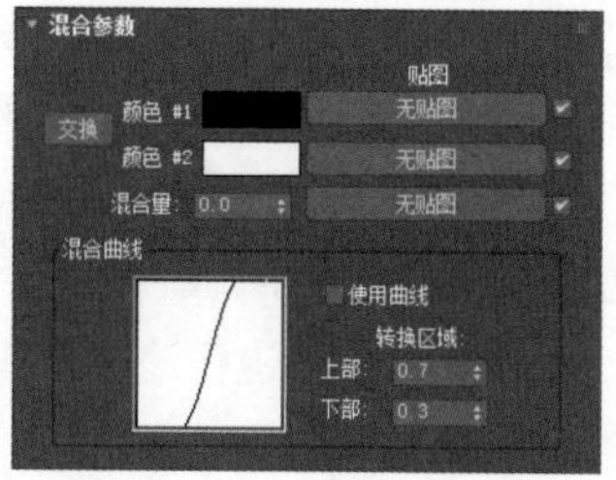

实战练习 使用遮罩贴图制作卡通杯材质

使用“遮罩”贴图可以将杯具上的卡通图案、说明标签等应用到基本材质上，下面以使用遮罩贴图制作卡通杯材质为例，介绍遮罩贴图的具体使用方法。

步骤 01 打开随书光盘中的“使用遮罩贴图制作卡通杯材质.max”文件，按下F9键测试渲染场景模型，如下左图所示。

步骤 02 按下M键打开“材质编辑器”面板，选择卡通杯材质球❶，单击“VRay材质 基础参数”卷展栏中“漫反射”颜色后的添加贴图按钮❷，如下右图所示。

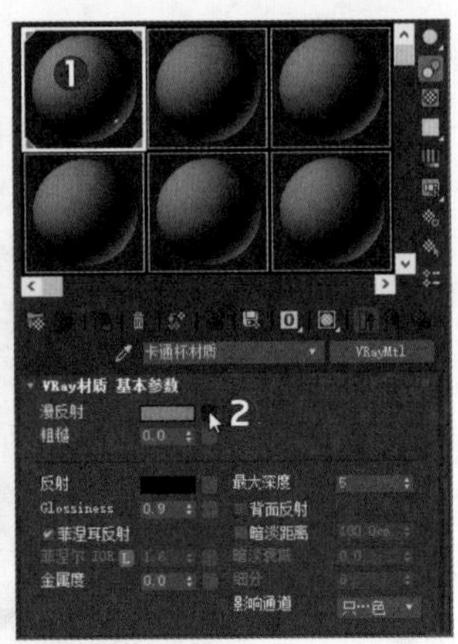

步骤 03 在随即打开的“材质/贴图浏览器”对话框❶中选择“遮罩”选项❷，接着单击“确定”按钮❸，进行遮罩贴图的添加，如下左图所示。

步骤 04 在随即进入的漫反射贴图（Diffuse map）即遮罩贴图子层级中❶，按下右图所示在“贴图”后的通道上，添加一个“龙猫贴图01.jpg”位图文件❷，在“遮罩”后的通道上添加一个“黑白贴图01.jpg”位图文件❸，如下右图所示。

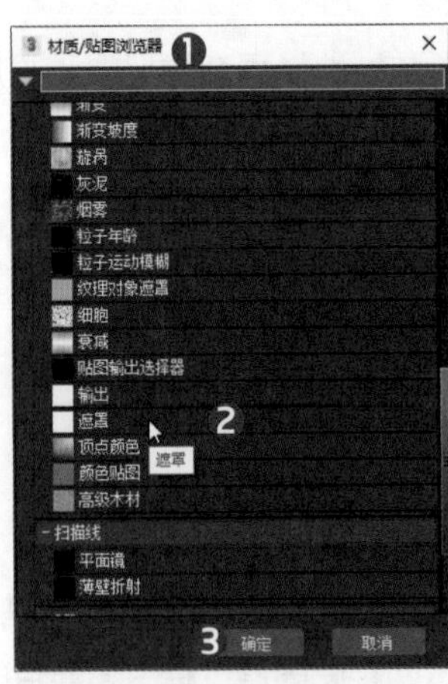

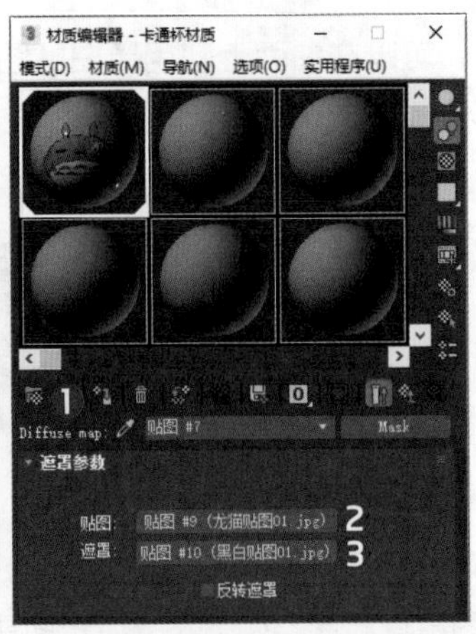

步骤 05 返回场景选择“卡通杯”对象❶，在“修改”面板❷中为其添加一个“UVW 贴图”修改器❸，在该修改器的“参数”卷展栏，在“贴图”选项组中将贴图类型设置为“长方体”❹，并将该长方体的“长度”“宽度”“高度”值分别设置为5.0cm、5.0cm、9.0cm❺，随即进入该修改器的Gizmo层级❻，并在视口中调节图案位置❼，如下左图所示。

步骤 06 按下F9键，对摄影机视图进行渲染，即可看到龙猫图案已印刻在原纯色的杯具上，最终效果如下右图所示。

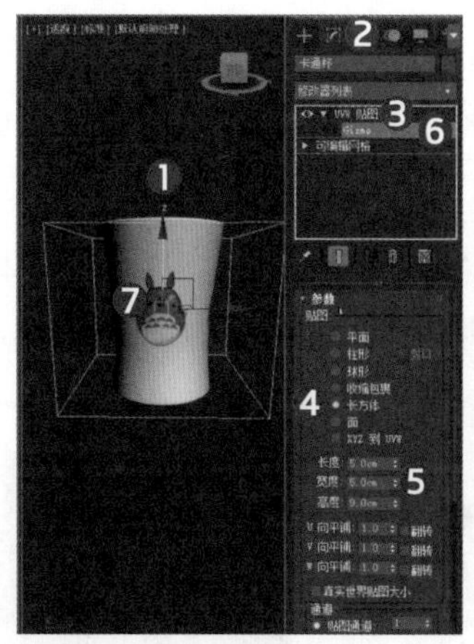

5.4.4 颜色修改器贴图

在3ds Max 中，使用颜色修改器贴图可以改变材质中像素的颜色，主要有“颜色校正”“输出”“RGB染色”“顶点颜色”和“颜色贴图”5种颜色修改器贴图类型。

1. 颜色校正

“颜色校正”贴图在不改变原有贴图材质的基础上，使用基于堆栈的方法在基本贴图的外部修改贴图色彩或明暗度等。“颜色校正”参数面板包括“基本参数”“通道”“颜色”和“亮度”4个参数卷展栏，在这些卷展栏中用户可以进行颜色通道的自定义、色调切换、饱和度和亮度的调整，右图所示为“颜色校正”参数面板。

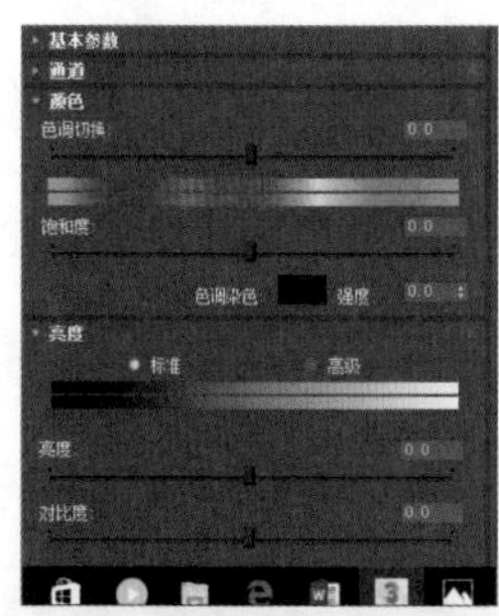

2. 输出

在一些贴图的参数面板中，用户会发现没有“输出”卷展栏来调节贴图色彩（如“平铺”贴图的参数面板），而这时又需要进行“输出”设置，那么用户就可以在该贴图上添加“输出”贴图，在弹出的“替换贴图”面板中，选择“将旧贴图保存为子贴图”选项，即可完成“输出”贴图的添加，右图所示为“输出”贴图的参数面板。

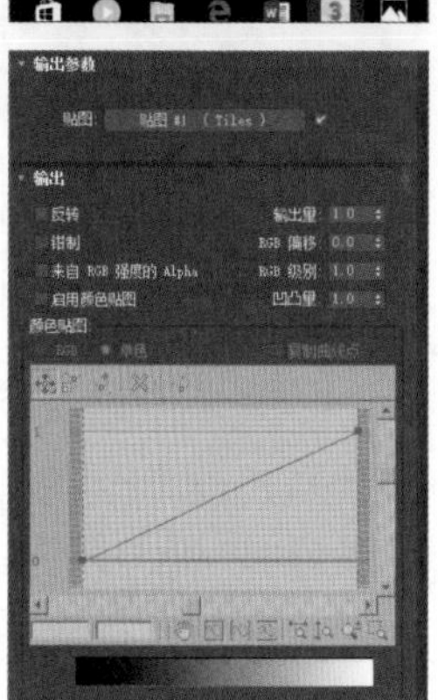

5.4.5 反射和折射贴图

使用反射和折射贴图可以创建反射和折射效果，主要有“平面镜”“薄壁折射”“光线跟踪”和“反射或折射”贴图，如安装VRay渲染器还包括VRaymap。

1. 反射或折射贴图

使用“反射或折射”贴图可以在物体表面生成反射或折射效果，要创建反射或折射贴图，须在“反射或折射”通道上添加指定作为材质的反射或折射的贴图，常用的贴图类别有“光线跟踪”、Vraymap。

2. 平面镜

“平面镜”贴图是一种当共面集合时生成反射环境对象的材质贴图，一般可以将该贴图指定在材质的“反射”通道上。

知识延伸：贴图坐标

贴图坐标可以指定几何体上贴图的位置、方向以及大小，贴图坐标通常以U、V和W 指定，其中U 是水平维度，V是垂直维度，W是可选的第三维度，一般指示深度。通常，几何基本体在默认情况下会应用贴图坐标，但曲面对象（如“可编辑多边形”和“可编辑网格”）需要添加贴图坐标，3ds Max 提供了多种用于生成贴图坐标的方式：

- 创建基本体对象时，在其“参数”卷展栏中勾选“生成贴图坐标”复选框选项，在默认情况下，大多数对象中该复选框处于启用状态。贴图坐标需要额外的内存，因此，如果不需要的话，请禁用此选项。
- 应用“UVW贴图”修改器，该修改器功能强大，提供了大量的工具和选项，可用于编辑贴图坐标，为最常用的贴图坐标修改器，下图所示即为“UVW展开”修改器的设置面板。
- 常规对象应“UVW展开”修改器，而一些特殊的对需使用特殊贴图坐标修改器，如“曲面贴图”“UVW展开”和“UVW变换”修改器。

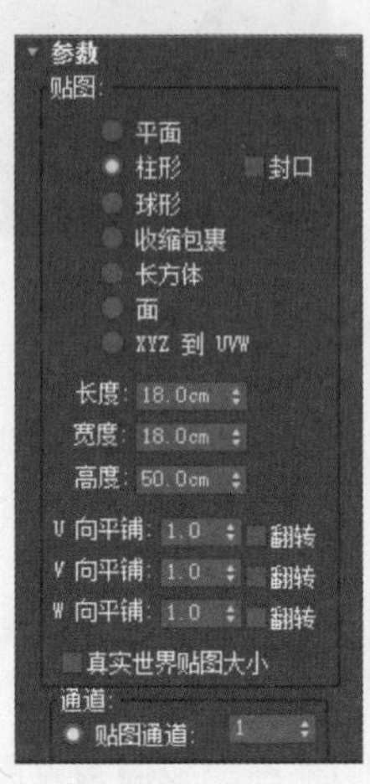

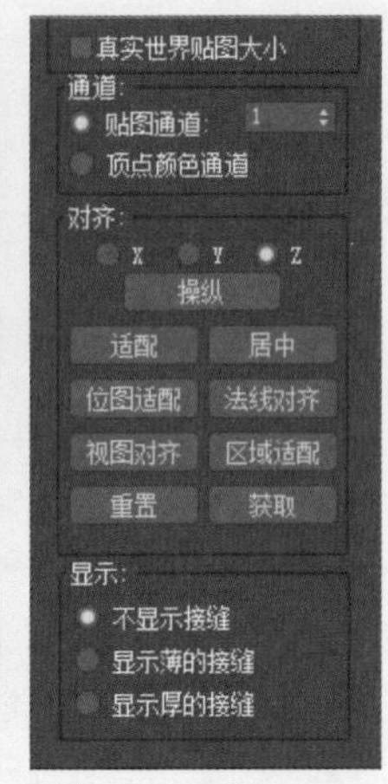

上机实训：为书房一角赋予材质

综合本章所学的知识点，下面介绍使用V-Ray材质、混合材质，并结合位图、平铺、混合、衰减等多种贴图知识，为下面书房案例中的多个对象设计合适的材质。

1. 单人椅材质的制作

步骤 01 打开随书光盘中“为客厅一角赋予材质.max”文件，按下F9渲染摄影机视图，如下左图所示。

步骤 02 按M键打开“材质编辑器”面板，选择一个空白材质球❶，命名为“单人椅材质”❷，将类型设置为VRayMtl❸，单击“漫反射”颜色后的贴图按钮❹，接着双击“衰减”选项❺，如下右图所示。

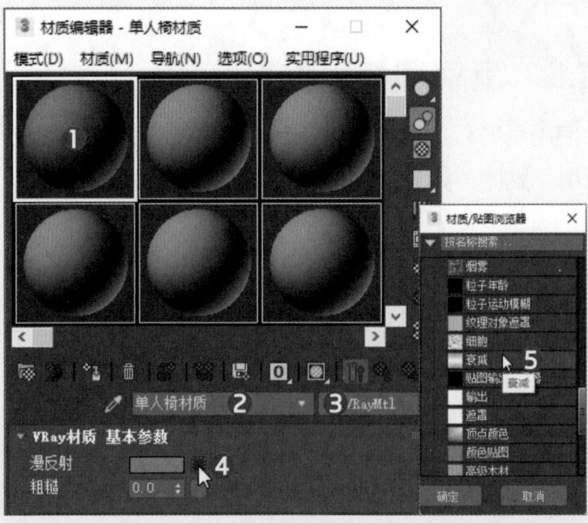

步骤 03 在随即打开中的衰减参数面板中❶，在颜色一后的通道上添加一个“单人椅.jpg”位图文件❷，将颜色二设为灰蓝色（红绿蓝值分别为80、100、145）❸，并将“衰减类型”设置为Fresnel❹，如下左图所示。

步骤 04 返回上一层级，展开“贴图”卷展栏❶，在“凹凸”贴图通道上添加位图文件“单人椅_凹凸.jpg”❷，如下右图所示。

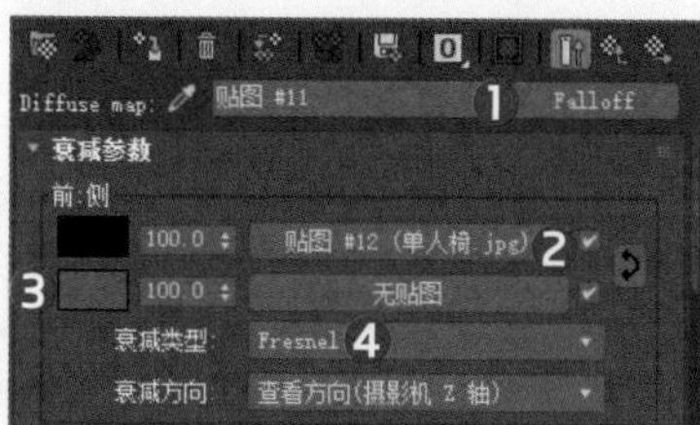
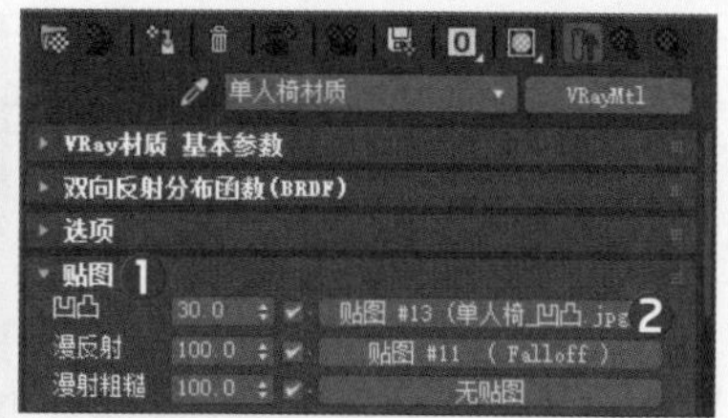

步骤 05 进入凹凸贴图参数面板，展开“坐标”卷展栏❶，在“模糊”数值框输入0.1❷，单击工具栏中的“转到父对象”按钮❸，如下左图所示。

步骤 06 返回上一层级，展开“VRay材质 基础参数”卷展栏❶，在“反射”选项组中将“反射”颜色设为灰色（亮度值为10）❷，光泽度（Glossiness）值设为0.65❸，并将材质指定给椅子，如下右图所示。

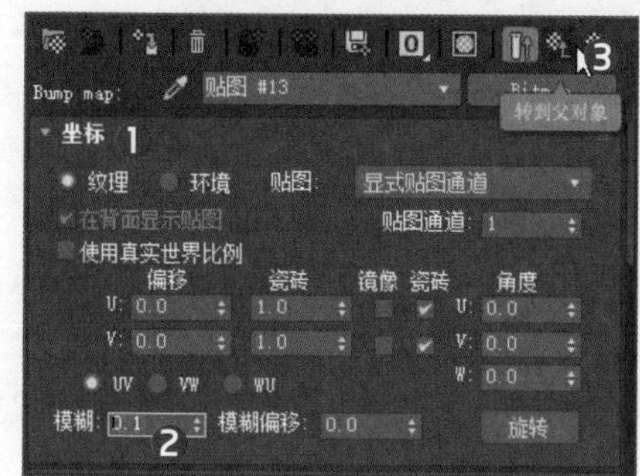
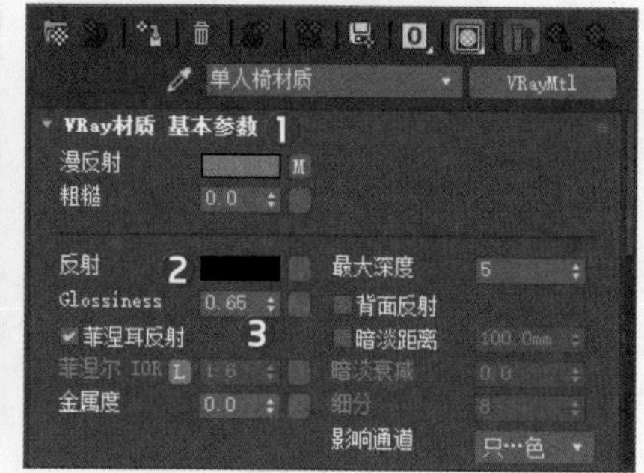

2. 绿叶材质的制作

步骤 01 选择一个空白材质球❶，命名为“绿叶材质”❷，将类型设置为VRayMtl❸，单击“贴图”卷展栏中“漫反射”后的贴图按钮❹，如下左图所示。

步骤 02 在弹出的“材质/贴图浏览器”中添加“位图”贴图，接着在打开的“选择位图图像文件”对话框中， 浏览选择合适的漫反射文件❶，单击“打开”按钮❷，如下右图所示。

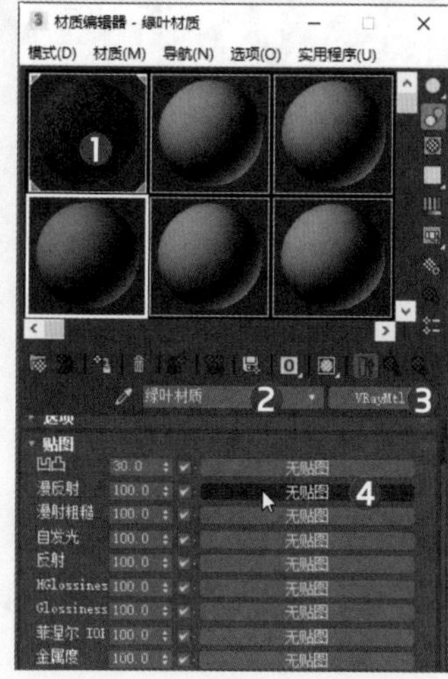
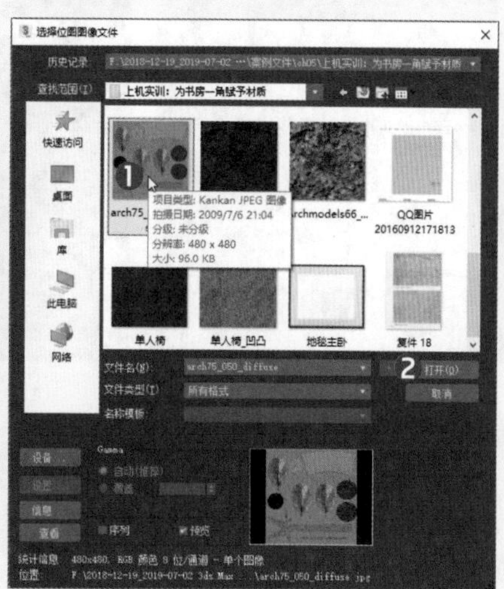

步骤 03 在随即进入的漫反射贴图面板中保持默认设置，返回上一层级，继续在“贴图”卷展栏中分别为“凹凸”❶、“透明度”❷通道添加相应的凹凸透明度贴图，如下左图所示。

步骤 04 展开“VRay材质 基本参数”卷展栏，在“反射”选项组中将“反射”颜色设为灰色（亮度值为12）❶，光泽度（Glossiness）值设为0.65❷，取消勾选“菲涅耳反射”复选框❸，并将材质指定给场景中的“arch75_绿叶”对象❹，如下右图所示。

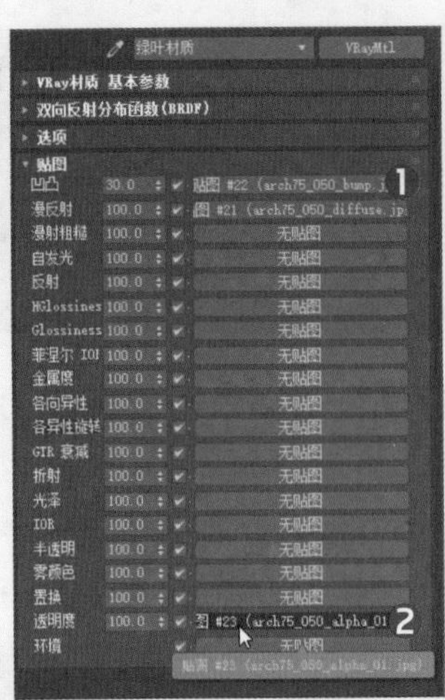

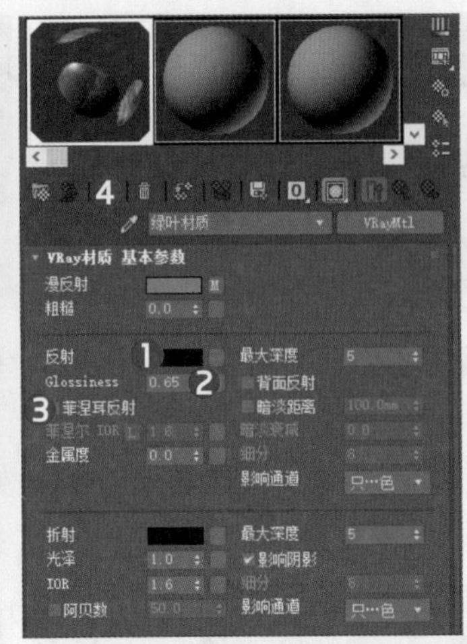

3. 玻璃材质的制作

步骤 01 选择一个空白材质球❶，命名为“玻璃材质”❷，将类型设置为VRayMtl❸，展开“VRay材质基础参数”卷展栏，在“反射”选项组中将“反射”颜色设为灰色（亮度值都为60）❹，取消勾选“菲涅耳反射”复选框❺，在“折射”选项组中将“折射”颜色设为白色（亮度值都为255）❻，如下左图所示。

步骤 02 按单击纵向工具栏中的“背景”按钮❶，可以方便观察玻璃材质球效果，接着将该材质指定给场景中的“玻璃”对象❷，如下右图所示。

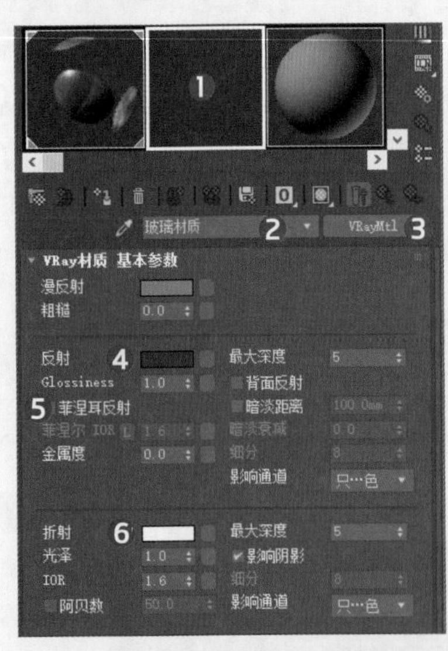

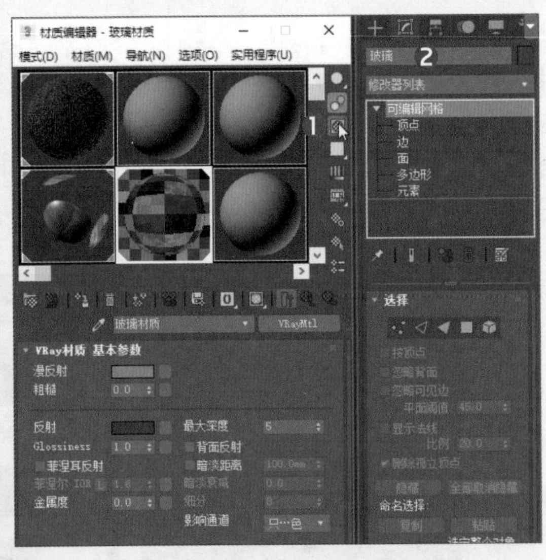

4. 其他材质的制作

步骤 01 按下F9键，对摄影机视图进行渲染，即可观察场景中材质赋予情况，如下左图所示。

步骤 02 因场景中对象较多，材质不再一一赘述，用户可以打开随书配套的材质库进行其他材质的指定，首先单击“材质编辑器”面板中的“获取材质”按钮❶，如下右图所示。

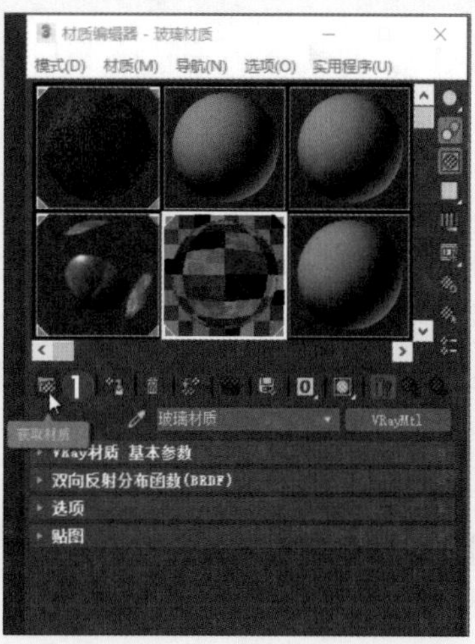

步骤 03 在随即打开的“材质/贴图浏览器”中单击“材质/贴图浏览器选项”按钮❶，接着选择“打开”选项❷，如下左图所示。

步骤 04 在“导入材质库”对话框中，浏览选择并打开随书配套的“书房材质”材质库❶，如下右图所示。

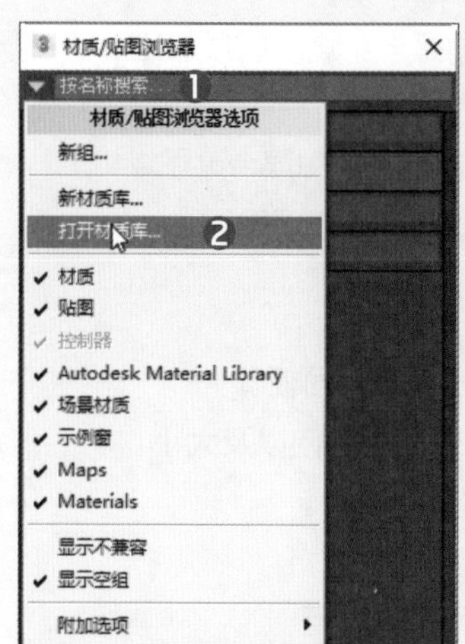

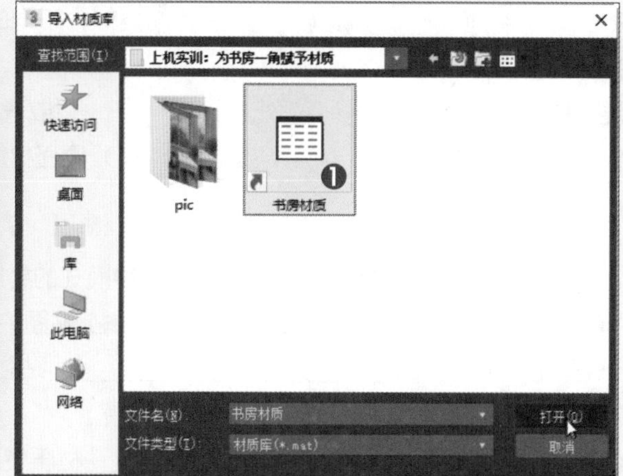

步骤 05 选择各个材质并将其拖动到空白材质球上，再将各个材质赋予给场景对象，如下左图所示。

步骤 06 按下F9键，对摄影机视图进行渲染，最终效果如下右图所示。

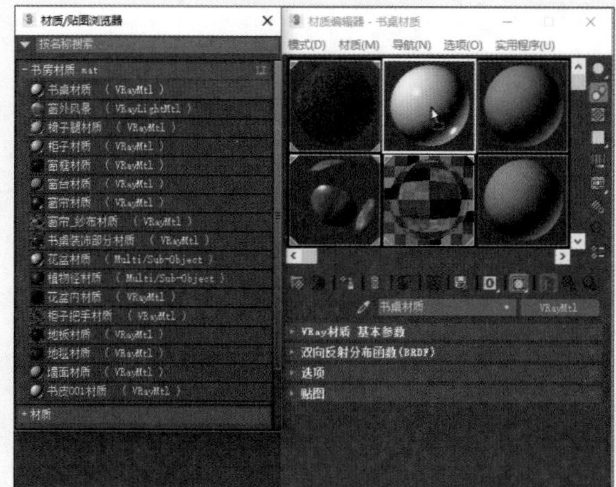

课后练习

1. 选择题

(1) 在3ds Max中，按下（　　）键可以打开材质编辑器。

A. F9　　B. F10

C. M　　D. F5

(2) 在材质编辑器中，示例窗显示数目有（　　）情况。

A. 3×2　　B. 5×3

C. 6×4　　D. 以上都是

(3) 在材质的众多参数中，下列（　　）参数属于常设参数。

A. 漫反射或高光反射　　B. 反射或折射

C. 不透明度　　D. 以上都是

(4) 物理材质与（　　）兼容使用。

A. VRay渲染器　　B. 默认扫描线渲染器

C. ART渲染器　　D. VUE文件渲染器

(5) 在3ds Max中，（　　）和（　　）非常类似，不同的是一个属于材质级别，一个属于贴图级别。

A. 混合材质和混合贴图　　B. 多维/子对象材质和混合贴图

C. 混合材质和遮罩贴图　　D. 双面材质和遮罩遮罩贴图

2. 填空题

(1) 在3ds Max中材质编辑器有__________2种模式的材质编辑器面板。

(2) 用户可以使用__________修改器指定几何体上贴图的位置、方向以及大小。

(3) 在合成器贴图中，__________和__________贴图较为常用。

(4) 用户可以按下__________键，快速渲染场景。

(5) VRay渲染器提供的材质类型中，__________材质使用最为广泛。

3. 上机题

打开随书配套光盘中的“第三章上机题.max”文件，利用本章所学的知识，尝试使用V-Ray材质创建玻璃杯材质和餐布材质，材质效果如下图所示。

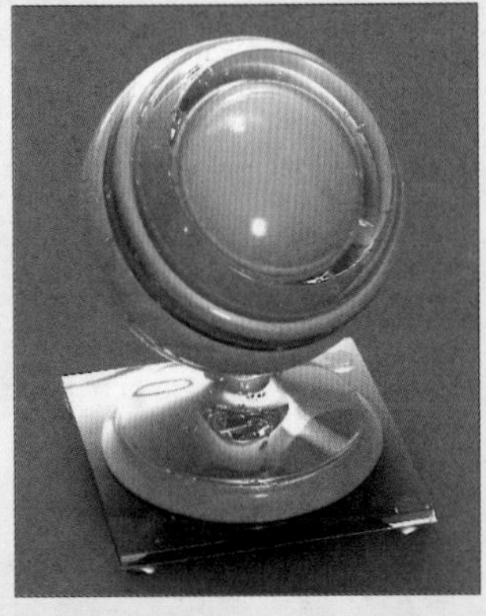

Chapter 06 渲染

本章概述

本章主要为用户讲解3ds Max中的环境和效果的用法、常用渲染器及VRay渲染器的使用方法，其中环境和效果章节中的内容为用户学习渲染的相关知识进行铺垫准备，而渲染输出可以将室内外设计可视化出来，是3ds Max工作流的最终呈现。

核心知识点

❶ 掌握环境的基本设置
❷ 知道效果的基本设置
❸ 知道常用渲染效果
❹ 了解常用渲染器
❺ 掌握VRay渲染器的设置

6.1 环境和效果

在3ds Max中，在菜单栏中执行“渲染>环境”或“渲染>效果”命令，即可打开“环境和效果”面板，也可直接按下8键打开该面板，该参数面板包括“环境”和“效果”两个选项卡，如下图所示。

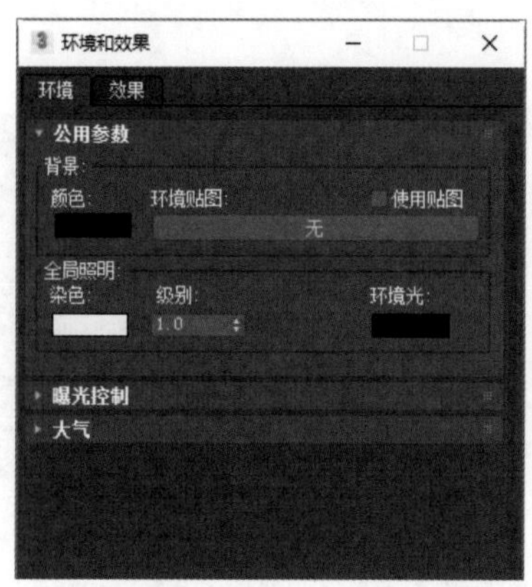

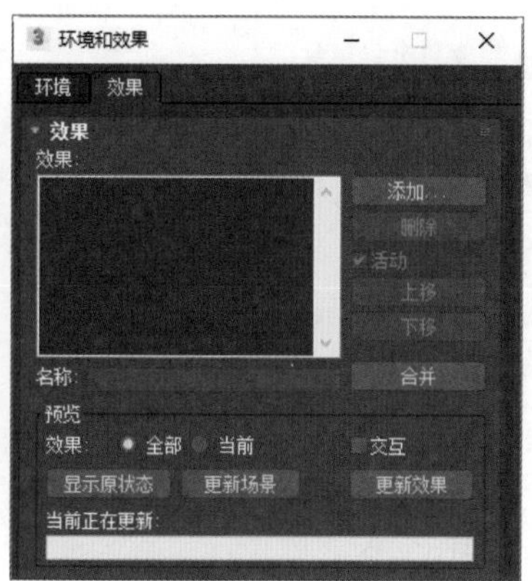

6.1.1 环境

在“环境和效果”面板的“环境”选项卡中，包括“公用参数”“曝光控制”和“大气”3个参数卷展栏，下面为用户分别介绍这些参数卷展栏中的常用参数。

1. “公用参数”卷展栏

在“公用参数”卷展栏中，用户可以对场景进行背景和全局照明的设置，如下图所示。

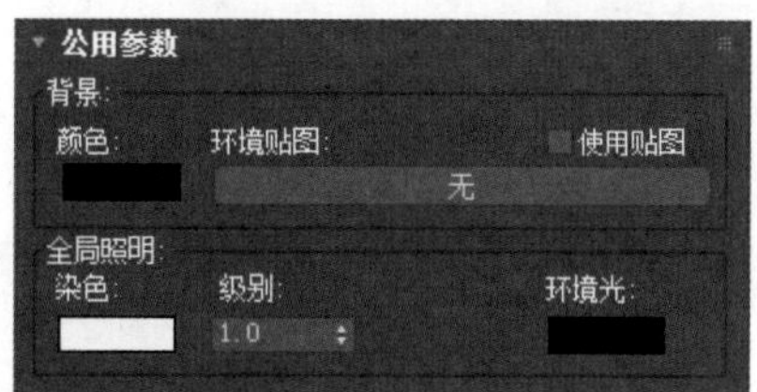

（1）“背景”选项组

- **颜色：** 设置场景背景的颜色，单击色样按钮，在打开的“颜色选择器”中选择所需的背景颜色，可以设置颜色效果动画。

- **环境贴图**：单击“环境贴图”按钮，可以打开“材质/贴图浏览器”对话框，从该对话框中选择贴图合适贴图指定给环境。添加贴图的“环境贴图”按钮会显示当前环境贴图的名称，而若未指定环境贴图，则其显示“无”。
- **使用贴图**：勾选此复选框后，3ds Max将使用贴图作为背景，而不使用背景颜色。指定贴图后，系统会自动启用该复选框，也可以将其禁用以恢复为使用背景颜色。

提示：环境贴图的编辑

指定好环境贴图后，用户进行渲染测试时若发现贴图效果并不是最佳状态，需要用户进行自定义调节。这时用户可以将“环境贴图”按钮拖到“材质编辑器”面板中的一个空白材质球上，并确保将其作为实例进行放置，然后调整实例复制出的材质球，即可调整环境贴图参数。

（2）“全局照明”选项组

- **染色**：如果此颜色不是白色，则为场景中的所有灯光（环境光除外）染色。
- **级别**：可用于增强或减弱场景中的所有灯光强度。如果级别为 1.0，则保留各个灯光的原始设置，增大级别将增强总体场景的照明，减小级别将减弱总体照明。
- **环境光**：用于设置环境光的颜色。

2.“曝光控制”卷展栏

该卷展栏中包含着用于调整渲染的输出级别和颜色范围的插件组件，其参数设置适用于使用光能传递的渲染或渲染高动态范围（HDR）图像。曝光控制会影响渲染图像和视口显示的亮度和对比度，但不会影响场景中的实际照明级别，只是影响这些级别与有效显示范围的映射关系，其作用效果就像调整胶片曝光一样，在“曝光控制”卷展栏中有多种曝光控制类型可供用户选择，选择任一类型选项后，在“环境”面板中将显示与之对应的参数卷展栏，如右图所示为选择“自动曝光控制”及其参数卷展栏，下面以“自动曝光控制”为例为用户介绍曝光控制的使用方法。

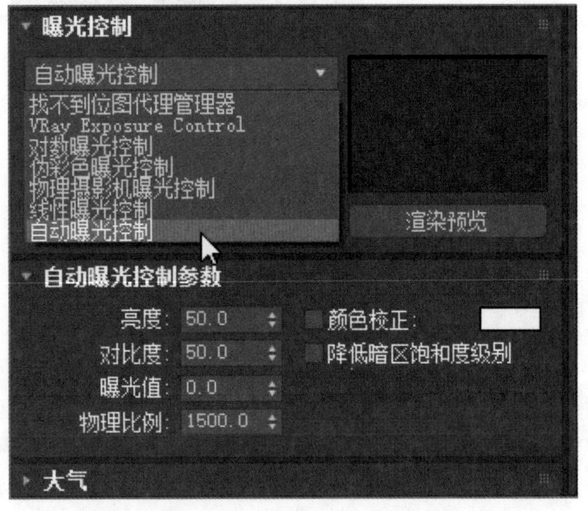

（1）“曝光控制”

- **曝光控制下拉列表**：用来选择要使用的曝光控制类型，有“VRay曝光控制”“对数曝光控制”“伪彩色曝光控制”“物理摄影机曝光控制”“线性曝光控制”和“自动曝光控制”等选项。
- **活动**：勾选该复选框时，在渲染中使用该曝光控制；取消勾选该复选框时，不应用该曝光控制，默认设置为启用。
- **处理背景及环境贴图**：启用该复选框时，场景背景贴图和场景环境贴图受曝光控制的影响，取消勾选该复选框时，则不受曝光控制的影响，默认设置为禁用状态。
- **预览缩略图**：缩略图显示应用了活动曝光控制的渲染场景的预览效果图，渲染了预览后，在

更改曝光控制设置时将交互式更新，如果Gamma校正或查找表（LUT）校正处于活动状态，则3ds Max会将校正应用于此预览缩略图。

- **渲染预览**：单击该按钮可以渲染预览缩略图。

（2）“自动曝光控制参数”

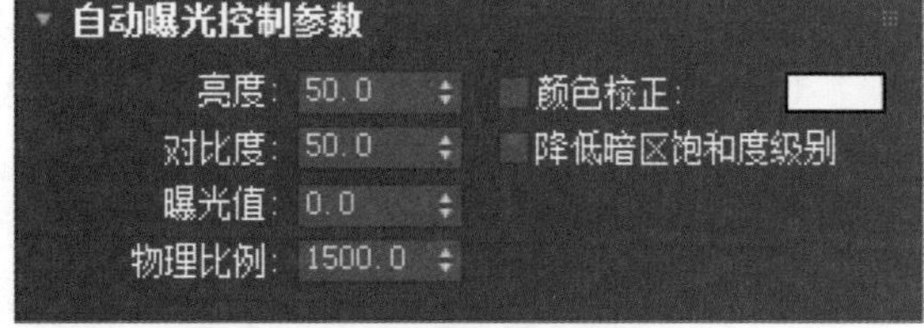

自动曝光控制可以从渲染图像中采样，生成一个柱形图，在渲染的整个动态范围提供良好的颜色分离，可以用来增强某些照明效果，否则，这些照明效果会过于暗淡而看不清。

- **亮度或对比度**：调整转换颜色的亮度或对比度。
- **曝光值**：调整渲染的总体亮度，相当于具有自动曝光功能的摄影机中的曝光补偿功能。
- **物理比例**：设置曝光控制的物理比例，用于非物理灯光，使其与眼睛对场景的反应相同。
- **颜色校正**：选中该复选框后，颜色修正会改变所有颜色。
- **降低暗区饱和度级别**：选中该复选框后，渲染器将渲染出灰色色调的暗淡照明效果。

提示：自动曝光控制注意事项

在效果图制作中，自动曝光控制可以从渲染图像中采样，生成一个柱状图，在渲染的整个动态范围提供良好的颜色分离，用来增强某些照明效果，否则这些照明效果会过于暗淡而看不清，但是在动画制作中不应使用自动曝光控制，因为每帧将使用不同的柱状图，可能会使动画闪烁。

3.“大气”卷展栏

该卷展栏中包含一些用于模拟创建自然界中的常见环境效果（例如雾、火焰等）的插件组件，单击该卷展栏中的“添加”按钮❶，可以打开“添加大气效果”对话框❷，在“添加大气效果”对话框除了一些3ds Max系统自带的“火效果”“雾”“体积雾”和“体积光”大气环境效果外，还包括当前安装的插件渲染器所提供的大气效果，如下图所示。

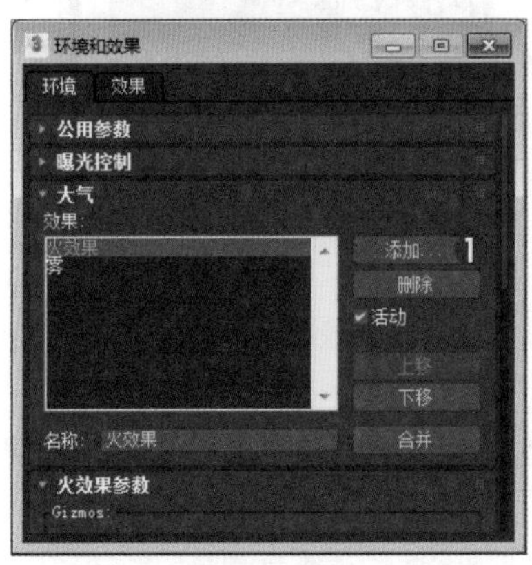

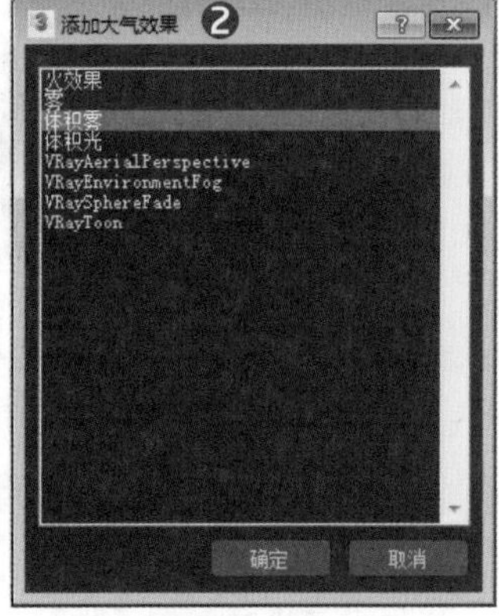

- **“效果”列表**：显示已添加的效果队列。在渲染期间，效果在场景中按线性顺序计算，根据所选的效果，“环境”面板将显示对应的效果参数的卷展栏。
- **“名称”字段**：为列表中的效果自定义名称，如不同类型的火焰可以使用不同的自定义设置，并将其命名为“火花”或“火球”等。
- **添加或删除**：单击“添加”按钮，可以“添加大气效果”对话框，在对话框中选择效果，然后单击“确定”将效果指定给列表；而单击“删除”按钮，可以将所选大气效果从列表中删除。
- **活动**：为列表中的各个效果设置启用或禁用状态，可方便地将复杂的大气列表中的各种效果孤立。

- **上移或下移**：在列表中将所选的选项上移或下移，更改大气效果的应用顺序。
- **合并**：用于合并其他3ds Max场景文件中的效果。
- **火效果**：使用火焰环境效果可以生成动态的火焰、烟雾和爆炸效果，此外像篝火、火炬、火球、烟云和星云等也可使用“火效果”生成。
- **雾**：雾环境效果用以呈现雾或烟的外观，雾效可使创建对象随着与摄影机距离的增加逐渐衰减显示（标准雾），此外还提供分层雾效果，该效果使所有对象或部分对象被雾笼罩。
- **体积雾**：体积雾环境效果可以创建雾密度不是恒定不变的雾效果，如模拟在风中飘散、吹动的云状雾效果。
- **体积光**：体积光环境效果根据灯光与大气（雾、烟雾等）间的相互作用，提供体积照明效果，如可提供泛光灯的径向光晕、聚光灯的锥形光晕和平行光的平行雾光束等效果。

6.1.2 渲染效果

利用“效果”选项卡上的“效果”卷展栏可指定和管理渲染效果，而使用渲染效果可以在最终渲染图像或动画之前添加各种后期制作效果，而不必渲染场景来查看结果，故渲染图像效果可以让用户能够以交互方式进行工作。

单击“环境与效果”选项卡中的“添加”按钮❶，即可打开“添加效果”对话框❷，该对话框提供了一些系统自带或插件渲染器提供的多种渲染效果选项，双击某一选项即可将该效果添加到“效果”选项卡中的效果列表中，然后单击列表中的效果名称，即可打开对应的效果参数卷展栏❸，如下图所示。

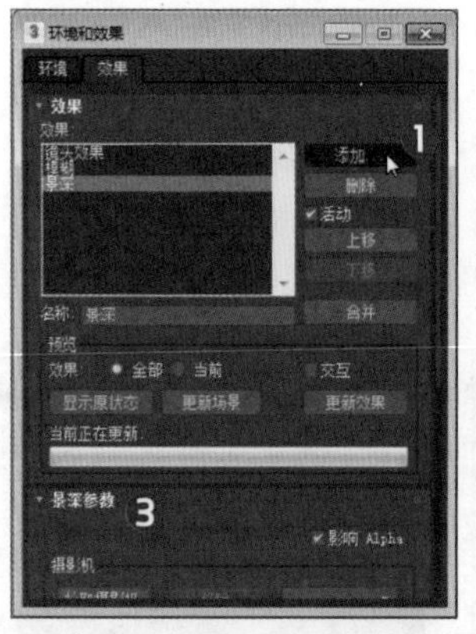

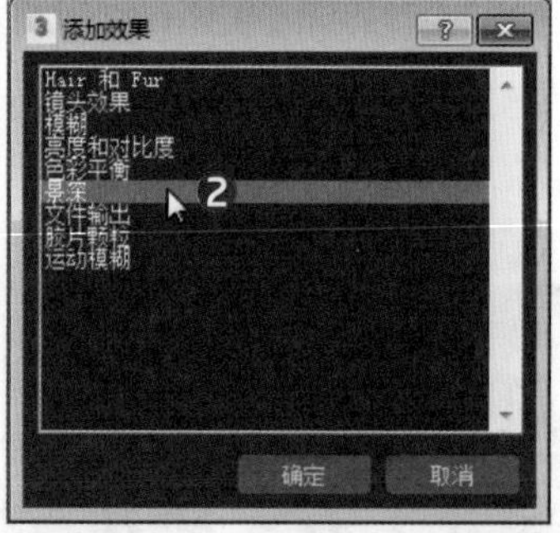

- **镜头效果**：镜头效果可以创建与摄影机相关的真实表现效果，镜头效果包括“光晕”“光环”“射线”“自动二级光斑”“手动二级光斑”“星形”和“条纹”7种类型。
- **模糊**：模糊渲染效果可以通过3种不同的方法使渲染效果或图像变模糊，分别是“均匀型”“方向型”和“放射型”。
- **亮度和对比度**：亮度和对比度效果不仅可以调整图像的对比度和亮度，还可以用于将渲染场景对象与背景图像或动画进行匹配操作。
- **颜色平衡**：使用颜色平衡效果可以通过独立调节控制RGB通道操纵相加或相减颜色，从而达到改变场景或图像的色彩情况，其参数设置面板如下图所示。
- **景深**：景深渲染效果模拟在通过摄影机镜头观看时，前景和背景的场景元素的自然模糊。
- **运动模糊**：运动模糊渲染效果通过使移动的对象或整个场景变模糊，将图像运动模糊应用于渲染场景。运动模糊可以通过模拟实际摄影机的工作方式，增强渲染动画的真实感。摄影机有快门速度，如果场景中的物体或摄影机本身在快门打开时发生了明显移动，胶片上的图像将变模糊。

6.2 渲染工具

在效果图创作过程中，因系统要求较高，不能实时的表现设计效果，所以无论是从最初模型的创建、材质贴图的应用，还是摄影机、灯光的设置，亦或是环境特效的添加等一系列设计过程中，都有可能需要用户进行创作效果的测试或是生成最终效果，而这一切都依赖于渲染的相关知识，它是前期工作流程的测试或总结。下面将为用户介绍3ds Max中的常用渲染工具“渲染设置”面板、“渲染帧窗口”，以及不同的渲染器类型。

6.2.1 “渲染设置”面板

用户可以使用“渲染设置”面板，来对场景进行渲染设置，几乎所有的渲染设置命令都在该面板中完成，在菜单栏中执行“渲染>渲染设置”命令，或是直接按下F10，用户也可以单击主工具栏中的“渲染设置”按钮，打开“渲染设置”面板，几乎所有的渲染设置命令都在该面板完成，下图所示分别为两种渲染器的“渲染设置”面板。

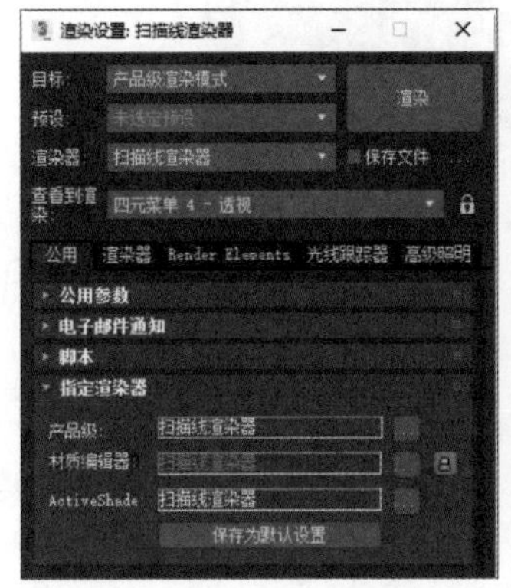

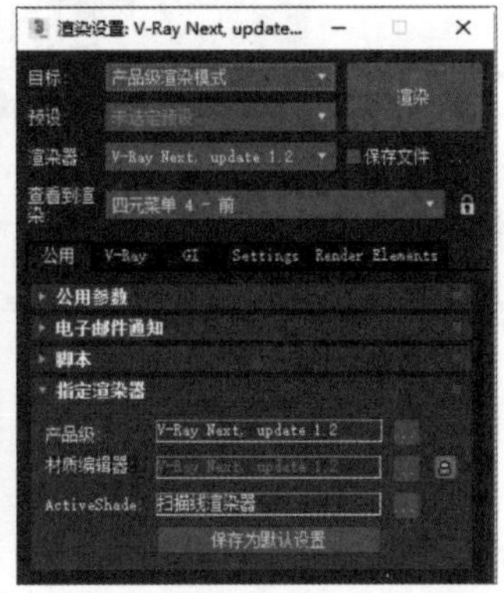

1. 渲染器类型

所谓渲染就是使用所设置的灯光、所应用的材质及环境设置（如背景和大气）为场景中的几何体着色输出，而不同的渲染器有其特定的着色输出方式。每种渲染器都有各自的特点和优势，用户可以根据作图习惯或场景需要来选择适合的渲染器，具体的操作方法有下面两种：

- 打开“渲染设置”面板，单击面板上部的“渲染器”下列按钮，从列表中进行渲染器的选择。
- 在“渲染设置”面板中，单击“公用”选项卡，接着单击“指定渲染器”卷展栏中“产品级”后的“选择渲染器”按钮，打开“选择渲染器”对话框进行设置。

在3ds Max中，除了系统自带的“ART 渲染器”“Quichsilver硬件渲染器”“VUE文件渲染器”和默认的“扫描线渲染器”4种渲染器外，用户还可以安装一些插件渲染器，如VRay渲染器。

（1）扫描线渲染器

扫描线渲染器是3ds Max默认的渲染器，它是一种可以将场景从上到下生成的一系列扫描线的多功能渲染器，渲染速度快，但其效果真实度一般。

（2）ART 渲染器

Autodesk Raytracer（ART）渲染器是一种仅使用CPU并且基于物理方式的快速渲染器，适用于建筑、产品和工业设计渲染与动画。

（3）Quicksilver 硬件渲染器

Quicksilver 硬件渲染器使用图形硬件生成渲染，它的默认设置，可以提供快速的渲染。

（4）VUE文件渲染器

使用“VUE 文件渲染器”可以创建 VUE (.vue) 文件，而VUE 文件使用可编辑ASCII格式值。

（5）VRay渲染器

VRay渲染器是由ChaosGroup和ASGVIS公司出品的一款高质量渲染软件，是目前业界较受欢迎的渲染引擎，可提供高质量的图片和动画渲染效果。VRay渲染器最大特点是能较好地平衡渲染品质与计算速度之间的关系，它提供了多种GI方式，这样在选择渲染方案时就可以比较灵活，如既可以选择快速高效的渲染方案，也可以选择高品质的渲染方案。

2. 渲染器公用设置

用户无论选择何种渲染器，其“渲染设置”都包含“公用”面板。“公用”面板除了允许用户进行渲染器选择外，其中的所以参数都应用于任何所选渲染器，包括“公用参数”“电子邮件通知”“脚本”和“指定渲染器”卷展栏，如下图所示。

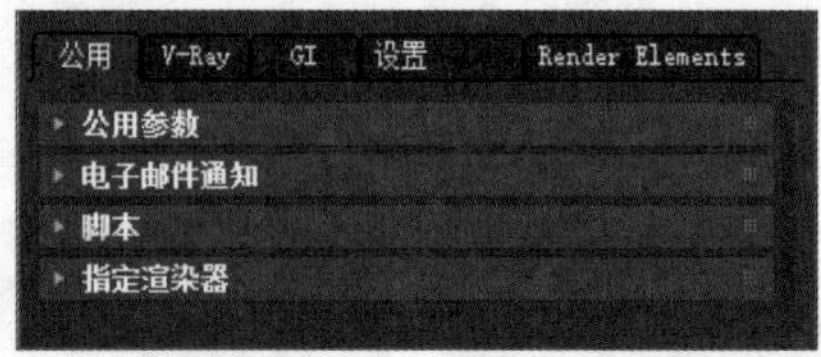

（1）“公用参数”卷展栏

该卷展栏用来设置所有渲染器的公用参数，这些参数是对渲染出的图像的基本信息设置，主要包括以下参数：

- **“时间输出”组**：选择要渲染的帧，既可以渲染出单个帧，也可以渲染出多帧，还可以是全部活动时间段或一序列帧。当选择“活动时间段”或“范围”单选按钮时，可设置每隔多少帧进行渲染一次，即设置“每N帧”的值。

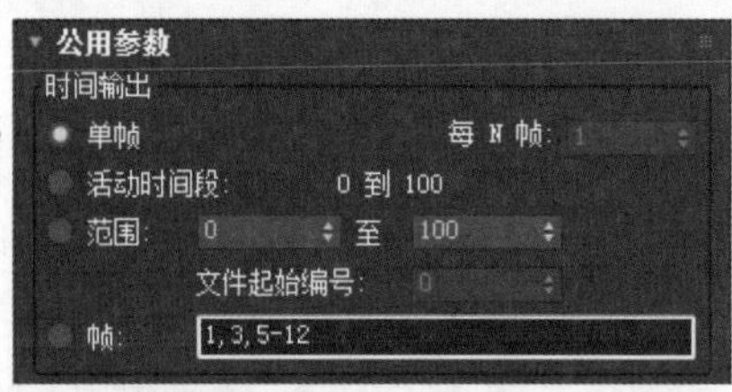

- **“要渲染的区域”组**：选择要渲染的区域，该参数也可以在“渲染帧窗口”中进行设置。
- **“输出大小”组**：选择一个预定义的大小或在“宽度”和“高度”字段（像素为单位）中输入的相应值，这些参数将影响图像的分辨率和纵横比。若从“自定义”列表中选择输出格式，那么“图像纵横比”“宽度”和“高度”的值可能会发生变化。

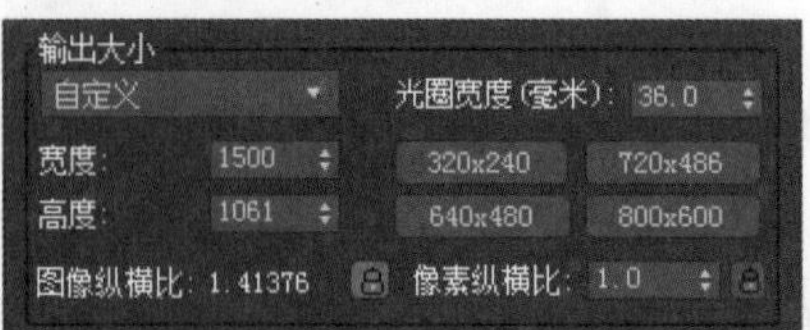

- **“选项”组**：预先设置哪些参数将不被渲染或渲染等。
- **“高级照明”组**：启用“高级照明”复选框后，3ds Max将在渲染过程中提供光能传递解决方案或光跟踪，而启用“需要时计算高级照明”复选框，则在当需要逐帧处理时，计算光能传递。

- **“位图性能和内存选项”组：** 显示3ds Max是使用完全分辨率贴图还是位图代理进行渲染，要更改设置，可单击“设置”按钮。
- **“渲染输出”组：** 用于预设渲染输出，如果用户在“时间输出”组中设置的渲染选项不是“单帧”单选按钮时，若不进行图像文件的保存设置，系统将会弹出“警告：没有保存文件”对话框，用以提醒用户要在“渲染输出”组中的相关参数进行保存设置，而“跳过现有图像”复选框是在启用“保存文件”后，渲染器将跳过序列帧中已经渲染保存到磁盘中的图像帧，而去渲染其他帧。

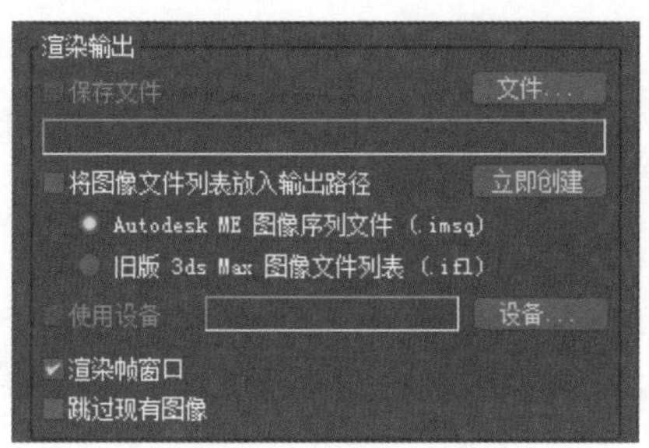

（2）“电子邮件通知”卷展览

使用该卷展栏可使渲染作业发送电子邮件通知，像网络渲染那样。如果启动冗长的渲染（如动画），并且不需要在系统上花费所有时间，这种通知非常有用等。

（3）“脚本”卷展栏

使用该卷展栏可以指定在渲染之前和之后要运行的脚本，每个脚本在当前场景的整个渲染作业开始或结束时执行一次，这些脚本不会逐帧运行。

（4）“指定渲染器”卷展栏

该卷展栏显示指定产品级和ActiveShade类别的渲染器，也显示“材质编辑器”中的示例窗，单击“产品级”后的“选择渲染器”按钮，打开“选择渲染器”对话框，选择渲染器。

6.2.2 渲染帧窗口

在3ds Max中，具体的渲染过程和渲染区域可通过“渲染帧窗口”和“渲染”进度对话框进行查看和编辑。其中“渲染”进度对话框显示渲染操作的状态，单击“渲染帧窗口”中的“渲染”按钮时❶，“渲染”进度对话框❷将显示所使用的参数和一个进度栏，单击“取消”或“暂停”按钮❸可以对渲染进度进行取消或暂停。而“渲染帧窗口”将会显示渲染输出状况，有多个常用选项和按钮，下面将对这些选项和按钮中的常用参数进行相应介绍。

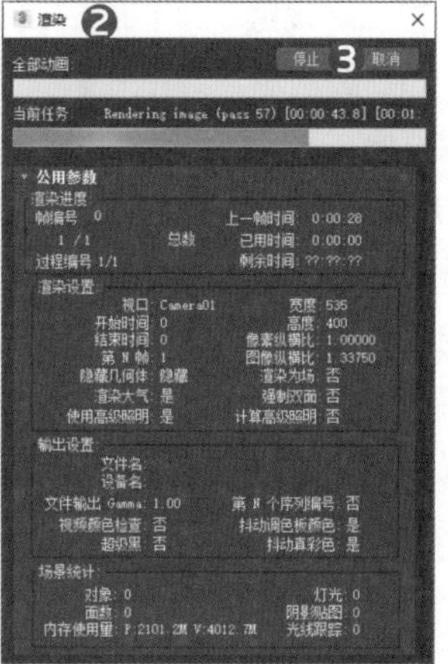

- **“渲染帧窗口”标题栏：**显示视口名称、帧编号、图像类型、颜色深度和图像纵横比等信息。
- **要渲染的区域：**该下拉列表提供可用的“要渲染的区域”选项，有“视图”“选定”“区域”“裁剪”和“放大”5个选项，当选择“区域”选项时，可使用下拉列表后的“编辑区域”按钮对渲染区域进行编辑调整大小操作，而“自动选定对象区域”按钮会将“区域”“裁剪”和“放大”区域自动设置为当前选择。
- **“渲染帧窗口”的工具栏：**单击“保存图像”按钮可打开“保存图像”对话框用于图像保存；“复制图像”按钮将渲染图像可见部分的精确副本放置在Windows剪贴板上，以准备粘贴到绘制程序或位图编辑软件中；“克隆渲染帧窗口”按钮，创建另一个包含所显示图像的窗口，可用来与上一个克隆的图像进行观察比较；“清除”按钮清除渲染帧窗口中的图像。

6.3 VRay渲染器

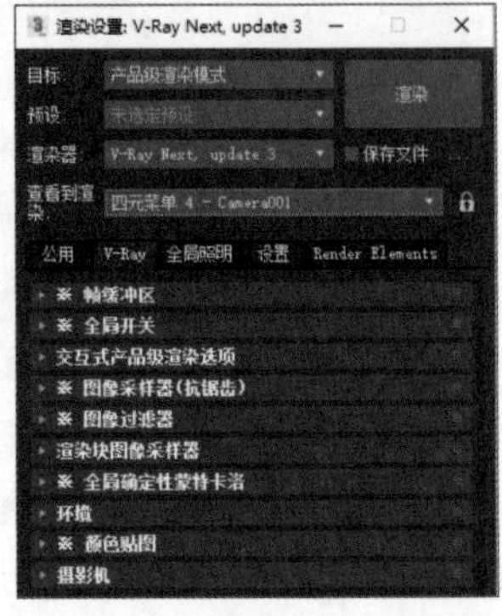

VRay渲染器主要以插件的形式应用于3ds Max等软件中，该渲染器操作较为简单、可控性较强，能较好地平衡渲染品质与计算速度之间的关系，用户既可以选择快速高效的渲染方案，也可以选择高品质的渲染方案。VRay渲染器的渲染设置面板有“公用”“V-Ray”“全局照明”“设置”和“Render Elements”5个选项卡，其中“公用”选项卡属于公用参数设置面板，上文已经对其进行详细介绍，下面将为用户介绍VRay渲染器中特有的“V-Ray”和“全局照明”2个参数面板。

6.3.1 V-Ray面板

打开VRay渲染器的“渲染设置”面板，单击“V-Ray”选项卡，打开“V-Ray”参数面板，在该面板中有如上图所示的12个参数卷展栏，其中有Glabal switches（全局开关）、Image sampler（Antialiasing)（图像采样（抗锯齿））、Image filter（图像过滤）、Progressive/Bucket image sampler（渐进或渲染块图像采样器）、Global DMC（全局DMC）、Environment（环境）和Color mapping（颜色贴图）7个参数卷展栏较为常用，下面将为用户详细介绍这些常用面板中的常用参数。

1. “全局开关”卷展栏

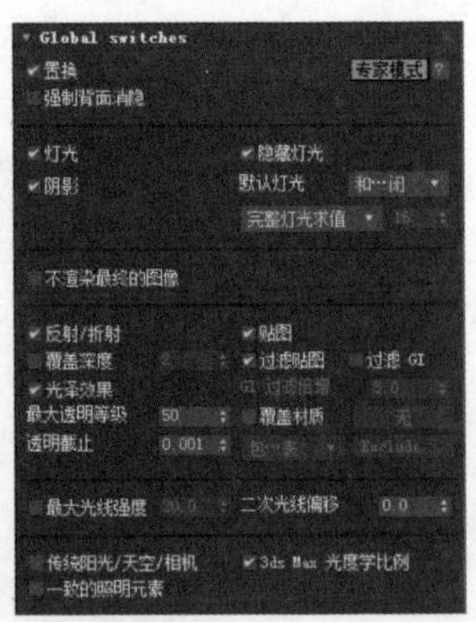

该卷展栏中的参数控制渲染器对场景中灯光、阴影、材质和反射折射等各方面的如何渲染的全局设置，该卷展栏有3种工作模式，即默认模式、高级模式和专家模式，如右图所示。其中专家模式中的参数最为详细，所有参数都可见，下面根据专家模式来介绍Glabal switches卷展栏。

- **置换：**启用或禁用VRay的置换贴图，对标准3ds Max位移贴图没有影响。
- **强制背面消隐：**使反法线的模型面不可见。
- **灯光：**控制是否开启场景中的灯光照明效果，勾选此复选框后，场景中的灯光将不起作用。
- **隐藏灯光：**控制渲染时是否渲染被隐藏操作的灯光，即控制隐藏的灯光是否产生照明效果。
- **阴影：**控制渲染时场景对象是否产生阴影。
- **默认灯光：**控制场景中默认灯光在何种情况下处于开启或关闭状态，一般保持默认设置即可。

- **概率灯光**：确定如何在有许多灯的场景中采样灯光。
- **不渲染最终效果**：勾选此复选框后将不渲染最终图像，常用于渲染光子图。
- **反射/折射**：控制场景中的材质是否开启反射或折射效果。
- **覆盖深度**：勾选此复选框后，用户可以其后的数值框中输入数值，来自定义指定场景中对象反射、折射的最大深度，若不勾选此复选框，反射、折射的最大深度为系统所设值5。
- **光泽效果**：控制是否开启反射/折射的模糊效果。
- **贴图**：控制场景中对象的贴图纹理是否能够渲染出来。
- **过滤贴图**：控制渲染时是否过滤贴图，勾选时使用“图像过滤”卷展栏中的设置来过滤贴图，不勾选该复选框时，以原始图像进行渲染。
- **过滤GI**：控制是否在全局照明中过滤贴图。
- **最大透明级别**：控制透明材质对象被光线追踪的最大深度，值越高，效果越好，渲染速度也越慢。
- **透明截止**：控制VRay渲染器对透明材质的追踪中止值，如果光线的累计透明度低于此阈值，则不会进行进一步的跟踪。
- **覆盖材质**：控制是否为场景赋予一个全局替代材质，启用该功能后，单击其后的“无”按钮进行材质设置，该功能在渲染测试灯光照明角度时非常有用。其下的“包含/排除列表”等设置用于覆盖材质所用于的对象范围，可以以图层或对象ID号来选择范围。
- **最大光线强度**：控制最大光线的强度。
- **二次光线偏移**：控制场景中重叠面对象间渲染时产生黑斑的纠正错误值。
- **3ds Max光度学比例**：优先采用VRaylight，VRaysun，VRaysky物理相机等VRay渲染器自带的灯光/天空/摄影机等，采用光度学比例单位，与“传统阳光/天空/摄影机模式”相对。

2.“图像采样（抗锯齿）”卷展栏

用VRay渲染器渲染图像，将以指定的分辨率来决定每个像素的颜色从而生成图像，而逐像素来表现场景对象表面的材质纹理或灯光效果时，会出现一个像素到下个像素间颜色突然变化的情况，即会产生锯齿状边缘，从而使图像效果不理想。

VRay渲染器主要提供两种图像采样器来采样像素的颜色和生成渲染图像，即“块”和“渐进”两种类型，用这两种颜色采样算法来确定每个像素的最佳颜色，避免生成锯齿。而图像采样器及其设置的选择会极大地影响渲染质量和渲染速度间的平衡关系。

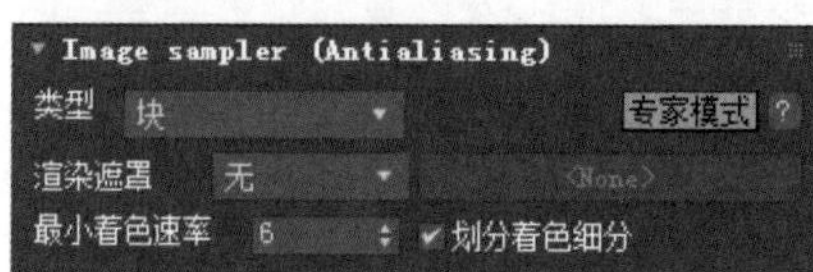

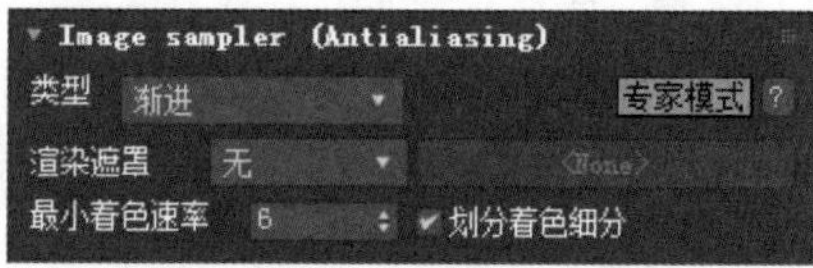

- **块**：根据像素强度的差异，每个像素在一个可变采样值中进行取样。
- **渐进**：随着时间的推移细化细节逐步完成整个图像的采样。
- **渲染遮罩**：使用渲染遮罩来确定图像的像素数，只渲染呈现属于当前遮罩内的对象。

“块”和“渐进”两种图像采样类型，将对应V-Ray面板中的“渲染块图像采样器”或“渐进图像采样器”卷展栏，这两个卷展栏下文将会介绍。

3.“图像过滤”卷展栏

图像采样器可以确定像素采样的整体方法，以生成每个像素的颜色，而图像过滤器可以锐化或模糊相邻像素颜色之间的变化，两者常结合使用。勾选“图像过滤器”复选框，视为开启图像过滤，并从其后的“过滤器”下拉列表中进行不同过滤器类型的选择。静帧效果图表现时，多采用可以将这些细节更加明显和突出的过滤器，如Catmull-Rom；而动画序列的渲染中，多选择一些在播放过程中，可以模糊像素来减少杂色或详细的纹理闪烁的图像过滤器，如Mitchell-Netravali。

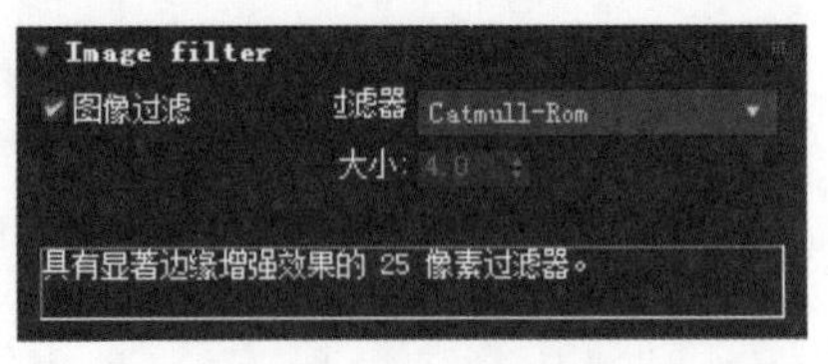

4. “渲染块/渐进图像采样器”卷展栏

图像采样器卷展栏包括“渲染块图像采样器”和“渐进图像采样器”两种卷展栏，它们与“图像采样（抗锯齿）”卷展栏中的“类型”相对应。

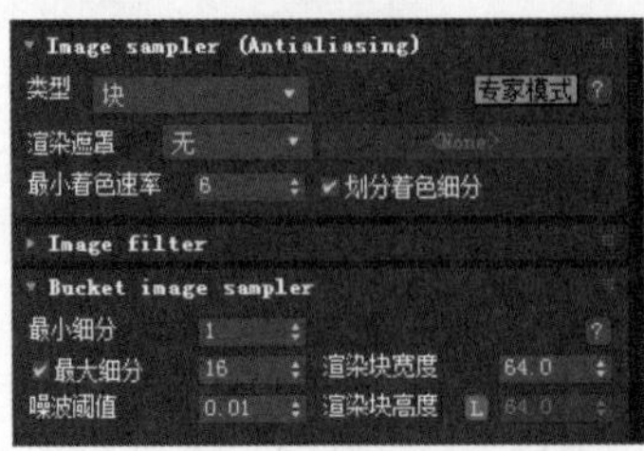

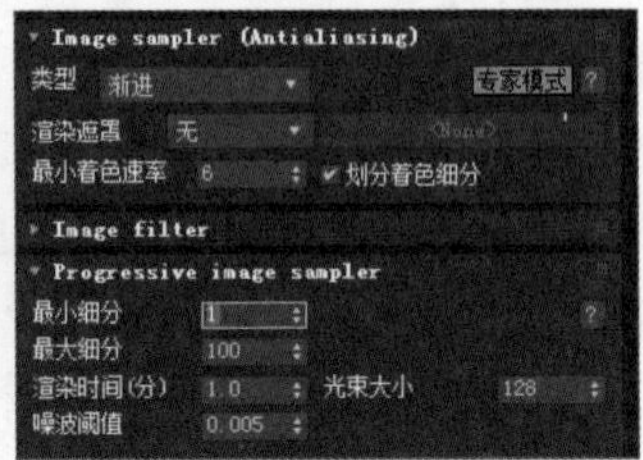

- **最小细分：** 设置每个像素所取样本的初始（最小）个数，一般都设置为1。
- **最大细分：** 设置像素的最大样本数，采样器的实际数量是该细分值的平方值，如果相邻像素的亮度差异足够小，V-Ray渲染器可能达不到采样的最大数量。
- **噪波阈值：** 用于确定像素是否需要更多样本的阈值。
- **渲染时间（分）：** 设置最大的渲染时间，当达到这个分钟数时，渲染器将停止。

5. “全局确定性蒙特卡洛”卷展栏

该参数卷展栏用来控制整体的渲染质量和速度，其参数面板如下图所示。

- **最小采样：** 设置样本及样本插补中使用的最少样本数目，值越大，渲染质量越高，速度也就越慢。
- **自适应数量：** 主要是用来设置适应的百分比值。
- **噪波阈值：** 设置渲染中所有噪点的极限值，包括灯光细分、反锯齿效果等。值越小，渲染质量越高，相应的速度也就越慢。

6. “环境”卷展栏

该卷展栏可以给环境背景、反射/折射等指定颜色或贴图纹理。如果不指定颜色或贴图，默认情况下将使用“环境和效果”面板中指定的背景颜色和贴图。

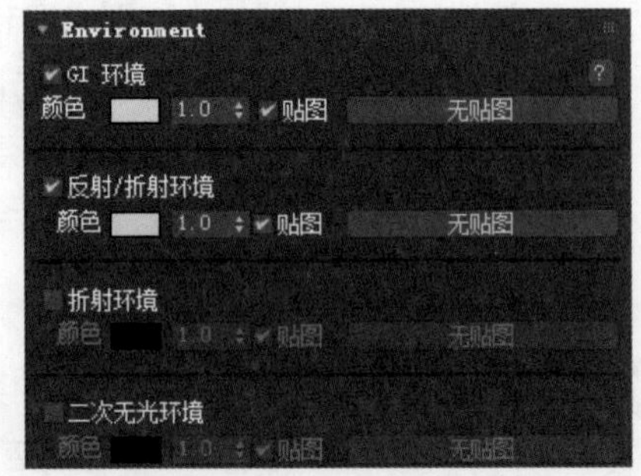

7. “颜色贴图”卷展栏

该卷展栏中的参数主要用来控制整个场景的颜色和曝光方式，设置在用户界面中调整的颜色和最终渲染所呈现的颜色之间的关系，下图所示为专家模式下该卷展栏的参数情况。

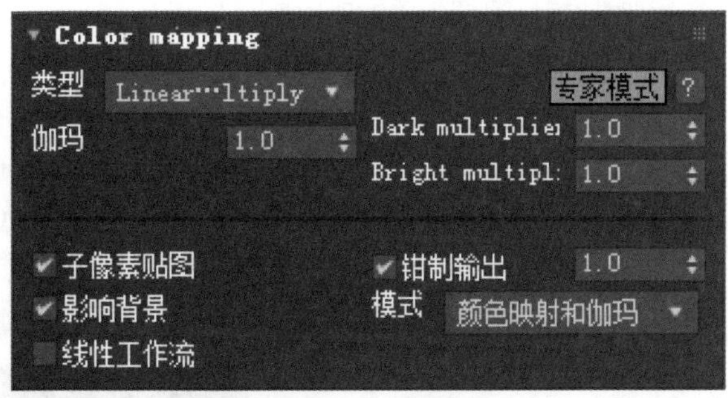

- **类型：**包括Linear multiply（线性倍增）、Exponential（指数）、HSV exponential（HSV 指数）、Intensity exponential（强度指数）、Gamma correction（伽马校正）、Intensity gamma（强度伽马）和Reinhard（莱因哈德）多种曝光模式。

  线性倍增：该曝光模式基于最终色彩的亮度来进行线性倍增，容易产生曝光效果。

  指数：采用指数模式曝光，可以降低靠近光源处对象表面的曝光情况，产生柔和效果。

  莱因哈德：这种曝光模式是线性倍增和指数曝光模式的混合情况。
- **子对象贴图：**勾选该复选框后，对象的高光区域和非高光区域之间的界限不会有明显的黑边。
- **影响背景：**控制是否让曝光模式影响背景，默认为开启状态，关闭该选项后背景将不受曝光模式影响。
- **线性工作流：**勾选该复选框后，VRay渲染器将通过调整图像的灰度值来使对象得到线性化显示的工作流程。
- **钳制输出：**勾选该复选框后，VRay渲染器在渲染一些无法表现的颜色时会通过限制来自动校正。

6.3.2 GI面板

GI（即间接照明）面板中的参数用于控制场景的全局照明，在3ds Max中光线的照明效果分为直接照明（直接照射到物体上的光）和间接照明（照射到物体上反弹的光），在VRay渲染器中GI被理解为间接照明。因该面板中Global illumination（全局照明）卷展栏中的“首次引擎”和“二次引擎”下拉列表中都有多个选项，选择不同的选项时GI面板会对应出现数量或顺序不同的卷展栏，下面将着重介绍下图所示的几个卷展栏。

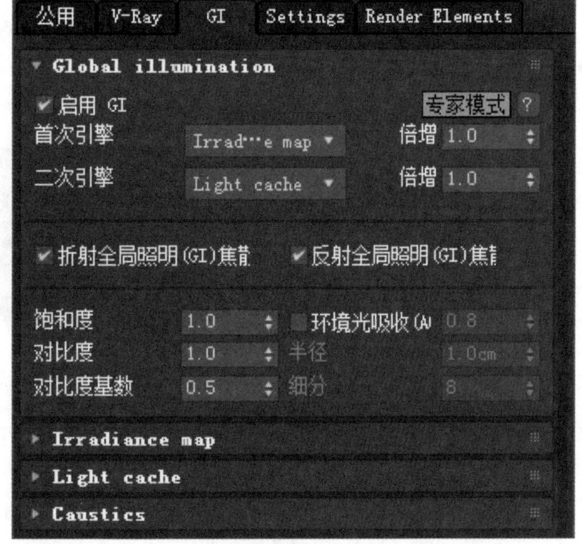

1. “全局照明”卷展栏

在使用VRay渲染器进行渲染图像时，用户应该首先确认勾选“启用GI”复选框开启间接照明开关，光线计算才能较为准确，从而能够模拟出较为真实的三维效果。

- **首次引擎/二次引擎：**VRay渲染器计算光线传递的方法，“首次引擎”包括“发光图”“暴力”和“灯光缓存”选项，而“二次引擎”包括“无”“暴力”和“灯光缓存”选项。
- **倍增：**设置首次引反弹或二次反弹光线的倍增值。
- **折射/反射全局照明（GI）焦散：**控制是否开启折射或反射焦散效果。

- **饱和度**：控制色溢情况，降低该值既可降低色溢效果。
- **对比度**：设置色彩的对比度。
- **对比度基数**：控制饱和度和对比度的基数。
- **环境光吸收（AO）**：勾选该复选框后，即可控制渲染效果的环境阻光AO情况。

2.“发光图”卷展栏

发光图是VRay渲染器模拟光线反弹的一种常用方法，只存在于“首次引擎”中，下图是“发光图”卷展栏的默认模式。

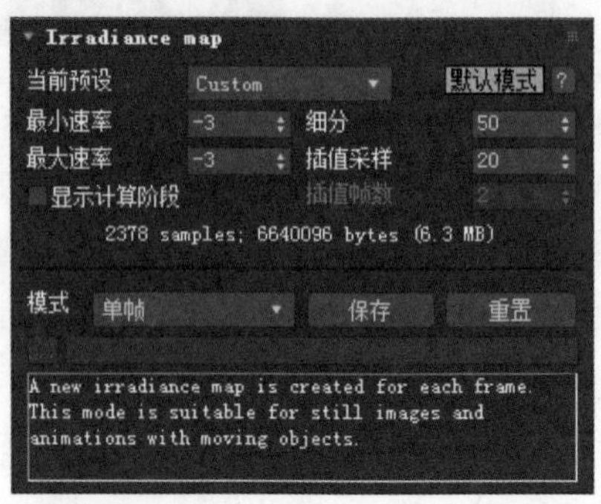

- **当前预设**：设置发光图的预设类型，有“自定义”“非常低”“低”“中”“中-动画”“高”“高-动画”和“非常高”8种选项，其品质情况顾名思义。
- **最小速率**：控制场景中较平坦区域的光线采样数量。
- **最大速率**：控制场景中复杂细节较多区域的光线采样数量。
- **细分**：该值越高，品质越好，相对的渲染速度也就越慢。
- **插值采样**：该值控制采样的模糊处理情况，值越大越模糊，值越小越税利。

3.“灯光缓存”卷展栏

“灯光缓存”一般用于二次反弹，计算方法是引擎追踪摄影机中可见的场景，对可见部分进行光线反弹。

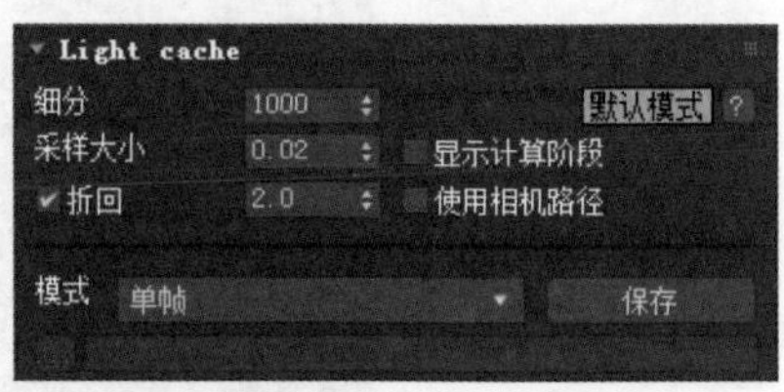

- **细分**：设置灯光缓存的样本数，值越高，效果越好，速度越慢。
- **采样大小**：控制灯光缓存的样本大小，值越小，细节越多。

4.“焦散”卷展栏

“焦散”是一种特殊的物理现象，在VRay渲染器的“焦散”卷展栏中，可以进行焦散效果的设置。

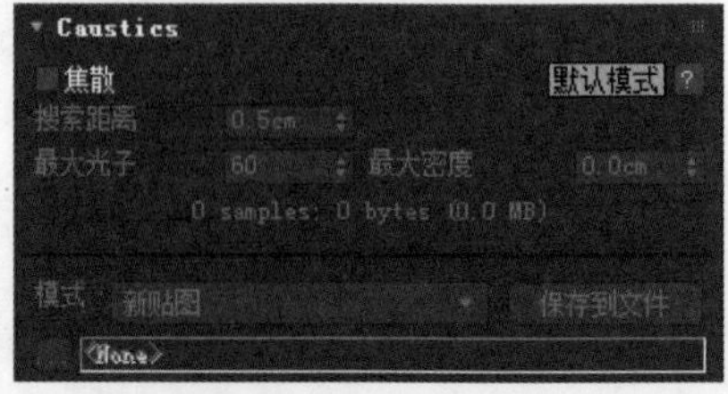

- **焦散**：勾选该复选框后，可渲染焦散效果。
- **搜索距离**：光子追踪撞击周围物体或其他光子的距离。
- **最大光子**：确定单位区域内最大光子数量。
- **最大密度**：控制光子的最大密度。

知识延伸：HDRI环境贴图

HDRI是一种高动态范围贴图，是High-Dynamic Range（HDR）image的缩写，HDRI拥有比普通RGB格式图像（仅8bit的亮度范围）更大的亮度范围。标准的RGB图像最大亮度值是255/255/255，计算机在表示图象的时候用8位或16位级来区分图象的亮度。如果用这样的图像结合光能传递照明一个场景的话，即使是最亮的白色也不足以提供足够的照明来模拟真实世界中的情况，渲染结果看上去会平淡而缺乏对比，原因是这种图像文件将现实中的大范围的照明信息仅用一个8bit的RGB图像描述。

用户如果在场景中使用HDRI的话，相当于将太阳光的亮度值（比如6000%）加到光能传递计算以及反射的渲染中，得到的渲染结果也是非常真实和漂亮的。在HDRI的帮助下，用户可以使用超出普通范围的颜色值，因而能渲染出更加真实的3D场景，但这区区几百或几万无法再现真实自然的光照情况，超过这个范围时就需要用到HDR贴图。

HDRI贴图就是一种模拟环境的一种文件，在三维场景中，可以将其作为做环境背景、光照贴图或反射贴图等。在3ds Max里面，按下8键，在环境背景设置中，可以把HDRI图像放在这里，用来做背景渲染显示，或是配合使用VRay渲染器GI全局光照中的相关参数，来达到模拟光天的光照作用，或在环境反射里可以用其来做反射贴图。

上机实训：使用VRay渲染器渲染场景

综合本章所学的知识点，根据提供的室内场景，使用VRay渲染器渲染该场景。

步骤 01 打开随书光盘中的“使用VRay渲染器渲染场景.max”文件，如下左图所示。

步骤 02 按下F10键，打开“渲染设置”面板❶，单击“渲染器”后的下拉按钮❷，从渲染器列表中选择V-Ray渲染器❸，如下右图所示。

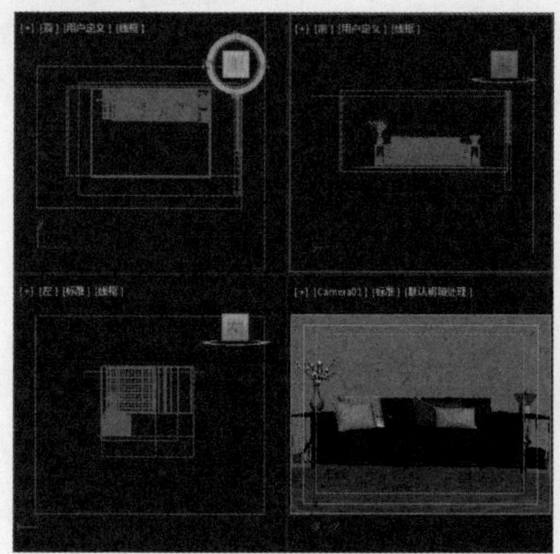

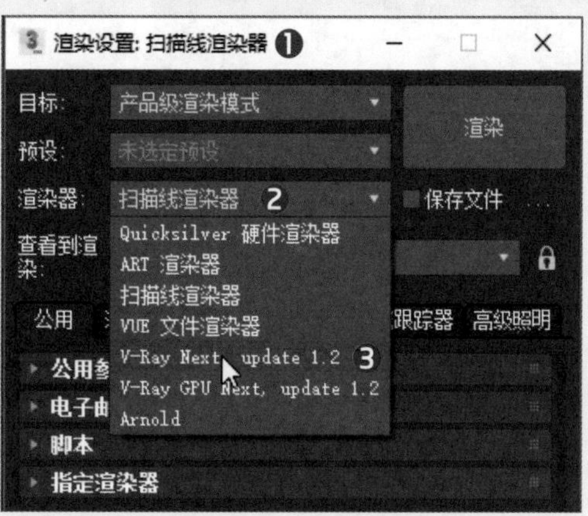

步骤03 切换至V-Ray面板，展开Image filter卷展栏，将“过滤器”设为Catmull-Rom❶，如下左图所示。

步骤04 切换至GI面板，在Global illumination卷展栏中将“首次引擎”“二次引擎”分别设置为Irradiance map、Brute force❶，展开Irradiance map卷展栏中将“当前预设”设为Custom❷，“最大速率”和“最小速率”设置为-3❸，如下右图所示。

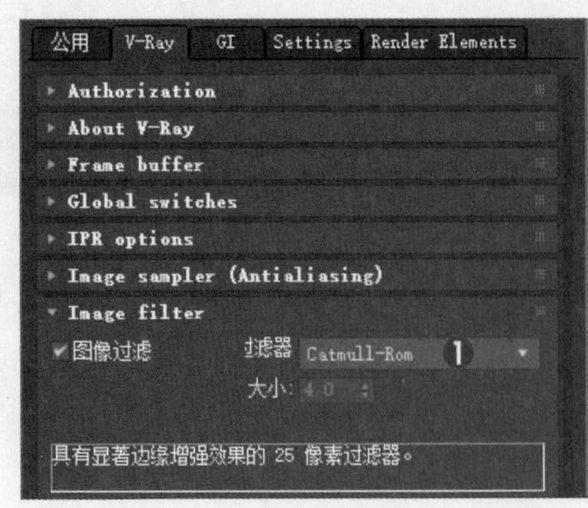

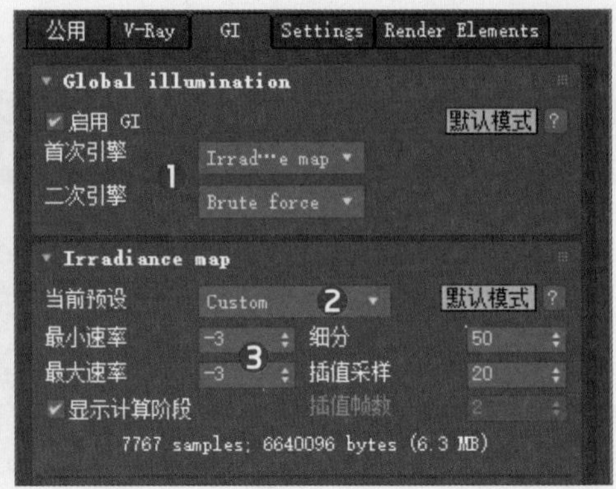

步骤05 切换至“公用”面板，将“输出大小”的“宽度”值设为1000❶，单击“渲染”按钮❷，如下左图所示。

步骤06 最终渲染效果如下右图所示。

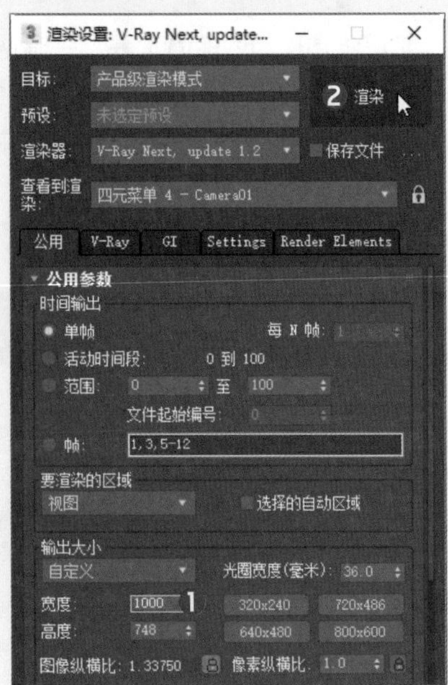

课后练习

1. 选择题

(1) 在3ds Max中，按下（　　）键，可以快速打开“环境和效果”面板。

A. G　　B. 8　　C. J　　D. C

(2) 在3ds Max的大气效果中，（　　）效果必须指定大气装置才能渲染相应效果。

A. 雾　　B. 体积光　　C. 火效果　　D. 镜头效果

(3) 如果需要快速打开“渲染设置”面板，用户可以按下（　　）键。

A. F9　　B. F10　　C. F5　　D. 8

(4) 用户无论选择何种渲染器，下面（　　）选项卡中的参数应用于任何所选渲染器。

A. 高级照明　　B. 公用　　C. 设置　　D. 光线跟踪

(5) 使用VRay渲染器进行场景渲染时，大部分的参数在（　　）面板进行设置。

A. GI面板　　B. 设置面板　　C. V-Ray面板　　D. 设置面板

(6) 在VRay渲染设置面板中，“发光图”参数卷展栏存在于（　　）面板。

A. 公用　　B. 设置面板　　C. V-Ray面板　　D. GI面板环

2. 填空题

(1) “环境和效果”面板中有__________和__________2个选项卡。

(2) 在3ds Max中，单击主工具栏中的__________按钮，即可打开“渲染帧窗口”。

(3) 3ds Max系统默认的渲染器是__________。

(4) 在渲染设置“公用”面板的__________卷展栏中，可以进行不同渲染器的指定操作。

(5) 在VRay渲染设置面板中，“图像过滤”卷展栏在__________选项卡下。

(6) 在VRay渲染设置的GI面板中，“首次引擎”的类型有__________、__________、__________、__________4种。

3. 上机题

使用“环境和效果”面板中的“大气”卷展栏和“效果”面板，结合创建好的灯光，为下列场景添加体积光和镜头效果。

Part 02

综合案例篇

在综合案例篇中，将根据3ds Max在建筑与室内设计方面的具体应用，对使用3ds Max进行室外建筑效果表现和室内家装中客厅表现的设计过程进行了详细讲解。使读者在巩固前面所学基础知识的同时，通过对这些实用性案例的学习，真正达到学以致用的目的。

Chapter 07 室外建筑表现

本章概述

本章将使用3ds Max进行室外建筑模型的创建、摄影机的创建、室外灯光的布置及建筑物材质的设计等操作。用户可以使用园林植物来为室外场景添加配景，增加场景的真实感。在制作过程中，应注意要与真实世界的比例相符。

核心知识点

❶ 掌握CAD图纸的导入
❷ 使用图形的创建三维实体
❸ 掌握摄影机的创建
❹ 掌握灯光布置
❺ 掌握材质设计

7.1 模型的创建

室外建筑的表现遵循一定的工作流程，而模型的创建往往是工作流程中的第一步，室外建筑可以参考外部文件进行精确建模，也可以合并共享模型丰富场景。

7.1.1 导入外部图纸

用户可以依据CAD图纸创建建筑模型，在导入CAD图纸前需在AutoCAD中对图纸进行处理，方便3ds Max的调用，这方面的处理用户可自行了解。下面具体介绍如何在3ds Max中导入和变换CAD图纸。

步骤 01 打开应用程序，在菜单栏中执行“自定义>单位设置”命令，在打开的“单位设置”对话框中单击“系统单位设置”按钮❶，在弹出的对话框中将系统单位设置为“毫米”❷，单击“确定”按钮，返回上一对话框，将显示单位设置为“毫米”❷，单击“确定”按钮完成单位设置❺，如下左图所示。

步骤 02 在菜单栏中执行“文件>导入”命令❶，如下右图所示。

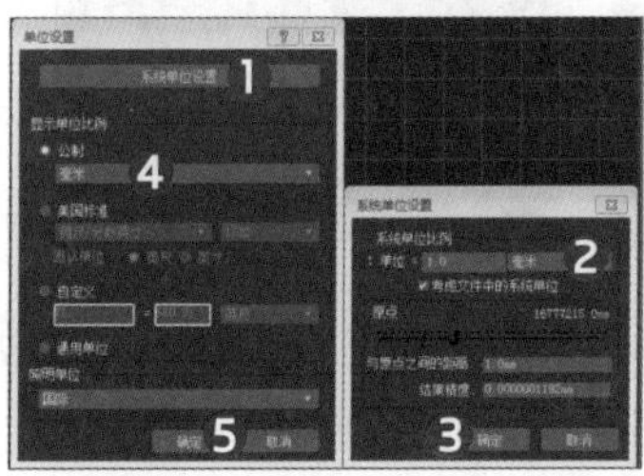

步骤 03 在打开的“选择要导入的文件”对话框中确认“文件类型”为“所有格式”❶，选择“1层平面.dwg”文件❷，单击“打开”按钮❸，如下左图所示。

步骤 04 在随即打开的对话框中，保持默认设置，单击“确定”按钮完成导入操作，如下右图所示。

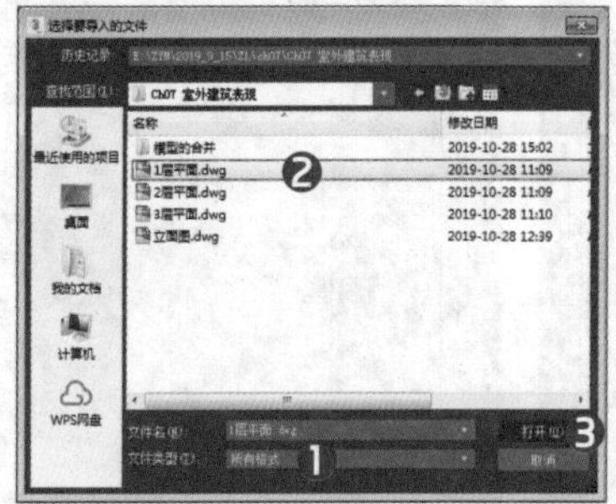

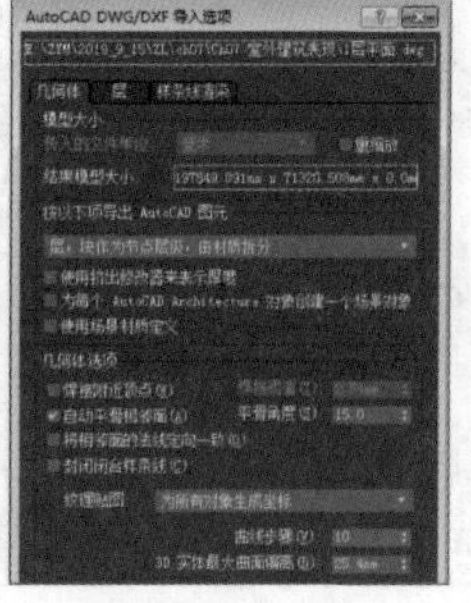

步骤05 按下“Ctrl+A”键，选中所有导入的CAD图纸对象，在菜单栏中执行“组>组”命令❶，在弹出的“组”对话框中将组命名❷，并单击“确定”按钮❸，如下左图所示。

步骤06 使用“选择并移动”工具，在界面下方的状态栏中，用鼠标右键单击X、Y和Z的微调按钮❶，将图纸位置归零，如下右图所示。

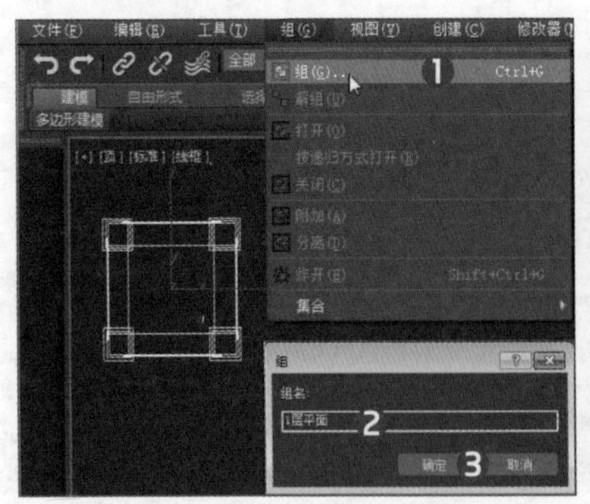

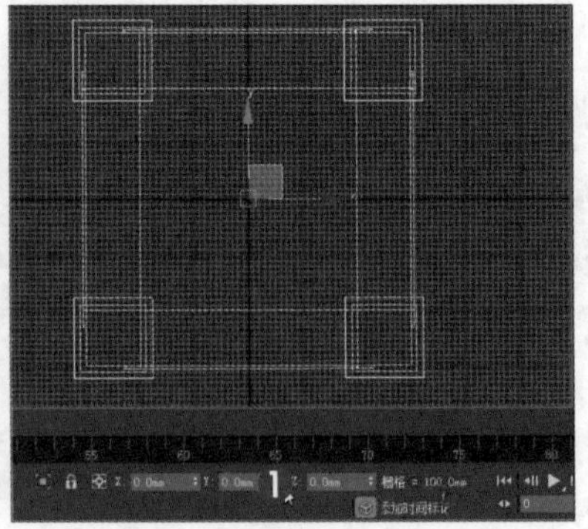

步骤07 单击鼠标右键，在弹出的快捷菜单中选择“对象属性”选项，如下左图所示。

步骤08 在打开的“对象属性”对话框中，取消勾选“以灰色显示冻结对象”复选框❶，单击“确定”按钮❷，如下右图所示。

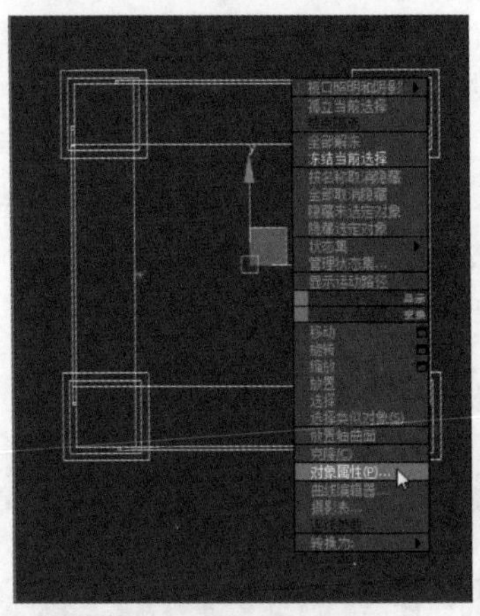

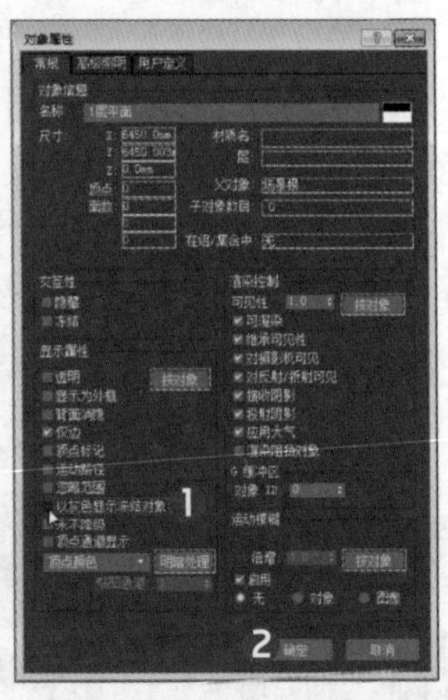

步骤09 单击鼠标右键，在快捷菜单中选择“冻结当前选择”选项，冻结导入对象，如下左图所示。

步骤10 按上述多个步骤将“立面图.dwg”文件导入并进行相应复制、旋转等操作，其最终与“1层平面”组对象在视图中的位置，如下右图所示。

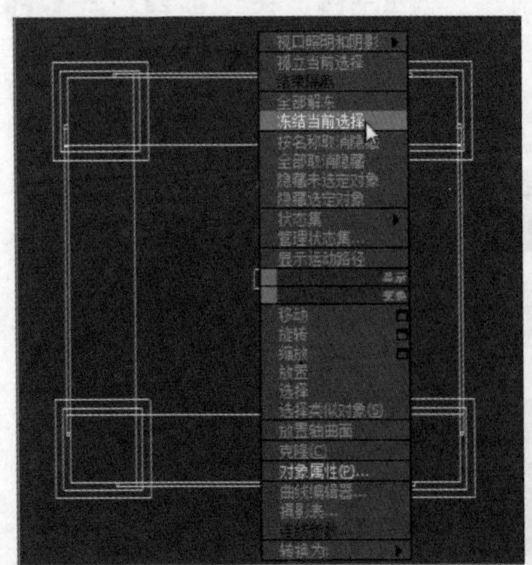

7.1.2 模型的创建

在CAD图纸的基础上，使用样条线工具，利用“挤出”和“倒角剖面”修改器将二维图形转换为三维对象。在模型的创建中，学会利用A、S、F5和F6等快捷键进行对象、X或Y轴的捕捉等操作。

步骤 01 按S键激活捕捉开关，并在主工具栏中右键单击该开关❶，在弹出的“栅格和捕捉设置”面板中，切换中“选项”面板❷，勾选“捕捉到冻结对象”❸、“启用轴约束”❹复选框，单击“创建”面板❺中的“图形”按钮❻，使用“矩形”工具捕捉相应顶点绘制矩形❼，如下左图所示。

步骤 02 切换至顶视图，移动绘制的矩形到相应位置❶，进入“修改”面板❷，在“修改器列表”❸中为绘制的矩形添加“挤出”修改器❹，如下右图所示。

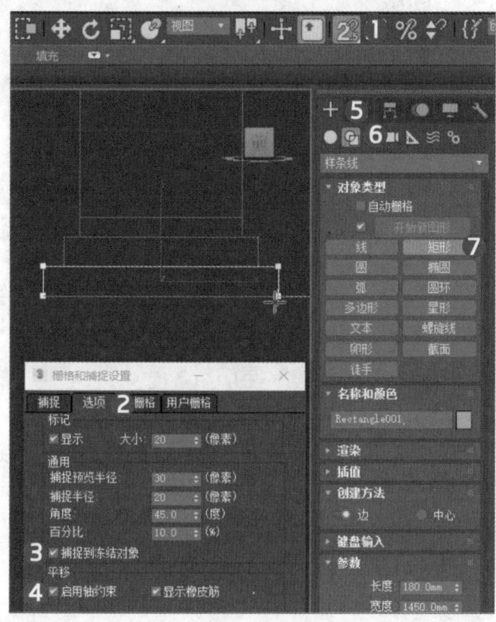

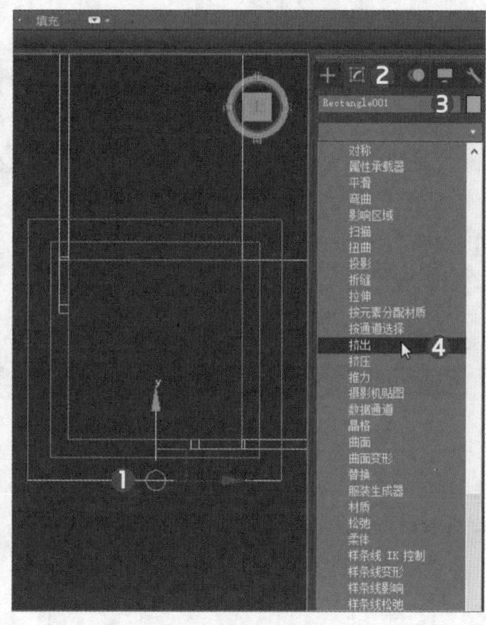

步骤 03 在“挤出”修改器的“参数”卷展栏中设置挤出的“数量”值❶，接着在对象上单击鼠标右键，从弹出的快捷菜单列表中执行“转换为：>转换为可编辑多边形”❷，并在顶点层级调整点，如下左图所示。

步骤 04 按上述多个步骤，绘制如下右图所示柱体，并复制出另一柱体。

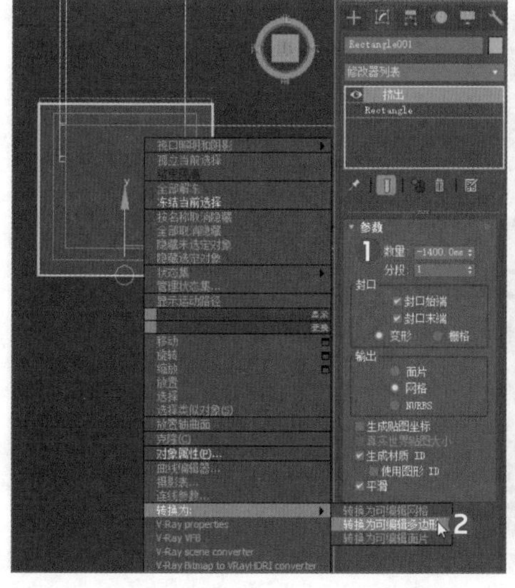

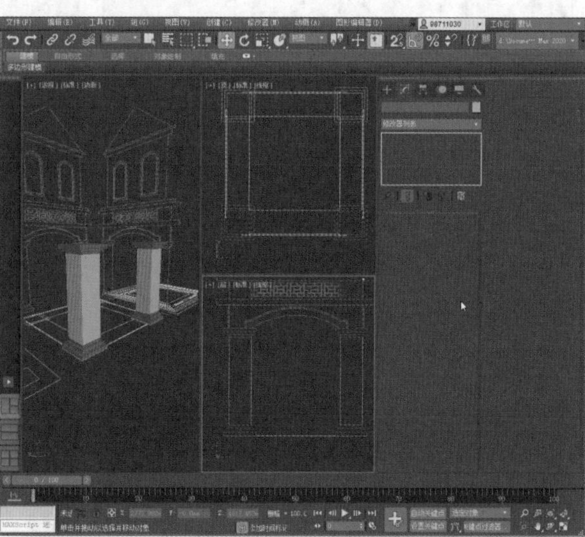

步骤 05 使用“创建”面板中的“线”工具❶，在前视图中按参考线条绘制样条线❷，取消勾选“开始新图形”复选框❸，再使用“弧”工具❹在视图中捕捉相应顶点绘制弧形❺，如下左图所示。

步骤 06 切换至“修改”面板❶，进入“顶点”层级❷，选择图中所示4个顶点❸，单击“几何体”卷展栏中的“焊接”按钮❹，如下右图所示。

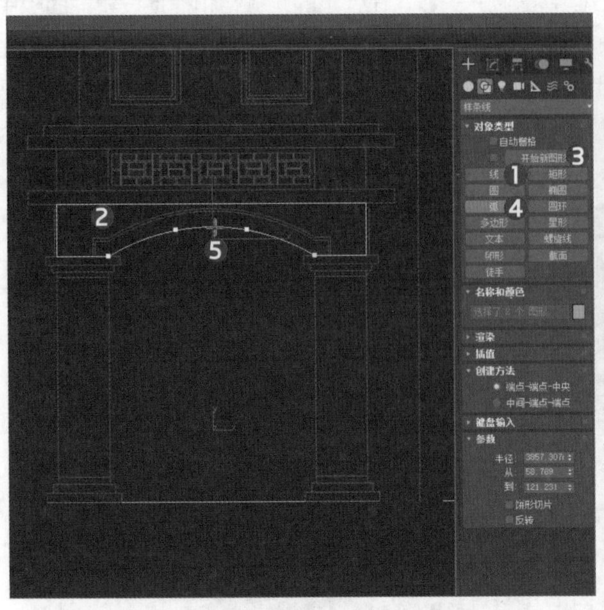

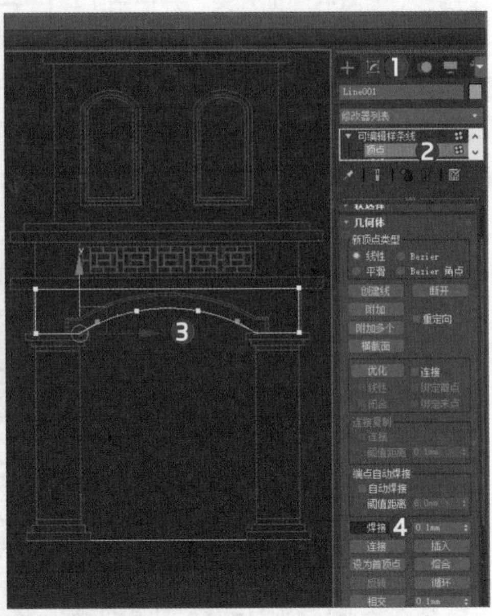

步骤 07 进入“样条线”层级❶，选择样条线❷，在“几何体”卷展栏中“轮廓”后的数值框中输入-50❸，接着单击“轮廓”按钮❹，如下左图所示。

步骤 08 切换至“显示”面板❶，展开“冻结”卷展栏❷，单击“按点击解冻”按钮❸，在视图中单击冻结对象❹，进行解冻操作，如下右图所示。

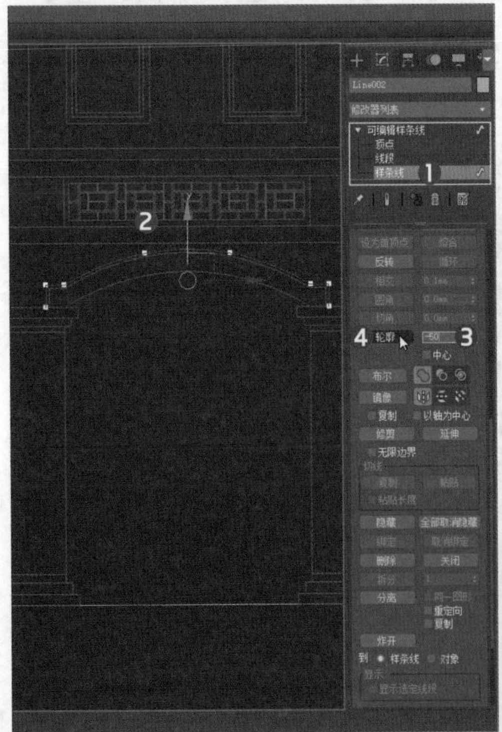

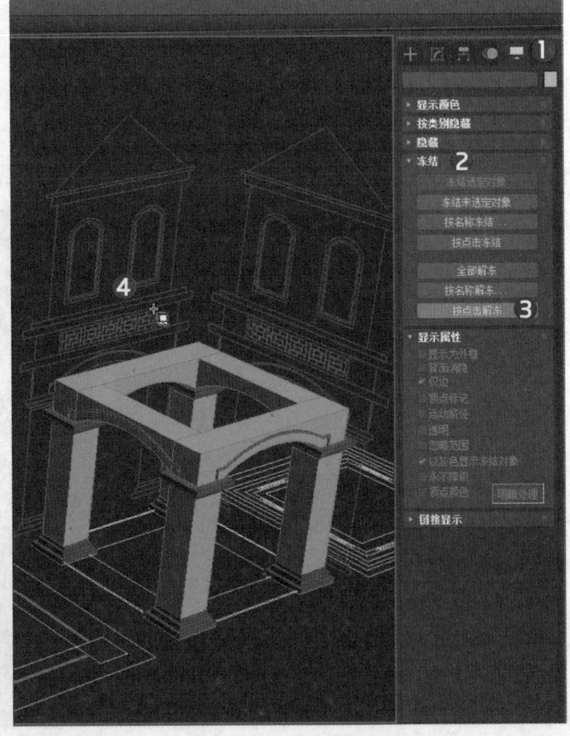

步骤09 选择解冻的“立面图”对象❶，使用组合键“Ctrl+C”、“Ctrl+V”复制该对象，在弹出的“克隆选项”对话框中单击“复制”单选按钮❷，接着单击“确定”按钮❸，如下左图所示。

步骤10 确定复制出的“立面图002”对象处于选择状态，单击启用窗口下方状态栏中的“偏移模式变换输入”按钮，在X轴的数值框中输入-8000，再按Enter键确认输入，结果如下右图所示。

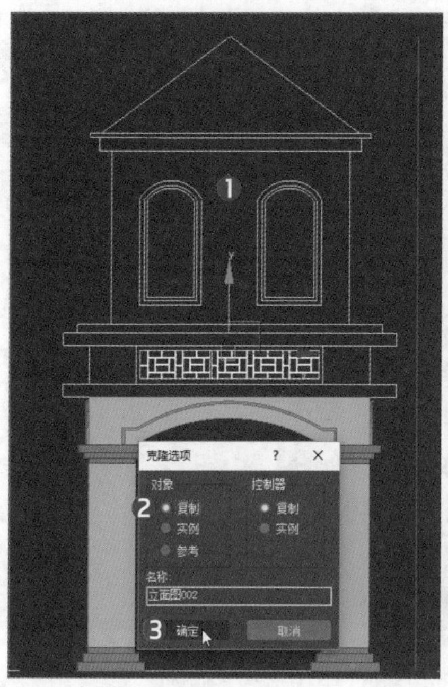

步骤11 根据一层的建模方法，按照二层平面图及立面图画出如下左图所示模型。

步骤12 按照上述建模步骤，制作出三层模型，结果如下右图所示。

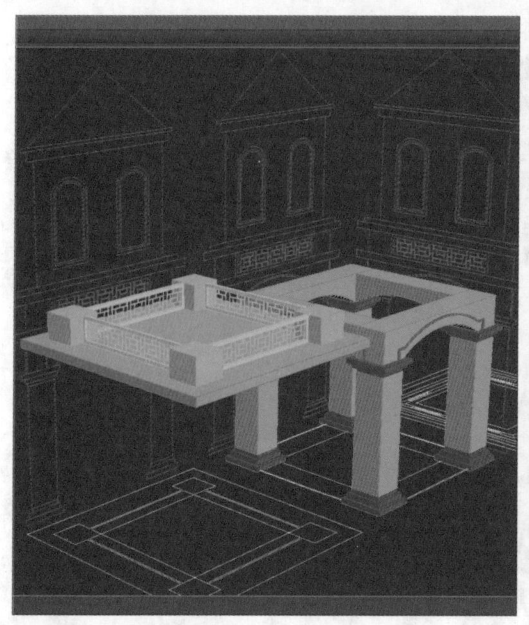

7.1.3 模型的合并

通过上述操作，用户对模型的创建有了一定的实践技能后，可以举一反三，做出更为复杂的建筑模型，这里就不一一介绍，本章中建筑模型的其余部分可以通过合并操作，合并到场景中。

步骤 01 使用下方状态栏中的“偏移模式变换输入”移动二、三层模型，按下“Ctrl+A”键，选中所有对象，打开转化为可编辑多边形，如下左图所示。

步骤 02 选择如下右图所示的多个对象，按下“Alt+Q”按钮，将其孤立操作，选择其中的一个对象，在“编辑几何体”卷展栏❶中单击“附加列表”按钮❷，在随即弹出的对话框中附加所有孤立对象。

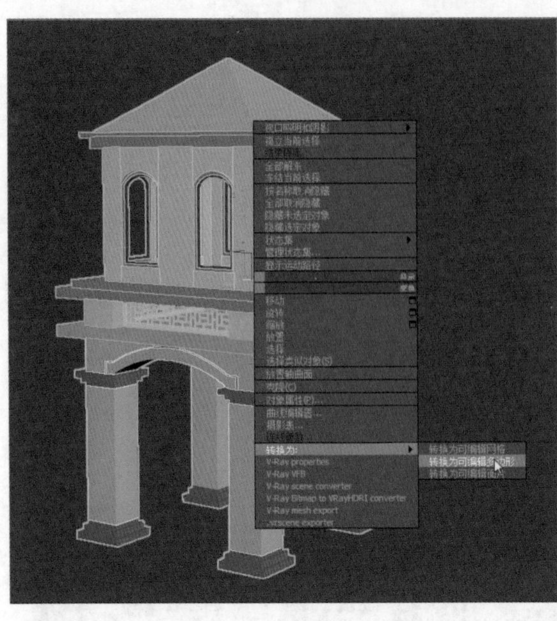

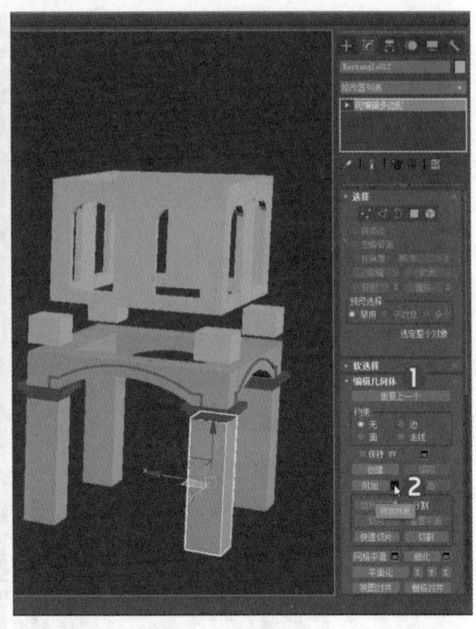

步骤 03 按下“Ctrl+A”键，选中所有对象，进入“层次”面板❶，单击“仅影响轴”❷按钮后，接着单击“居中到对象”按钮❸，最后再次单击“仅影响轴”按钮退出调整轴操作，如下左图所示。

步骤 04 选择所有对象，在菜单栏中执行“组>组”命令❶，在弹出的“组”对话框中单击“确定”按钮❷，从而将创建的模型成组操作，如下右图所示。

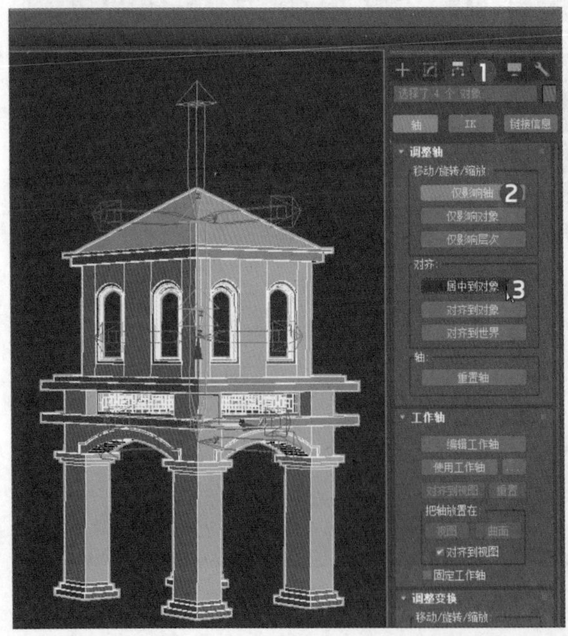

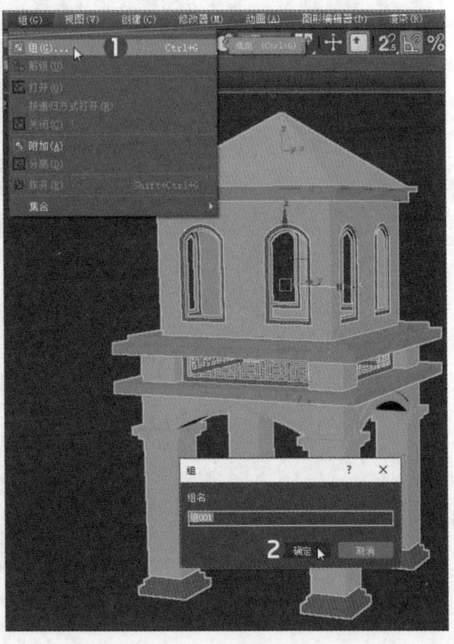

步骤 05 在菜单栏中执行“文件>导入>合并”命令，将建筑主体模型合并到当前场景中，如下左图所示。

步骤 06 按下右图所示，调节导入的建筑主体模型和创建模型之间的位置，并进行保存操作。

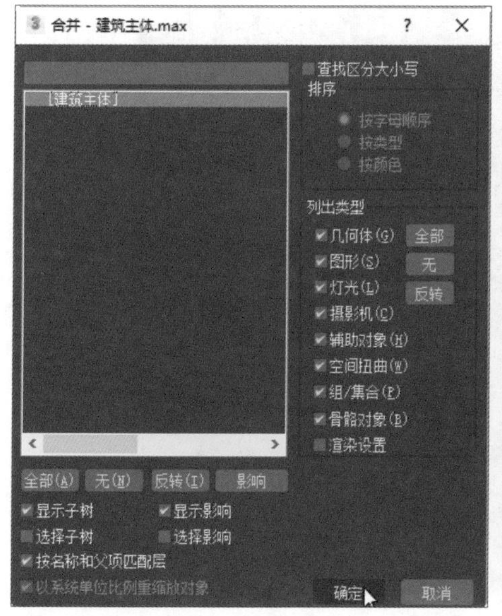

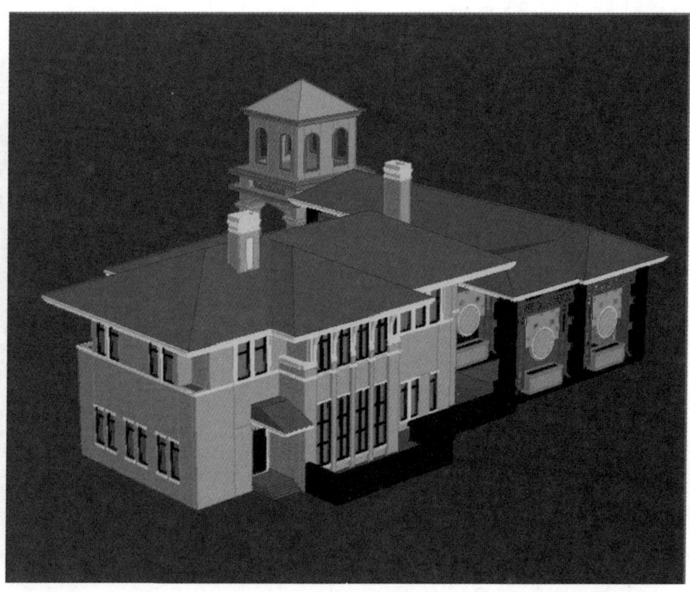

7.2 摄影机的创建

在主体模型创建完成后，用户还需为模型添加地面和天空球，然后再选择一个角度创建出摄影机来表现室外建筑物。

步骤 01 在“创建”面板❶中单击“几何体”按钮❷，接着在“标准几何体”❸中单击“平面”工具按钮❹，展开“键盘输入”卷展栏，将“长度”“宽度”值设置为150000.0❺，单击“创建”按钮❻创建平面，如下左图所示。

步骤 02 在“创建”面板中❶，单击“球体”工具按钮❷，在“键盘输入”卷展栏设置“半径”值为60000.0❸，单击“创建”按钮❹创建球体，如下右图所示的球体。

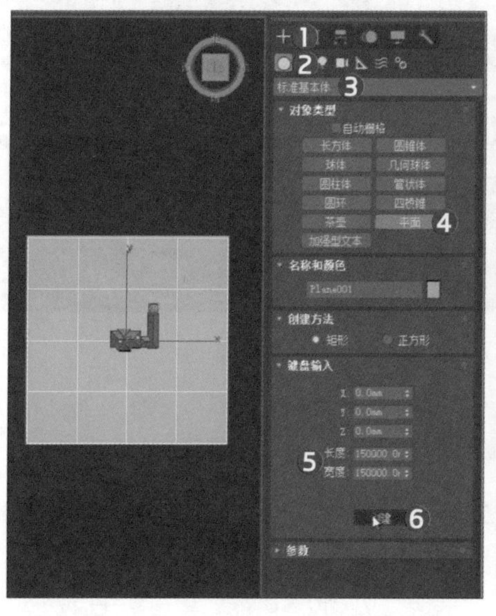

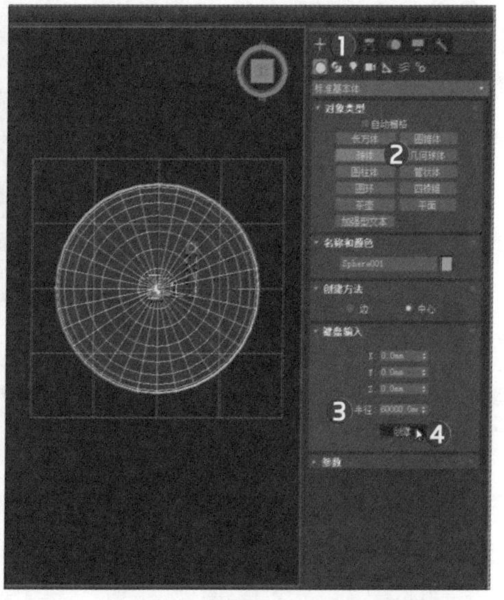

步骤 03 将球体对象转换为可编辑对象，进入“多边形”子对象层级，删除如下左图所示的多边形。

步骤 04 按“Ctrl+A”键，选中所有剩余多边形，单击鼠标右键，执行“反转法线”命令，如下右图所示。

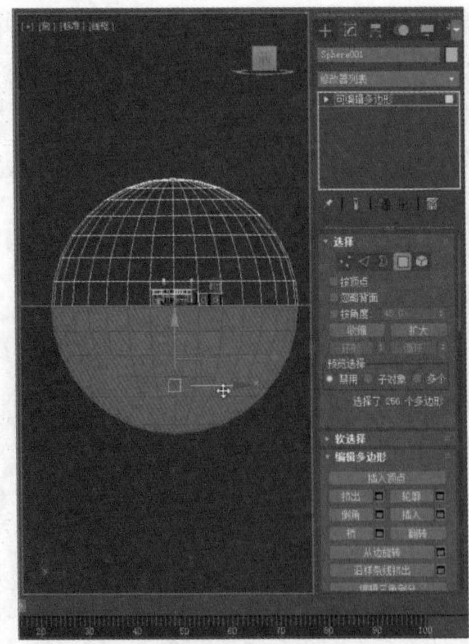

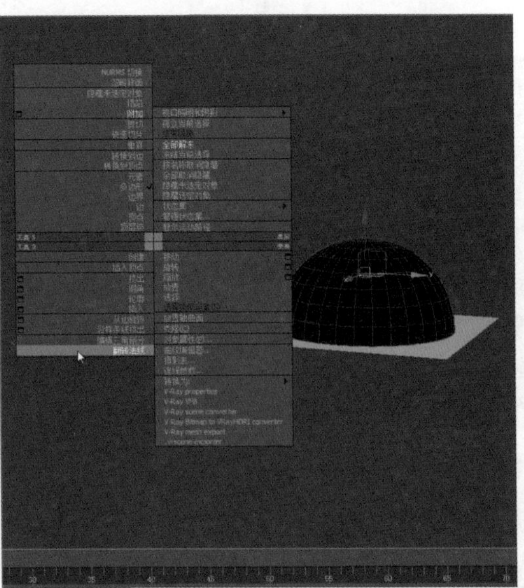

步骤 05 在半球对象上再次单击鼠标右键，执行“对象属性”命令，在打开的“对象属性”对话框中取消勾选“接受阴影”和“投射阴影”复选框，如下左图所示。

步骤 06 在“创建”面板中单击“摄影机”按钮，使用“标准”摄影机创建如下右图所示的摄影机。

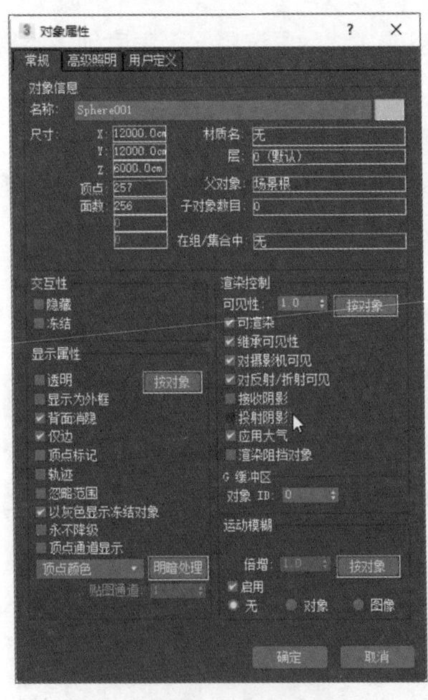

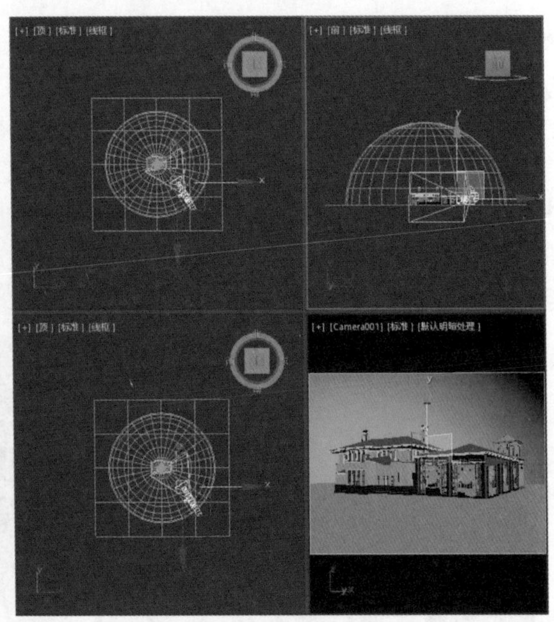

7.3 灯光布置

摄影机创建完成后，需要添加照明灯光来模拟室外阳光系统。此外，灯光需与环境光配合使用才能达到较为理想的效果。

步骤 01 按下F10键，打开“渲染设置”面板，将渲染器指定为VRay渲染器，单击V-Ray选项卡，在“环境”卷展栏中，勾选“全局照明（GI）环境光”复选框，如下左图所示。

步骤 02 单击GI选项卡，按下图所示设置首次引擎和二次引擎，如下右图所示。

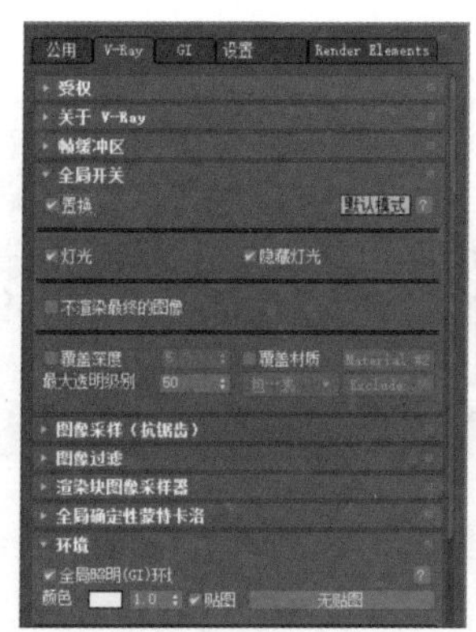
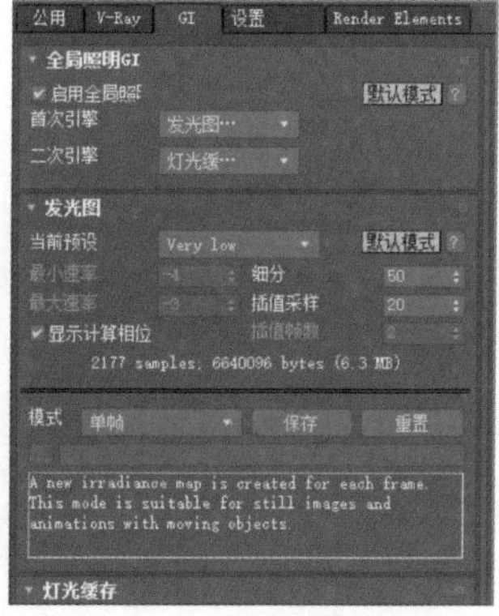

步骤 03 在“创建”面板❶中单击“灯光”按钮❷，使用“目标平行光”❸在顶视图中创建灯光，如下左图所示。

步骤 04 在前视图中，调节灯光位置❶，并在“平行光参数”卷展栏中设置光束区域❷，如下右图所示。

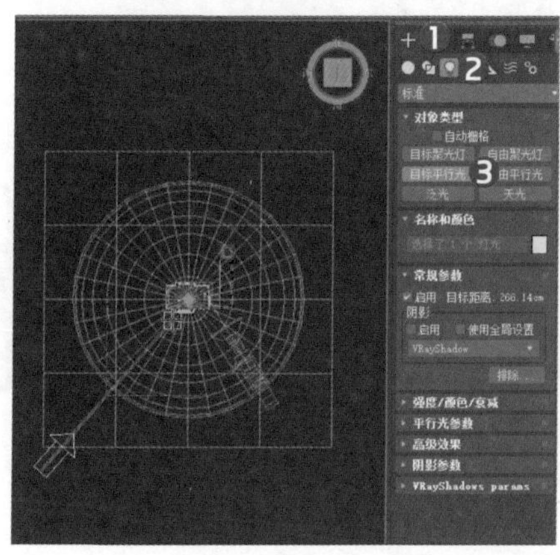
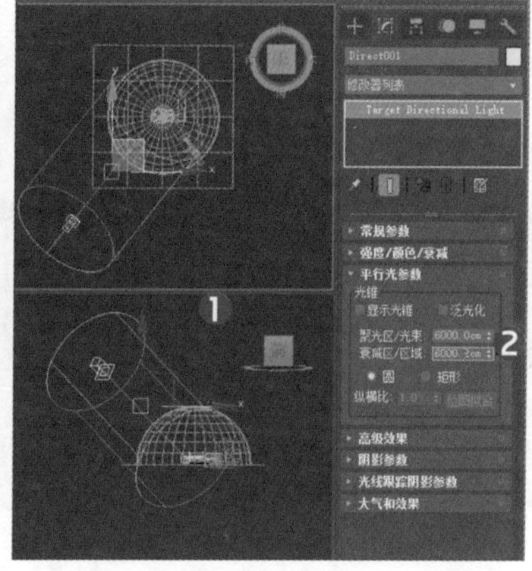

步骤 05 展开“常规参数”卷展栏，在“阴影”选项组中，勾选“启用”复选框❶，阴影类型设置为“V-RayShadow”选项❷，如下左图所示。

步骤 06 展开“强度/颜色/衰减”卷展栏，设置灯光“倍增”值为1❶，灯光颜色设为淡黄色（RGB值分别为255,197,145）❷。

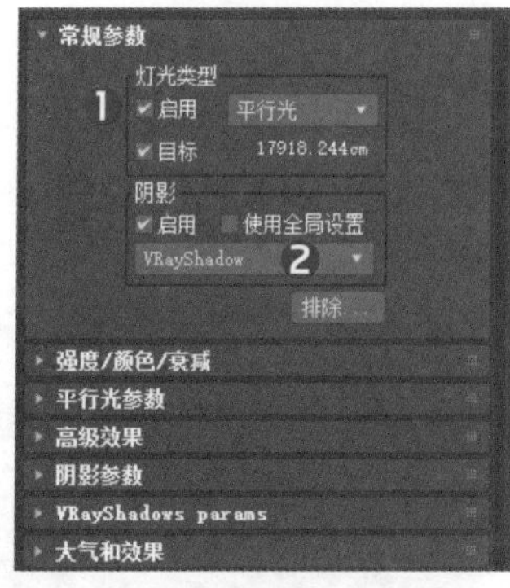
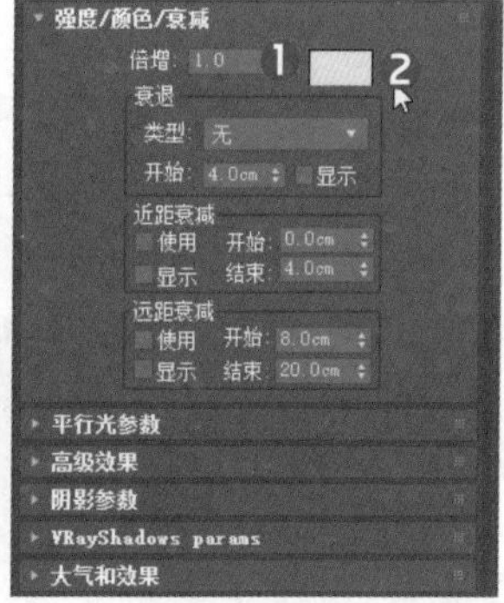

步骤 07 按下F10键，打开“渲染设置”面板，在V-Ray面板中❶，展开“全局开关”卷展栏❷，勾选“覆盖材质”复选框❸，单击其后的通道按钮❹，为覆盖材质指定一个VRayMtl，如下左图所示。

步骤 08 按住添加的覆盖材质通道按钮，拖动到“材质编辑器”面板中的材质球上，在弹出的对话框中选择“实例”选项，单击“确定”按钮，如下右图所示。

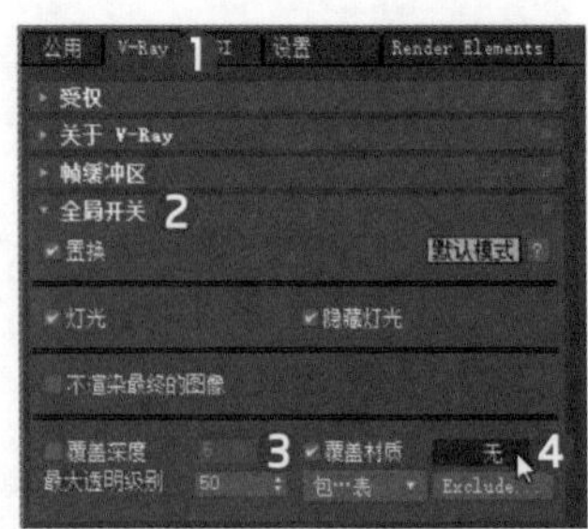

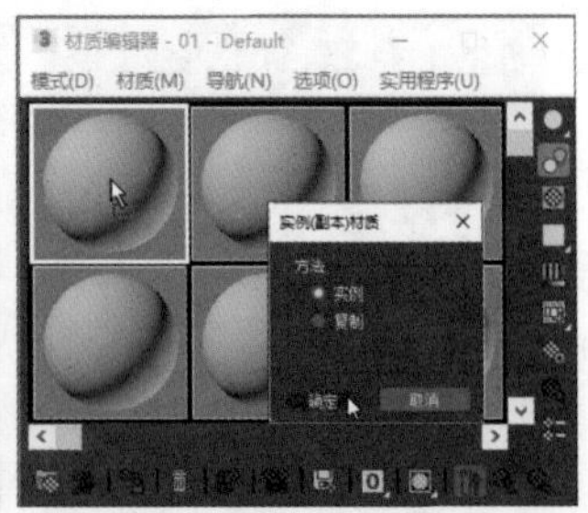

步骤 09 展开“贴图”卷展栏，单击“漫反射”后的贴图通道按钮，为其添加一个VRayEdgesTex贴图类型，按下左图设置该贴图中的边纹理颜色（RGB分别为252，25，25）。

步骤 10 单击主工具栏中的“渲染帧窗口”按钮，在打开的渲染帧窗口中，单击“渲染”按钮对场景中的模型、灯光等进行渲染测试，测试模型是否有问题，并找到合适的灯光角度，如下右图所示。

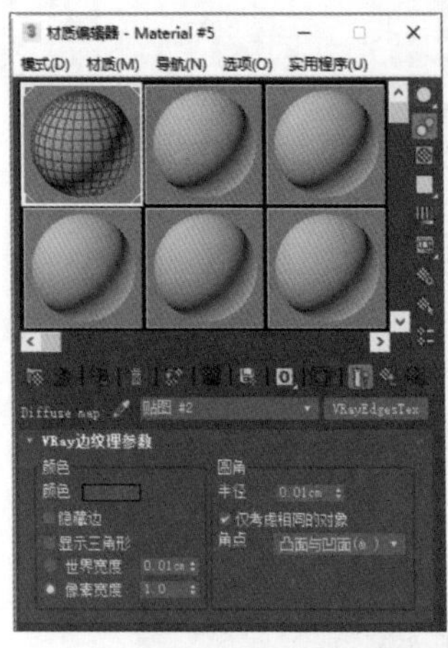

7.4 材质设计

在3ds Max中创建模型时，系统会自动为模型给定一个随机的对象颜色，该颜色无论是质感还是纹理都不符合现实世界的多样性，这时用户需要自定义为对象设计合适的材质，并赋予给对象。

步骤 01 打开“材质编辑器”，选择一个材质球，将其命名为“草地”❶，材质类型设置为标准类型❷，在“漫反射”上添加一张草地贴图❸，并将其指定给草地平面❹，如下左图所示。

步骤 02 选择一个材质球，将其命名为“墙面材质02”❶，材质类型设置为VRayMtl❷，在“漫反射”上添加纹理贴图❸，在“反射”选项组中设置颜色亮度值为5❹，Glossiness值为0.95❺，如下右图所示。

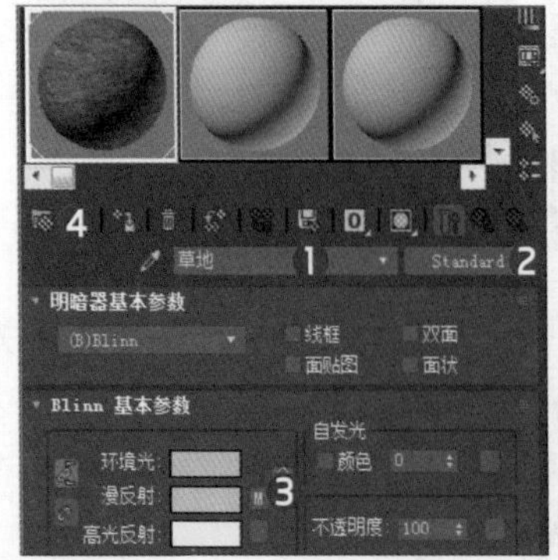

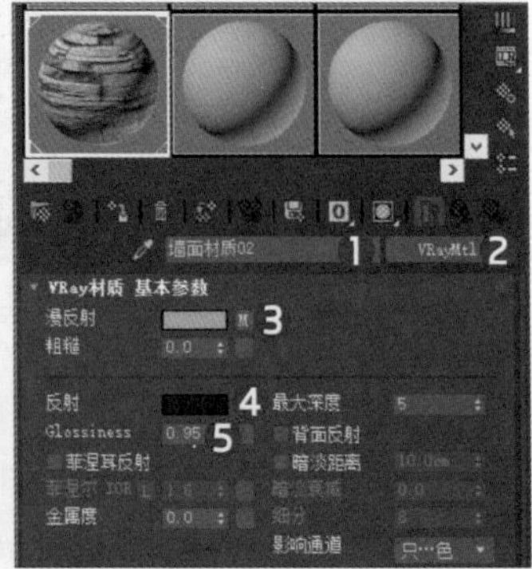

步骤 03 展开“墙面材质02”的“贴图”卷展栏，将“漫反射”通道上的贴图复制的到“凹凸”通道上❶，并将凹凸值设置为55.0❷，将材质指定给场景中的“墙面02”对象。

步骤 04 保持“墙面02”对象的选中状态，并在“修改”面板中为其添加一个“UVW贴图”修改器❶，并在“参数”卷展栏中设置该修改器的“长度”“宽度”“高度”值都为200❷，如下右图所示。

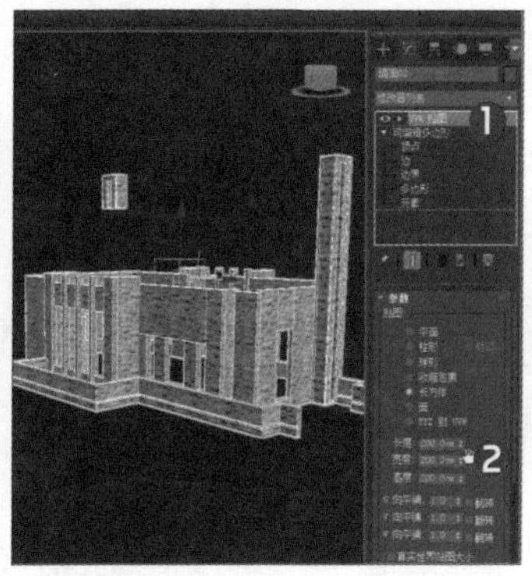

步骤 05 选择一个材质球，将其命名为“天空球”❶，材质类型设置为VRayMtl❷，在“漫反射”上添加天空贴图❸，并将“自发光”颜色的亮度值设为100❹，将该材质指定给天空球模型，如下左图所示。

步骤 06 可以使用已保存的材质库中的材质，为场景中其余对象指定材质，具体操作步骤是打开“材质/贴图浏览器”❶，单击下三角按钮❷，从列表中选择“打开材质库”选项❸，如下右图所示。

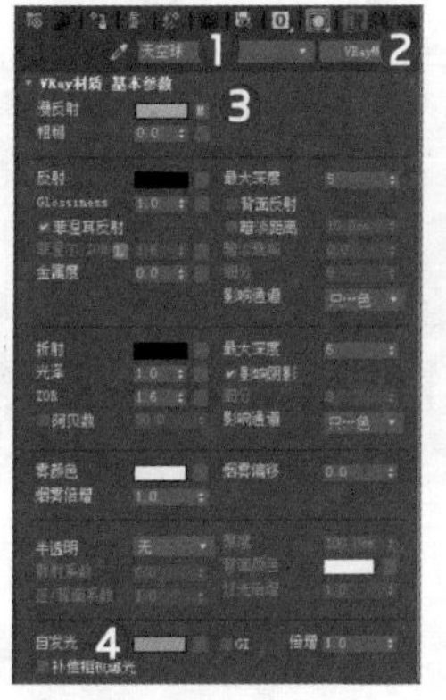

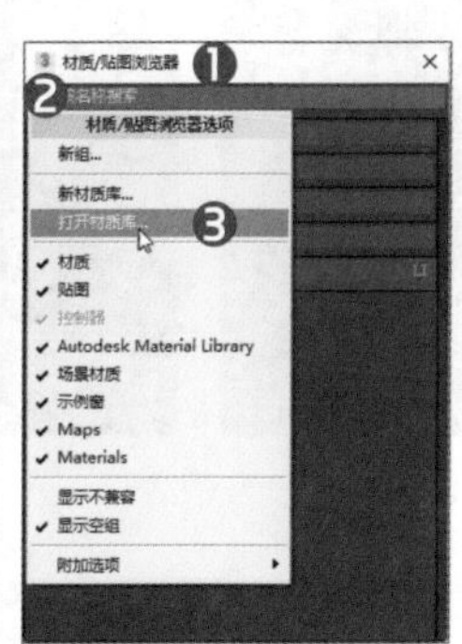

步骤 07 在打开的“导入材质库”对话框中，浏览选择随书配套文件中的“室外建筑表现”材质库❶，单击“打开”按钮❷，打开该材质库，如下左图所示。

步骤 08 此时“材质/贴图浏览器”中会出现“室外建筑表现”材质卷展栏，按住相应的材质拖动到材质编辑器的一个材质球上即可将该材质指定给相应对象，如下右图所示。

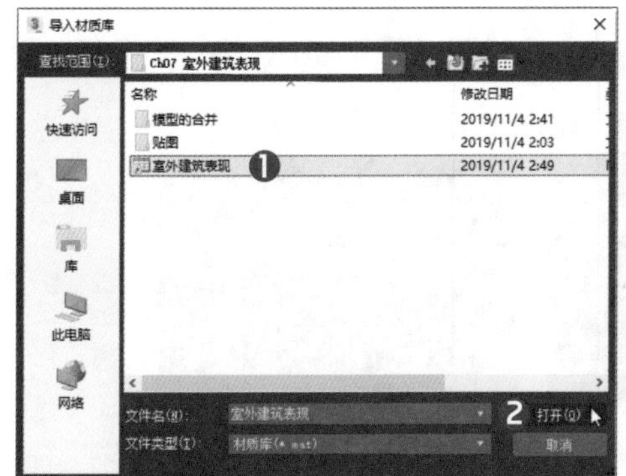

步骤 09 按上述方法为其余模型赋予材质，最终的结果如下左图所示。

步骤 10 在菜单栏中执行“文件>导入>合并”命令，从打开的“合并文件”对话框中，浏览选择“植物.max”文件，单击“打开”按钮，如下右图所示。

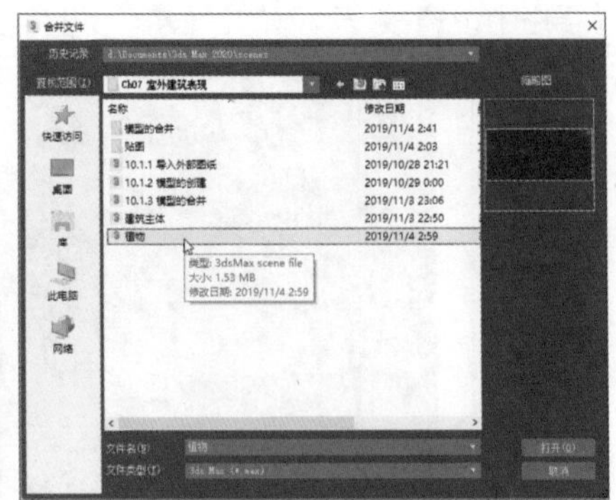

步骤 11 在打开的“合并”对话框中，选择所有对象，单击“确定”按钮，如下左图所示。

步骤 12 完成合并操作后的场景，如下右图所示。

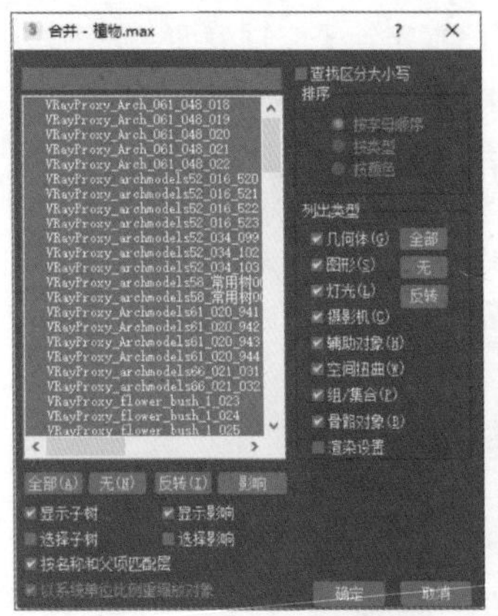

7.5 渲染输出设置

在一些系列的工作流程中，常常需要对场景中的灯光、材质进行反复的渲染测试，以期达到较为理想的效果，而所有在Max中的工作完成后就需要进行最终的渲染输出设置。

步骤 01 在“公用”面板中，展开“公用参数”卷展栏，按下图所示设置“输出大小”中的参数，如下左图所示。

步骤 02 在“公用参数”卷展栏中的“渲染输出”中设置出图像名称、类型和保存位置等参数，如下右图所示。

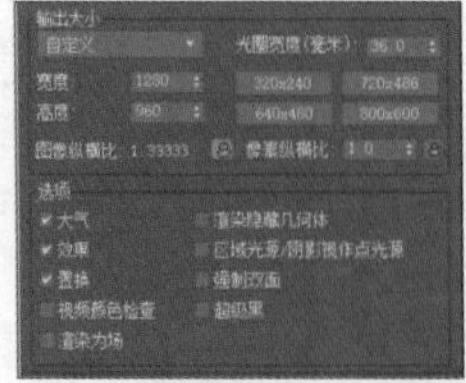

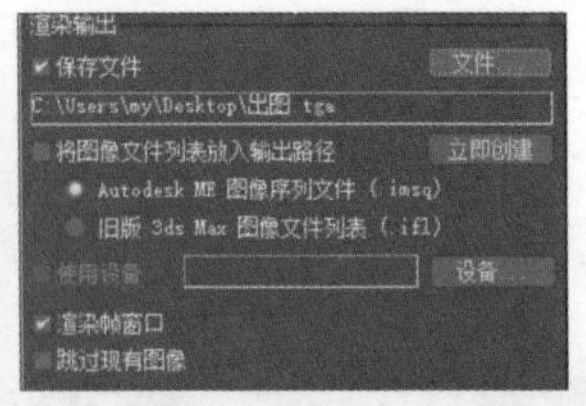

步骤 03 在V-Ray面板中，设置“图像采样”和“图像过滤”卷展栏中的相应参数，如下左图所示。

步骤 04 设置V-Ray面板中“全局确定性蒙特卡洛”和“颜色贴图”卷展栏中相应参数，如下右图所示。

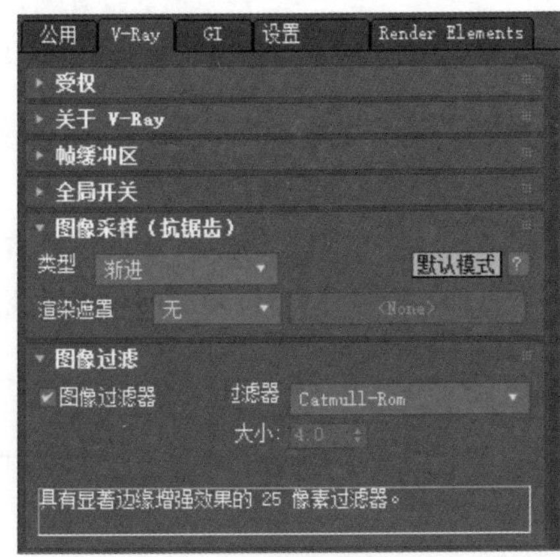

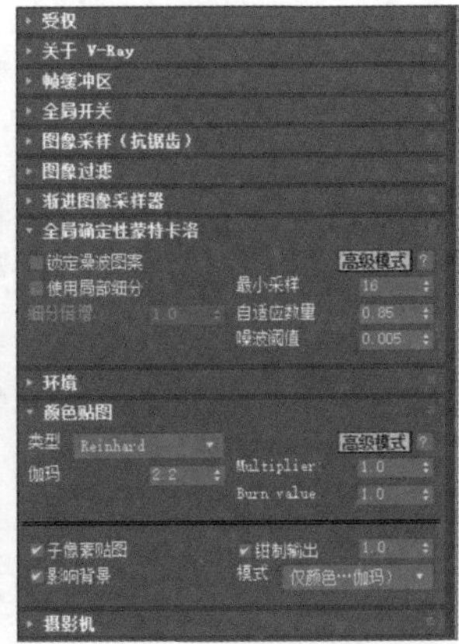

步骤 05 单击GI选项卡，展开“发光图”卷展栏，将“当前预设”类型设置为中等模式，在“灯光缓存”卷展栏中将“细分”值设为1000，“采样大小”设置为0.02，如下左图所示。

步骤 06 打开“渲染帧窗口”，单击“渲染”按钮，对场景进行渲染输出，后期可以对渲染输出的图像进行校色等处理，如下右图所示。

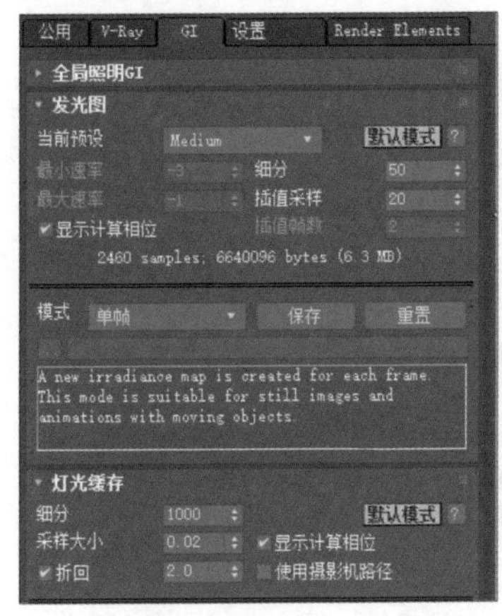

Chapter 08 室内家装表现

本章概述

本章将使用3ds Max完成家装中客厅的创建和表现。在学习过程中，用户需要对家装中客厅布局有一定了解，学会使用多种灯光表现室内照明效果，并能根据现实生活中的观察体验，制作出合乎情理的材质纹理。

核心知识点

❶ 掌握客厅墙体框架的创建
❷ 掌握摄影机的创建
❸ 掌握多种材质类型的使用
❹ 掌握灯光的布局
❺ 掌握两种渲染参数的设置

8.1 模型的创建

在家装表现中，往往需要借助外部文件（CAD户型图）来确定户型关系，尤其是较为复杂的房屋户型，而3ds Max支持导入一些其他程序软件文件的导入，从而方便用户准确创建模型。

1. 客厅墙体框架的创建

用户在导入CAD图纸前，通常需要设置系统单位，方便与外部素材匹配单位，预防错误的发生。

步骤 01 打开应用程序，在菜单栏中执行“自定义>单位设置”命令，将“系统单位设置”中的系统单位设置为“毫米”❶，显示单位设置为“毫米”❷，如下左图所示。

步骤 02 在菜单栏中执行“导入>导入”命令❶，如下右图所示。

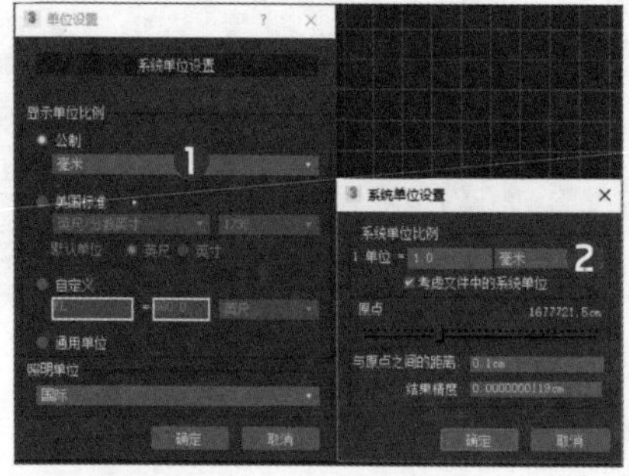

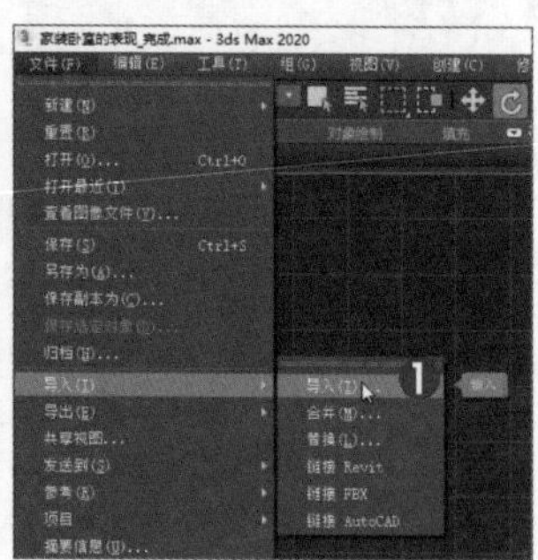

步骤 03 在打开的对话框中，确认“文件类型”为“所有文件”❶，选择并导入“客厅CAD”文件❷，如下左图所示。

步骤 04 在打开的导入选项对话框中，保持默认设置即可，如下右图所示。

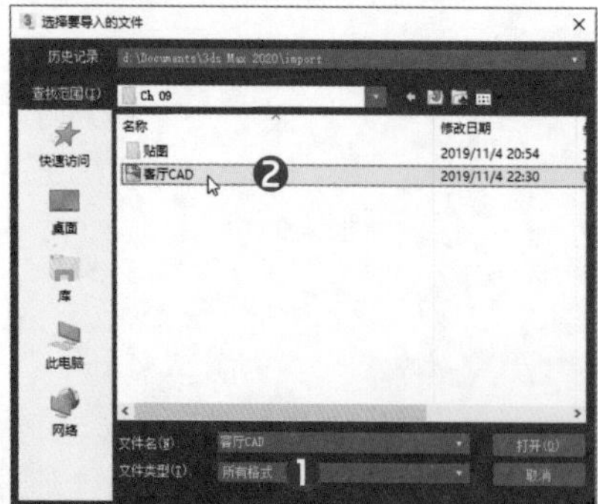

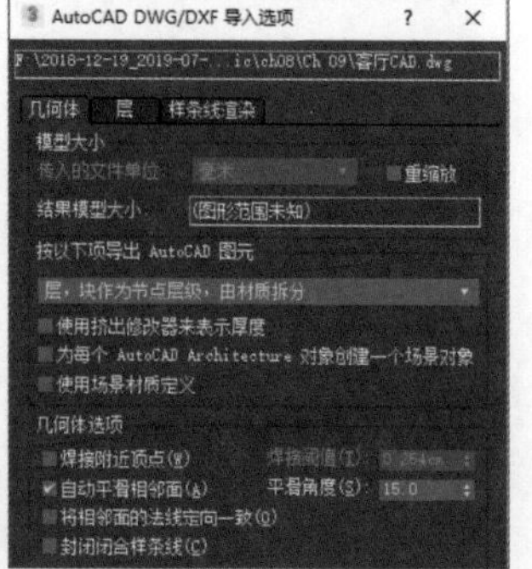

步骤 05 按下“Ctrl+A”键，选中所有导入的CAD图纸对象，在菜单栏中执行“组>组”命令❶，在弹出的“组”对话框中将组命名❷，并单击“确定”按钮❸如下左图所示。

步骤 06 使用“选择并移动”工具，在界面下方的状态栏中，用鼠标右键单击X、Y和Z的微调按钮，将图纸位置信息归零，如下右图所示。

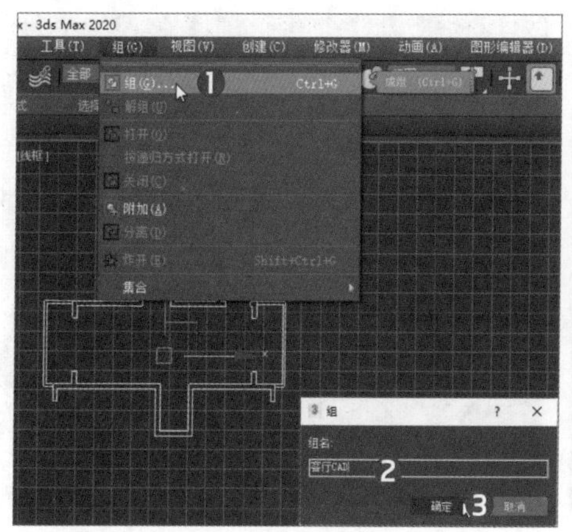

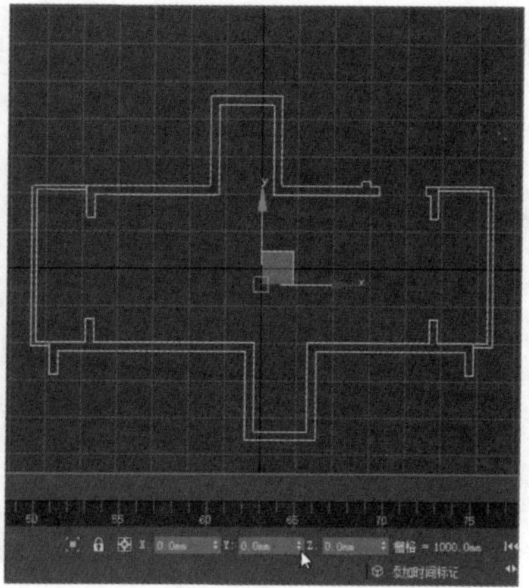

步骤 07 在组对象上单击鼠标右键，执行“冻结当前选择”命令，如下左图所示。

步骤 08 在主工具栏中，右击“捕捉开关”按钮，在打开的面板中，单击“选项”选项卡❶，勾选“捕捉到冻结对象”❷和“启用轴约束”复选框❸，如下右图所示。

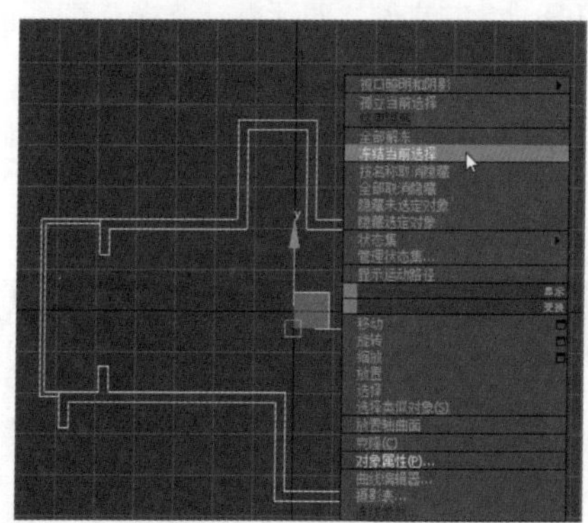

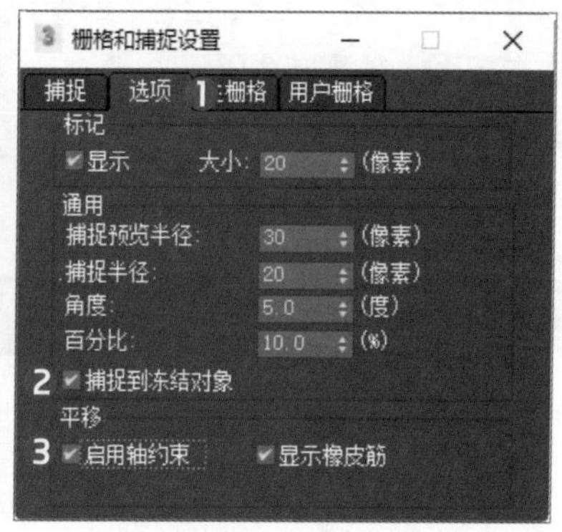

步骤 09 单击“创建”面板中的“图形”按钮❶，接着单击“线”工具按钮❷，如下左图所示。

步骤 10 按右下图所示，沿客厅墙壁内侧绘制一条样条线❶，绘制过程中配合使用捕捉工具进行创建，首尾点呼应，并在弹出的对话框中，单击“是”按钮❷。

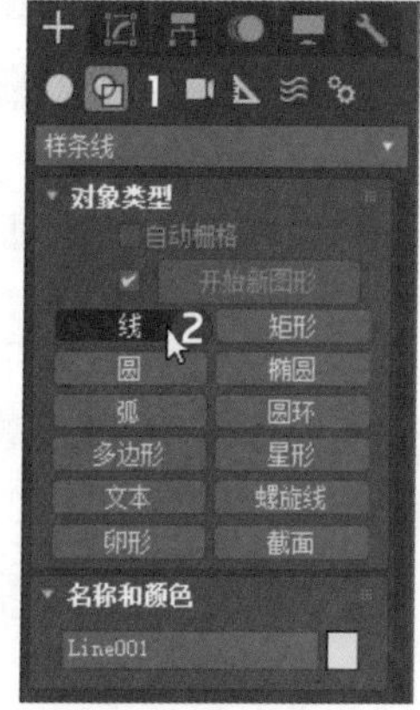

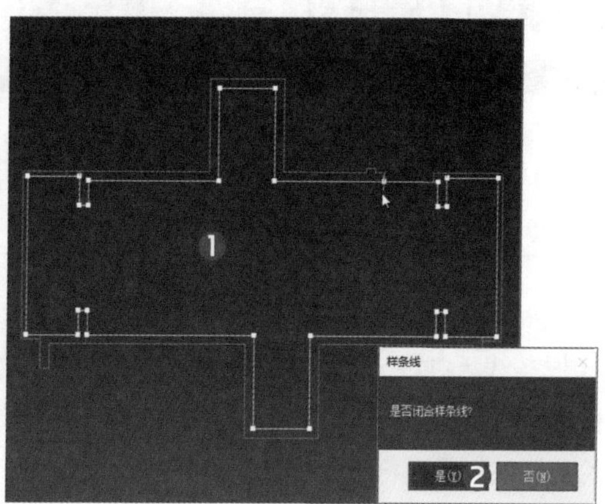

步骤 11 在“修改”面板中，为所绘制的样条线添加“挤出”修改器❶，并在“参数”卷展栏中设置挤出的“数量”值为2900mm❷，如下左图所示。

步骤 12 将挤出对象转换为可编辑多边形，在“多边形”子对象层级下，删除一个面，选中所有剩余的面，右键执行“翻转法线”命令，如下右图所示。

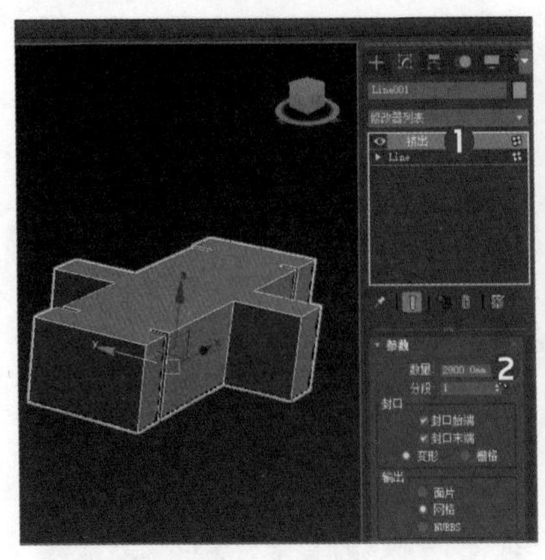

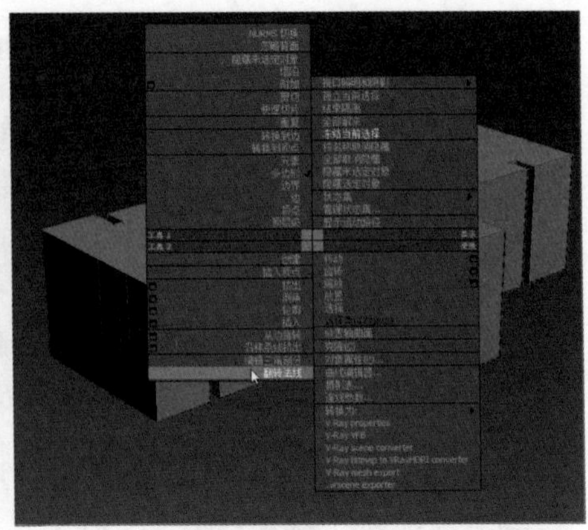

2. 吊顶模型的创建

通过上述操作可以得到客厅四周的墙体，下面需为客厅场景创建门窗、吊顶和背景墙等模型，下面以“倒角剖面”修改器创建吊顶模型为例，向用户介绍这类模型创建的方法。

步骤 01 在菜单栏中执行“文件>导入>合并”命令，打开“合并文件”对话框，选择“截面图形.max”文件❶，单击“打开”按钮❷，如下左图所示。

步骤 02 在打开的“合并-截面图形”对话框中，选择左侧列表中所有的截面图形❶，单击“确定”按钮完成图形的合并❷，如下右图所示。

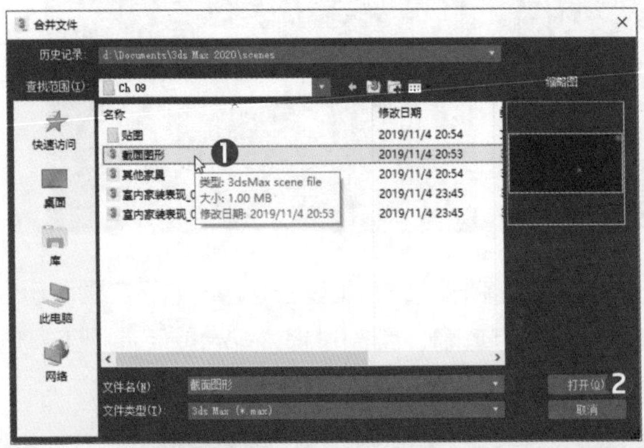

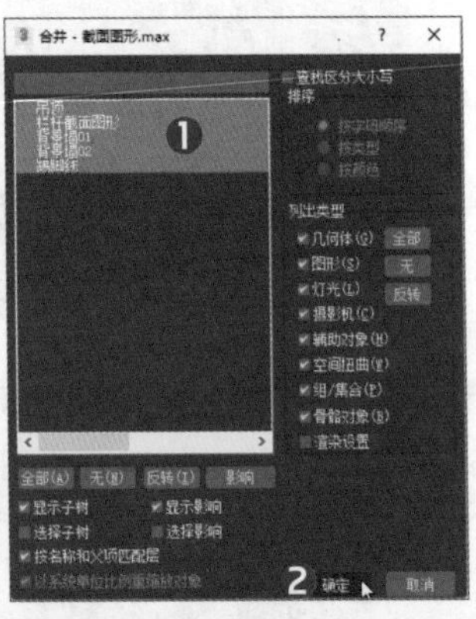

提示：倒角剖面

倒角剖面修改器可以将一个图形作为路径或剖面来挤出一个实体对象，有两种方法可以创建倒角剖面对象，其中“经典”方式为传统方法，须有两个二维图形，一个作为路径即需要倒角的对象，另一个作为倒角的剖面（该剖面图形既可以是开口的样条线，也可以是闭合的样条线）。

步骤 03 使用“创建”面板中的“矩形”工具，按下S键打开捕捉开关，捕捉创建出如下左图所示的矩形，并将其转换为可编辑样条线，并在“顶点”层级下，将所有顶点右键转换为“角点”，如下左图所示。

步骤 04 切换至“样条线”子层级❶，选择样条线，在“几何体”卷展栏中“轮廓”后的数值框中输入300❷，并单击“轮廓”按钮❸进行轮廓操作，如下右图所示。

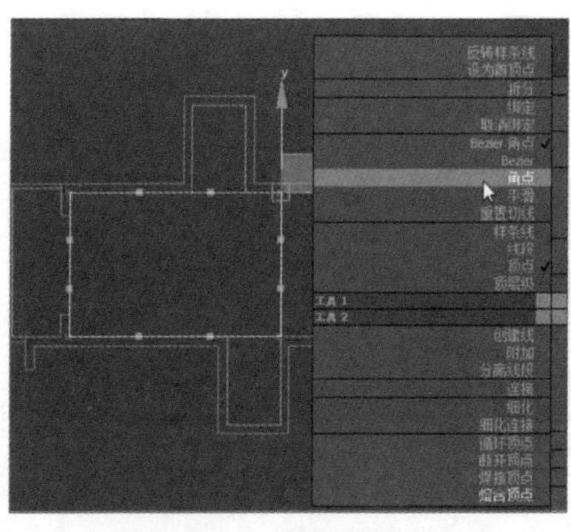
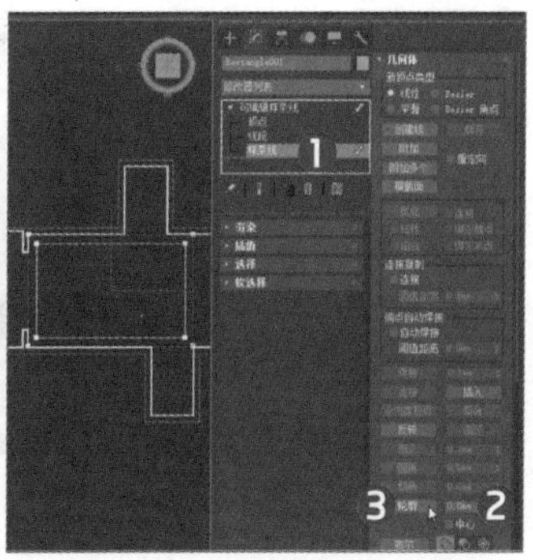

步骤05 返回对象层级，在前视图中，沿Y轴移动该样条线的位置，如下左图所示。

步骤06 在“修改”面板中❶，为样条线对象添加“挤出”修改器❷，并设置挤出的“数量”值为350.0mm❸，如下右图所示。

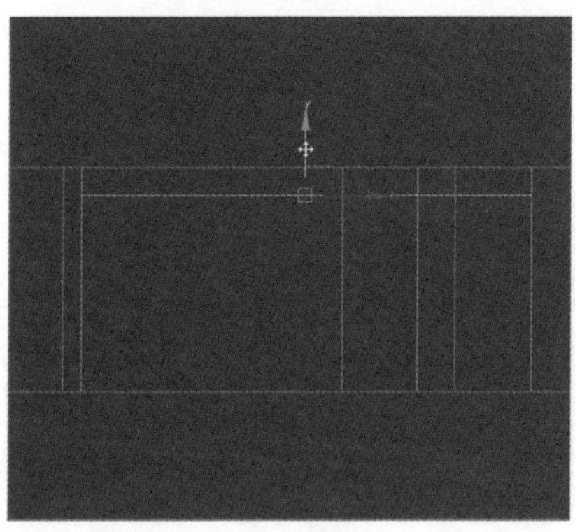
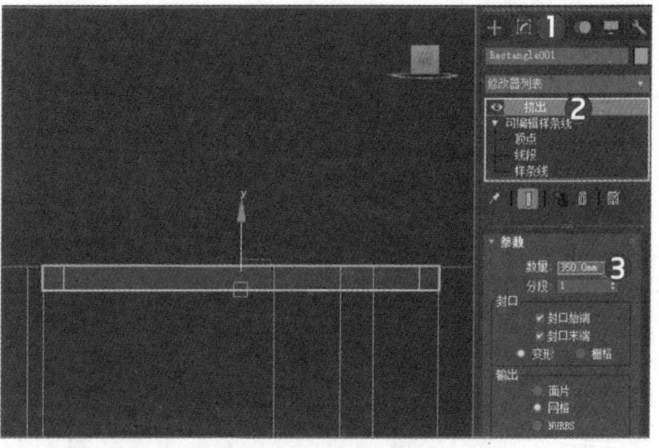

步骤07 使用创建面板中的“矩形”工具，依据挤出的对象，在顶视图中画出与内界面等大的矩形，并将其沿Y轴移动到如下左图中所示位置。

步骤08 选择画出的矩形图形，为其添加一个“倒角剖面”修改器，在“经典”模式下拾取“吊顶”截面，如下右图所示。

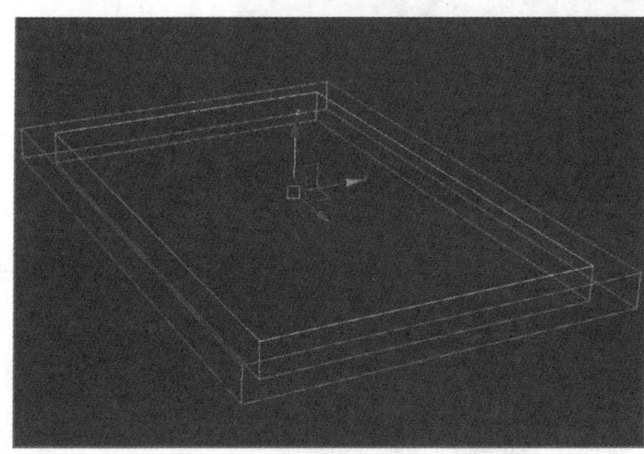
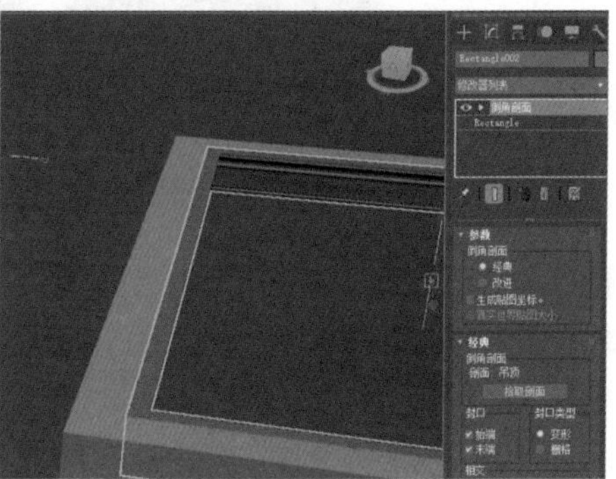

3. 模型合并和摄影机创建

客厅中的大致模型都创建完成，而一些家具等模型，用户可以自行创建或在网络上进行下载使用。

步骤01 用户可以根据上述建模方法，举一反三制作其他模型，并使用合并命令将家具模型合并到场景中，效果如下左图所示。

步骤02 保持在上一步骤场景透视图中，在菜单栏中执行“创建>摄影机>从视图创建标准摄影机”命令，从而创建出一个和透视图视角相同的标准目标摄影机，如下右图所示。

8.2 材质设计

室内材质的要求相比室外来说，通常会要求地更细致、参数设置也都比较高，因为这样才可以更加真实地模拟出相应质感。

1. 主墙体材质

在一些室内效果图表现中，主墙体的材质往往会占据较大的画面比例，如墙面、地板材质等，而画面占比大的材质容易影响周围材质，故一般需要用VR材质包裹器将其包裹起来，具体操作如下：

步骤 01 按下M键，打开“材质编辑器”，选择一个空白材质球，为其命名为“木地板”❶，在“漫反射”上添加一个木纹纹理贴图❷，在“反射”上添加“衰减”贴图❸，设置Glossiness的值为0.65❹，如下左图所示。

步骤 02 从主墙体中分离出地面对象，为其指定设置好的“木地板”材质，并在“修改”面板为其中添加一个“UVW贴图”修改器❶，调节修改器相应参数❷。

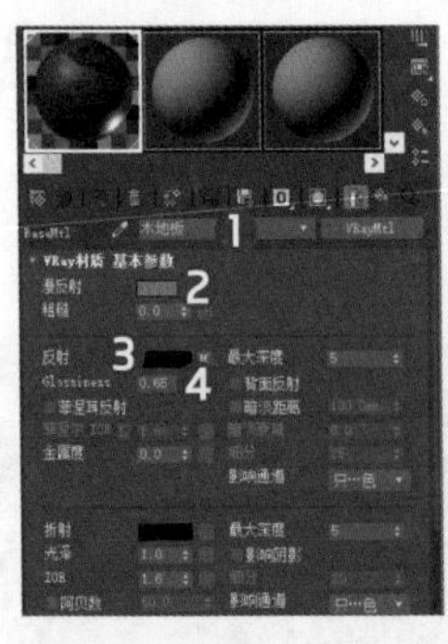

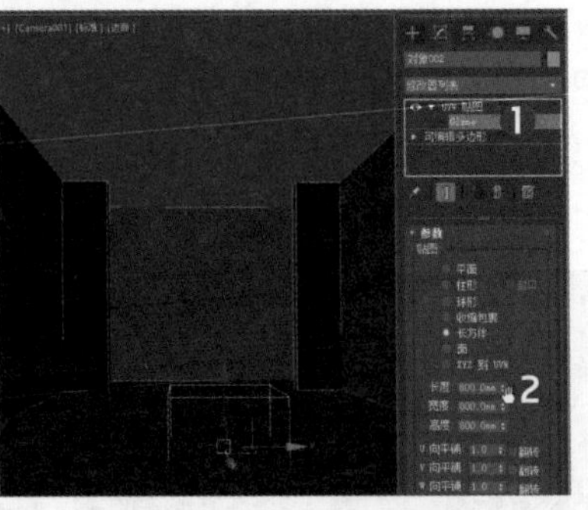

步骤 03 接着开始设置墙体材质，首先选择一个空白的材质球，单击材质类型切换按钮，为其设置下图所示的包裹材质❶，在弹出的对话框中，保持默认设置单击“确定”按钮❷，如下左图所示。

步骤 04 进入VR材质包裹器后，将“基本材质”设置为VRayMtl，并命名为“墙体”❶，如下右图所示。

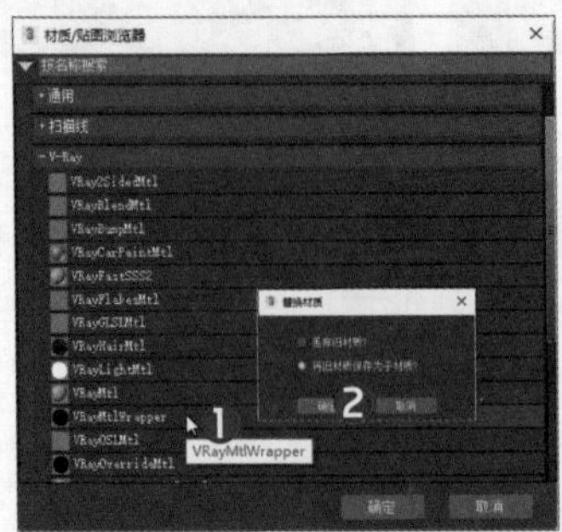

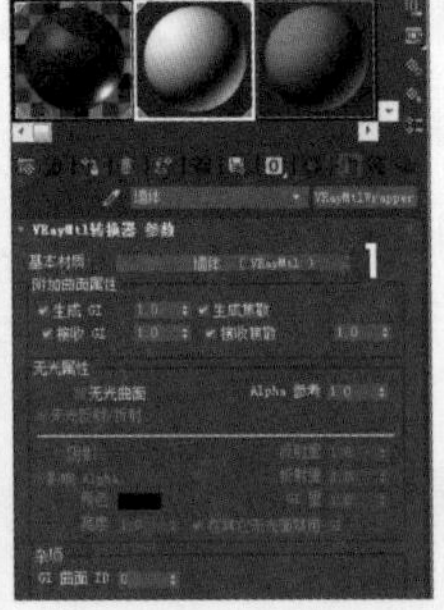

步骤 05 设置"基本材质"参数，将"漫反射"颜色为纯白色❶，"反射"颜色的亮度值为25❷，Glossiness的值为0.65❸，如下左图所示。

步骤 06 将所设置的"墙体"材质指定给墙体、吊顶等对象，如下右图所示。

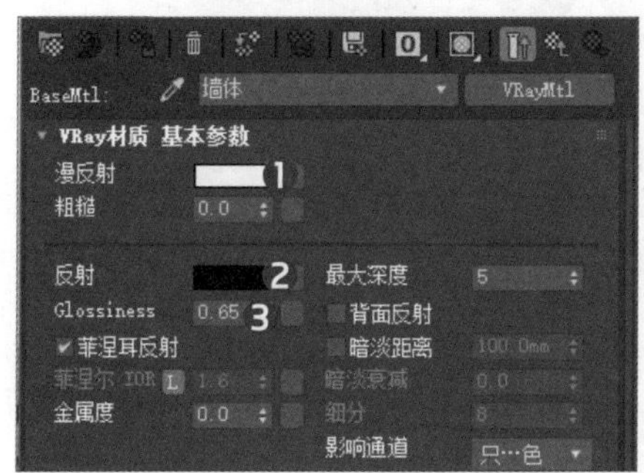

步骤 07 因客厅家具模型较多，材质不再一一赘述，用户可以在"材质编辑器"面板中，单击"获取材质"按钮❶，如下左图所示。

步骤 08 从弹出的"材质/贴图浏览器"中单击"材质/贴图浏览器选项"下拉按钮❶，从列表中选择"打开材质库…"选项❷，如下右图所示。

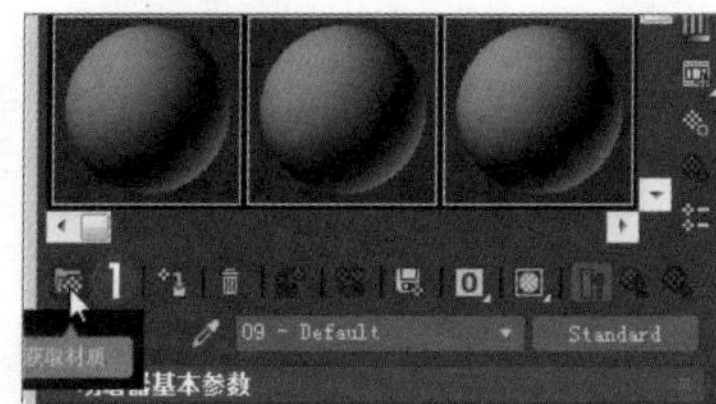

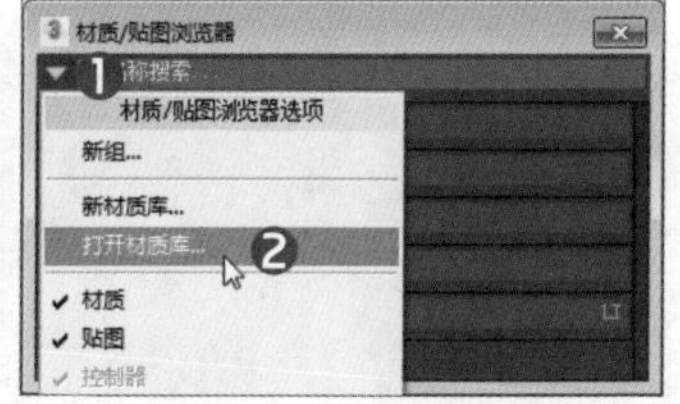

步骤 09 在"导入材质库"对话框中选择随书光盘中"室内家装表现.mat"文件，如下左图所示。

步骤 10 从打开的材质库中为场景中的其他对象指定材质，最终效果如下右图所示。

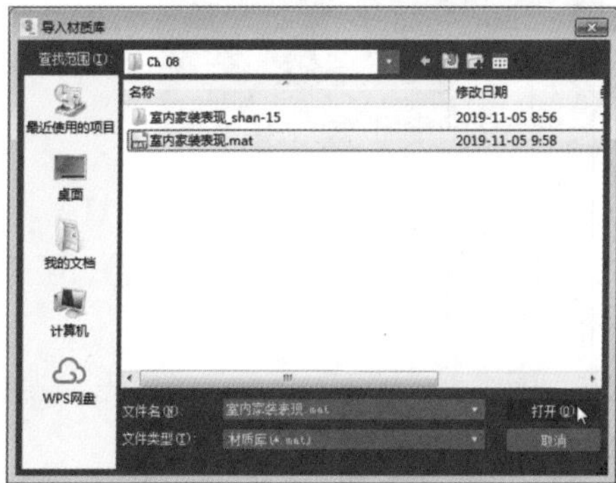

8.3 灯光布置

用户可以利用光度学中的目标灯光创建射灯、筒灯等灯光效果，利用VRayLight等进行主体灯光照明或补光等设置。

步骤 01 在"创建"面板中❶，将灯光类型设置为"光度学"❷，单击"目标灯光"按钮❸，在前视图中创建灯光❹，如下左图所示。

步骤 02 切换至"修改"面板❶，在"常规参数"卷展栏中启用阴影类型为VrayShadow❷，将"灯光分布（类型）”设为“光度学 Web”❸，并在“分布（光度学Web）”卷展栏中指定相应的光度学文件❹，如下右图所示。

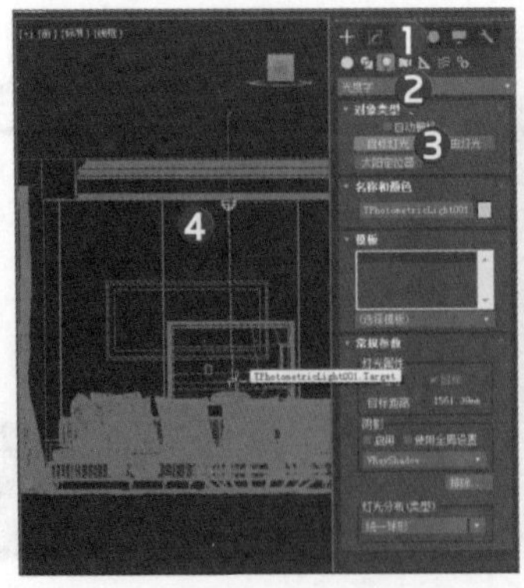

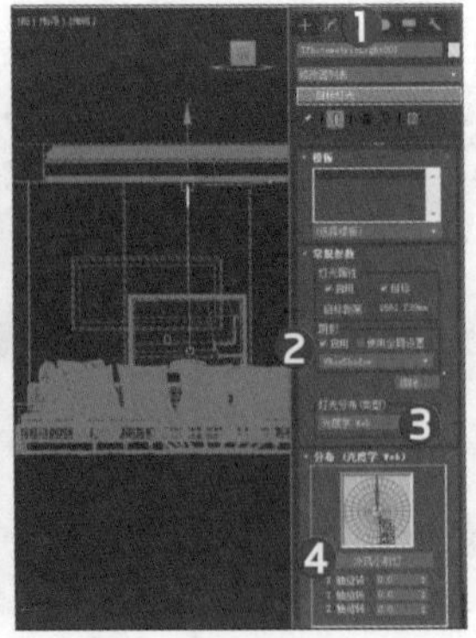

步骤 03 在顶视图中实例复制创建出的多个光度学射灯，位置按图设置，此外注意防止灯光对象嵌入在其他模型中，导致灯光不起作用，如下左图所示。

步骤 04 在“创建”面板中单击“灯光”按钮，将灯光类型设置为VRay，单击VRayLight按钮，在左视图中创建如下右图所示的灯光。

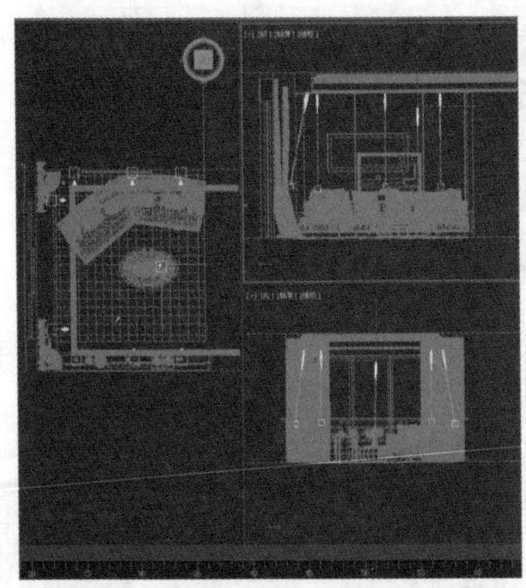

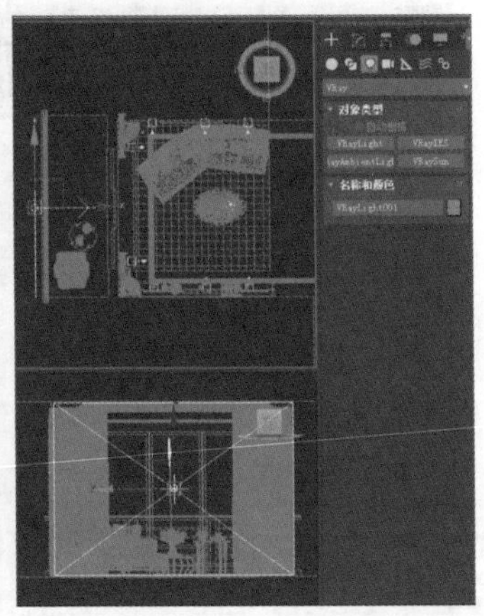

步骤 05 在顶视图中移动创建的VRay灯光至合适位置，进入“修改”面板❶，在“VRay灯光 参数”卷展栏中，设置“倍增”值为10❷，灯光颜色为淡蓝色（RGB值分别为164，207，255）❸，展开“选项”卷展栏，勾选“双面”“不可见”复选框❹，如下左图所示。

步骤 06 再次单击“创建”面板中的VRayLight按钮，在右视图中创建如下右图所示的灯光。

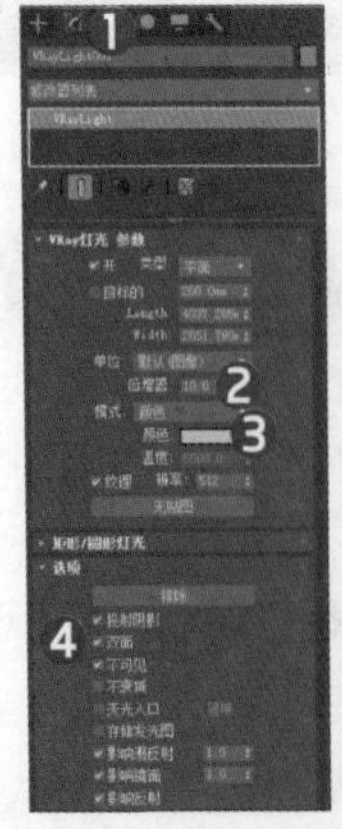

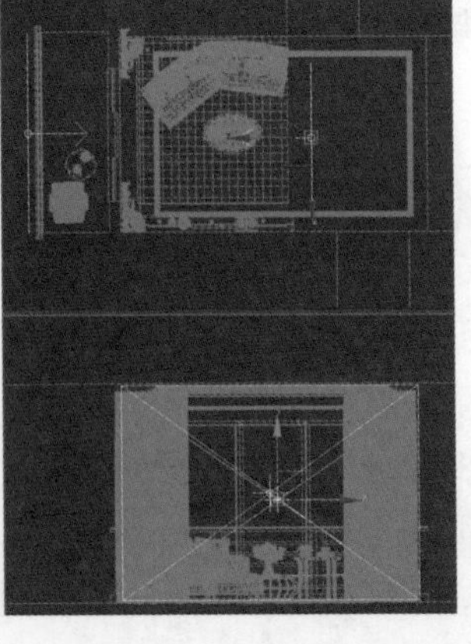

步骤 07 进入VRayLight002灯光对象的“修改”面板❶，在“VRay灯光 参数”卷展栏中，设置“倍增”值为1❷，灯光颜色为淡黄色（RGB值分别为245，227，188）❸，展开“选项”卷展栏，勾选“双面”“不可见”复选框❹，如下左图所示。

步骤 08 使用“选择并移动”工具复制VRayLight002灯光对象，在弹出的“克隆选项”对话框中选择实例复制方式，再使用其他变换工具旋转、缩放复制出的灯光对象，最终位置如下右图所示。

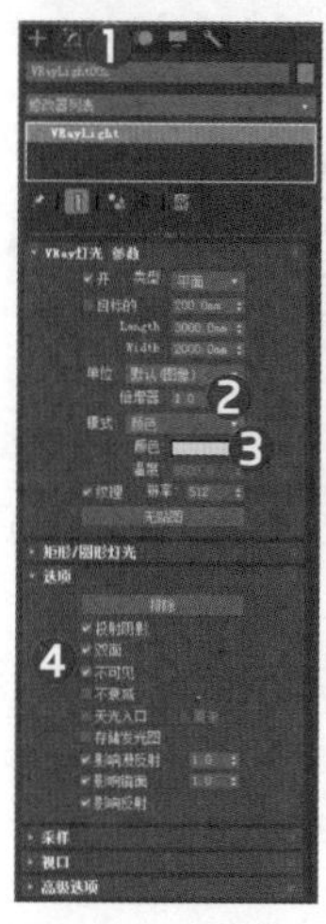

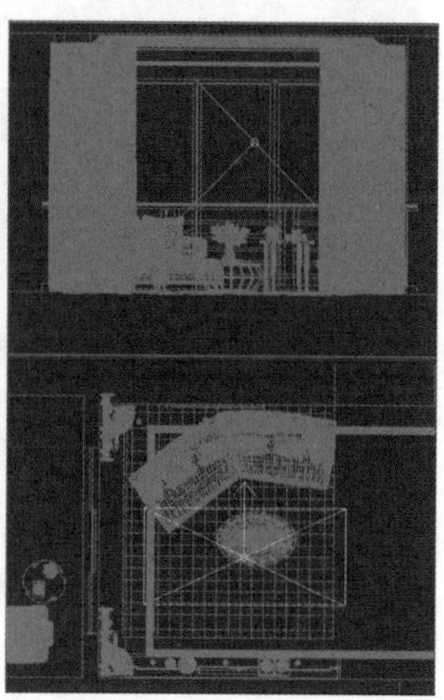

8.4 渲染设置

在一些系列的工作流程中，常常需要对场景中的灯光、材质进行反复的渲染测试，以期达到较为理想的效果，而所有在max中的工作完成后就需要进行最终的渲染输出设置。

步骤 01 利用“创建”面板中的矩形工具在下左图所示的位置创建矩形，并利用挤出修改器给与一定的高度形成长方体，效果如下左图所示。

步骤 02 在长方体对象上单击鼠标右键，选择“对象属性”选项，打开“对象属性”对话框，在“渲染控制”区域内只勾选“可渲染”和“对摄影机可见”复选框❶，如下右图所示。

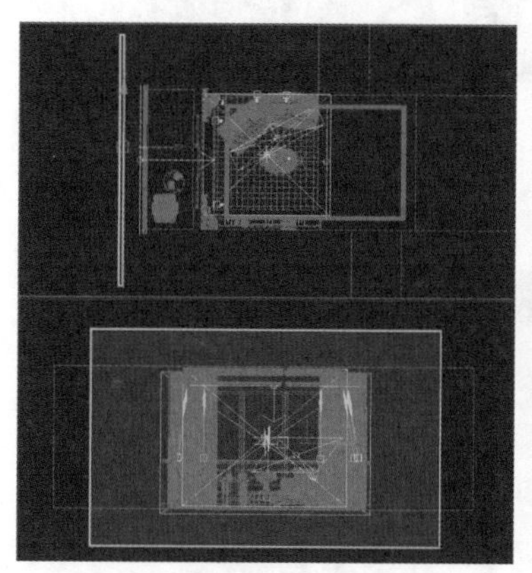

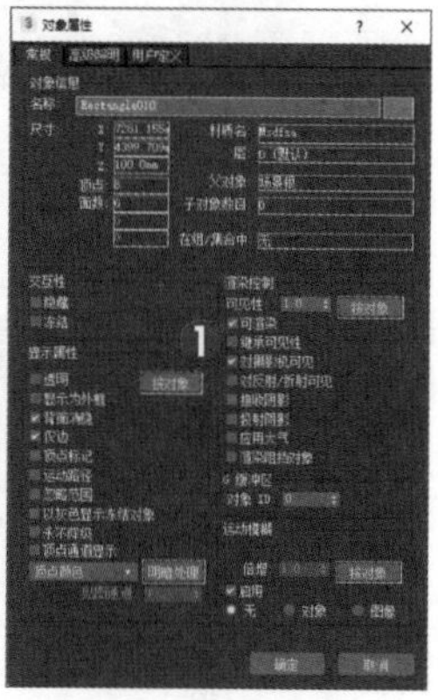

步骤 03 打开“材质编辑器”面板，创建一个VRayLightMtl材质❶，在“颜色”后的数值框中输入1.5❷，并为颜色通道添加背景图片❸，最后将设置好的材质指定给挤出的长方体对象，如下左图所示。

步骤 04 在“公用”面 板中，展开“公用参数”卷展栏，设置“输出大小”选项区域内的“宽度”值和“高度”值❶，在“渲染输出”选项区域中设置图像名称、类型和保存位置等参数❷，如下右图所示。

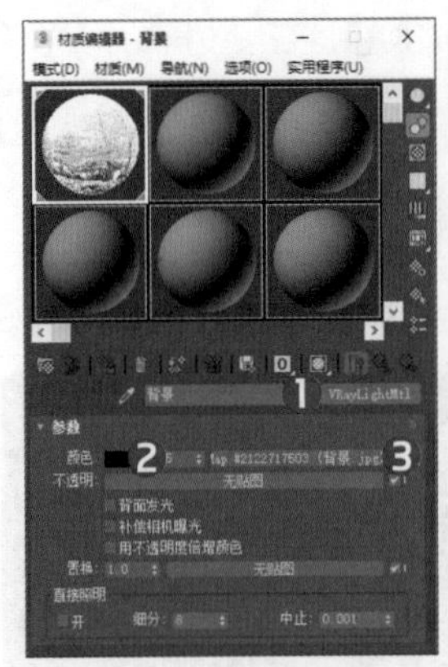
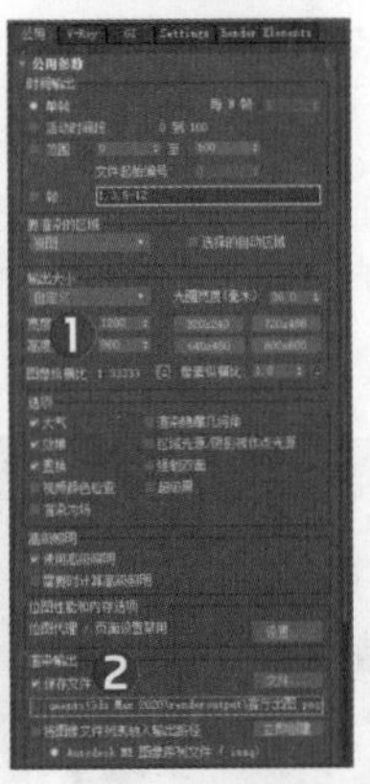

步骤05 切换至V-Ray面板中，在“图像采样（抗锯齿）”卷展栏中设置“类型”为“块”❶，在“图像过滤”卷展栏中将过滤器设置为Catmull-Rom❷，在“颜色贴图”卷展栏中设置曝光类型为“指数”❸，在“高级模式”下将“伽玛”值设置为1❹，如下左图所示。

步骤06 切换至GI选项卡，在“全局照明”卷展栏中将“首次引擎”“二次引擎”设置为发光贴图、灯光缓存❶，展开“发光图”卷展栏，将“当前预设”类型设置为中等模式❷，在“灯光缓存”卷展栏中将“细分”值设为1000、“采样大小”设置为0.01❸，如下右图所示。

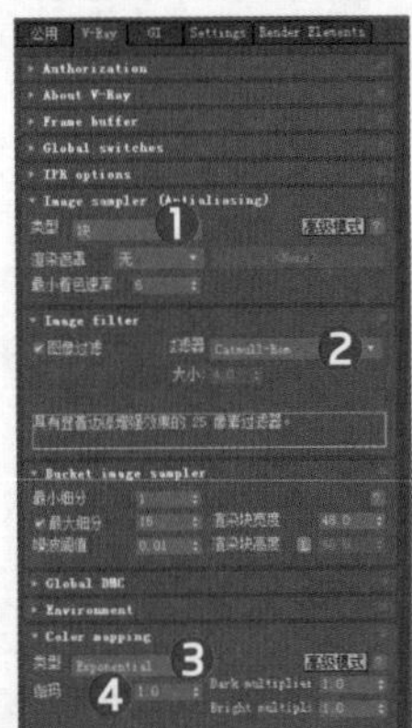
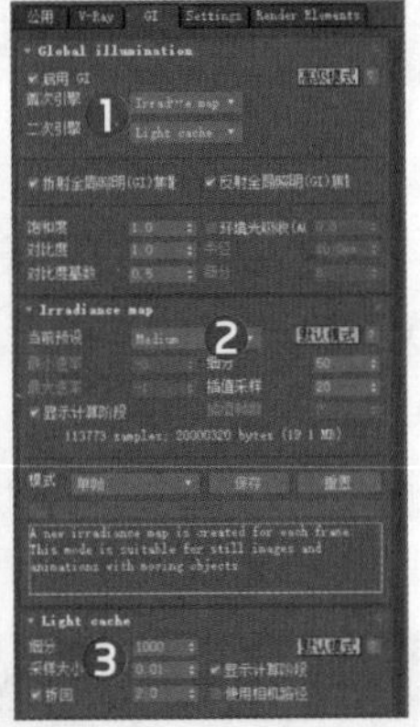

步骤07 打开“渲染帧窗口”，单击“渲染”按钮，对场景进行渲染输出，后期可以对渲染输出的图像进行校色等处理，渲染结果如下图所示。